ポイントで学ぶ
鉄筋コンクリート工事の基本と施工管理

中田善久・斉藤丈士・大塚秀三

井上書院

はじめに

　既刊の建築施工に関する書籍は，実務の流れに沿って工事・工種ごとに分類し，その内容を詳細に記述したものが多くみられます。そのため，初めて建築を学ぶ学生からすると，建築施工全体に対するイメージがわかないうえに，聞きなれない言葉ばかりが並ぶため，施工そのものを毛嫌いしてしまう学生も少なくありません。もともと，建築という"ものつくり"は，計画・設計から施工に至る段階を経て"建物"として実現することで発展してきました。特に建築施工は，建築材料と密接にかかわっているだけでなく，計画，設計，法規，構造，環境・設備などの各分野を学習したあとの総合的な観点に立脚すべき科目であり，一級建築士や二級建築士の資格試験においても，試験科目の一つとして重要なものといえます。しかし，大学の建築系学科などの設置科目としては，実務経験が少ない専任教員から，その重要性を理解されず，軽視されがちです。そのため，建築士資格試験の受験資格に必要最低限な設置科目とされている場合が多く，施工に関する十分な知識が得られないままの学生を就職先となる多数の施工関係の企業に送り出しているのが現状かもしれません。

　本書は，『ポイントで学ぶ　鉄筋コンクリートの基本と施工管理』と題して，これまでの実務の工事・工種ごとの詳細な解説を避け，初学者にもわかるように，建築施工の流れによる解説のみでなく，施工の全体像を理解するうえでの要点を絞り記述しています。さらにポイント（Point）欄を設け，このポイント欄を軸に理解を深めるよう工夫しています。

　このような特徴から，大学，工業高等専門学校，建築系専門学校，工業高等学校などにおける建築施工の教科書として，あるいは初学者の参考書として必携のものとなると信じております。さらに，施工会社の若手技術者の研修などにおいても，有効に活用できるものと思います。

　著名な方々の書籍から，さまざまな示唆を受けましたことに心より御礼申し上げます。なお，本書の執筆にあたっては，元足利工業大学教授故毛見虎雄先生とともに執筆した建築施工に関する雑誌などの内容から多くの示唆を受けております。亡き先生には心より感謝申し上げます。

　また，井上書院の鈴木泰彦氏の多大なる助言と協力によりまして，ここに出版できましたことに心よりお礼申し上げます。

　本書の内容や表現につきましては，まだまだ不明確・不適切な点が多々あるかも知れません。それに関しましては，ご意見やご叱責をお願いする次第です。

2015年3月

中田　善久

ポイントで学ぶ
鉄筋コンクリート工事の基本と施工管理——目次

I編　建築工事の基本 —— 9

1　建築工事の基本 —— 10
1.1　建築工事の概念 —— 10
(1) 社会的・技術的ルールについて —— 10
(2) 人について —— 10
(3) ものについて —— 10
(4) 経済について —— 10
(5) 時間について —— 10
1.2　建築生産のプロセス —— 11
(1) 企画・設計段階 —— 11
(2) 施工段階 —— 11
(3) 維持保全段階 —— 11
1.3　建築生産の関係者と位置づけ —— 12
(1) 建築生産の関係者とその役割 —— 12
(2) 関係者間の契約関係 —— 16
(3) 組織体制 —— 18

2　関係法令と図面 —— 21
2.1　関係法令 —— 21
(1) 関連法令の枠組みと種類 —— 21
(2) 関係法令の申請・届出 —— 22
2.2　設計図書と施工図 —— 23
(1) 設計図書 —— 23
(2) 設計図書を媒介とした情報伝達の仕組み —— 25
(3) 施工図 —— 26

II編　レディーミクストコンクリートの基本 —— 29

1　コンクリートの基本 —— 30
1.1　コンクリートとは —— 30
(1) コンクリートの定義 —— 30
(2) セメントとコンクリートの歴史 —— 30
(3) 鉄筋コンクリートの特徴 —— 31
(4) コンクリートの分類 —— 31
(5) 建設材料としてのコンクリート —— 33
1.2　コンクリートの基本 —— 33
(1) コンクリートへの要求性能 —— 33
(2) コンクリート用材料 —— 34
(3) コンクリートの調合 —— 42
(4) コンクリートの性質 —— 49

2　レディーミクストコンクリートの基本 —— 59
2.1　建築コンクリートに関わる規格・基準 —— 59
(1) 建築基準法第 37 条と大臣認定 —— 59
(2) JIS A 5308 レディーミクストコンクリート —— 59
(3) 建築工事標準仕様書 JASS 5 鉄筋コンクリート工事 —— 62

2.2 レディーミクストコンクリートの発注 — 64
 (1) JASS 5 にもとづく調合条件 — 64
 (2) レディーミクストコンクリート工場の調合と試し練り — 65
 (3) レディーミクストコンクリートの製造工程 — 66
 (4) レディーミクストコンクリートの流通と発注 — 67
2.3 レディーミクストコンクリートの受入れと品質管理 — 69
 (1) 受入検査 — 69
 (2) 検査の頻度 — 70
 (3) 検査の注意点 — 71
  練習問題 — 73

Ⅲ編 鉄筋コンクリート工事の基本 — 75
1 鉄筋コンクリート工事の基本 — 76
1.1 鉄筋コンクリート工事の概要 — 77
 (1) 鉄筋コンクリート工事における「三位一体」 — 77
 (2) 鉄筋コンクリート工事における品質のばらつきに関する概念図 — 77
 (3) 建築基準法における建築材料の品質 — 78
1.2 墨出し — 78
 (1) 墨出しの手順 — 78
 (2) 水平角・鉛直角の原理 — 79
 (3) レベルの原理 — 79
1.3 仮設工事 — 80
 (1) 単管足場 — 80
 (2) 枠組足場 — 81
 (3) 外場足場 — 81
 (4) 内部足場 — 82
 (5) 重機 — 83
1.4 鉄筋工事 — 84
 (1) 鉄筋の役割 — 84
 (2) 鋼材の力学的特性 — 84
 (3) 構造的な鉄筋の役割 — 85
 (4) 鉄筋の加工 — 86
 (5) 鉄筋工事の流れ — 89
 (6) 鉄筋の「あき」と「かぶり」 — 89
 (7) 鉄筋の台直し — 90
 (8) 鉄筋の先組み — 91
1.5 型枠工事 — 91
 (1) 型枠の役割 — 91
 (2) 型枠を構成する材料 — 92
 (3) 型枠工事の流れ — 94
 (4) 側圧 — 94
 (5) 型枠の存置期間 — 96
1.6 コンクリート工事 — 96
 (1) コンクリート工事の流れ — 96
 (2) レディーミクストコンクリート — 97
 (3) コンクリートの発注 — 97
 (4) コンクリートの使用材料 — 98
 (5) コンクリートの運搬 — 98
 (6) コンクリートの打込み — 99
 (7) コンクリートの締固め — 101

(8) コンクリートの上面仕上げ ─────────── 101
　　　(9) コンクリートの養生 ─────────────── 101
　　　(10) コンクリートの品質管理 ───────────── 102
　　　(11) 残コン・戻りコン ─────────────── 103
　1.7 鉄筋コンクリート工事の不具合 ─────────── 103

2　スラブ ─────────────────────── 105
　2.1 スラブの機能と種類 ───────────────── 105
　　　(1) 力の伝達 ──────────────────── 105
　　　(2) スラブの種類と構工法 ───────────── 106
　2.2 スラブの施工 ─────────────────── 110
　　　(1) 鉄筋工事 ──────────────────── 112
　　　(2) 型枠工事 ──────────────────── 113
　　　(3) コンクリート工事 ───────────────── 115

3　柱 ──────────────────────── 118
　3.1 柱の機能と種類 ───────────────── 118
　　　(1) 力の伝達 ──────────────────── 118
　　　(2) 柱の種類と工法 ───────────────── 119
　3.2 柱の施工 ──────────────────── 122
　　　(1) 鉄筋工事 ──────────────────── 122
　　　(2) 型枠工事 ──────────────────── 124
　　　(3) コンクリート工事 ───────────────── 125

4　梁 ──────────────────────── 128
　4.1 梁の機能と種類 ───────────────── 128
　　　(1) 力の伝達 ──────────────────── 128
　　　(2) 梁の種類と構工法 ───────────────── 129
　4.2 梁の施工 ──────────────────── 134
　　　(1) 鉄筋工事 ──────────────────── 134
　　　(2) 型枠工事 ──────────────────── 134
　　　(3) コンクリート工事 ───────────────── 135

5　基礎 ─────────────────────── 137
　5.1 基礎の機能と種類 ───────────────── 137
　　　(1) 力の伝達 ──────────────────── 137
　　　(2) 基礎の種類と構工法 ───────────────── 138
　5.2 基礎の施工 ──────────────────── 140
　　　(1) 鉄筋工事 ──────────────────── 140
　　　(2) 型枠工事 ──────────────────── 142
　　　(3) コンクリート工事 ───────────────── 142

6　杭 ──────────────────────── 144
　6.1 杭の機能と種類 ───────────────── 144
　　　(1) 力の伝達 ──────────────────── 144
　　　(2) 杭の種類と構工法 ───────────────── 145
　6.2 杭の施工 ──────────────────── 151
　　　(1) 場所打ちコンクリート杭 ──────────── 151
　　　(2) 既製杭 ──────────────────── 155

7 その他 ── 156
7.1 根切り・山留め工事 ── 156
(1) 根切り・山留め工事の基本事項 ── 156
(2) 根切り・山留め工事の計画 ── 158
(3) 根切り・山留め工事の施工 ── 159
(4 計測管理 ── 161
7.2 壁 ── 162
(1) 壁の構造 ── 162
(2) 壁の種類 ── 163
(3) 壁の施工 ── 165

Ⅳ編　施工管理の基本 ── 171

1 品質管理 ── 172
(1) 建築工事における品質管理 ── 172
(2) 鉄筋工事における品質管理 ── 174
(3) 型枠工事における品質管理 ── 175
(4) コンクリート工事における品質管理 ── 176
(5) 品質マネジメントシステム ── 177

2 原価管理 ── 179
(1) 建築工事における原価管理 ── 179
(2) 建築工事費の構成 ── 179
(3) 建築工事における積算 ── 180
(4) 建築工事における実行予算 ── 181

3 工程管理 ── 182
(1) 建築工事における工程管理 ── 182
(2) 建築工事における工程表 ── 183
(3) 建築工事における工程表の形式 ── 183
(4) 工程管理における遅延対策 ── 183
(5) 鉄筋コンクリート工事における各工事の歩掛り ── 184

4 安全管理 ── 186
(1) 建築工事における安全管理 ── 186
(2) 建築工事における労働安全衛生の関連法令および届出 ── 187
(3) 現場における安全管理組織 ── 189
(4) 現場における安全管理の実際 ── 191

5 環境管理 ── 193
(1) 建築工事における環境管理 ── 193
(2) 建築における環境側面とおもな関連法令 ── 195
(3) 鉄筋コンクリート工事における環境側面の対策 ── 197
(4) 環境マネジメントシステム ── 198

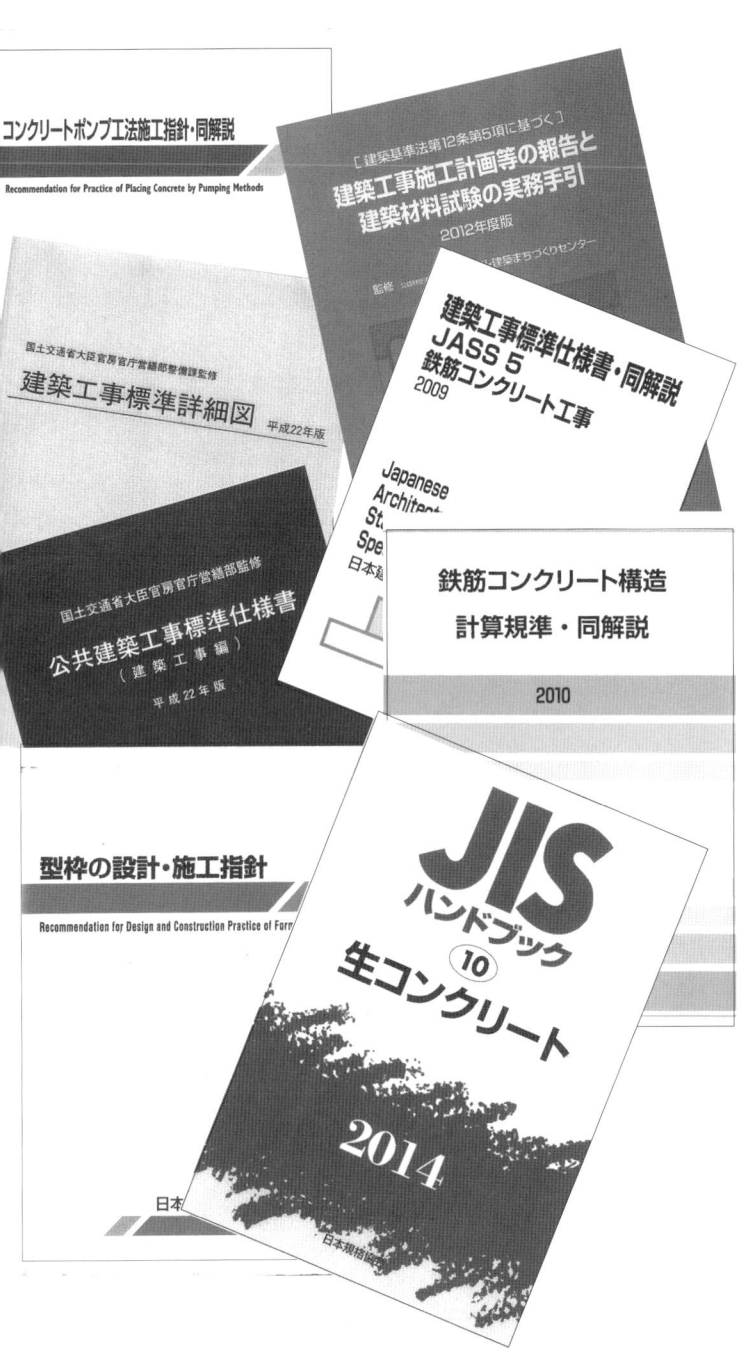

I編 建築工事の基本

1 建築工事の基本

1.1 建築工事の概念

建築工事の特徴をあげれば、以下の4つに集約される。
① 発注者（建築主）がいて初めて成立する受注産業であること
② 個々の建築物ごとに与条件が異なる一品生産品であること
③ 生産活動の場がそれぞれの建築物の固有のもの（敷地または建築物）であること
④ 労働力の中心を人が担うこと

これらを踏まえて、建築工事の基本的枠組みを簡潔に示すと、図1.1のようになり、社会的・技術的ルールの枠組みの範ちゅうにおいて、「人、もの、経済」を「時間軸」を基盤として適切に制御し、要求性能を満足した建築物を造り上げることということができる。特に、現代社会の建築工事では、急速合理化施工の名の下に、早くて（適正工期）、安くて（適正価格）、旨い（適正品質）ことが求められる。これは、用途を問わずどのような建築物であっても基本的に当てはまることであり、これらの要素のうち一つでも欠ければ、社会的要求に応じた施工を円滑に進めることはできない。

(1) 社会的・技術的ルールについて

各種のスポーツにおいてルールが必ず存在するように、建築工事においても種々のルールが存在する。それは、建築技術者としての倫理観はもとより、各種の法制度、契約行為などのいわば社会を成立させるための基盤に加え、技術的な原則を示した各種指針や仕様書などの存在である。これらのルールには、複雑で多くの決まりごとがある。しかしながら、スポーツと同様にルールを知らずしてプレー（施工）すると、当然のことながら試合（建築物）が成立しない。そのため、建築技術者として「無知ほど怖いものはない」ことを念頭にルールの理解に努め、適切にプレー（施工）することが肝要である。

(2) 人について

建築工事は、建築主、設計者、施工者、専門工事業者および材料メーカーなど多様な立場の数多くの関係者が介在する。各者が自身の役割を円滑に遂行するために、設計図書や施工計画書のよう

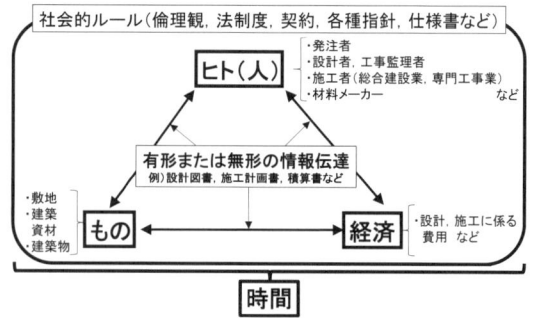

図1.1 建築工事の基本的枠組み

な有形の情報伝達に加え、日常の口頭による無形の情報伝達などを媒介として関係者間で適切にコミュニケーションをとり、的確な情報伝達が行えるチームプレーが重要である。

(3) ものについて

「もの」は、建築施工のなかで可視化される有形物の中核の部分であり、建築物は当然のこと、敷地や建築資材など数多くの「もの」を取り扱う。「もの」によって有形の建築物が形づくられているのはいうまでもないが、「もの」の特性を知ることに加え、「もの」を適切に組み上げるさまざまな枠組みと技術的要件を知ることが重要である。

(4) 経済について

建築工事は、「人」と「もの」の動きを制御する必要がある。これらが動くということは、同時に経済活動が行われることを意味する。無尽蔵に工事費があることはなく、発注者との契約によって取り決められた工事費のなかで設計図書どおりに要求性能を満足するものを造らなければならない。そのために、経済の制御が建築施工においてきわめて重要な意味をもつことを認識しなければならない。

(5) 時間について

建築工事は、契約による工期に基づいた有時限のものであり、限られた時間（工期）のなかで要求性能を満足する建築物を完成させなければならない。「人」「もの」および「経済」を適切な時間軸に合致するように制御することが重要である。まさに、"時は金なり"という言葉のとおりである。

以上を踏まえて、Ⅰ編では、建築工事における基本的枠組みのうち、建築生産のプロセス、建築工事の関係者、関係法令および設計図書と施工図について概説する。

1.2 建築生産のプロセス

建築生産のプロセスの例を「Point 建築生産のプロセスの例」に示す。建築生産とは，建築物の企画，設計，施工および維持保全までの一連の流れを包含した生産活動のことである。このプロセスは，「企画・設計段階」「施工段階」および「維持保全段階」の3段階に大別して捉えることができる。ここでは，各段階のおもなプロセスについて概説する。

(1) 企画・設計段階

企画・設計段階は，建築主による企画とそれを設計図書に反映させる設計業務の2段階に分けることができる。

建築主の行うおもな企画には，以下の項目がある。
① 敷地の選定および確保
② 建築物の規模および用途の検討
③ 建築物の仕様や要求性能などの諸元の検討
④ 事業収支の検討，工期・工事費の計画
⑤ 施工される建築物周辺への環境影響の評価

これらの与条件は相互に関連し合い，ともすれば，どちらかの条件を優先すれば一方が満足しなくなるというようなトレードオフの関係にあることが多く，複雑となることがある。これを適切に整理し，最適解を見いだす必要があるが，高度に専門的な内容が含まれる場合もあるので，必要に応じて各種の専門家を交えて検討を行う。その場合には，設計事務所や総合建設会社などが関与する場合もある。

建築主の企画が定まった段階で，設計図書に反映させる，すなわち，建築物にするための設計業務の段階に進む。設計業務では，建築主の企画に基づいて建築物を具現化するための基盤となる工事費の見積および施工に必要な情報を示した設計図書が最終的な成果物となる。そのために，第一段階として建築物の大まかな枠組みを検討する基本計画（企画設計）を検討し，各種関連法令や種々の技術的要件に基づいて建築物の平面，立面および断面の形状や構成の検討など，基本計画をより具体化するための段階である基本設計を経て，より詳細な仕様や納まりなどを示すことにより，実際の施工が可能となるための情報を整理・検討し，設計図書を作成する実施設計を行う。

(2) 施工段階

前項の企画・設計段階を経て，積算および入札が行われた結果，最適な条件を提示した施工者が選定されることとなる。施工段階では，設計図書に基づいて，施工計画，施工および施工管理を一体として行い，これに付随して施工に必要な情報を与える生産設計が同時並行して行われ，実際の施工に反映される。また，設計図書の意図を施工に適切に反映されているかどうかを確認するために工事監理が行われる。これらのプロセスを経て建築物が竣工し，建築主に引き渡され，施工段階は終了となる。

(3) 維持保全段階

昨今は，地球環境保護の観点から建築物の長寿命化を図ることが必須の事項と位置づけられており，従前にも増して維持保全に対する取組みの重要性が増している。このため建築物は，竣工してしまえば終わりということにはならない。建築物は，一般的には竣工してから少なくとも数10年間にわたって存在するものである。これに伴って，外壁や防水層などの建築物のさまざまな部位における劣化が進行して，当初想定していた性能が低下することに加え，時代の要求に沿わない設

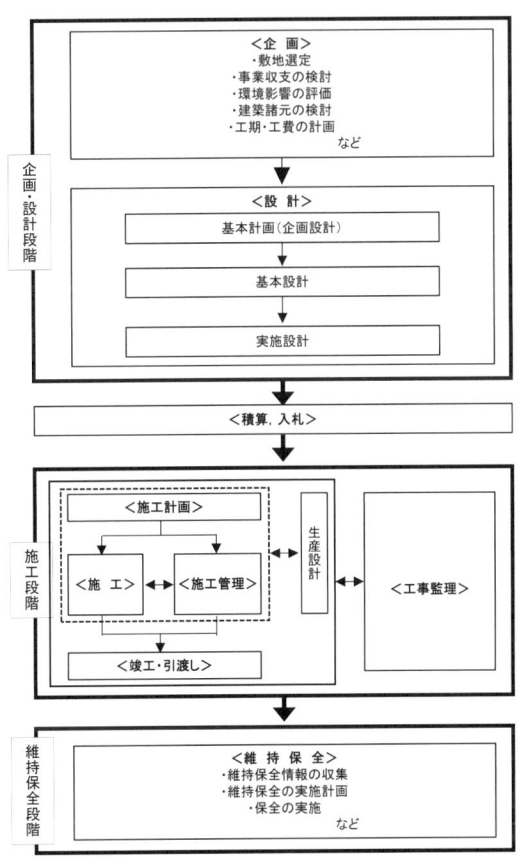

Point 建築生産のプロセスの例

備や平面などの資産価値としての陳腐化が生じることがある。そのため，これらに付帯した保守点検費，修繕費および更新費などの諸費用を要することになる。建築物のLCC（ライフサイクルコスト）の観点から見れば，竣工までに掛かる工事費を，その後の維持保全に掛かる諸費用が3～4倍上回るこという試算もある。また，おおよそ10年程度のサイクルで維持保全に掛かる大きな費用が発生するともいわれる。

以上を踏まえて，竣工してからの維持保全に関する計画を企画・設計段階から立案し，竣工後には，維持保全に関する情報を収集するとともに，これに基づいた維持保全の実施計画の策定と実施が重要となる。企画・設計段階および施工段階から建築物の長寿命化を考慮しておくことが重要であることを認識しておく必要がある。

1.3 建築生産の関係者と位置づけ

建築生産では，「Point 建築生産のおもな関係者とその契約関係」に示すようにさまざまな立場の多くの関係者が介在する。そのため，そもそもどういう立場の関係者がいるのかを知るとともに，関係者の役割，契約関係および組織体制などを知っておく必要がある。

ここでは，前項で述べた建築生産のプロセスのうち，企画・設計段階および施工段階の2段階における，関係者とその役割，関係者間の契約および組織体制について概説する。

なお，ここでは建築物を新築する場合に限定している。

(1) 建築生産の関係者とその役割
1) 建築主

建築主とは，建築基準法第2条によれば，「建築物に関する工事の請負契約の註文者又は請負契約によらないで自らその工事をする者をいう」と定義されている。ほとんどの建築物では，前者の工事の請負契約の註文者である。すなわち，建築物をどのように造ってもらいたいかの要求を出すとともに，工事費を支払う側であり，最終的には建築物を所有することになる立場である。建築主には，民間の個人や団体（会社など）に加えて，国や地方自治体などの公的な立場などがある。また，一般的な呼称として，建築主のほかに発注者や施主などという場合もある。

2) 設計者

設計者とは，建築基準法第2条によれば，「その者の責任において，設計図書を作成した者」と定義されている。設計図書を作成できるということは，建築物が意匠，構造および設備などの点において，建築主の要求条件はもとより関係法令や各種基準に適合しているかを技術的観点から確認できる能力を有する者ということになる。すなわち，法律の枠組みでは，ごく小規模な建築物を除いたほとんどの建築物において，設計者といえば，一級建築士（構造設計一級建築士および設備設計一級建築士を含む），二級建築士および木造建築士などの有資格者のことをいう。それぞれの建築士の業務範囲は，表1.1に示すとおり，建築物の構造，高さまたは階数および延べ面積によって異なる。

報酬を得て設計等の業務を行う場合は，事務所の所在地の都道府県知事に建築士事務所登録を行わなければならない。この建築士事務所は，表1.2に示すように，業務内容によってさまざまな業態が存在する。建築士事務所の種類は，専門分野で見ると，意匠設計，構造設計および設備設計（給排水衛生，空調および電気）の3つに大別できる。一方，組織形態で見ると，総合建設会社の

Point 建築生産のおもな関係者とその契約関係

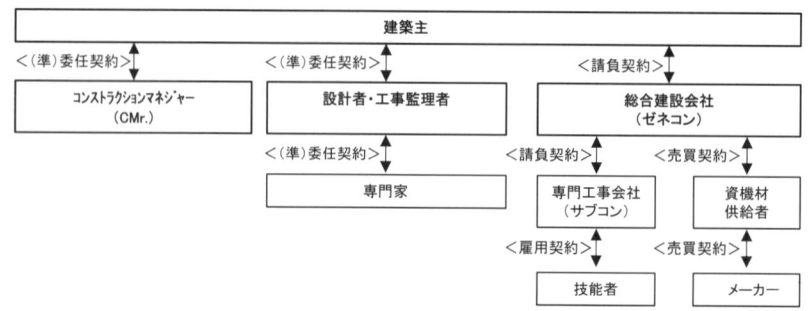

設計部，組織事務所，アトリエ系事務所，検査系事務所および衛星系事務所に分類でき，組織規模が大きくなるほど，意匠設計，構造設計および設備設計のすべてが同一の組織内に存在する場合が多い。一方，衛星系事務所のように，総合建設会社や組織事務所などからの依頼を受け，設計図書や施工図の作図業務のみを行う事務所，確認申請に関連した検査のみを行う検査系事務所など，設計に関連する業務の一部に特化した業態の事務所もある。

このように，一口に建築士事務所といっても多種多様の業態が存在することがわかる。

3）工事監理者

工事監理とは，建築士法第2条によれば，「その者の責任において，工事を設計図書と照合し，それが設計図書のとおりに実施されているかいないかを確認すること」と定義されている。これに従って，工事監理者とは，建築基準法第2条で定義されているように，工事監理を行う者のことをいう。また，設計者と同様に，ごく小規模な建築物を除いたほとんどの建築物において，工事監理者といえば，一級建築士（構造設計一級建築士および設備設計一級建築士を含む），二級建築士および木造建築士などの有資格者のことを指す。

平成21年国土交通省告示第15号に定められる工事監理に関する標準業務を表1.3に示す。これと一体で行う業務には，請負代金内訳書の検討および報告，工程表の検討および報告，工事と工事

表1.1　建築士の業務範囲

構造	高さまたは階数	延べ面積(m^2)				
		30以下	30超100以下	100超300以下	300超1,000以下	1,000超
木造その他下欄以外の構造	高さ13mかつ軒高9m以下のもの	階数1	だれでもよい	一級建築士，二級建築士，木造建築士（木造に限る）	※一級建築士，二級建築士，木造建築士（木造に限る）	※以外の建築物の場合，一級・二級建築士
		階数2			一級建築士，二級建築士注)	
		階数3				
	高さ13mまたは軒高9mを超えるもの	一級建築士				
鉄筋コンクリート造，鉄骨造，石造，れんが造，コンクリートブロック造，無筋コンクリート造	高さまたは階数	延べ面積(m^2)				
		30以下	30超100以下	100超300以下	300超1,000以下	1,000超
	高さ13mかつ軒高9m以下のもの	階数2以下	資格は必要なし			
		階数3以下		一級建築士，二級建築士		
	高さ13mまたは軒高9mを超えるもの	一級建築士				

注）ただし，延面積が$500m^2$を超える学校，病院，劇場，映画館，観覧場，公会堂，集会場（オーディトリアムを有しないものを除く）または百貨店は，一級建築士

表1.2　建築士事務所の種類と業務範囲の一例

組織形態	業務範囲	特徴
総合建設会社の設計部	設計業務のすべてを総合的に担うことが可能	意匠設計，構造設計，設備設計の各部門が揃っていることが多い。設計・施工一貫受注により，自社内で設計から施工まで一貫して担うことができる。
組織事務所		意匠設計，構造設計，設備設計の各部門が揃っていることが多い。
アトリエ系事務所	意匠設計，構造設計，設備設計それぞれ単一の業務を担うことが多い	建築家の事務所に代表されるように，一般には少数または個人で営業されており，自らの専門分野以外については外注してチーム態勢で臨むことが多い。
検査系事務所	確認申請などにかかわる検査のみを担う	配筋検査や上棟検査など，確認申請にかかわる検査業務を専門に担う。
衛星系事務所	設計図書や施工図の作図作業のみを担う	総合建設会社や組織事務所など比較的規模の大きい組織の依頼で作図作業を担う。

表1.3　工事監理に関する標準業務
（平成21年国土交通省告示第15号）

項目		業務内容
①工事監理方針の説明等	(i)工事監理方針の説明	工事監理の着手に先立って，工事監理体制その他工事監理方針について建築主に説明する。
	(ii)工事監理方法変更の場合の協議	工事監理の方法に変更の必要が生じた場合，建築主と協議する。
②設計図書の内容の把握等	(i)設計図書の内容の把握	設計図書の内容を把握し，設計図書に明らかな，矛盾，誤謬，脱漏，不適切な納まり等を発見した場合には，建築主に報告し，必要に応じて建築主を通じて設計者に確認する。
	(ii)質疑書の検討	工事施工者から工事に関する質疑書が提出された場合，設計図書に定められた品質確保の観点から技術的に検討し，必要に応じて建築主を通じて設計者に確認のうえ，回答を工事施工者に通知する。
③設計図書に照らした施工図等の検討および報告	(i)施工図等の検討および報告	設計図書の定めにより，工事施工者が作成し，提出する施工図，製作見本，見本施工等が設計図書の内容に適合しているかについて検討し，建築主に報告する。
	(ii)工事材料，設備機器等の検討および報告	設計図書の定めにより，工事施工者が提案または提出する工事材料，設備機器等およびそれらの見本が設計図書の内容に適合しているかについて検討し，建築主に報告する。
④工事と設計図書との照合および確認		工事施工者の行う工事が設計図書の内容に適合しているかについて，設計図書に定めのある方法による確認のほか，目視による確認，抽出による確認，工事施工者から提出される品質管理記録の確認等，確認対象工事に応じた合理的方法により確認を行う。
⑤工事と設計図書との照合および確認の結果報告等		工事と設計図書との照合および確認の結果，工事が設計図書のとおりに実施されていないと認めるときは，直ちに，工事施工者に対して，その旨を指摘し，当該工事を設計図書のとおりに実施するよう求め，工事施工者がこれに従わないときは，その旨を建築主に報告する。なお，工事施工者が設計図書のとおりに施工しない理由について建築主に書面で報告した場合においては，建築主および工事施工者と協議する。
⑥工事監理報告書等の提出		工事と設計図書との照合および確認をすべて終えた後，工事監理報告書等を建築主に提出する。

1　建築工事の基本　13

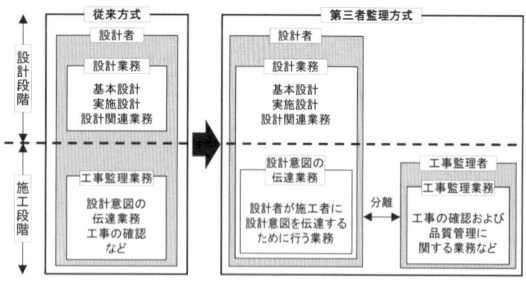

図1.2　第三者監理方式の例

表1.4　第三者監理方式のメリットとデメリット

メリット	デメリット
・建築主の立場でコスト管理が可能 ・発注の透明性の確保が可能 ・第三者性の確保が可能 ・設計情報の未確定部分の先送り防止効果 ・設計情報の提示期間の遵守促進 ・設計情報の精度向上の効果 ・建築主の要望事項の確定・整理の促進 ・設計と工事監理の責任範囲の明確化	・技術的に高度な監理者の選定なくしては無意味 ・監理者選定に相応の時間を有する ・施工中の打合せ回数の増加 ・調整作業の煩雑化 ・監理業務分離によるコスト増加 ・事前の業務範囲の整理，要求性能の確定など建築主に専門知識の保有，調整時間の確保など負担増加

請負契約との照合・確認・報告，工事請負契約の目的物の引渡しの立会い，関係機関の検査の立会い，工事費の支払いの審査などがあり，監理業務委託契約および工事請負契約の締結時に具体的な業務内容について取り決める。各種の契約の詳細については，1.3（2）項を参照されたい。

　一方，従来の工事監理は，工事監理者が工事全般にわたって工事内容を確認し指導する「指導監督型」であったが，昨今は工事施工者（施工管理者）が自主的な品質管理を行い，それを工事監理者が確認する「自主管理確認型」に移行している。

　工事監理者は，設計者が施工段階に至っても継続して担うことが多いが，近年ではより建築物の品質を高め，かつ透明性を確保するために第三者監理方式として，図1.2に示すように，設計者とは別の組織に所属する工事監理者が担う場合もある。この第三者監理方式のメリットとデメリットを表1.4に示す。第三者監理方式のメリットとしては，プロジェクトの透明性，第三者性および責任範囲の明確化といえる一方で，デメリットとしては業務に掛かる調整作業が増加するなどがあげられる。

4）コンストラクションマネジャー（CMr.）

　わが国では，これまで建築主から設計者および工事施工者へそれぞれの業務範囲に応じて一括で発注する一括発注方式が多用されてきており，関係業務についてはそれぞれの組織に委ねられてきた。これに対して，建築生産の当事者である設計者および工事施工者とは分離した立場として中立性を保ちつつ建築主の側に立って，設計や工事発注方式の検討をはじめ，各種の施工管理業務の全部または一部を行う，コンストラクションマネジメント方式（CM方式）が普及しつつある。CM方式は，1960年代のアメリカで始まった手法である。このCM方式の業務を担うのがコンストラクションマネジャー（CMr.）である。具体的な業務としては，発注段階，設計段階および施工段階に大別しておもな業務をあげると，以下のようになる。

＜発注段階＞
① 発注区分や発注方式の提案
② 施工者の公募や評価
③ 工事費算出の支援
④ 契約書類の作成やアドバイス

＜設計段階＞
① 設計候補者の評価
② 設計の検討支援
③ 設計VE

＜施工段階＞
① 工事施工者間の調整
② 工程計画の作成や工程管理
③ 工事施工者が作成する施工図のチェック
④ 工事施工者が行う品質管理のチェック
⑤ コスト管理
⑥ 発注者に対する工事経過報告や文書管理

　CM方式を専業とする会社が担う場合もあるが，CM方式専門の部署を設けている設計事務所または総合建設会社が担う場合もある。

5）工事施工者

　工事施工者とは，建築基準法第2条では，「建築物，その敷地若しくは工作物に関する工事の請負人又は請負契約によらないで自らこれらの工事をする者」と定義されている。一般的には，請負契約を締結して施工を行うため，前者の工事の請負人を指す。工事施工者は，建築主と直接請負契約を締結する元請け，すなわち，一般にいう建設会社（土木一式工事および建築一式工事の許可を受けている場合には総合建設会社といい，General Contractor，通称ゼネコン）と，建設会社と請負契約を締結して工種ごとに専門的な工事を担う専門工事業者（Sub Contractor，通称サブコン）とに大別することができる。専門工事業者の請負の種類には，労務のみを提供する「作業請

負（手間請負）」と，材料および労務の両方を提供する「外注工事請負」の形式がある。さらには，専門工事業者に雇用される形式で技能者（通称，職人）がおり，実際の作業を担う。それぞれの工事施工者の業務の詳細についてはⅢ編およびⅣ編を参照されたいが，元請けの建設会社は，施工に伴った品質，原価，工程，安全および環境について，計画，実施および管理を行う者，すなわち，工事施工者になり，職種でいえば施工管理者ともいわれる。この建設工事の完成を請け負うことを営業するには，軽微な建設工事を除いて，その工事が公共工事であるか民間工事であるかを問わず，建設業法第3条に基づき建設業の許可を受ける必要がある。ここでいう軽微な建設工事とは，以下の工事をいう。

① 建築一式工事については，工事1件の請負代金の額が1,500万円未満の工事または延べ面積が150m² 未満の木造住宅工事
② 建築一式工事以外の建設工事については，工事1件の請負代金の額が500万円未満の工事

軽微な建設工事以外を対象に建設業を営もうとするときには，営業所を設ける地域と請け負った工事代金によって以下に示す区分に従って許可を得る必要がある。

Point 建築業法による建設工事の許可の種類

	工事の名称	許可業種の名称
一式工事	土木一式工事	土木工事業
	建築一式工事	建築工事業
専門工事	大工工事	大工工事業
	左官工事	左官工事業
	とび・土工・コンクリート工事	とび・土工工事業
	石工事	石工事業
	屋根工事	屋根工事業
	電気工事	電気工事業
	管工事	管工事業
	タイル・れんが・ブロック工事	タイル・れんが・ブロック工事業
	鋼構造物工事	鋼構造物工事業
	鉄筋工事	鉄筋工事業
	舗装工事	舗装工事業
	しゅんせつ工事	しゅんせつ工事業
	板金工事	板金工事業
	ガラス工事	ガラス工事業
	塗装工事	塗装工事業
	防水工事	防水工事業
	内装仕上工事	内装仕上工事業
	機械器具設置工事	機械器具設置工事業
	熱絶縁工事	熱絶縁工事業
	電気通信工事	電気通信工事業
	造園工事	造園工事業
	さく井工事	さく井工事業
	建具工事	建具工事業
	水道施設工事	水道施設工事業
	消防施設工事	消防施設工事業
	清掃施設工事	清掃施設工事業
	解体工事	解体工事業

Point 建築設計・監理業務委託契約書と契約約款の例

建築設計・監理業務委託契約書の例

建築設計・監理業務委託契約約款の例
- 第1条　総則
- 第2条　協議の書面主義
- 第3条　業務に係る情報提供等
- 第4条　成果物の説明・提出
- 第5条　業務工程表の提出
- 第6条　監理業務方針の説明等
- 第7条　権利・義務の譲渡等の禁止
- 第8条　秘密の保持
- 第9条　著作権の帰属
- 第10条　著作物の利用
- 第11条　著作者人格権の制限
- 第12条　著作権の譲渡禁止
- 第13条　著作権等の保証
- 第14条　再委託
- 第15条　乙（受託者）の説明・報告義務
- 第16条　各種委託書の追加，変更等
- 第17条　設計業務，調査・企画業務における矛盾等の解消
- 第18条　乙（受託者）の請求による各種業務の履行期間の延長
- 第19条　各種業務報酬の支払
- 第20条　監理業務報酬の増額
- 第21条，第22条　乙（受託者）および甲（委託者）の債務不履行責任
- 第23条　成果物の瑕疵に対する乙（受託者）の責任
- 第24条，第25条　各種業務における甲・乙それぞれの中止権
- 第26条　解除権の行使
- 第27条　解除の効果
- 第28条　保険
- 第29条　紛争の解決
- 第30条　契約外の事項

＜営業所を設ける地域の区分＞
① 二以上の都道府県の区域内に営業所を設けて営業しようとする場合…国土交通大臣の許可
② 一の都道府県の区域内のみに営業所を設けて営業しようとする場合…都道府県知事の許可

＜工事代金による区分＞
① 発注者から直接請け負った1件の工事代金について，4,000万円（建築工事業の場合は6,000万円）以上となる下請契約を締結する場合…特定建設業の許可
② 特定建設業以外…一般建設業の許可

また，「Point 建設業法による建設工事の許可の種類」に示すように建設工事の種類ごとに許可を受ける必要がある。建設工事は，土木一式工事および建築一式工事の2つの一式工事のほか，27の専門工事の計29の種類に分類されており，この建設工事の種類ごとに許可を取得することとされている。

工事業の許可を得る場合には，営業所ごとに許可を受けようとする建設業に関して，一定の資格または経験を有した者（専任技術者）が常駐していることが必要となる。

6）その他の関係者

建築物を施工する際に，さまざまな資機材が必要となり，その種類によって総合建設会社または専門工事業者を通じて取引される。資機材を供給するメーカーには，仮設足場や仮囲いなどの仮設資材を取り扱う仮設資材メーカー，敷地の掘削や資材の揚重用などの各種重機を取り扱う重機メーカー，塗料や石膏ボードなどの建築材料を取り扱う材料メーカーをはじめ，空調機器や給排水衛生器具などを取り扱う製造メーカーなどである。これに加えて，リースする資機材などは，リース会社が取り扱うといったように多種多様な立場が関係する。

(2) 関係者間の契約関係

1.3節(1)項の「Point 建築生産のおもな関係者とその契約関係」において示したように，それぞれの立場に応じた契約が成される。ここでは，建築主と直接結ぶ契約のうち，設計に関連する委託契約と施工に関連する請負契約を中心に概説する。

1）設計に関連する契約

設計に関連する業務は，設計，工事監理および調査・企画の大別して3つに分類できる。この分類のうち，委託する業務範囲に応じた各種の契約があり，建築主と設計者の間で取り交わされる。契約に際しては，契約書に加え契約条項を定める契約約款が一対のものとなり，記名押印または署名したうえで委託者（建築主）と受託者（設計者）の双方が各1通ずつ保有する。

業務委託契約書は，契約者間で協議のうえ独自の形式のものを用いてもよいが，一般的には以下に示す四会連合協定に基づく契約書をベースとすることが多く，業務範囲に応じた5種類がある。なお，この四会連合とは，日本建築士会連合会，日本建築士事務所協会連合会，日本建築家協会および日本建築業連合会の4団体のことである。

・建築設計・監理業務委託契約書
・建築設計業務委託契約書
・監理業務委託契約書
・調査・企画業務委託契約書
・建築設計，調査・企画委託契約書

このうち，建築設計・監理業務委託契約書および同契約約款の例をPointに示す。契約書には，建築地，建築物の用途・構造・規模，業務委託の種類・内容・実施方法・実施期間，業務の成果物，業務報酬などが定められ，契約の細目については契約約款において定められる。

2）施工者の選定と工事請負契約

a 施工者の選定

施工者を選定するには，一般に入札の形式をとる。入札の形式には，以下の2つの種類がある。

・特命入札

特定の施工者しかできない特殊な工事や，建築主と施工者が信頼関係で結ばれている場合などに，1施工者のみを指定して入札する方法である。随意契約ともいう。

・競争入札

工事を遂行できる技術力や信用力を有する2以上の施工者を選定し，それぞれが見積りを行った工事費によって選定する方法であり，公共工事においては特別な事情を除いて競争入札とする。この競争入札には，公開入札と指名入札がある。公開入札とは，入札を希望する施工者を一般から広く公募する方法のことであり，公共工事や特殊な工事において採用される。指名入札とは，当該工事に適合する実績，技術力および信用力などを有した複数の施工者をあらかじめ指名し，そのなかから選定する方法である。公共工事においては，予定価格内で最廉価の工事費を提示した施工者が選定される。

一方，民間工事における競争入札においては，工事費が低いほうが一般に有利となるが，内容によっては必ずしも工事費の低いほうが選定されるとは限らない。

入札によって，建築主の要求条件に合致すれば受注に至る。これを落札という。

b 請負の種類と工事請負契約

前項により施工者を選定した後には，建築主と施工者の間で工事請負契約が取り交わされる。この請負の種類には，表1.5に示すように多様な形式があるが，最も一般的な形式は一式請負である。また，大規模な工事および特殊な工事などは，2つ以上の施工者が提携して共同請負（Joint Venture, JV）とする。なお，請負の形式は，入札時に定まっている。また，建築主自らが，それぞれの専門工事業者を選定し直接契約で工事を行う直営方式もあるが，建築主が専門性を有していない場合はCMr.に委託するなどの対応が必要となる。

工事請負契約に際しては，前述した建築設計業務委託契約と同様に，契約書に加え契約条項を定める契約約款が一対のものとなり，記名押印または署名したうえで発注者（建築主）と受注者（施工者）の双方が各1通ずつ保有する。

工事請負契約書は，契約者間で協議のうえ独自の形式のものを用いてもよいが，一般的には以下に示す民間（旧四会）連合協定に基づく契約書を用いる。なお，この民間（旧四会）連合とは，日本建築学会，日本建築協会，日本建築家協会，全国建設業協会，日本建設業連合会，日本建築士会連合会および日本建築士事務所協会連合会の7団体のことである。

工事請負契約書および同契約約款の例をPointに示す。契約書には，工事場所，工期，請負代金額および支払時期などが定められ，契約の細目に

表1.5 請負の種類

名　称		概　要
単価請負		工事の単価を定めて請け負う形式のこと。工事の開始前に概略数量を定め，工事完了後の確定数量により精算する。
定額請負（工事費の総額をあらかじめ定めて請け負う形式）	分割請負	工事の内容により，分割して請け負う形式のこと。おもな分割の種類には，以下の形式がある。 専門別請負：建築工事や設備工事など専門別に請け負う形式 工程別請負：一定の工程ごとに請け負う形式 工区・棟別請負：工事範囲を分割して複数の施工者が請け負う形式で大規模工事に多い形式
	総合請負	工事を一括して施工者が請け負う形式のこと。おもな形式を以下に示す。 一式請負：工事のすべてを一括して請け負う形式で最も多用される形式 共同請負：複数の施工者が共同で請け負う形式でJV（Joint Venture，ジョイントベンチャー）という 実費請負：実際に掛かった費用を工事完了後に精算する形式で，工事の運営で掛かった諸経費や施工管理の報酬などを別に定めて精算する実費報酬加算請負がある

Point 工事請負契約書と契約約款の例

工事請負契約書の例

工事請負契約約款の例
- 第1条　総則
- 第2条　工事用地など
- 第3条　関連工事の調整
- 第4条　請負代金内訳書，工程表
- 第5条　一括下請負，一括委任の禁止
- 第6条　権利，義務の譲渡などの禁止
- 第7条　特許権などの使用
- 第8条　保証人（保証人を立てる場合）
- 第9条　監理者
- 第10条　現場代理人，監理技術者など
- 第11条　履行報告
- 第12条　工事関係者についての異議
- 第13条　工事材料，建築設備の機器，施工用機器
- 第14条　支給材料，貸与品
- 第15条　監理者の立会い
- 第16条　設計，施工条件の疑義，相違など
- 第17条　図面・仕様書の通りに実施されていない施工
- 第18条　損害の防止
- 第19条　第三者損害
- 第20条　施工について生じた損害
- 第21条　不可抗力による損害
- 第22条　損害保険
- 第23条　完成，各種検査
- 第24条，第25条　部分使用と部分引渡し
- 第26条　請求，支払，引渡し
- 第27条　瑕疵の担保
- 第28条　工事の変更，工期の変更
- 第29条　請負代金額の変更
- 第30条　履行遅滞，違約金
- 第31条，第32条　発注者または受注者の中止権，解除権
- 第33条　解除に伴う措置
- 第34条　紛争の解決

表 1.6　工事請負契約約款のおもな条項（抜粋）

条項		条文の概要
第5条	一括下請負,一括委任の禁止	受注者は、工事の全部もしくはその主たる部分または他の部分から独立して機能を発揮する工作物を一括して、第三者に請け負わせることもしくは委任することはできない。
第17条	図面・仕様書のとおりに実施されていない施工	●施工について、図面・仕様書のとおりに実施されていない部分があると認められるときは、監理者の指示によって、発注者は、その費用を負担して速やかにこれを補修または改造する。このために受注者は、工期の延長を求めることはできない。 ●監理者は、図面・仕様書のとおりに実施されていない疑いのある施工について、必要と認められる相当の理由があるときは、受注者に通知のうえ、発注者の書面による同意を得て、必要な範囲で破壊してその部分を検査することができる。 ●以下の事項によって図面・仕様書のとおりに実施されていないと認められる施工については、受注者は、その責任を負わない。 ・発注者または監理者の指示によるとき ・図面・仕様書に指定された施工方法によるとき など 上記の場合であっても、施工について受注者の故意もしくは重大な過失、または受注者が適当な施工でないことを知りながらあらかじめ発注者もしくは監理者に通知しなかったときには、受注者の責任となる。
第20条	施工について生じた損害	●工事の完成引渡までに、契約の目的物、工事材料、建築設備の機器、支給材料、貸与品、その他施工について生じた損害は、受注者の負担とし、工期は延長しない。 ●以下の事項が生じた場合は、発注者の負担とし、受注者は工期の延長を求めることができる。 ・発注者の都合によって、受注者が着手期日までに工事に着手できなかった場合 ・前払または部分払が遅れたため、受注者が工事に着手せずまたは工事を中止したとき など
第27条	瑕疵の担保	契約の目的物に施工上の瑕疵があるときは、発注者は受注者に対して、瑕疵の補修や損害賠償を求めることができる。瑕疵担保保証期間は、引渡しの日から、木造建物では1年間、コンクリート造、鉄骨造などは2年間とする。ただし、その瑕疵が受注者の故意または重大な過失によって生じたものであるときは、それぞれ5年間、10年間とする。
第28条	工事の変更,工期の変更	発注者は、必要によって、工事を追加または変更でき、受注者へ工期の変更を求めることができる。この変更によって、受注者は工期の延長を請求することができる。発注者は受注者に対して請負代金の増減額を提案することができる。

ついては契約約款において定められる。この契約約款のうち、知っておきたいおもな条項についての抜粋を表1.6に示す。発注者および受注者の双方がそれぞれの責務を果たせば、フェアな関係となるように規定されている。

(3) 組織体制
1) 全体の組織体制

プロジェクト全体の組織体制の例をPointに示す。おもなプロジェクトの組織体制は、「設計と施工の分離，施工一括発注方式」「設計と施工の分離，施工分離発注（建築主による直営方式）」「設計施工一括発注方式」および「CM方式」の4つの方式に大別できる。すなわち、それぞれの方式によって建築主，設計者，施工者および専門工事業者の4者の関係が異なることになる。このうち、最も一般的な方式は、「設計と施工の分離，施工一括発注方式」および「設計施工一括発注方式」である。前者では、設計を設計事務所，施工を総合建設会社がそれぞれ担う方式であり、設計事務所と総合建設会社の円滑な意思疎通と情報共有が重要となる。一方、後者では総合建設会社内の設計部門と施工部門がそれぞれ担い、設計と施工を1社内で一貫して実施する方式であり、設計段階から施工を考慮することができ、施工段階においても設計者との意思疎通が円滑に行える利点があるが、業務の透明性という点においては不明確になる場合もある。

Point　プロジェクト全体の組織体制の例

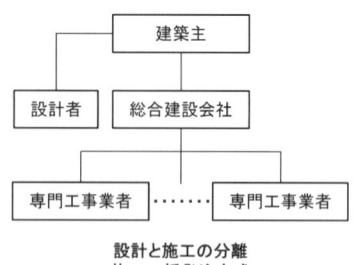

設計と施工の分離
施工一括発注方式

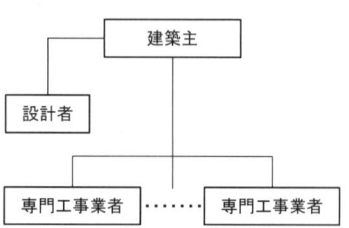

設計と施工の分離
施工分離発注方式

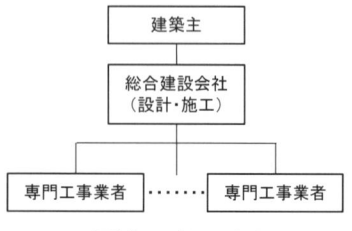

設計施工一括発注方式

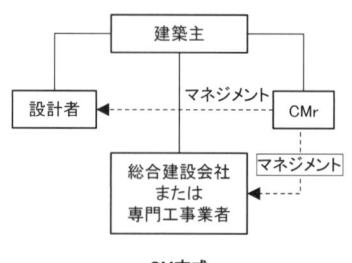

CM方式

プロジェクトの実施方式とリスク分担の例を図1.3に示す。建築主と施工者それぞれのリスクは、「設計施工一括発注方式」の場合、施工者のほうが大きくなり、「CM方式」の場合、建築主のほうが大きくなる。一方で、「設計と施工の分離、施工一括発注方式」の場合、建築主と施工者がリスクをおおよそ半々に分担することになる。

2）設計者の組織体制

プロジェクトの組織体制のうち、設計と施工を分離した場合の設計者の組織体制に着目して見る。設計者の組織体制の例をPointに示す。ここでは、プロジェクトの規模によって大別して示している。

一般的なプロジェクトの場合は、建築主から委託された基本設計、実施設計および工事監理を意匠設計事務所が受託し、これに構造設計および設備設計を専門とする設計事務所が協力して設計業務を担う体制である。この場合、意匠設計事務所のみが建築主と業務委託契約を結び、構造設計事務所および設備設計事務所は、意匠設計事務所から委託を受けることになる。一方、意匠設計、構

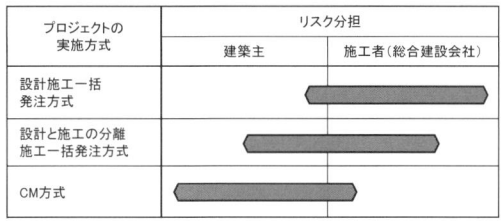

図1.3 プロジェクトの実施方式とリスク分担の例

Point 設計者の組織体制の例

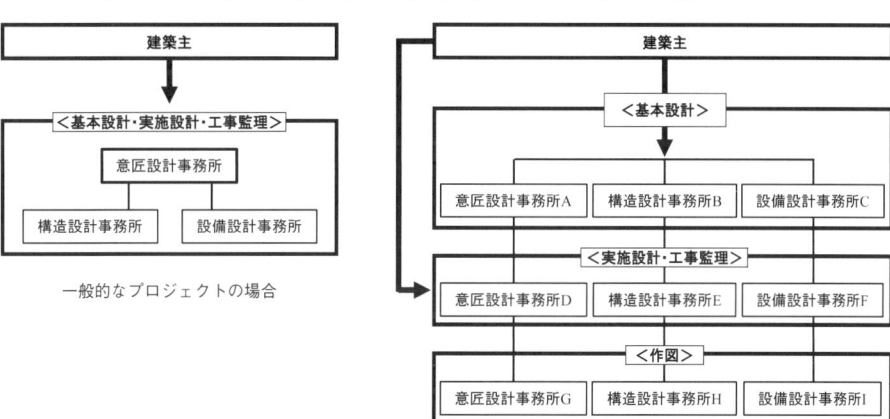

Point 施工者の現場における組織体制の例

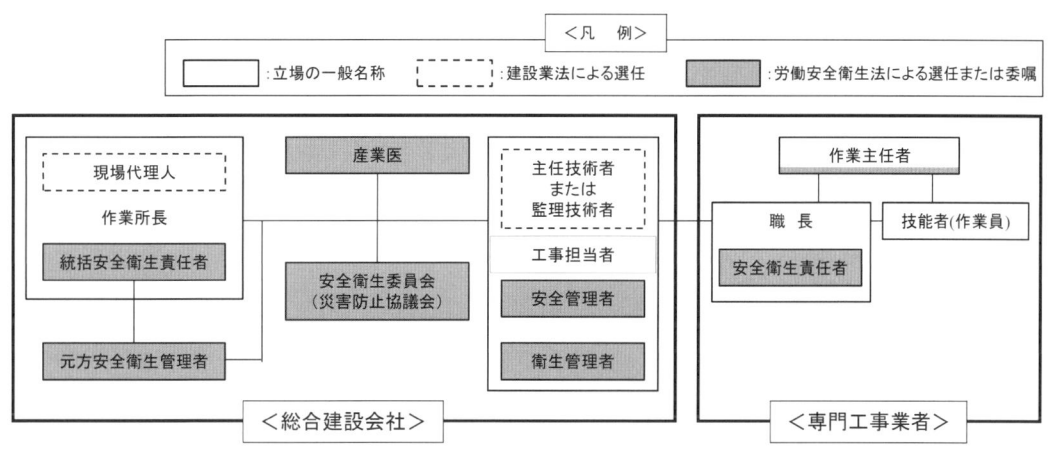

1 建築工事の基本　19

造設計および設備設計の各部門のある組織事務所の場合は，設計業務の一式を建築主から委託されて一体で担うことになる。大規模なプロジェクトの場合には，分野ごとに高度な専門性が必要となったり，設計図書の作成量が膨大となることが多い。そのような場合，基本設計，実施設計および作図というように，設計業務を細分化して複数の設計事務所が分担することになり，建築主は，設計業務ごとに業務委託契約を結ぶことが一般的である。一方で，作図のみを担う設計事務所と建築主が直接の契約を結ぶことは一般的にはない。

3）施工者の現場における組織体制

施工者の現場における組織体制の例をPointに示す。基本的には，総合建設会社に属する作業所長および各工事担当者，専門工事業者に属する職長および技能者で構成される。一方で，この組織体制は建設業法と労働安全衛生法の枠組みに分けてとらえることができる。

建設業法では，技術者の枠組みを規定している。同法では，建築工事を施工する場合に，その施工の技術上の管理を担う技術者の設置が義務づけられており，下請契約の請負代金の額の合計が3,000万円（建築一式工事の場合は4,500万円）以上では監理技術者，それ未満の工事では主任技術者を設置することとされている。また，現場代理人とは現場における代表者であり，作業所の一切の責任を負う立場である。作業所長が兼務することが一般的である。

労働安全衛生法では，現場ごとに施工の安全と衛生確保の観点から安全衛生委員会（災害防止協議会という場合もある）を設置することとされている。また，現場従事者の人数によって異なるが，総合建設会社からは統括安全衛生責任者，元方安全衛生管理者，安全管理者および衛生管理者をそれぞれ選任し，専門工事業者から安全衛生責任者を選任し，安全衛生管理体制を構築する。また，専門工事業者の担う作業内容によっては，たとえば型枠の組立て等作業主任者や足場の組立て等作業主任者などのように技能講習を修了した者のうちから作業主任者を選任する。作業主任者は，作業に従事する技能者を指揮するとともに，機械・安全装置の点検や器具・工具などの使用状況の監視等の職務を担う。

以上のように，立場によってさまざまな組織体制があることがわかる。組織体制によって，情報伝達の仕組みや情報共有する経路などが異なり，プロジェクトの進行に大きく影響を及ぼす。円滑にプロジェクトを進行させるためには，プロジェクトの規模や内容を見定め，これに合致した適切な組織体制を組むことが重要である。

2 関係法令と図面

2.1 関連法令

(1) 関連法令の枠組みと種類
1) 建築法体系の基本的な枠組み

　建築法体系の概要を「Point 建築法体系の基本的な枠組」に示す。建築に関係する法令としては、国民の生命、健康および財産の保護を図るために建築物の敷地、構造、設備および用途に関する最低の基準を定める「建築基準法」が建築物の質の確保に関する基本的な法律として定められている。この建築基準法に付随して、「建築基準法施行令」「建築基準法施行規則」および建築基準法関係告示が定められており、建築物を施工する際や建築物を安全に維持するための技術的基準などの具体的な内容が示されている。それぞれの概要は、以下のとおりである。

・建築基準法施行令
　建築基準法の規定を受けて、規定を実現するための具体的な方法や方策を定めている。

・建築基準法施行規則
　建築基準法および建築基準法施行令を実施する際に必要とされる設計図書や事務書式を定めている。

・建築基準法関係告示
　監督官庁から公示され、複数分野の技術革新により日々変化していく事物へ追従するために建築基準法、建築基準法施行令および建築基準法施行規則を補完する役割を担う。

　このほか、建築物を整備する際に建築物の敷地、構造または建築設備が適合すべき基準を定め、建築基準法に基づく建築確認検査の際に適合性が判定される建築基準関係規定を定めた法律として、「消防法」および「都市計画法」など複数の法律がある。

　最低基準としての規制以外の目的で建築物の構造、設備等に関する基準を規定する法律としては、建築物の耐震性の向上を図ることを目的とする「建築物の耐震改修の促進に関する法律」、住

表2.1　施工に関連するおもな法令

区　分	法令名
労働安全衛生関係	労働基準法・同施行規則 女子年少者労働基準規則 建設業附属寄宿舎規程 労働安全衛生法・同施行令・同規則 ボイラーおよび圧力容器安全規則 クレーン等安全規則 ゴンドラ安全規則 高気圧作業安全衛生規則 酸素欠乏症防止規則 有機溶剤中毒予防規則
施工上の技術基準関係	ガス工作物の技術上の規準を定める省令（通商産業省令） 電気事業法・電気工事士法 消防法・同施行令・同施行規則
災害公害関係	道路法・同施行令・同施行規則 火薬取締法・同施行規則 公害対策基本法・騒音規制法・同施行令・同施行規則・建設作業騒音規定 土砂等を運搬する大型自動車による交通事故防止等に関する特別措置法 廃棄物処理および清掃に関する法律 道路交通法・同施行令・同施行規則

Point 建築法体系の基本的な枠組み

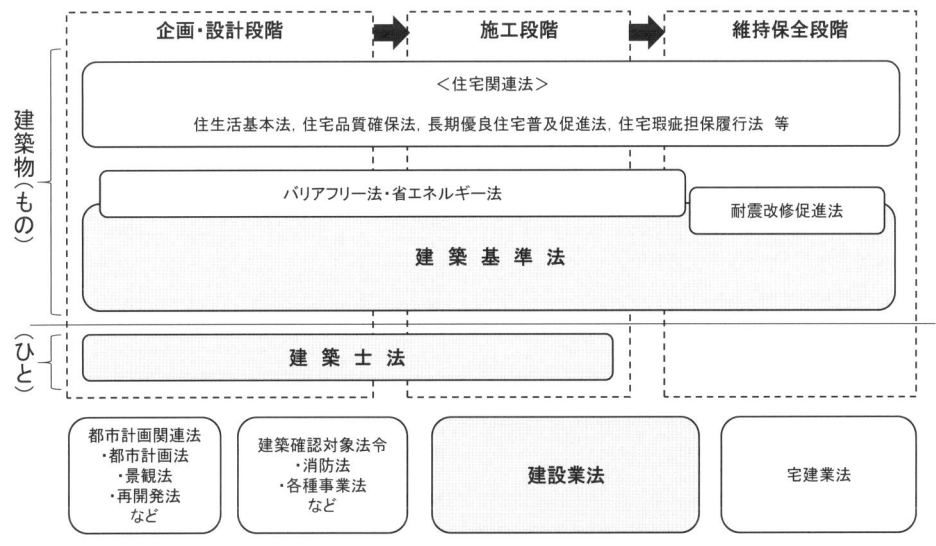

宅の性能に関する表示基準および評価制度などを規定する「住宅の品質確保の促進等に関する法律」「長期優良住宅の普及の促進に関する法律」および「特定住宅瑕疵担保責任の履行の確保に関する法律」などの法律がある。

さらには，建築物に加え，輸送および工場なども対象としたエネルギーの使用の合理化に関する「エネルギーの使用の合理化等に関する法律」などの法律がある。

また，これ以外に建築関係の資格を定める法律として，建築物の設計および工事監理等を行う技術者の資格を定める「建築士法」がある。1.3節(1)項で述べた一級建築士，二級建築士および木造建築士などは，同法で規定されている資格である。さらには，関連業を規制する法律として，「建設業法」および「宅地建物取引業法」などがある。

2）施工に関連する法令

前項で述べた法体系を基盤として，施工を進めるにあたっては，多くの法令が関係する。施工に関連するおもな法令を表2.1に示す。施工に関連する法令を大別すると，労働安全衛生関係，施工上の技術基準関係および災害公害関係に分類できる。施工内容や施工段階に応じて，多くの法令が関係するため，各法令の規定を正確に把握しておくことが重要である。

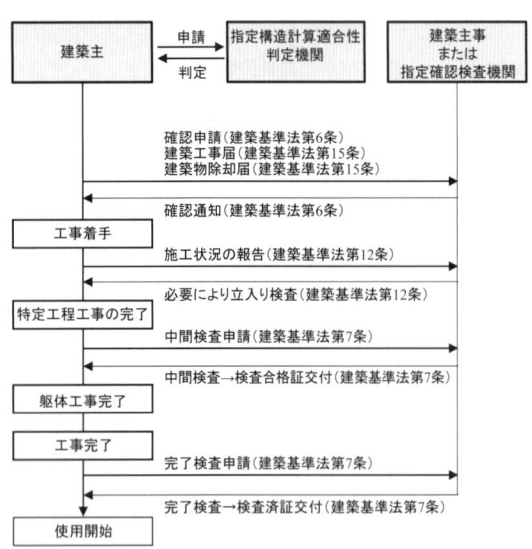

(2) 関係法令の申請・届出
1) 建築確認申請に伴う諸手続

ごく小規模な建築物や工作物を除いたほとんどの建築物を建設する際には，建築基準法に基づいて建築確認申請を提出して審査を受けなければならない。この際には，「Point 建築基準法の建築確認申請に伴う各種手続き」に示すように工事の各段階に応じた諸手続が必要となる。建築確認申請は，設計が完了した後，着工前までに建築主が建築主事または指定確認検査機関へ申請を行わなければならない。これが建築基準法に適合していることが確認され，確認通知（確認済証）が発行されるまでは着工することはできない。また，建築確認申請と同時に，建築工事届，既設建築物がある場合には建築物除却届を申請しなければならない。また同時に，一定の規模以上の建築物については，当該建築物における構造計算の適合性を判定するために，建築主から指定構造計算適合性判定機関へ申請を行い，適合するか否かの判定を受けなければならない。

工事着手した後には，躯体工事が完了する前の特定工程において，施工状況の報告および中間検査がある。中間検査とは，建築工事の途中段階で，建築基準法および建築確認申請のとおり適正な工事が行われているかを検査することに加え，工事監理が適正に行われているかを確認することである。このうち特定工程とは，建築基準法第7条によれば，対象建築物を階数が3以上である共同住宅の床および梁に鉄筋を配置する工事の工程として，2階の床およびこれを支持する梁に鉄筋を配置する工事の工程が全国共通の特定工程として規定されている。これ以外についての中間検査に関する特定工程は，各特定行政庁（建築主事を置く地方自治体のこと）がそれぞれ条例等により定めている。一方で，東京都のように建築基準法第12条第5項に基づいて，一定規模の建築物を対象に，建築工事施工計画やその実施に関する報告義務を条例により規定している自治体もあるので，建築物の所在地による規定の有無を事前に十分調べておく必要がある。中間検査により建築物の建築確認申請への適合性が確認されると，検査合格証が交付され，後工程へ進むことが可能となる。

その後，工事が完了すると完了検査を受け，建築基準法に適合していれば検査済証が交付され，建築物の使用を開始および登記をすることができるようになる。すなわち，検査済証が交付されて

いない建築物は，原則として使用することができないということである。

以上述べた建築確認申請に伴う諸手続には，申請から受理に至るまで一定の時間が掛かるものである。このため，工程を遅延させないように時間的な余裕を十分見込んでおく必要がある。

2) 施工に関連する法令の申請・届出

施工に関連する法令のおもな申請・届出を表2.2に示す。ここでは，労働安全衛生関係，道路関係および公害防止関係に大別して示している。このなかでも，労働安全衛生法または同規則の規定に基づく申請・届出が多いことがわかる。これは，施工において，作業の安全がきわめて重要であることの裏返しである。

各申請・届出においては，届出者は施工者であるが，届先および届出の時期がさまざまである。そのため，工程の遅延を生じさせないようにそれぞれの申請について事前に十分調べておくことが重要である。

2.2 設計図書と施工図

(1) 設計図書

1) 設計図書の定義と優先順位

設計図書とは，建築基準法第2条によれば，「建築物，その敷地又は工作物などに関する工事用の図面および仕様書」と定義されている。ここで，工事用の図面とは，現寸図その他これに類するものを除く設計図のことを指す。仕様書とは，国土交通省大臣官房官庁営繕部・公共建築工事標準仕様書（略称，標仕）や日本建築学会・建築工事標準仕様書（略称，JASS）などの標準仕様書のことを指す。

一方，日本建築学会では，建築基準法で定義する設計図書に，見積要項書を加えて設計図書と定義しており，一般的にはこれを設計図書という。ここで，見積要項書とは，建築主が現場説明などにおいて施工者に配布する書面のことであり，現場説明書および質問回答書を含むものである。現場説明書とは，入札および見積の参加者に対して，実際的な現場の事柄に加え，図面や仕様書に明示できない事項について説明する書面のことである。質問回答書とは，建築主が入札者（施工者）から設計図書や現場説明書の内容についての質疑のあった項目に対しての回答をまとめた書面である。一般には，建築主と設計者の契約においては，設計業務委託契約書と設計図書を併せて，契約図書（設計図を契約図という）とする。

設計図書間に相違があった場合には，工事監理者に報告し協議することになるが，設計図書の優先順位は以下の順となる。

① 見積要項書
② 特記仕様書
③ 設計図
④ 標準仕様書

設計図書に著しい相違が生じている場合や施工の納まりおよび取合い等の関係で設計図書によって施工することが困難な場合には，設計図書の訂正のみならず契約変更となる場合もある。このようなことは，特に，施工段階に至って施工図を作成する際に，発見されることが多く，設計図書間の整合性や施工への適合性については，事前に十分確認することが重要である。

2) 設計図の構成

設計図の構成は，意匠，構造および設備の3つに大別でき，基本設計段階と実施設計段階におい

表2.2 施工に関連する法令のおもな申請・届出

分類	名称	届出者	届出先	届出の時期	関係法令
労働安全衛生関係	適用事業報告	事業者（施工者）	所轄労働基準監督署長	工事着工前	労働基準法施行規則第57条
	特定元方事業者開始報告	特定元方事業者（施工者）	所轄労働基準監督署長	作業開始後遅滞なく	労働安全衛生法第30条 労働安全衛生規則第664条
	選任報告 ・総括安全衛生管理者 ・統括安全衛生責任者 ・元方安全衛生管理者 ・店社安全衛生管理者 ・安全管理者 ・衛生管理者 ・産業医	事業者（施工者）	所轄労働基準監督署長	作業開始後遅滞なく	労働安全衛生法第15条 労働安全衛生規則第664条
	建設工事計画届（高さ31mを超える建築物）	事業者（施工者）	所轄労働基準監督署長	作業開始14日前	労働安全衛生法第88条 労働安全衛生規則第91条・92条
	建設物・機械等設置・移転・変更届	事業者（施工者）	所轄労働基準監督署長	工事開始の30日前	労働安全衛生規則第85条，第86条
	型枠支保工設置計画届（支柱の高さ5m以上）	事業者（施工者）	所轄労働基準監督署長	工事開始の30日前	労働安全衛生法第88条 労働安全衛生規則第88条
	足場の組立・解体工事計画届（高さ10m以上，設置期間60日以上）	事業者（施工者）	所轄労働基準監督署長	工事開始の30日前	労働安全衛生法第88条 労働安全衛生規則第88条
道路関係	道路占有許可申請書	施工者	道路管理者	そのつど	道路法第32条 同 施行令第7条
	道路使用許可申請書	施工者	所轄警察署長	作業開始7日前	道路交通法第77条・78条 同 施行規則第10条
公害防止関係	特定建設作業実施届出書	施工者	市町村長	作業開始7日前	騒音規制法第14条 振動規制法第14条
	特定施設設置届出書	施工者	市町村長	作業開始30日前	騒音規制法第6条 振動規制法第6条

て成果図書が異なる。ここでは，特記仕様書が設計図のなかに含まれる場合が一般的であることから，両方を合わせて設計図として説明する。

基本設計および実施設計の成果図書の例をPointに示す。基本設計では，設計内容の概要を把握し，実現可能性の基礎検討が主たる目的となるため，比較的縮尺の大きな図面（建築物の規模にもよるが，一般的には1/100～1/200程度以上の縮尺を用いる）を用いて，建築主が建築物の全体像を確認できる図面等を中心に成果図書としてまとめる。

一方で，実施設計では，見積，建築確認申請および施工などが可能となるように詳細な設計を行い，成果図書にまとめることを目的とする。設計図は，たとえば意匠図であれば，平面図，断面図および立面図といった建築物の形状を定める図面に加え，建築物概要書，仕様書（特記仕様書），内外仕上表，面積表（建築物の建築面積および延べ床面積の求積図に加え，敷地面積表など）および確認申請に必要な図書などにより構成されている。

設計図のうち特記仕様書とは，工事全体に共通する事項を示した一般共通事項に加え，工事種別（仮設工事，土工事，地業工事，鉄筋工事，コンクリート工事，鉄骨工事など）ごとに，材料・製品・工具・設備などについて，要求する特定の形状・構造・寸法・成分・能力・精度・性能・製造方法・試験方法などの仕様を記載した図面のことである。一般的には，特記仕様書で明示しきれない事項については，国土交通省大臣官房官庁営繕部・公共建築工事標準仕様書や日本建築学会・建築工事標準仕様書に準ずることとされる。この特記仕様書により，建築物の質的水準の統一や設計図書作成の合理化を図ることができる。

ここで，コンクリート工事に関する特記仕様書の例を図2.1に示す。特記仕様書には，コンクリートの設計基準強度，レディーミクストコンク

Point 基本設計および実施設計の成果図書の例

戸建木造住宅以外における基本設計業務の成果図書（平成21年国土交通省告示第15号）

設計の種類	成果図書
(1) 総合（意匠） 建物の意匠に関する設計並びに意匠，構造及び設備に関する設計をとりまとめる設計	① 計画説明書 ② 仕様概要書 ③ 仕上概要表 ④ 面積表及び求積図 ⑤ 敷地案内図 ⑥ 配置図 ⑦ 平面図（各階） ⑧ 断面図 ⑨ 立面図 ⑩ 工事費概算書
(2) 構造	① 構造計画説明書 ② 構造設計概要書 ③ 工事費概算書
(3) 設備 （ⅰ）電気設備 （ⅱ）給排水衛生設備 （ⅲ）空調換気設備 （ⅳ）昇降機等	詳細は省略 （国土交通省告示第15号を参照のこと）

戸建木造住宅以外における実施設計業務の成果図書（平成21年国土交通省告示第15号）

設計の種類	成果図書
(1) 総合（意匠） 建物の意匠に関する設計並びに意匠，構造及び設備に関する設計をとりまとめる設計	① 建築物概要書 ② 仕様書（特記仕様書） ③ 仕上表 ④ 面積表及び求積図 ⑤ 敷地案内図 ⑥ 配置図 ⑦ 平面図（各階） ⑧ 断面図 ⑨ 立面図（各面） ⑩ 矩計図 ⑪ 展開図 ⑫ 天井伏図（各階） ⑬ 平面詳細図 ⑭ 部分詳細図 ⑮ 建具表 ⑯ 工事費概算書 ⑰ 各種計算書 ⑱ その他確認申請に必要な図書
(2) 構造	① 仕様書（特記仕様書） ② 構造基準図 ③ 伏図（各階） ④ 軸組図 ⑤ 部材断面表 ⑥ 部分詳細図 ⑦ 構造計算書 ⑧ 工事費概算書 ⑨ その他確認申請に必要な図書
(3) 設備 （ⅰ）電気設備 （ⅱ）給排水衛生設備 （ⅲ）空調換気設備 （ⅳ）昇降機等	詳細は省略 （国土交通省告示第15号を参照のこと）

項目	特記事項
①コンクリートの設計基準強度	設計基準強度 F_c(N/mm²) ／ 施工箇所 ／ スランプ(cm) ／ 混和剤 ／ 備考
②レディーミクストコンクリートの種別	・Ⅰ類　・Ⅱ類
③セメントの種類	・普通ポルトランドセメントまたは混合セメントA種 ・高炉セメントB種 ・その他（　　　） 普通ポルトランドセメントの品質は，JIS R 5210の規定のほか，次の規定の全てに適合するものとする。ただし，無筋コンクリートに用いる場合を除く。 水和熱　7d　J/g 以下 　　　　28d　J/g 以下 全アルカリ量　　％以下 塩化物含有量　　kg/m³ 以下 ・コンクリートの単位水量：　　kg/m³ 以下とする。
④骨材の種類	アルカリシリカ反応による区分 ・区分A　・区分B
⑤混和材料	・混和剤　　・混和材
⑥無筋コンクリート	設計基準強度　　N/mm²
⑦コンクリート表面の処理	・外装タイル後張り面のコンクリート表面の処理 ・表面含浸材の処理 など ・コンクリートの増打ち厚さ　　mm(内部側)　　mm(外部側)

※：該当する項目に○を付す

図2.1　コンクリート工事に関する特記仕様書の例

リートの種類（標仕による区分，Ⅰ類：JIS Q 1001に基づき，JIS A 5308への適合を認証されたコンクリート，Ⅱ類：Ⅰ類以外のJIS A 5308に適合したコンクリート），骨材の種類，混和材料およびコンクリート表面の処理などについて記載する。これを基に，施工段階においてレディーミクストコンクリートの発注を行う。一般的には，コンクリートの諸元に関する記述は，設計図のなかで特記仕様書のみに示されるため，記載内容について把握し，理解しておく必要がある。

(2) 設計図書を媒介とした情報伝達の仕組み

建築生産においては設計図書が要となる。設計図書を媒介とした情報伝達フローをPointに示す。設計図書は，建築生産の工程の観点から見ると，基本設計および実施設計の設計段階に始まり，見積，施工段階における各種の施工図および製作図の作成，関係法令に規定される各種の申請・届出，維持管理段階に至るまで，すべての段階で設計情報を提供する重要な図書であることがわかる。すなわち，建築生産において，建築主，

Point 設計図書を媒介とした情報伝達の仕組みの例

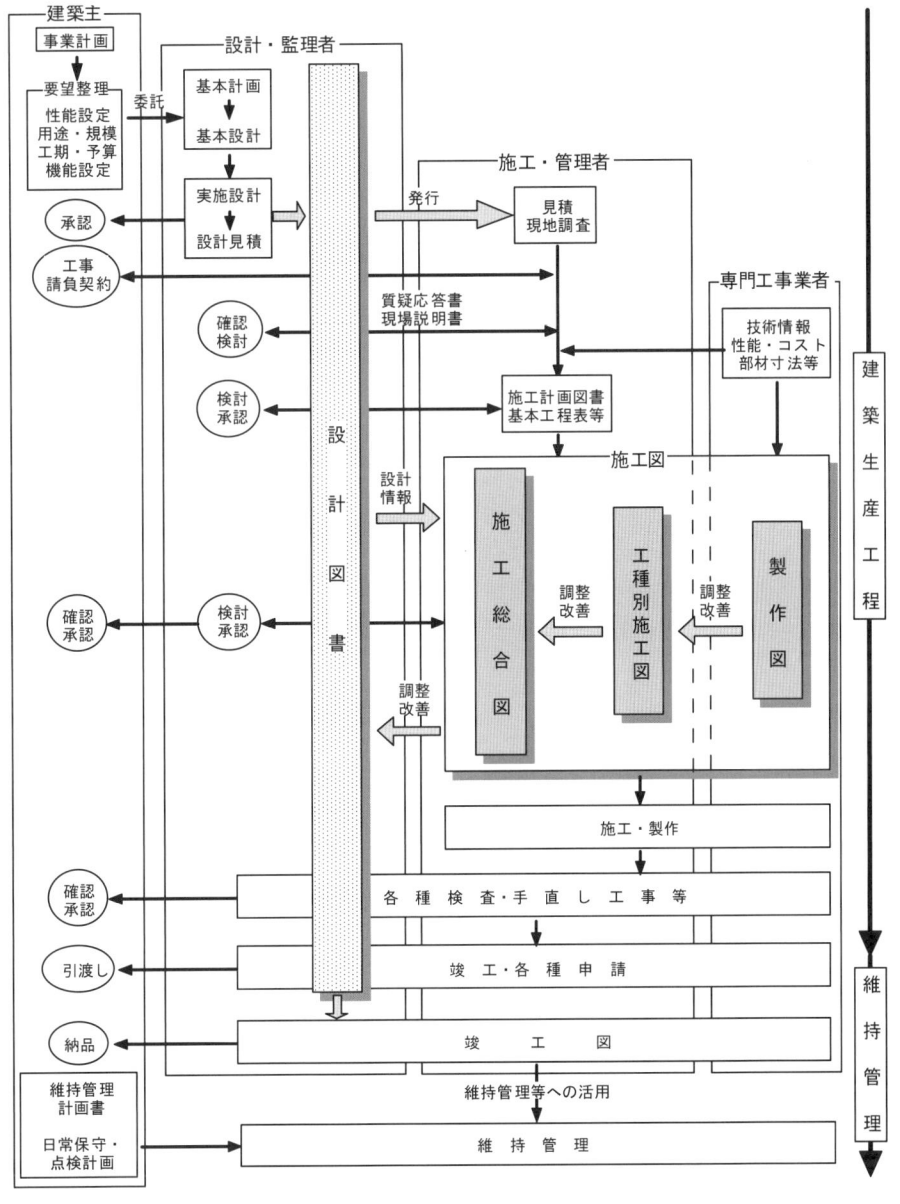

2 関係法令と図面　25

設計者（工事監理者），施工者（施工管理者）および専門工事業者の間の共通言語としての重要な役割を担っているといえる。

一方，設計図書において，設計情報の未確定，不整合および不足などが指摘されることがある。そのため，建築生産の各段階において早い時期から問題点の抽出を行い，場合によっては関係者間で協議し，早めに問題を解決しておくことが重要である。

(3) 施工図

施工図とは，設計図書を基にして，実際の施工をどのように行うのかを示した図面のことであり，総合図，工種別施工図および製作図などがある。建築工事は，建築本体工事をはじめとして，各種設備工事や外構工事など多岐にわたる。これが，意匠図，構造図および設備図に分散して作図されることになる。これによって，設計情報も分散化することになり，各種情報を一元的にとらえることを困難なものとしている。そこで，各種情報の相互関係や設計図書間の整合性などを確認する目的で，総合図が作成される。総合図は，意匠図，構造図および設備図に分けて作成された設計図書を1枚の図面に集約して示すものであり，平面詳細図，展開図，天井伏図などで構成される。総合図（平面図）の例を図2.2に示す。意匠図の平面図を基にして，構造図に示される各部材の位置に加え，空調設備，給排水衛生設備，電気設備などの情報を同一の図面上にプロットしたものである。この総合図の作成によって，異なる図面で示されていた情報を一元化して検討することができ，相互の関係や設計図書の相違点が明確となる。このため，工種別施工図および製作図を作成する前に作成されるものである。総合図は，明確化されていないところもあるが，一般的には総合

表2.3　おもな工種別施工図および製作図の例

図面の種類	工事種別	図面名称
計画図	仮設工事	総合仮設計画図，仮設建物計画図，足場計画図，仮設機械設置計画図，仮設電力用水計画図，構台計画図，仮設動力電灯配線計画図，仮設給排水計画図，揚重計画図など
	土工事，地業工事	掘削計画図，山留め計画図，杭打ち計画図，根切り計画図，揚水計画図など
	コンクリート工事	コンクリート打設計画図など
	鉄骨工事	鉄骨建方計画図，アンカーボルト打込み計画図など
施工図製作図	杭工事	杭伏図など
	土工事	掘削図など
	コンクリート工事	コンクリート躯体図，インサート割図など
	型枠工事	型枠加工図，型枠組立図，パネル割図など
	鉄筋工事	鉄筋加工図，鉄筋組立図など
	鉄骨工事	軸組図，梁伏図，柱・梁詳細図，仕口・継手基準図，溶接工事要領図，鉄骨工作図など
	防水工事，屋根工事	各部防水納まり詳細図など
	タイル工事	タイル割付図，役物リストなど
	金属製建具工事	スチール製建具製作図，アルミ製建具製作図，シャッター製作図など
	内装工事	各部納まり詳細図，造作詳細図，壁・天井割付図など
	プレキャストコンクリート工事	部材割付図，組立図，納まり・取付け詳細図（配筋，ガスケット等），製作図（板図，単品図）など
	機械設備工事	スリーブ図，M.B回り詳細図，系統図など
	電気設備工事	幹線系統図，弱電系統図，自火報系統図，RF避雷針施工図など

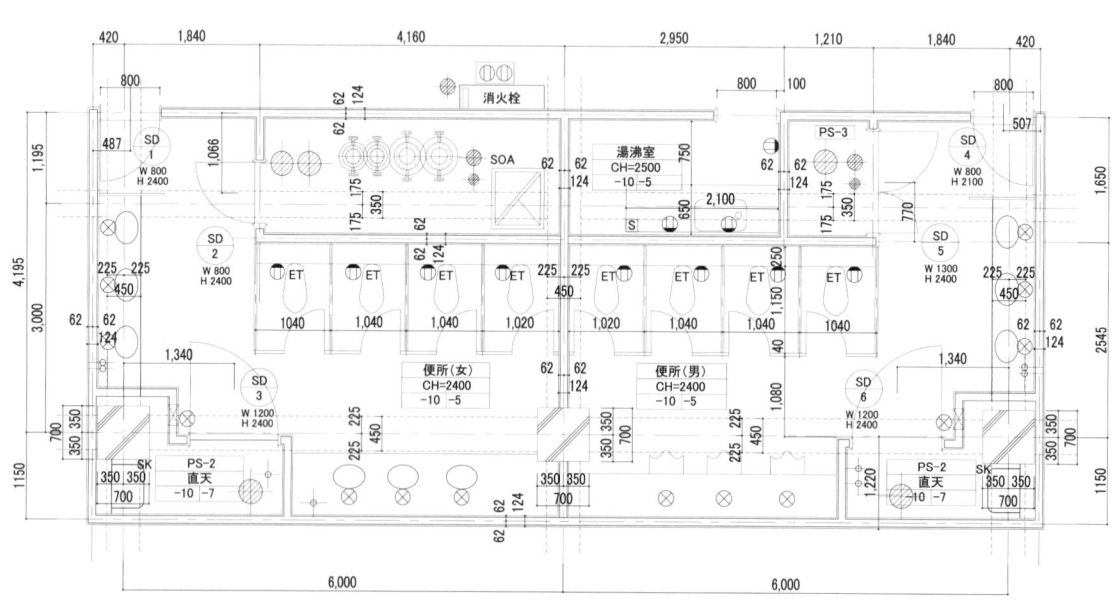

図2.2　総合図（平面図）の例

Point 躯体図の例

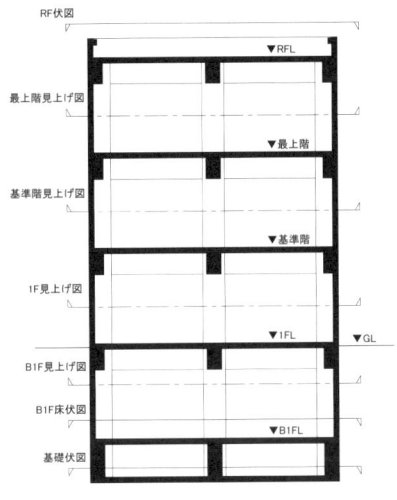

躯体図の作図方向

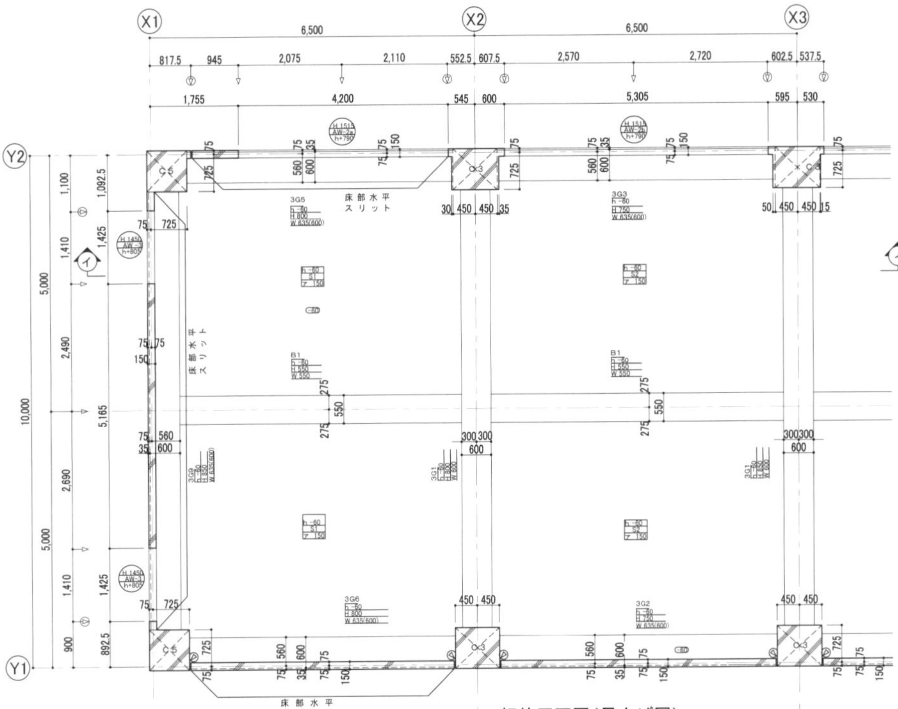

躯体平面図（見上げ図）

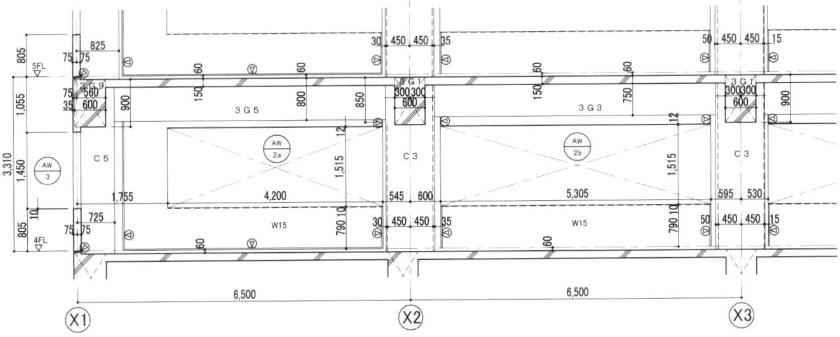

イーイ断面図

建設会社が主導して専門工事業者や各種の資材メーカーなどが協力して作成する。近年では従来の2次元中心のCADに替わって、3次元で各種情報を統合して一元的に管理することのできるBIM（ビルディングインフォメーションモデル）が普及しつつあり、今後、さらに各種情報の相互関係の確認が効率的になる可能性がある。

総合図により、各種情報の相互関係の整合確認をした後に、工種別施工図および製作図を作成する。おもな工種別施工図および製作図の例を表2.3に示す。ここでは、施工する前に工事の方法および手順などの計画を示した施工計画図も含めている。工事種別によって関係する専門工事業者が異なるため、それぞれに対して実際に施工する方法や詳細の納まりを示す必要があり、多くの図面が作成されることになる。また、プレキャストコンクリート部材、金属製建具（アルミサッシ、シャッターおよびスチールドアなど）、各種設備機器などの工場生産品については、それぞれの製品の詳細を示した製作図が作成される。

各種施工図のうち鉄筋コンクリート造建築物における施工図の要となる躯体図の例をPointに示す。躯体図とは、鉄筋コンクリートの構造体だけを抽出して図面化したものであり、施工の初期段階から作成されるものである。躯体図の作図方向は、一般的に基礎、地下最下階および屋上では通常の平面図と同様に下向きであり、その他の階については見上げ図となる。躯体図の作成にあたっては、構造図との整合性はもとより、仕上材料やアルミサッシなどの躯体に取り付けるものとの納まりを考慮する必要がある。コンクリートの硬化後に解体することは多大な労力と費用が発生するので、躯体図の作成に際しては、関係する事柄を慎重に検討し、誤りのないようにしなければならない。

Ⅱ編 レディーミクストコンクリートの基本

1 コンクリートの基本

1.1 コンクリートとは

(1) コンクリートの定義

1) コンクリートという言葉の由来

コンクリート（英語：concrete）という言葉は，ラテン語の動詞「concrescere（接頭語 con：ともに + crescere：成長する，だんだん強くなる）」の過去分詞 concretus，名詞 concretio に由来している。つまり，コンクリートとは元来「次第に強度を増す複合材料」という意味合いであり，広義には，図 1.1 に示したように粒子状の骨組となる材料の「骨材」を糊の役割をする材料の「結合材」で一体化して固めたものすべてを指す。

2) 結合材の種類と材料の数で変化する呼び名

コンクリートはさまざまな結合材によってつくることができ，結合材の種類によりセメントコンクリート，アスファルトコンクリート，レジンコンクリート，せっこうコンクリートなどとよばれる。また，骨材に細骨材（粒径 5 mm 未満）のみを用いた場合に「モルタル」，骨材に細骨材と粗骨材（粒径 5 mm 以上）を用いた場合に「コンクリート」とよび分ける。ただし，一般に「コンクリート」という場合にはセメントコンクリートを指しており，これが狭義のコンクリートである。本書で扱っている「コンクリート」も全体に狭義のコンクリートを意味している。

3) コンクリートという用語の定義

JIS A 0203（コンクリート用語）には「コンクリート」の定義として，「セメント，水，細骨材，粗骨材および必要に応じて加える混和材料を構成

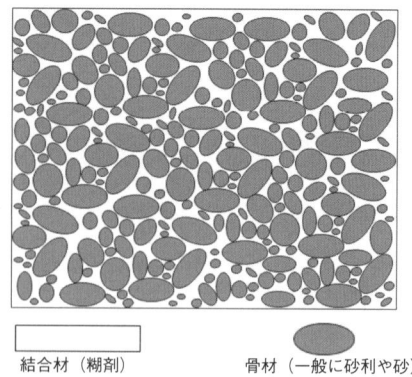

図 1.1 コンクリートの模式図

材料とし，これらを練り混ぜその他の方法によって混合したもの，または硬化させたもの」と示されている。

(2) セメントとコンクリートの歴史

古代エジプトでは紀元前 25 世紀ころに焼成せっこうを結合材とするモルタルがピラミッド建設に使用されており，これが最も古いコンクリートとされる。また紀元前 8 世紀ころのギリシア人は石灰を焼成して生石灰をつくり，これを水で消化した消石灰を結合材に用いた気硬性のモルタルを使用していた。ギリシア人の技術は紀元前 3 世紀ころローマ人に伝わり，ローマ人は消石灰と火山灰を混ぜて硬化速度の速い水硬性のモルタルをつくった。いつしか，このモルタルに砕石や砂利を混入して一体化させたコンクリートがつくられるようになっていった。初期のコンクリートは割石を敷き詰めた上からモルタルを流し込んで突き固める，あるいはモルタルを流し込んだ上から割石を押し込んで一体化させる工法であったが，のちにあらかじめモルタルと砕石などを混合してから型枠内に流し込む現代のコンクリート工法の原点ともいえる工法が開発された。この工法による

Point 広義のコンクリートと狭義のコンクリート

結合材の種類と構成材料で変化するコンクリートの呼び名

結合材の種類	「結合材＋細骨材」の呼び名	「結合材＋細骨材＋粗骨材」の呼び名
セメントペースト（セメント＋水）	・モルタル（一般的な呼び名） ・セメントモルタル	・コンクリート（一般的な呼び名） ・セメントコンクリート
アスファルト	・アスファルトモルタル	・アスファルト（一般的な呼び名） ・アスファルト合材 ・アスファルトコンクリート
レジン	・レジンモルタル	・レジンコンクリート

* 広義では上表のすべてがコンクリート，上表の「コンクリート」が狭義でのコンクリート

写真 1.1 大闘技場コロッセウム

コンクリートはベトンと名づけられ，現在でもドイツ語やフランス語でベトンといえばコンクリートのことを指している。ベトン工法が用いられた古代ローマの建造物としてカラカラ浴場，ポン・デュ・ガールの水道橋，大闘技場コロッセウム，パンテオン神殿などが現存している。

水硬性セメントについてはイギリスにおいて1796年にジェイムズ・パーカーがローマンセメントを発明したのに続き，1824年にジョセフ・アスプディンがポルトランドセメントを発明し，これが現代のセメントの基礎となっている。

また，フランス人の植木職人ジョセフ・モニエが1849年に金網を内蔵して補強したコンクリート製の植木鉢を考案し，これが引張に弱いコンクリートを鉄筋で補強する現在の鉄筋コンクリート造のもととなった。

わが国においては平安時代から現代に至るまで塗壁などに用いられてきた漆喰が広義のコンクリートの一種と考えられる一方で，幕末にアメリカから輸入されたポルトランドセメントが一般に建材として認知され，1873年に東京・深川に官営セメント工場が建設されたころから狭義のコンクリートの歴史が始まった。また，1949年に産業としてのレディーミクストコンクリート工場が東京・業平橋で始業し，ここから鉄筋コンクリート造建設物が大量に造られるようになった。

(3) 鉄筋コンクリートの特徴

鉄筋コンクリートは鉄筋とコンクリートの複合材料であり，さらにコンクリートもセメントや骨材などの複合材料である点が他の金属や木材などの建設材料と異質な部分である。また，複合材料であるがゆえのさまざまな特徴が大量に使用される理由でもある。コンクリートと鉄筋コンクリートのおもな特徴を「Point コンクリートと鉄筋コンクリートの特徴」に示す。これらの特徴には建設材料として見たときに長所となる部分と短所となる部分がある。

(4) コンクリートの分類

コンクリートは，その状態や性質，用途，製造方法などによりさまざまに分類できる。

1) 状態による分類

コンクリートは，一般に練り混ぜてからしばらくの間（数時間）は流動性を有しているが，徐々に流動性を失い固体となる。このときの状態により，まだ固まらないコンクリートを「フレッシュコンクリート」，固まった後のコンクリートを「硬化コンクリート」とよぶ。

2) 性質・品質による分類

コンクリートの性質や品質によってもコンクリートは分類される。その項目としてはフレッシュコンクリートの流動性，単位容積質量（見掛けの密度），硬化コンクリートの強度などである。性質・品質によるコンクリートの分類を表1.1に示す。

3) 用途・使用条件による分類

舗装コンクリートやマスコンクリート，鋼管充

Point コンクリートと鉄筋コンクリートの特徴

コンクリートと鉄筋コンクリートの特徴

	特徴	説明
コンクリート	圧縮強度が大きい。また任意の強度とすることができる。	コンクリートは圧縮強度が比較的大きい材料である。また調合により任意の強度を得ることができる。ただし，圧縮強度に対し引張強度は1/10～1/15と小さい。
	耐久性が高い。	硬化したコンクリートは化学的に安定しており，腐食しにくい。
	安価な材料である。	単位体積当たりで見ても単位質量当たりで見ても非常に安価な建設材料である。
	重い。	普通コンクリートの単位容積質量は$2\,300\sim2\,400\mathrm{kg/m^3}$で，水の2.3～2.4倍の重さがある。この重さは使用部位により長所にも短所にもなり得る。
	硬化に多少の時間が掛かる。	練混ぜから数時間で凝結を始め硬化に至る。また硬化後も徐々に強度を増すため，所要の強度はある程度の日数を経て得られる。
鉄筋コンクリート	鉄筋とコンクリートが互いに短所を補い合う構造である。	圧縮には強いが引張に弱いコンクリートを，引張には強いが圧縮によって座屈しやすい鉄筋で互いに補強する合理的な構造である。鉄筋とコンクリートの付着力が大きいため一体化し，互いの短所を補い合って堅固な部材をつくることができる。また鉄筋とコンクリートの線膨張係数が近いため温度変化による変形は同程度で一体性が保たれる。
	耐久性・耐火性に富む。	コンクリート中ではセメントのアルカリ分により鉄筋が腐食しにくい状態になるため高い耐久性が得られる。また熱伝導率の低いコンクリートが火災による高温から鉄筋(高温により軟化する)を守る耐火構造となる。
	構造や形状の自由度が高い。	型枠の形状次第で自由な大きさ・かたちで部材をつくることができる。また隣接する部材を一体として剛性の高い構造にすることも可能である。
	ひび割れることがある。	コンクリートの収縮や鉄筋の腐食・膨張などにより引張力が掛かるとコンクリートがひび割れることがある。
	建築物の移転や取り壊しに多大な労力が掛かる。	他の構造よりも建物が重いため移転には多大な労力が掛かる。また部材が堅固なため取り壊しにも多大な労力が掛かる。

填コンクリートなど，用途の名称が付されたコンクリートがあり，これらはその用途に特化した品質を付与されている。また，暑中コンクリートや寒中コンクリート，流動化コンクリートなど使用条件によって名称が異なるコンクリートがある。用途・使用条件によるコンクリートの分類を表1.2に示す。

4）製造方法による分類

コンクリートのおもな製造方法は，「Point コンクリートのおもな製造方法」に示すように，次の3種類であり，①によるものが全体の8割以上を占めている。

① レディーミクストコンクリート工場でフレッシュコンクリートを練り混ぜてトラックアジテーター（一般には「生コン車」や「ミキサー車」と俗称でよばれている）で建設現場まで運搬し，あらかじめ用意された型枠に打ち込み硬化させる方法。俗称で「生コンクリート」「生コン」とよばれる。建設現場において打込みを行うことから「現場打ちコンクリート」や「場所打ちコンクリート」ということもある。

② コンクリート製品工場において所定の形状や

表 1.1　性質・品質によるコンクリートの分類

分類	コンクリートの名称		概要
流動性による分類	超硬練りコンクリート		設計スランプ 0～2.5 cm 程度
	普通コンクリート	硬練りコンクリート	設計スランプ 5～10 cm 程度
		中練りコンクリート	設計スランプ 12～15 cm 程度
		軟練りコンクリート	設計スランプ 18～21 cm 程度
	高流動コンクリート		設計スランプフロー 50～65 cm 程度
単位容積質量による分類	軽量コンクリート		気乾単位容積質量 2.1 t/m³ 以下
	普通コンクリート		気乾単位容積質量 2.1～2.5 t/m³
	重量コンクリート		気乾単位容積質量 2.5 t/m³ 超
強度による分類	普通コンクリート		呼び強度 18～45（JIS）
	高強度コンクリート		呼び強度 50～60（JIS）
			設計基準強度 36 N/mm² 超（JASS 5）

表 1.2　用途・使用条件によるコンクリートの分類

分類	コンクリートの名称	概要
特定の用途による分類	舗装コンクリート	コンクリート舗装に使用するコンクリートで，超硬練りコンクリート（設計スランプ 2.5 cm）が多く用いられている。
	マスコンクリート	容積の大きな部材に用いるコンクリートで，凝結時におけるコンクリート温度の上昇を抑えるような調合が採用されている。
	鋼管充填コンクリート	鋼管内部にコンクリートを充填する工法（CFT 工法）に用いるコンクリートで，鋼管内に圧入するため一般に高流動コンクリートが用いられる。
使用条件による分類	暑中コンクリート（工事）	夏期のコンクリート温度が高くなる時期に，コンクリート温度が高いことにより生じる不具合への対策を講じたコンクリートのことをいう。
	寒中コンクリート（工事）	寒冷地や冬場におけるコンクリート工事で，凍結や凝結遅延などコンクリート温度が著しく低いことにより生じる不具合への対策を講じたコンクリートのことをいう。
	流動化コンクリート	レディーミクストコンクリートの製造時または荷卸し時に流動化剤を添加して，一時的に流動性を高め施工性を向上させた状態で打ち込むコンクリートのことをいう。

Point コンクリートのおもな製造方法

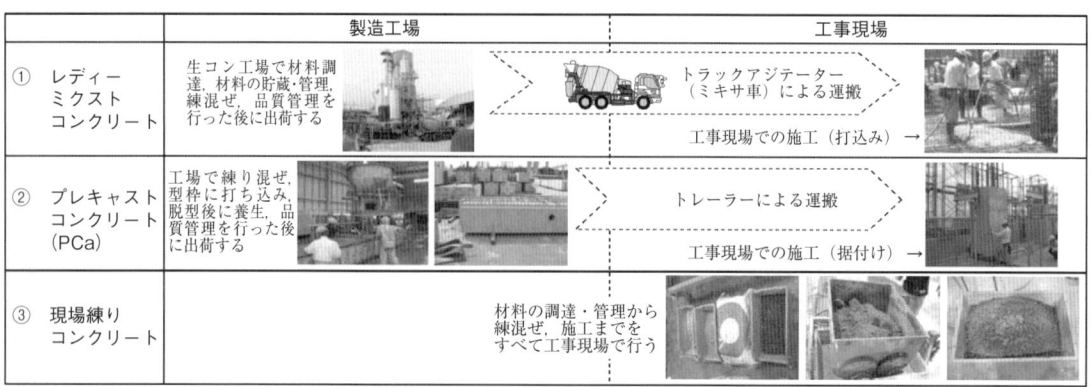

強度を有する鉄筋コンクリート部材やブロックなどを製造して工事現場に運搬し，工事現場で組立や据付けを行って所要の形状にする方法。「プレキャストコンクリート」（前もって型で固められたコンクリートの意）とよばれ，頭文字をとって「PCa」と表記される。PCa 製品工場から建設現場までの運搬が困難な大規模部材などでは，建設現場付近に製作ヤードを設けてレディーミクストコンクリートにより PCa 製品を製造することもある（サイト PCa 工法）。

③　建設現場でコンクリートを練り混ぜ，型枠に打ち込み硬化させる方法。現在はほとんど見られない。ただし，レディーミクストコンクリートの供給が困難な場所での工事や大規模な建設現場では，現場内にコンクリート工場（現場プラントまたはサイトプラント）を建ててコンクリートの製造を行うこともある。

(5) 建設材料としてのコンクリート

わが国における主要な建設材料の年間消費量を図 1.2 に示す。ここでは主要な建設材料を木材，鋼材，アスファルト合材およびコンクリートとし，コンクリートについてはその内訳をレディーミクストコンクリート（生コン）とプレキャストコンクリート（PCa）に分類している。容積ベースでも質量ベースでも，コンクリートは国内で最も多く使用されている建設材料であり，なかでもレディーミクストコンクリートはコンクリート全体のうちおよそ 8 割を占め，単独でも最も多く使用されている。

コンクリートの用途としては，身近なところではマンションなどの集合住宅や道路，橋，鉄道の高架部などがあげられ，そのほかにもダムや水路などの河川構造物，護岸や防波堤などの港湾構造物などに鉄筋コンクリート構造物として使用されている。また，構造物でない縁石や車輪止めなどのブロック類，木造住宅の基礎にもコンクリートは用いられている。このように，意識する，しないにかかわらず，日常でコンクリートを目にしない人やコンクリートの恩恵を受けていない人はいないといっても過言でないほど，コンクリートは建設材料としてわれわれの生活に入り込んでいる。

1.2　コンクリートの基本

(1) コンクリートへの要求性能

鉄筋コンクリート構造物に要求される性能は，構造安全性，耐久性，耐火性，使用性および寸法精度と仕上り状態である。このうち構造安全性や耐久性は材料であるコンクリートの品質の影響を受ける。

構造安全性とは，自重，積載，風や雪，地震などによる荷重，温度，疲労，衝撃などの作用によりもたらされる外力に対して構造体の崩壊や過度の変形が生じない性能で，コンクリートの品質では硬化後の強度や弾性係数など力学的なものが影響する。また，耐久性とは，設定された供用期間を通じて重大な劣化を生じない性能で，コンクリートの品質としても耐久性に関する部分が影響する。なお，設計通りの構造体を確実に得るためにコンクリートには施工方法に適した取扱い性，すなわち適切な施工性が要求される。

したがって，コンクリートに要求される品質は大きく分類すると硬化コンクリートにおける「力学的性質」と「耐久性」およびフレッシュコンク

表 1.3　コンクリートに要求される品質

状　態	要求される品質の概念
フレッシュコンクリート	① 運搬，打込み，締固めおよび表面仕上げの各段階において作業性が良いこと ② 施工時およびその前後において，均質性を保ち，品質の変化が少ないこと ③ 打込み後は正常な速さで凝結・硬化に至ること ④ 空気量，塩化物含有量およびコンクリート温度が適切な範囲にあること ⑤ 要求があった場合には単位容積質量や発熱量などが指定範囲にあること
硬化コンクリート	① 定められた材齢において所要の強度・力学的性質を有すること ② 収縮量が許容範囲にあること ③ 中性化，塩化物イオンの浸透，凍結融解の繰返し作用，アルカリシリカ反応などについて，それぞれに対する抵抗性が十分であること ④ 要求があった場合には気乾単位容積質量，水密性，化学的侵食に対する抵抗性，熱的性質などが指定範囲にあること

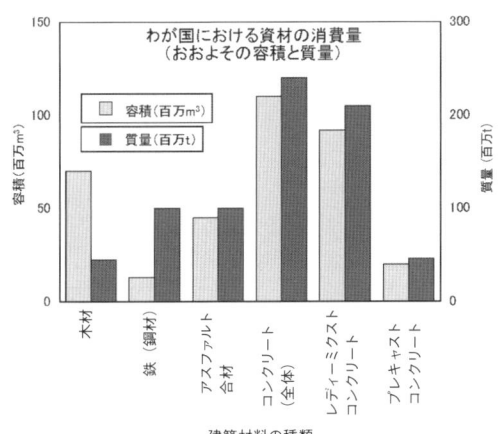

図 1.2　主要な建設材料の年間消費量

1 コンクリートの基本　33

表1.4 セメントの種類

品質規格	種類		備考
JIS R 5210「ポルトランドセメント」	普通ポルトランドセメント	−	全アルカリ0.75%以下
		低アルカリ形	全アルカリ0.60%以下
	早強ポルトランドセメント	−	全アルカリ0.75%以下
		低アルカリ形	全アルカリ0.60%以下
	超早強ポルトランドセメント	−	全アルカリ0.75%以下
		低アルカリ形	全アルカリ0.60%以下
	中庸熱ポルトランドセメント	−	全アルカリ0.75%以下
		低アルカリ形	全アルカリ0.60%以下
	低熱ポルトランドセメント	−	全アルカリ0.75%以下
		低アルカリ形	全アルカリ0.60%以下
	耐硫酸塩ポルトランドセメント	−	全アルカリ0.75%以下
		低アルカリ形	全アルカリ0.60%以下
JIS R 5211「高炉セメント」	高炉セメント	A種	5%<混合材量≦30%
		B種	30%<混合材量≦60%
		C種	60%<混合材量≦70%
JIS R 5212「シリカセメント」	シリカセメント	A種	5%<混合材量≦10%
		B種	10%<混合材量≦20%
		C種	20%<混合材量≦30%
JIS R 5213「フライアッシュセメント」	フライアッシュセメント	A種	5%<混合材量≦10%
		B種	10%<混合材量≦20%
		C種	20%<混合材量≦30%
JIS R 5214「エコセメント」	普通エコセメント		塩化物イオン量≦0.1%
	速硬エコセメント		無筋コンクリートに使用

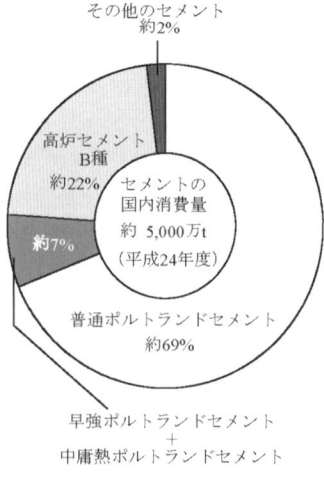

図1.3 セメントの国内消費量

リートにおける「施工性」の3つであり，いずれも欠かすことができない．ただし，一般に硬化コンクリートにおける力学的性質や耐久性の向上とフレッシュコンクリートにおける施工性の向上は調合の面から見ると互いに相反するトレードオフの関係にあるため，それぞれがバランスよく三位一体で成立することがコンクリートの品質上では重要なポイントとなる．コンクリートに要求される品質を表1.3に示す．

(2) コンクリート用材料
1) セメント
a セメントの概要

セメントは水と反応して硬化する鉱物質の粉末であり，その原料をすべて国内で自給できる数少ない建設資材の一つである．一般的に使用されているポルトランドセメントは，石灰石，粘土，けい石および鉄原料を乾燥・粉砕・混合した混合原料を高温で焼成後に急冷して生成する「クリンカー」とよばれる鉱物にせっこうを添加した後，微粉砕してつくられる．現在，国内では30のセメント工場が稼働しており，年間約6 000万tが生産されている．このうち約1 000万tは輸出され，残りが国内で消費されている（図1.3）．また国内での用途はレディーミクストコンクリートが71%，プレキャストコンクリートなどの製品が13%で，残りは地盤改良材や袋物などとなっている．

b セメントの種類

JISによって品質が定められているセメントにはポルトランドセメント，混合セメントおよびエコセメントがあり，全部で23種類が規定されている（表1.4）が，品種別の生産量で見ると普通ポルトランドセメントが全体の約69%，高炉セメントB種が約22%，早強ポルトランドセメントと中庸熱ポルトランドセメントが合わせて約7%を占めており，その他のポルトランドセメントおよび混合セメントは合計して約2%といずれも少量しか生産されていない（平成24年度）．

c セメントの製造方法と化学組成

普通ポルトランドセメント1tを製造するための原材料は石灰石：約1 200 kg，粘土：約220 kg，けい石：約80 kg，鉄原料：約25 kgである．これらのセメント原料を乾燥・粉砕・混合し，1 450℃程度の高温で焼成して化学反応を起こさせた後に急冷すると，「クリンカー」という人工の鉱物が

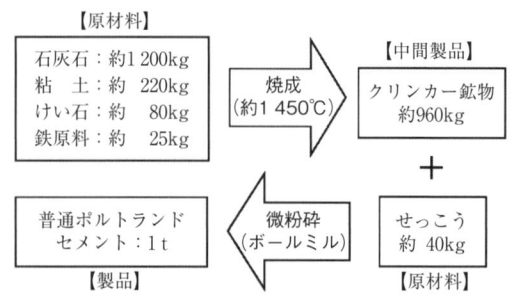

図1.4 普通ポルトランドセメントの製造方法

得られ，ここにセメントの硬化速度を調整するためのせっこうを約40 kg添加して微粉砕すると1tの普通ポルトランドセメントが得られる（図1.4）。

ポルトランドセメントの主要な化学成分はおもに石灰石に由来する酸化カルシウム（CaO），おもに粘土およびけい石に由来する二酸化けい素（SiO_2），おもに鉄原料に由来する酸化第二鉄（Fe_2O_3），おもに粘土に由来する酸化アルミニウム（Al_2O_3）であり，これらが互いに結合してクリンカーの組成化合物（クリンカー鉱物）を構成している。クリンカー鉱物は，けい酸三カルシウム（C_3S），けい酸二カルシウム（C_2S），アルミン酸三カルシウム（C_3A）および鉄アルミン酸四カルシウム（C_4AF）の4種類が主要なものであり，それぞれに性質が異なっているため，原材料の調合による組成と粉末度（セメント粒子の細かさ）を変化させてポルトランドセメントの性質を調整している（表1.5，表1.6）。主要なポルトランドセメントの特徴と用途を表1.7に示す。

2）水

a 水の概要

コンクリートの材料となる練混ぜ水は，その含有成分がコンクリートの凝結，化学混和剤の性能や鉄筋の保護性能を含む硬化コンクリートの諸性質に影響を及ぼすので，有害量の不純物を含んでいないことが求められる。JIS A 5308（レディーミクストコンクリート）附属書C「レディーミクストコンクリートの練混ぜに用いる水」では，練混ぜ水の種類を3つに区分し，それぞれに品質を規定している。

b 練混ぜ水の品質

練混ぜ水は，「上水道水」「上水道水以外の水」および「回収水」に区分される。それぞれの定義と品質検査項目を表1.8に示す。

表1.5 クリンカ鉱物の組成

クリンカの構成化合物 （クリンカ鉱物の名称）		化学組成	略記
けい酸 カルシウム	けい酸三カルシウム （エーライト）	$3CaO \cdot SiO_2$	C_3S
	けい酸二カルシウム （ビーライト）	$2CaO \cdot SiO_2$	C_2S
間隙相	アルミン酸三カルシウム （アルミネート相）	$3CaO \cdot Al_2O_3$	C_3A
	鉄アルミン酸四カルシウム （フェライト相）	$4CaO \cdot Al_2O_3Fe_2O_3$	C_4AF

表1.6 クリンカ鉱物の性質

クリンカ鉱物		性質				
名称	略記	強度特性			水和熱	化学 抵抗性
		短期 強度	長期 強度	おもな強度 発現時期		
エーライト	C_3S	大	大	3～28日	中	中
ビーライト	C_2S	小	大	28日～	小	大
アルミネート相	C_3A	大	小	～1日	大	小
フェライト相	C_4AF	小	小	－	小	中

表1.7 ポルトランドセメントの特徴と用途

セメントの種類	特徴	用途
普通ポルトランドセメント	最も一般的に用いられる。	工事全般
早強ポルトランドセメント	エーライトを多く含有させ早期強度を高めている。さらに粉末度を大きく（粒子を細かく）して反応速度を高めている。このため材齢7日程度までの早期強度が高い。	工期短縮を要する工事 工場製品 プレストレストコンクリート 寒中コンクリート工事 など
中庸熱ポルトランドセメント 低熱ポルトランドセメント	エーライトおよびアルミネート相の含有率を減じて水和熱を低減している。ビーライトの含有率が高くなるため長期強度に優れる。低熱ポルトランドセメントは中庸熱ポルトランドセメントよりもこの程度が高い。	マスコンクリート 高強度コンクリート など
耐硫酸塩ポルトランドセメント	化学抵抗性の小さいアルミネート相の含有量を減じて硫酸塩との反応性を小さくし，化学抵抗性を高めている。	硫酸塩土壌地域での工事 海洋地域での工事 など おもに中近東に輸出されている。

表1.8 練混ぜ水の種類と品質検査項目

練混ぜ水の種類	練混ぜ水の定義	品質検査（管理）項目
上水道水	水道法に定められる施設から供給される「人の飲用に適する水」。	品質検査としての試験を行わなくても使用できる
上水道水以外の水	河川水，湖沼水，地下水など，特に上水道水としての処理がなされていないもの，および工業用水。	・懸濁物質の量 ・溶解性蒸発残留物の量 ・塩化物イオン量 ・セメントの凝結時間の差 ・モルタルの圧縮強さの比
回収水	各種製造設備の洗浄に用いた水や不要となったコンクリートの洗浄排水を回収・処理して得た水。スラッジ水と上澄水に区別される。	・塩化物イオン量 ・セメントの凝結時間の差 ・モルタルの圧縮強さの比 ＊スラッジ水はスラッジ固形分の量を規定量以下に管理して用いる。

3) 骨 材

a 骨材の概要

骨材とは，コンクリートに用いる石材や砂のことで，その名のとおりコンクリートの骨格をなす材料のことを指す。一般的なコンクリートにおいて，骨材はその体積の約7割，質量の約8割を占めており，最も大量に使用する材料である。このため，骨材の品質がコンクリートの諸性質に及ぼす影響は大きく，高品質なコンクリートを製造するためには良質な骨材を使用することが必要である。

b 骨材の分類

骨材は，その粒子径の大きさや密度，由来などによって分類される。骨材の分類と区分・名称を表1.9に示す。

c 骨材への要求品質

骨材には前述したコンクリートへの要求品質を得るのが容易となるような品質が求められる。コンクリートが所要の強度と耐久性および適切な施工性を得られるように，骨材にも相応の強さや一定量以下の不純物含有量，適切な粒子の大きさ（粒度分布），粒子の形などが求められ，骨材の品質として定められている各種の項目は，これらを直接的・間接的に表わす指標である。なかでも硬化コンクリートの耐久性に関する品質とフレッシュコンクリートの施工性に関する品質はおおむねトレードオフの関係にあり，この要因はおもに単位水量であるため所要のワーカビリティーを得られる単位水量が少ないほど良い骨材である。また，硬化コンクリートの品質から見ると，所要の強度や力学的性質を容易に得られ，コンクリートに有害なひび割れなどを生じさせない骨材が良い骨材である。良い骨材の条件を「Point「良い骨材」とは」に示した。

JIS A 5308 附属書A「レディーミクストコンクリート用骨材」では，砂利と砂について絶乾密度の下限，吸水率，粘土塊量，微粒分量および安

表1.9 骨材の分類と区分・名称

分　類		区　分	
粒子径による分類	5 mmふるいを85%以上通過する	細骨材	
	5 mmふるいに85%以上留まる	粗骨材	
密度（材質）による分類	密度 0.9～2.3 g/cm³	軽量骨材	
	密度 2.4～2.9 g/cm³	普通骨材	
	密度 3.0～5.2 g/cm³	重量骨材	
由来による分類	天然	砂（細骨材）砂利（粗骨材）	川砂・川砂利（かわすな・かわじゃり）
			山砂・山砂利（やますな・やまじゃり）
			陸砂・陸砂利（おかずな・おかじゃり）
			海砂・海砂利（うみずな・うみじゃり）
	人工	砕砂（細骨材）・砕石（粗骨材）人工軽量骨材・副産軽量骨材各種スラグ骨材再生骨材	

Point 「良い骨材」とは

良い骨材の条件

	形状		粒度分布		微粒分量		吸水率	
	骨材の表面積が小さいほど良い		粒度は空隙が小さくなる（良く詰まる）ように分布していると良い		微粒分の量は少ない方が良い		吸水率は小さい方が良い	
単位水量を少なくする	球状に近い ○	角張っている △	適度な分布（良く詰まる）○	不適切な分布（空隙が大）×	微粒分量少 ○	微粒分量多 △	吸水率小 ○	吸水率大 ×
	所要のコンクリート強度を容易に得られる				コンクリートのひび割れを抑制する			
	骨材自身の強度が高い		ペーストとの付着力に優れる		骨材自体が異常膨張しない		鉄筋の腐食を促進させない	
強度や耐久性を確保する	外力／抵抗力／骨材		セメントペースト／骨材		骨材自体の膨張		鉄筋／塩分量が少ない	

定性試験による減量の上限，砂利についてすりへり減量の上限，砂について塩化物量の上限と有機不純物の比色試験による色合いの限度を規定している。また，砂利と砂のいずれにも粒度分布について標準粒度が定められている。

d 骨材の一般的性質

a）含水状態

コンクリートの製造現場で用いられている骨材は一般に濡れた状態であるが，各種の物理的性質を試験する場合やコンクリートの調合を求める場合には，骨材に含まれる水分が一定の状態を基準としなければ正確な値が定まらない。

骨材の含水状態は表 1.10 に示すように「絶対乾燥状態（絶乾状態）」「気中乾燥状態（気乾状態）」「表面乾燥飽水状態（表乾状態）」および「湿潤状態」の 4 通りに区分される。このうち「絶乾状態」および「表乾状態」の 2 通りは水分量が一定の状態とみなすことができるため，各種物理試験や調合計算においてはどちらかが基準となる。また，コンクリートの製造現場においては骨材に付着している表面水を測定し，骨材および練混ぜ水の計量値が計画調合通りとなるように調合の補正を行わなければならないため，骨材の含水状態を把握することはきわめて重要である。

b）密　度

骨材の密度は材質や空隙率，含水量などにより異なる。軽量骨材は空隙を多く含むため密度が小さく，重量骨材は材質として酸化鉄や硫酸バリウムなど密度の大きな成分を多く含むため密度が大きい。骨材の密度試験では，表乾状態の試料を水中に浸漬させて容積を測定するので，まず表乾密度が求められ，表乾状態の質量と絶乾状態の質量の差から吸水率を求めた後に絶乾密度が算出される。骨材の含水状態の概念と求め方および密度試験のイメージを「Point 骨材の含水状態と密度の試験方法」に示す。

c）単位容積質量と実積率

単位容積質量とは，骨材を容器等に充填したときの単位容積当たりの骨材の質量のことであり，骨材の密度，粒形，粒度分布により異なる。また，ある一定の充填方法をとったときの容器の容積に対する骨材の絶対容積の割合を「実積率（％）」「100 − 実積率（％）」を「空隙率（％）」といい，いずれもその骨材の詰まり具合の指標となる（「Point 単位容積質量と実積率の求め方」参照）。

d）粒　度

粒度とは，骨材の大小粒の分布をいう。表 1.11 および図 1.5 に代表的な骨材の標準粒度を示す。粒度分布が標準粒度の範囲にある骨材は，骨材間の空隙が減少し実積率が高くなるため所要のワーカビリティーを得られる単位水量が少なくなる。

粒度を表現する値には，このほかに粗骨材の最大寸法と粗粒率（F.M.）がある。粗骨材の最大寸法は「質量で骨材の 90％以上が通るふるいのう

表 1.10　骨材の含水状態の名称と定義

含水状態の名称	定　義
絶対乾燥状態 （絶乾状態）	骨材が水分をまったく含まない状態
気中乾燥状態 （気乾状態）	骨材が水分を含んでいるが，その水分が骨材内部の空隙を満たさない状態
表面乾燥飽水状態 （表乾状態）	骨材内部の空隙が水で満たされ，骨材の表面には水が付着していない状態
湿潤状態	骨材内部の空隙が水で満たされ，さらに骨材の表面に水が付着している状態

Point 単位容積質量と実積率の求め方

容器への充填方法（詰め方）
・棒突き法
　または
・ジッキング法

＊ 試験は絶乾状態で行う

骨材を容器に充填した状態

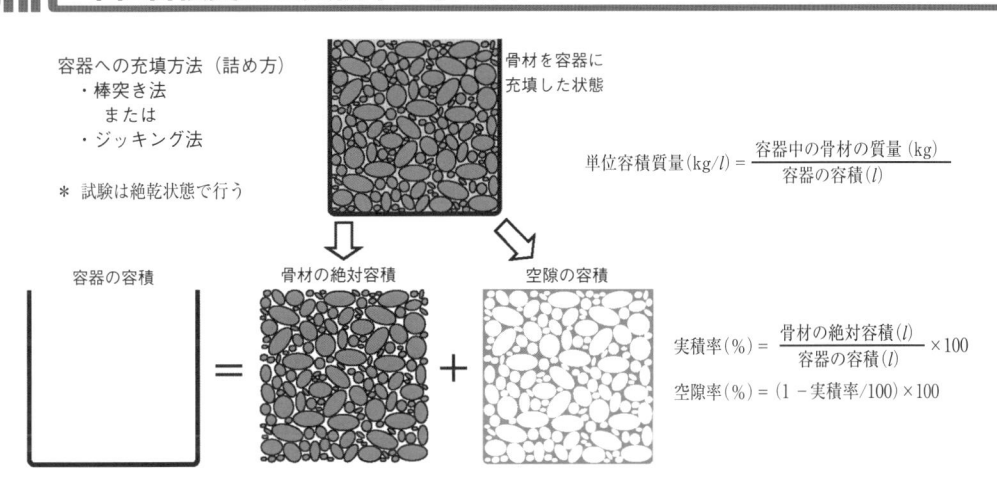

$$単位容積質量(kg/l) = \frac{容器中の骨材の質量(kg)}{容器の容積(l)}$$

容器の容積 ＝ 骨材の絶対容積 ＋ 空隙の容積

$$実積率(\%) = \frac{骨材の絶対容積(l)}{容器の容積(l)} \times 100$$

$$空隙率(\%) = (1 - 実積率/100) \times 100$$

Point 骨材の含水状態と密度の試験方法

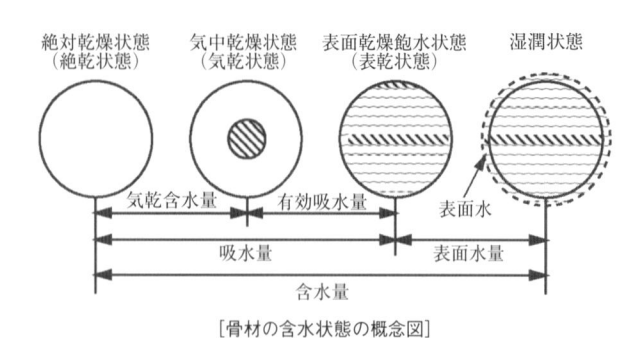

[骨材の含水状態の概念図]

絶対乾燥状態（絶乾状態） / 気中乾燥状態（気乾状態） / 表面乾燥飽水状態（表乾状態） / 湿潤状態

気乾含水量 / 有効吸水量 / 表面水
吸水量 / 表面水量
含水量

[骨材の含水状態を求める式]

$$吸水率(\%) = \frac{表乾質量(g) - 絶乾質量(g)}{絶乾質量(g)} \times 100$$

$$表面水率(\%) = \frac{湿潤質量(g) - 表乾質量(g)}{表乾質量(g)} \times 100$$

$$含水率(\%) = \frac{含水量(g)}{絶乾質量(g)} \times 100$$

$$気乾含水率(\%) = \frac{気乾質量(g) - 絶乾質量(g)}{絶乾質量(g)} \times 100$$

$$有効吸水率(\%) = \frac{表乾質量(g) - 気乾質量(g)}{表乾質量(g)} \times 100$$

[細骨材の密度試験]

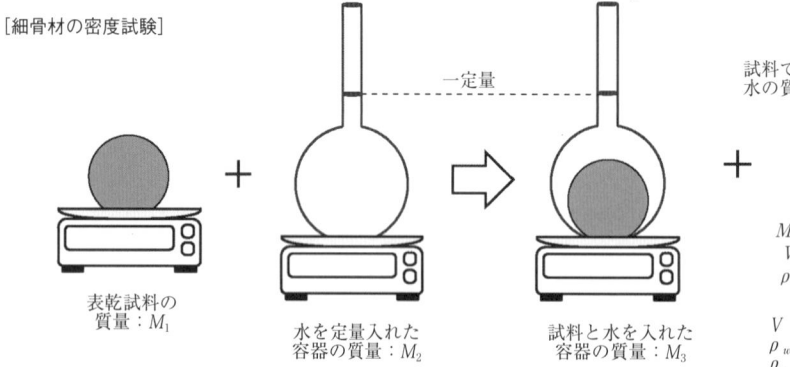

表乾試料の質量：M_1
水を定量入れた容器の質量：M_2
試料と水を入れた容器の質量：M_3
試料で置き換えられた水の質量：M_w

$$M_w = M_1 + M_2 - M_3$$
$$V = M_w \div \rho_w$$
$$\rho_s = M_1 \div V$$

V：試料の容積
ρ_w：水の密度
ρ_s：細骨材の表乾密度

[粗骨材の密度試験]

表乾試料の質量：M_1

質量（M），容積（V），密度（ρ）の関係
$$M = V \times \rho$$
$$V = M \div \rho$$
$$\rho = M \div V$$

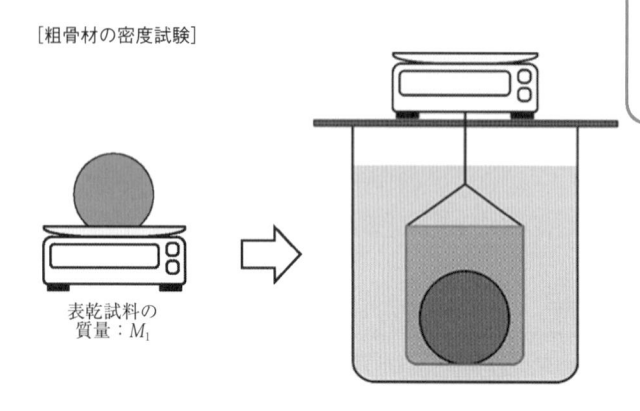

試料で置き換えられた水の質量（＝浮力）：M_w

$$M_w = M_1 - M_2$$
$$V = M_w \div \rho_w$$
$$\rho_g = M_1 \div V$$

V：試料の容積
ρ_w：水の密度
ρ_g：粗骨材の表乾密度

[フローコーンによる骨材の含水状態の判定]

湿潤状態 / 表乾状態 / 気乾状態

[絶乾密度と表乾密度の関係]

$$表乾密度(g/cm^3) = 絶乾密度(g/cm^3) \times \left(1 + \frac{吸水率(\%)}{100}\right)$$

$$絶乾密度(g/cm^3) = 表乾密度(g/cm^3) \div \left(1 + \frac{吸水率(\%)}{100}\right)$$

Point 密度および吸水率の計算例

水を標線まで入れたときの質量が 750.0 g のメスフラスコに表乾状態の細骨材試料 500.0 g を投入し、水面を標線にあわせて質量を量ったら 1 058.6 g であった。また、同じ表乾状態の細骨材試料 500.0 g を定量になるまで乾燥して質量を量ったら 491.3 g であった。なお、このときの水の密度は 1.00 g/cm³ とする。
（＊通常は表乾密度および吸水率をそれぞれ 2 回測定し平均をとるが、便宜上ここでは 1 回としている。）
このときの表乾密度、吸水率および絶乾密度は、次のように求められる（いずれも小数点以下 2 桁まで求める）。

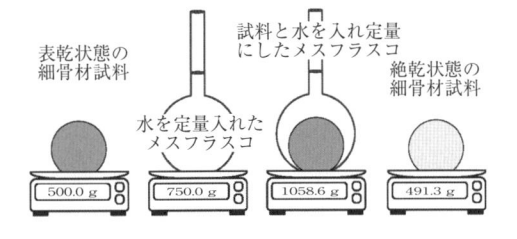

試料で置き換えられた水の質量 M_w
$= 500.0 + 750.0 - 1 058.6 = 191.4 (g)$

試料の容積 $M = 191.4 (g) \div 1.00 (g/cm^3) ≒ 191.4 (cm^3)$

表乾密度 $\rho_s = 500.0 (g) \div 191.4 (cm^3) ≒ \underline{2.61 (g/cm^3)}$

吸水率 $Q = (500.0 - 491.3) \div 491.3 ≒ \underline{1.77 (\%)}$

絶乾密度 $\rho'_s = 2.61 \div (1 + 1.77/100) ≒ \underline{2.56 (g/cm^3)}$

Point 粗粒率（F.M.）の求め方と計算例

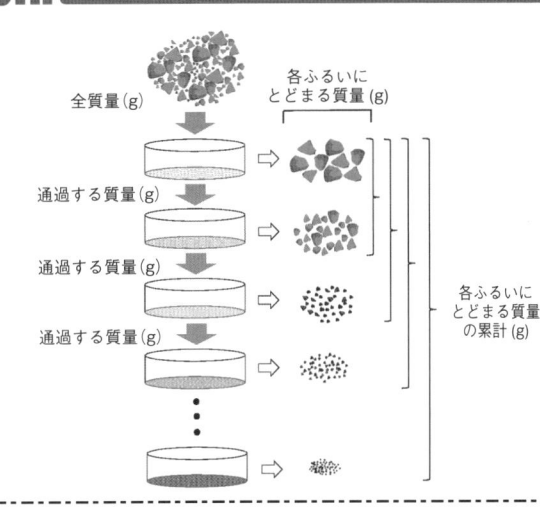

粗粒率（Fineness Modulus：F.M.）は骨材の粒子の大きさを表わす指標であり、次のように定義される。
「80, 40, 20, 10, 5, 2.5, 1.2, 0.6, 0.3 および 0.15 mm の各ふるいに留まる質量百分率の和を 100 で除した値」
ここに，

各ふるいにとどまる質量の百分率（%）
$= \dfrac{各ふるいに留まる質量(g)}{全質量(g)} \times 100$

各ふるいにとどまる質量の百分率の累計（%）
$= \dfrac{各ふるいに留まる質量の累計(g)}{全質量(g)} \times 100$

通過率（%）
$= \dfrac{各ふるいを通過する質量(g)}{全質量(g)} \times 100$

ふるい分け試験結果の例

ふるいの呼び寸法(mm)	粗粒率の計算用にもの(*)	粗骨材の試験結果例				細骨材の試験結果例			
		各ふるいにとまる質量(g)	各ふるいに留質量累計(g)	各ふるいに留まる質量累計百分率(%)	通過率(%)	各ふるいにとまる質量(g)	各ふるいに留質量累計(g)	各ふるいに留まる質量累計百分率(%)	通過率(%)
40	＊	0	0	0	100	0.0	0.0	0	100
30		0	0	0	100	0.0	0.0	0	100
25		0	0	0	100	0.0	0.0	0	100
20	＊	410	410	8	92	0.0	0.0	0	100
15		1447	1857	36	64	0.0	0.0	0	100
10	＊	1895	3752	73	27	0.0	0.0	0	100
5	＊	1018	4770	93	7	8.5	8.5	2	98
2.5	＊	260	5030	98	2	27.0	35.5	7	93
1.2	＊	101	5131	100	0	95.9	131.4	26	74
0.6	＊	0	5131	100	0	140.6	272.0	54	46
0.3	＊	0	5131	100	0	125.5	397.5	79	21
0.15	＊	0	5131	100	0	84.8	482.3	96	4
受皿		0	5131	100	0	22.1	504.4	100	0
合計		5131		672		504.4		264	
粗粒率				6.72				2.64	

粗骨材の粗粒率（F.M.）$= \dfrac{(0 + 8 + 73 + 93 + 98 + 100 \times 4)}{100} = 6.72$

細骨材の粗粒率（F.M.）$= \dfrac{(0 + 0 + 0 + 2 + 7 + 26 + 54 + 79 + 96)}{100} = 2.64$

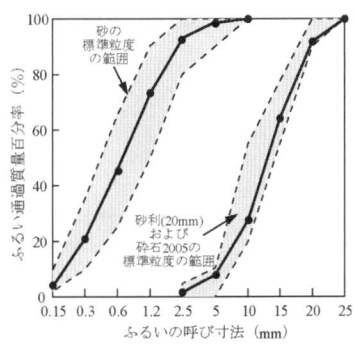

粗骨材および細骨材の粒度曲線

＊粗骨材のふるい分け試験で 30mm や 25mm、15mm のふるいを使用することがあるが、これらの各ふるいに留まる質量の百分率は粗粒率の計算には用いない。計算に使用するふるいは 80、40、20、10、5、2.5、1.2、0.6、0.3 および 0.15mm なので注意が必要である。

1 コンクリートの基本　39

表 1.11 代表的な骨材の標準粒度 (JIS A 5308：2014, JIS A 5005：2009)

骨材の種類	ふるいを通るものの質量分率 (%) ふるいの呼び寸法 (mm)										
	30	25	20	15	10	5	2.5	1.2	0.6	0.3	0.15
砂利 (25 mm) 砕石 2505	100	95〜100	—	30〜70	—	0〜10	0〜5	—	—	—	—
砂利 (20 mm) 砕石 2005	—	100	90〜100	—	20〜55	0〜10	0〜5	—	—	—	—
砂	—	—	—	—	100	90〜100	80〜100	50〜90	25〜65	10〜35	2〜10
砕砂	—	—	—	—	100	90〜100	80〜100	50〜90	25〜65	10〜35	2〜15

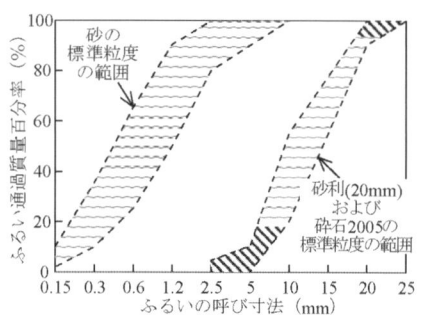

図 1.5 砂，砂利（最大寸法 20 mm）および砕石 2005 の標準粒度の範囲

ち，最小寸法のふるいの呼び寸法で示される粗骨材の寸法」と定義されるように，粗骨材の粒子の大きさを表わす値である。また，粗粒率は骨材の粒子の大きさを表わす値で必ずしも粒度分布を定量化したものではないが，簡便なうえに骨材の粒度を判定する目安として有効なため，広く用いられている。粗粒率の求め方を「Point 粗粒率（F.M.）の求め方と計算例」に示す。

4) 混和材料

a 混和剤と混和材

混和材料とは，コンクリートの性質を改良するために使用する，コンクリートの基本的な材料であるセメント，水および骨材以外の材料のことである。混和材料は，「混和剤」と「混和材」に分類される。混和剤（化学混和剤）は一般に液体で，呼び名のとおり薬剤のように少量を使用するものであり，コンクリート製造時の材料計量においては水の一部として扱われることが多い。このため，調合計算においては，一般にその容積はコンクリートの容積に算入しない。一方の混和材は一般に粉体であり，混和剤と比較すると比較的多くの量を使用するため，その容積をコンクリートの容積に算入する（図 1.6）。

b 混和剤の種類と働き

混和剤については JIS A 6204（コンクリート用化学混和剤）に AE 剤，減水剤，高性能減水剤，AE 減水剤，高性能 AE 減水剤，流動化剤および硬化促進剤の品質が定められている。このなかで，コンクリートの製造に日常的に使用されているものは AE 剤および AE 減水剤または高性能 AE 減水剤の 3 種類である（表 1.12）。

a) AE 剤

AE 剤はコンクリート中に微細な独立した空気泡を導入する化学混和剤であり，AE 剤による微細な空気泡が一定量以上含まれることによりコンクリートのワーカビリティーおよび耐久性が向上する効果がある。

b) 減水剤，高性能減水剤

減水剤はセメント粒子を分散させる化学混和剤であり，セメント粒子が分散することによりコンクリートの流動性を高める効果がある。高性能減水剤はより分散効果が高い化学混和剤である。

c) AE 減水剤，高性能 AE 減水剤

AE 減水剤は AE 剤と減水剤の効果を併せ持っており，高性能 AE 減水剤は AE 剤と高性能減水剤の効果を併せ持つのに加えて，コンクリートに高いスランプ保持性（流動性の維持性能）を付与する化学混和剤である。

これら代表的な化学混和剤のほかには，JIS A

混和剤はコンクリートの容積に算入しない。

混和材はコンクリートの容積に算入する。

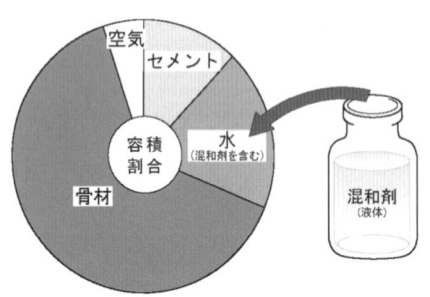

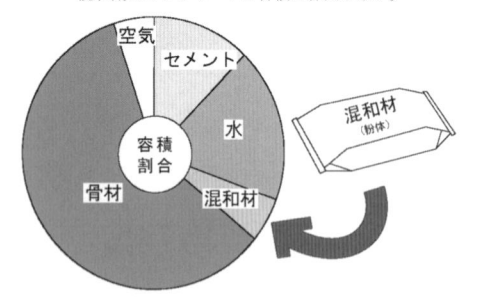

図 1.6 混和材料の容積の取扱い

表 1.12 化学混和剤の種類とその特徴

規格	名称	特徴と効果
JIS A 6204 (コンクリート用化学混和剤)	AE剤	陰イオン系または非イオン系の界面活性剤で，コンクリート中に多くの独立した微細な空気泡を連行する。空気泡のボールベアリング効果によりコンクリートの流動性を向上させる。また凍結融解の繰返し作用に対する抵抗性（耐凍害性）を向上させる。
	減水剤	減水剤はセメント粒子を帯電させ，セメント粒子どうしを静電気的に反発させることにより分散させる。AE減水剤はAE剤と減水剤双方の機構を併せ持つ。セメント粒子が分散することにより同一のコンシステンシーを得るための単位水量を減じることができる。
	AE減水剤	
	高性能減水剤	高性能減水剤は減水剤の静電反発力に加え立体障害効果によりセメント粒子どうしを強く反発させ分散させる。高性能AE減水剤はこれにAE剤の機構を併せ持つ。セメント粒子が強い力で分散することにより同一のコンシステンシーを得るための単位水量を大きく減じることができる。
	高性能AE減水剤	
	流動化剤	あらかじめ練り混ぜられたコンクリートにあとから添加することによりセメントの分散効果を増大させ流動性を高める。高性能減水剤と同様の機構でセメント粒子を分散させる。
	硬化促進剤	亜硝酸化合物や硝酸化合物の働きによりセメントから溶出する水和生成物の形成を促進し，コンクリートの硬化速度を速める。初期凍害の防止や初期強度発現の促進に効果がある。

6205（鉄筋コンクリート用防せい剤）に品質が定められる防せい剤（鉄筋の腐食予防剤），JIS 規格化されていない収縮低減剤，遅延剤，急結剤，起泡剤・発泡剤などがある。

c 混和材の種類と働き

混和材については JIS A 6201（コンクリート用フライアッシュ）に品質が定められているフライアッシュ，JIS A 6206（コンクリート用高炉スラグ微粉末）に品質が定められている高炉スラグ微粉末および JIS A 6207（コンクリート用シリカフューム）に品質が定められているシリカフュームの3つが代表的なものであり，その他に膨張材，防水材，砕石粉にJIS規格が定められている。

a）フライアッシュ

フライアッシュは，石炭火力発電所において微粉炭を燃焼する際に，溶融状態の飛灰が空中で球形のまま冷却・固化したものを集塵機で捕集した副産物であり，フライアッシュセメントの混合材としても使用されている。フライアッシュの粒子は大部分が表面の滑らかな球状を呈しており，フレッシュコンクリート中でボールベアリング効果を発揮するため，ワーカビリティーを改善し，所要の流動性を得るための単位水量を少なくすることができる。また，フライアッシュはセメントに由来する水酸化カルシウムと「ポゾラン反応」を起こし，コンクリートの強度を長期にわたって増進させ水密性や化学抵抗性なども高める。

b）高炉スラグ微粉末

高炉スラグ微粉末は製鉄所で銑鉄をつくる高炉から排出される副産物の高炉スラグ（急冷スラグ）を微粉砕したものであり，高炉セメントの混

Point エントラップトエアとエントレインドエア

エントラップトエアとは

エントラップトエア（Entrapped Air）は比較的粗大（100μm程度以上）な空気泡で，コンクリートの品質の改善には何ら役立たない。練混ぜや撹拌などによりコンクリート中に容積で 0.2～2.0% が巻き込まれる。

エントレインドエアとは

エントレインドエア（Entrained Air）は，AE剤やAE減水剤，高性能AE減水剤の効果によってコンクリート中に導入される微細（25～250μm）な独立した空気泡で，フレッシュコンクリート中ではボールベアリングのような働きをして流動性を改善する。また，一定量以上がコンクリート中に均一に分布しているとコンクリート中の水分が凍結するときの膨張（体積で約9%）による圧力を緩和する（圧力の逃げ場となる）ため，凍結融解の繰り返し作用（凍害）に対するコンクリートの抵抗性を著しく向上させ，劣化を予防することができる。

空気量はエントラップトエアとエントレインドエアの合計である

エントレインドエアが 2.5% 程度以上含まれていれば耐凍害性は著しく向上する。しかし，空気量の試験でエントラップトエアとエントレインドエアは区別できないため，全体の空気量は 4.5% 程度以上とすることが望ましい。

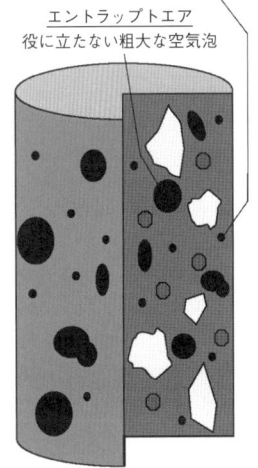

コンクリート中の空気泡のイメージ

合材としても使用されている。高炉スラグは高アルカリ環境下で「潜在水硬性」を発揮し，コンクリートの強度を長期にわたって増進させ，化学抵抗性なども高める。

c) シリカフューム

シリカフュームは金属シリコンまたはフェロシリコンを製造するアーク式電気炉から排出される副産物である。2 000 ℃近い高温でガス化した一酸化けい素が，排ガス中でさらに酸化して二酸化けい素を主成分とする球状の粒子となったものを電気集塵機で捕集したもので，平均粒径 $0.1\,\mu m$ 程度，比表面積 $20\,m^2$ 程度ときわめて微細な（たばこの煙粒子よりも細かい）粒子である。シリカフュームを高強度コンクリートに用いると，「マイクロフィラー効果」によりフレッシュコンクリートの流動性を高め，硬化後には高強度を容易に得ることが可能となる。

フライアッシュのポゾラン反応，高炉スラグ微粉末の潜在水硬性およびシリカフュームのマイクロフィラー効果の概要を「Point ポゾラン反応・潜在水硬性・マイクロフィラー効果」に示す。

(3) コンクリートの調合

1) 調合とは

コンクリートの各材料の構成を単位量（コンクリート $1m^3$ 中に占める各材料の質量で，一般に整数で表わす。単位は「kg/m^3」である。）によって表わしたものを「調合」という。所要の品質のコンクリートを得るために使用材料の選定や各材

Point ポゾラン反応・潜在水硬性・マイクロフィラー効果

ポゾラン反応

フライアッシュに含まれる可溶性の二酸化けい素はセメントに由来する水酸化カルシウムと緩やかに反応して安定なけい酸カルシウム水和物を生成し，コンクリート中の空隙を徐々に満たしていく。この反応をポゾラン反応という。ポゾラン反応によりコンクリートの強度は長期にわたって増進し，また組織が緻密となり，水密性や化学抵抗性なども高まる。

潜在水硬性

高炉スラグ中ではけい酸やアルミン酸が強固に結合（鎖状結合）しているが，高アルカリ環境下（pH 12 以上）では，この結合が切断されて水酸化カルシウムと反応する金属類が溶出し，けい酸カルシウム水和物やアルミン酸カルシウム水和物を生成して硬化する。この反応を潜在水硬性という。ただし，潜在水硬性を発揮させるためには水分が必要なため，十分な湿潤養生を施す必要がある。

マイクロフィラー効果

水セメント比の小さな高強度コンクリートにシリカフュームを混和すると，シリカフュームがセメント粒子間の空隙を充填し流動性に寄与するペースト量を増やすため，フレッシュコンクリートの流動性は高まる。また微小空隙がシリカフュームにより充填されるため，硬化コンクリートはきわめて密実となり，$100\,N/mm^2$ を超える高強度を容易に得ることが可能となる。同時に水密性や化学抵抗性も増大する。この微細な粒子による充填効果をマイクロフィラー効果という。

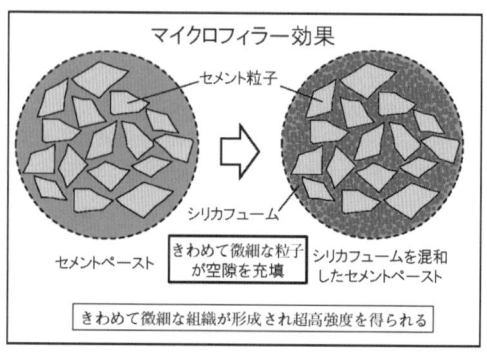

料の構成割合に関する各種条件を設定することを「調合設計」といい，調合設計を行って得られた調合を「計画調合」という。また，調合設計によって定めた各種条件に従って材料の単位量や計量値などを求める計算のことを「調合計算」という。

2) 調合設計の流れ

使用する部材の条件や必要なコンクリート強度などが建物の設計図書に記載されている。コンクリートの調合設計は，これらの諸条件に適するコンクリートの各種条件を合理的な手順に従って決定していく行為である。一般的なコンクリートの調合設計の手順フローを図1.7に示す。

a 材料とスランプ，空気量の選定

部材寸法や鉄筋のあき，かぶり厚さなど部材の条件と工法，構造物の種類や設置環境などを考慮して粗骨材の最大寸法やセメントの種類，スランプ，空気量などを定める。耐久性の面からすると粗骨材の最大寸法はできるだけ大きく，スランプは所要のワーカビリティーが得られる範囲でできるだけ小さくするのが基本である。

b 調合強度と水セメント比の決定

構造的に必要な強度や耐久性から見て，必要な強度ならびにコンクリートのポテンシャル強度と構造体に打ち込んだコンクリートの強度差および強度のばらつきを考慮して，調合強度（調合管理強度）を決定する。また，基規準類の規制を考慮したうえで，経験的に定まっている強度とセメント水比の関係から調合強度に見合った水セメント比を決定する（「Point　JASS 5：2009による調合管理強度の決定」参照）。

c 単位水量，単位セメント量，細骨材・粗骨材比の決定

所要のスランプから単位水量を，水セメント比と単位水量から単位セメント量を決定した後，コンクリートのワーカビリティーと骨材の品質を考慮して細骨材と粗骨材の比を決定する。化学混和剤の使用量や混和材量については，使用の有無や種類に応じて単位水量や単位セメント量の決定時に併せて決定する。

d 調合計算と試し練り

決定した各種調合の条件から調合計算により試し練り調合を決定し，コンクリートの試作を行う。この試作のことを「試し練り」という。試し練りにより得られた試作コンクリートについて試験を行い，要求品質を満たしていれば，これを計画調合とする。要求品質を満たさない場合やワーカビリティーに難があるなど調整が必要な場合は，調合設計の適当な段階に戻って調整を行う。要求性能が満たされるまでこれを繰り返し，計画調合を決定する。

3) 調合計算の方法

調合計算には，調合条件に関する計算と各材料の単位量の計算（狭義の調合計算）およびコンクリート製造時における調合の補正に関する計算がある。ここでは，調合の計算について説明する。

a 調合条件に関する計算

計算により求める調合条件は水セメント比である。p.53の「Point コンクリートの強度理論」に後述するように，コンクリートの圧縮強度は，同一の材料を使用した場合には水セメント比の逆数であるセメント水比（「C/W（シーバイダブリュー）」とも表現される）とおおむね直線関係になることがわかっており，レディーミクストコンクリート工場では，自工場で使用している材料ごとにこの関係（C/Wと圧縮強度の関係式で「強度算定式」などとよばれる。直線関係なので$Y = aX + b$となる一次式である）が決まっている。この式を用いて，所要の強度（調合強度）からセメント水比を算出し，これを逆数にして水セメント比が求まる。

水セメント比の具体的な計算方法と計算例を「Point セメント水比と圧縮強度の関係式から水セメント比を求める」に示す。

b 各材料の単位量の計算

各材料の構成割合から見た調合のイメージを図1.8に示す。コンクリートの調合とは，図中の

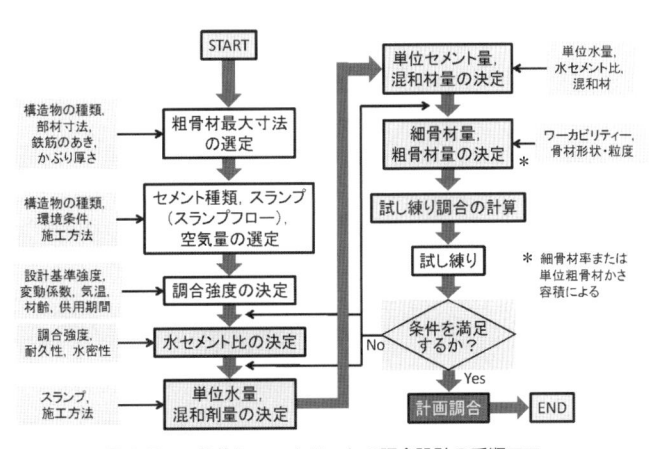

図1.7　一般的なコンクリートの調合設計の手順フロー

①～④の線を左右または上下に移動させて品質を調整することを指す。

a）調合の各種条件と計算の前提
ⅰ）水とセメントの割合
　前述したように，水とセメントの割合は質量割

Point　JASS 5：2009 による調合管理強度の決定

JASS 5：2009 における調合管理強度の決定と発注の手順
JASS 5 における発注強度の決定および調合の決定手順は次のようになる。
① 構造的に必要な強度の「設計基準強度」と耐久性から定められている「耐久設計基準強度」を比較し，大きいほうを「品質基準強度」に採用する。
② 品質基準強度に品質管理用供試体の強度と構造体コンクリートの強度の差である「構造体強度補正値（S 値）」を加え，「調合管理強度」とする。
③ 水セメント比の最大値，単位水量の最大値，単位セメント量の最小値，スランプ，粗骨材最大寸法など，その他の指定事項や規制などがある場合には指定事項に含め，レディーミクストコンクリート製造者（レディーミクストコンクリート工場）への発注を行う。

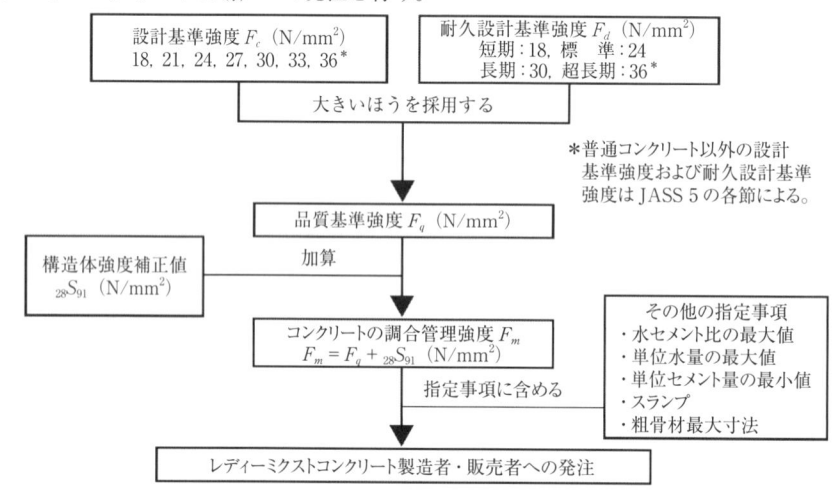

設計基準強度 F_c（N/mm^2）
18, 21, 24, 27, 30, 33, 36*

耐久設計基準強度 F_d（N/mm^2）
短期：18，標準：24
長期：30，超長期：36*

大きいほうを採用する

*普通コンクリート以外の設計基準強度および耐久設計基準強度は JASS 5 の各節による。

品質基準強度 F_q（N/mm^2）

構造体強度補正値 $_{28}S_{91}$（N/mm^2）　加算

コンクリートの調合管理強度 F_m
$F_m = F_q + {}_{28}S_{91}$（N/mm^2）

その他の指定事項
・水セメント比の最大値
・単位水量の最大値
・単位セメント量の最小値
・スランプ
・粗骨材最大寸法

指定事項に含める

レディーミクストコンクリート製造者・販売者への発注

JASS 5（2009）による調合管理強度の決定と発注の手順フロー

Point　セメント水比と圧縮強度の関係式から水セメント比を求める

セメント水比と強度の関係式
　水セメント比（W/C）の逆数であるセメント水比（C/W）と圧縮強度（記号「F」とする）の関係は，図に示すように直線関係であるため「$F = a \cdot C/W + b$」の式で表わされ，使用材料ごとに係数 a および b が定まる。したがって，この式に圧縮強度（F）を代入すればセメント水比（C/W）を，セメント水比（C/W）を代入すれば圧縮強度（F）をそれぞれ求めることができる。ここでは，コンクリートに要求される圧縮強度（調合強度）が決まっている前提で，圧縮強度を代入してセメント水比（小数点以下2桁）を求め，さらにセメント水比を水セメント比（小数点以下1桁）に換算する例を示す。

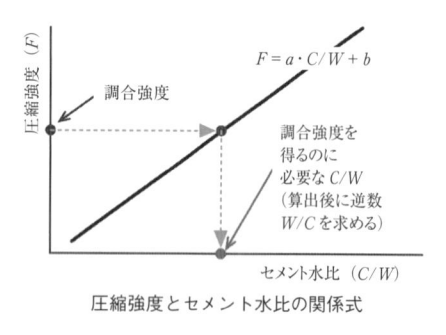

圧縮強度とセメント水比の関係式

調合強度とセメント水比の関係式（例）
　セメント水比と強度の関係式：$F = 24.2 \cdot C/W - 5.5$
　調合強度：40.5N/mm^2
セメント水比の計算
　①関係式の F に調合強度を代入する。
　　→ $40.5 = 24.2 \cdot C/W - 5.5$
　②係数 b（-5.5）を移項する（両辺に 5.5 を足す）。
　　→ $46.0 = 24.2 \cdot C/W$
　③係数 a（24.2）を移項する（両辺を 24.2 で除す）。
　　→ $1.90 = C/W$
　　　　　　　　　　　　　A.　$C/W = 1.90$
水セメント比の計算
　・C/W を逆数（W/C）にする（1 を C/W で除する）。
　　→ $W/C = 1/1.90 ≒ 0.526$
　　　　　　　　　　　　　A.　$W/C = 52.6$（%）

合「水セメント比(「W/C(ダブリュバイシー)」とも表現される)」で表わされ，これを変化させることによりおもに強度を調整できる。図1.8では①を左右に動かして調整する。

ⅱ) 細骨材と粗骨材の割合

細骨材と粗骨材の割合は，「細骨材率(「s/a (エスバイエー)」とも表現される)」を使って計算するケースと単位粗骨材かさ容積および粗骨材の実積率を使って計算するケースがある。細骨材と粗骨材の割合を変化させることにより，おもにプラスティシティーを調整できる。ただし，これを変化させると骨材全体の表面積や実積率等が変化し，コンシステンシーや強度にも影響を及ぼす。図1.8では②を左右に動かして調整する。

ⅲ) 単位水量

コンシステンシーを調整するためにはセメントペースト量を変化させるのが効果的であるが，一般には水セメント比が先に決まるためセメントペースト量と単位水量の割合は一定となるので，単位水量を変化させてコンシステンシーを調整する。図1.8では③を上下に動かして調整する。

ⅳ) 空気量

p.55に後述する「Point 凍害の仕組み」に示すように，凍結融解に対する抵抗性を確保するためにコンクリート中に占める空気の容積(空気量)を一定量以上とする必要があるため，空気量の値とその許容差は指定されている。図1.8では④を上下に動かして指定値に調整する。

ⅴ) 各材料の容積の合計

単位を見ればわかることであるが，調合はすべての材料の容積と空気の容積を合計して1 m³(= 1 000 l)となるように計算する必要がある。

ⅵ) 各材料の密度

調合計算の結果として求まる各材料の単位量は，単位がkg/m³であることからもわかるようにコンクリート1 m³当たりの各材料の質量を表わす。また，調合条件は質量割合によるものと容積割合によるものがある。このため，調合計算にあたっては，各材料について質量と容積の関係を明らかとするために密度がわかっている必要がある。質量と容積および密度の関係を「Point 質量，容積および密度の関係」に示す。

b) 各材料の単位量の計算手順

次の調合条件が与えられているときの計算手順を示す。ただし，ここでは最も基本的な単位量の計算(狭義の調合計算)とするため，混和材料については考慮せず条件に含めていない。

［調合条件］
・単位水量(kg/m³)
・水セメント比(%)
・空気量(%)
・セメント，細骨材および粗骨材の密度(g/cm³)
＊骨材の密度は一般に表乾密度を用いる。

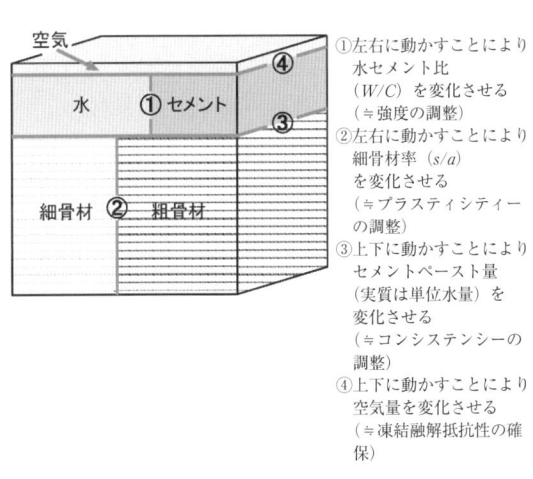

図1.8 調合のイメージ図

①左右に動かすことにより水セメント比(W/C)を変化させる(≒強度の調整)
②左右に動かすことにより細骨材率(s/a)を変化させる(≒プラスティシティーの調整)
③上下に動かすことによりセメントペースト量(実質は単位水量)を変化させる(≒コンシステンシーの調整)
④上下に動かすことにより空気量を変化させる(≒凍結融解抵抗性の確保)

Point 質量，容積および密度の関係

コンクリートの調合計算に限らず，質量と容積と密度の関係は材料分野では使用する機会が非常に多いので，明確に理解する必要がある。容積と質量と密度の関係は次の3つの式で表わされるが，いずれもそれぞれの式を変形したものなので，もとは一つの式で表わされる関係である。

・質量＝密度×容積 (単位は g，kg，t など)
・容積＝質量／密度 (単位は cm³，l，m³ など)
・密度＝質量／容積 (単位は一般に g/cm³)

※密度の単位は質量を容積で除したかたちになっており，この単位(g/cm³)は，その物質の容積が1cm³のときの質量が何gか，すなわち密度の意味をそのまま表現している。このように単位からその性質を推定できる場合があるため，各種の計算を行う場合に単位はきわめて重要といえる。

1 コンクリートの基本 45

「細骨材率」を用いる場合には，加えて
・細骨材率（％）
「単位粗骨材かさ容積」を用いる場合には，加えて
・単位粗骨材かさ容積（m³/m³）
・粗骨材の実積率（％）
［計算手順］
① 水セメント比と単位水量から単位セメント量を算出する。
② 単位セメント量とセメントの密度からセメントの容積を算出する。
③ 1 000 l からセメントの容積，水の容積および空気の容積を差し引き，骨材全体（細骨材＋粗骨材）の容積を算出する。
　＊水の密度は 1.0（g/cm³）とするため，水の容積の値は単位水量と同じである。
「細骨材率」を用いる場合
④ 骨材全体の容積と細骨材率から細骨材の容積を算出する。
⑤ 骨材全体の容積から細骨材の容積を差し引き，粗骨材の容積を算出する。
「単位粗骨材かさ容積」を用いる場合
④ 単位粗骨材かさ容積と粗骨材の実積率から粗骨材の容積を算出する。
⑤ 骨材全体の容積から粗骨材の容積を差し引き，細骨材の容積を算出する。
⑥ 細骨材および粗骨材それぞれの容積と密度から単位量（質量）を算出する

具体的な調合計算の方法と計算例を「Point 調合計算の例」に示す。

c 製造時における調合の補正

コンクリートの製造に使用される骨材には品質のばらつきがある。細骨材と粗骨材は一般に粒径 5 mm を境にして区分されるが，製造時に厳密に分級することは困難で細骨材に粒径が 5 mm を超える粒子（過大粒）が混入することは珍しくない。逆に，粗骨材に粒径が 5 mm を下回る粒子（過小粒）が混入することもあり，計画調合を確保するためにこれらの補正が必要となる場合もある。また，骨材は一般に微粒分の洗浄などの工程を経てコンクリート製造工場に納入されるため含水状態が一定でなく，水分の補正を行わなければ計画調合のとおりに計量することはできない。ここでは，細骨材に含まれる過大粒および粗骨材に含まれる過小粒の量に応じた調合の補正と，骨材の含水状態に対応した調合の補正について説明する。

a）細骨材に含まれる過大粒と粗骨材に含まれる過小粒

細骨材に含まれている過大粒や粗骨材に含まれている過小粒が多い場合，この細骨材や粗骨材を所要の質量だけ計量しても実際の細骨材量および粗骨材量は計画調合と異なり，細骨材率や単位粗骨材かさ容積が調合条件のとおりとならない。このため，細骨材および粗骨材の計量値を補正する必要がある。

細骨材に含まれる過大粒の割合を a ％，粗骨材に含まれる過小粒の割合を b ％とした場合の細骨材および粗骨材の補正後の単位量を式に表わすと，次のようになる。

$$S' = \frac{100S - b(S+G)}{100-(a+b)}$$

$$G' = \frac{100G - a(S+G)}{100-(a+b)}$$

ここに，S' ：細骨材の補正後の単位量（kg/m³）
　　　　G' ：粗骨材の補正後の単位量（kg/m³）
　　　　S, G：計画調合における細骨材および粗骨材の単位量（kg/m³）
　　　　a　：細骨材に含まれる過大粒の割合（％）
　　　　b　：粗骨材に含まれる過小粒の割合（％）

ただし，使用する骨材の過大粒・過小粒の影響を考慮して計画調合が定められている場合，この補正は不要である。また，粗骨材と細骨材の密度に差があると補正によって骨材の容積が変化する可能性があるが，一般にこの補正によって生じる容積の差は単位量を整数に丸める場合の誤差よりも小さく，無視して構わない程度である。

b）骨材に付着している表面水

コンクリートの製造に用いる骨材は一般に湿潤状態（p.39 の「Point 骨材の含水状態と密度の試験方法」参照）であり，細骨材でおおよそ 2～8％，粗骨材でおおよそ 0～1％の表面水を含んでいる。

湿潤状態の骨材は，所要の質量だけ計量しても，その一部は表面水であり骨材の実質は少なくなるため，所要の骨材量を計量するためには，表面水の分だけ計量値を割り増す必要がある。また，このとき割り増した分は水であるため，同時に練混ぜ水の計量値を同量だけ差し引かなければならない。

表面水を H（％）とした場合の骨材および水の計量値を式に表わすと，次のようになる。

Point 調合計算の例

調合計算において水の密度は $1.00\ \text{g/cm}^3$ とする（＊水の容積と質量は同じ数値になる）。
なお，便宜上，調合計算には次の記号を用いることとする。

- 単位量（単位：kg/m^3）「セメント：C」「水：W」「細骨材：S」「粗骨材：G」
- 容積（単位：l）「セメント：V_C」「水：W」「骨材全体：V_A」「細骨材：V_S」「粗骨材：V_G」「空気：V_{Air}」
- 密度（単位：g/cm^3）「セメント：ρ_C」「細骨材：ρ_S」「粗骨材：ρ_G」 ＊骨材は表乾密度

例題（細骨材率を用いる場合）

調合条件を次のとおりとする。各材料の容積と単位量を求め，表の空欄を整数で埋めなさい。

- 空気量＝5.0 %
- 単位水量 $W = 170\ \text{kg/m}^3$
- 水セメント比 $W/C = 50.0\ \%$
- 細骨材率 $s/a = 44.9\ \%$
- セメントの密度 $\rho_C = 3.15\ \text{g/cm}^3$
- 細骨材の表乾密度 $\rho_S = 2.58\ \text{g/cm}^3$
- 粗骨材の表乾密度 $\rho_G = 2.60\ \text{g/cm}^3$

調 合 表

空気量(%) V_a	水セメント比(%) W/C	細骨材率(%) s/a	絶対容積 (l/m^3) セメント V_c	水 V_w	細骨材 V_s	粗骨材 V_g	単位量 (kg/m^3) セメント C	水 W	細骨材 S	粗骨材 G
5.0	50.0	44.9		170				170		

計算手順

ⅰ 単位水量と水セメント比より単位セメント量を計算する。（水セメント比は質量比であることに注意）

$C = W \div W/C$
$ = 170 \div 0.5\ (\ast\ W/C = 50\% = 0.5)$
$ = \underline{340}$

ⅱ セメントの単位量と密度からセメントの容積を計算する。

$V_C = C \div \rho_C$
$ = 340 \div 3.15$
$ = 107.9\cdots \fallingdotseq \underline{108}$

ⅲ 全体の容積から空気とセメントおよび水の容積を差し引き，骨材容積を計算する。空気量はコンクリート（$1\,000\ l$）の 5 % なので $V_{\text{Air}} = 50\ (l)$ である。

$V_A = 1\,000 - V_{\text{Air}} - V_C - W$
$ = 1\,000 - 50 - 108 - 170$
$ = \underline{672}$

ⅳ 骨材全体の容積と細骨材率から細骨材の容積を計算する。（細骨材率は容積比であることに注意）

$V_S = V_A \times s/a$
$ = 672 \times 0.449\ (\ast\ s/a = 44.9\% = 0.449)$
$ \fallingdotseq \underline{302}$

ⅴ 骨材全体の容積から細骨材の容積を差し引き，粗骨材の容積を計算する。

$V_G = V_A - V_S$
$ = 672 - 302$
$ = \underline{370}$

ⅵ 細骨材および粗骨材それぞれの容積と表乾密度から単位量を計算する。（質量＝容積×密度）

$S = V_S \times \rho_S$
$ = 302 \times 2.58$
$ = 779.16 \fallingdotseq 779$

$G = V_G \times \rho_G$
$ = 370 \times 2.60$
$ = 962$

解答 得られた結果で表の空欄を埋めると次のようになる。

調 合 表

空気量(%) V_a	水セメント比(%) W/C	細骨材率(%) s/a	絶対容積 (l/m^3) セメント V_c	水 V_w	細骨材 V_s	粗骨材 V_g	単位量 (kg/m^3) セメント C	水 W	細骨材 S	粗骨材 G
5.0	50.0	44.9	108	170	302	370	340	170	779	962

＊ 単位量の合計は，計画調合におけるフレッシュコンクリートの単位容積質量（単位：kg/m^3）である。

例題（単位粗骨材かさ容積を用いる場合）

調合条件を次のとおりとする。各材料の容積と単位量を求め，表の空欄を整数で埋めなさい。

- 空気量 = 5.0 %
- 単位水量 W = 170 kg/m³
- 水セメント比 W/C = 50.0 %
- 単位粗骨材かさ容積：0.638 m³/m³
- セメントの密度 ρ_C = 3.15 g/cm³
- 細骨材の表乾密度 ρ_S = 2.58 g/cm³
- 粗骨材の表乾密度 ρ_G = 2.60 g/cm³
- 粗骨材の実積率：58.0 %

調合表

空気量 (%) V_a	水セメント比 (%) W/C	細骨材率 (%) s/a	絶対容積 (l/m³) セメント V_c	水 V_w	細骨材 V_s	粗骨材 V_g	単位量 (kg/m³) セメント C	水 W	細骨材 S	粗骨材 G
5.0	50.0			170				170		

計算手順

i 単位水量と水セメント比より単位セメント量を計算する。（水セメント比は質量比であることに注意）
$$C = W \div W/C$$
$$= 170 \div 0.5 \ (\ast\ W/C = 50\% = 0.5)$$
$$= \underline{340}$$

ii セメントの単位量と密度からセメントの容積を計算する。
$$V_C = C \div \rho_C$$
$$= 340 \div 3.15$$
$$= 107.9\cdots \fallingdotseq \underline{108}$$

iii 全体の容積から空気とセメントおよび水の容積を差し引き，骨材容積を計算する。空気量はコンクリート（1 000 l）の 5 % なので $V_{Air} = 50\ (l)$ である。
$$V_A = 1\,000 - V_{Air} - V_C - W$$
$$= 1\,000 - 50 - 108 - 170$$
$$= \underline{672}$$

iv 単位粗骨材かさ容積と粗骨材の実積率から粗骨材の容積を計算する。（粗骨材の容積＝単位粗骨材かさ容積×粗骨材の実積率，単位粗骨材かさ容積は単位がm³/m³なので1 000倍してlに換算する）
$$V_G = 単位粗骨材かさ容積 \times 粗骨材の実積率$$
$$= 0.638 \times 1,000 \times 0.580$$
$$= 370.04 \fallingdotseq \underline{370}$$

v 骨材全体の容積から粗骨材の容積を差し引き，細骨材の容積を計算する。
$$V_G = V_A \times V_G$$
$$= 672 \times 370$$
$$= \underline{302}$$

vi 細骨材および粗骨材それぞれの容積と表乾密度から単位量を計算する。（質量＝容積×密度）
$$S = V_S \times \rho_S$$
$$= 302 \times 2.58$$
$$= 779.16 \fallingdotseq \underline{779}$$
$$G = V_G \times \rho_G$$
$$= 370 \times 2.60$$
$$= \underline{962}$$

vii 細骨材および粗骨材それぞれの容積から細骨材率を計算する。
$$s/a = V_S \div (V_S + V_G)$$
$$= 302 \div (302 + 370)$$
$$\fallingdotseq 0.449$$
$$= \underline{44.9\ (\%)}$$

解答 得られた結果で表の空欄を埋めると次のようになる。

調合表

空気量 (%) V_a	水セメント比 (%) W/C	細骨材率 (%) s/a	絶対容積 (l/m³) セメント V_c	水 V_w	細骨材 V_s	粗骨材 V_g	単位量 (kg/m³) セメント C	水 W	細骨材 S	粗骨材 G
5.0	50.0	44.9	108	170	302	370	340	170	779	962

＊ 単位量の合計は，計画調合におけるフレッシュコンクリートの単位容積質量（単位：kg/m³）である。

$$A_H = A \times \left(1 + \frac{H}{100}\right)$$

$$W_H = W - A \times \frac{H}{100}$$

ここに，A_H：表面水を含んだ骨材の計量値
　　　　A：計画調合における骨材の計量値
　　　　H：表面水率（％）
　　　　W_H：補正後の水の計量値
　　　　W：計画調合における水の計量値

具体的な表面水の補正の計算例を「Point 表面水の補正計算の例」に示した。

c）材料およびコンクリートの品質の違いに対する調合の補正

練り混ぜたコンクリートのスランプや空気量が材料の変動などの理由により所要の品質とならない場合，調合を補正することがある。その場合の考え方を表1.13に示す。

(4) コンクリートの性質

コンクリートへの要求品質「適切な施工性」「所要の強度」および「所要の耐久性」のうちの前者はフレッシュコンクリートの性質，後者2つは硬化コンクリートの性質である。工業製品としてのコンクリートにおける使用材料の管理や調合設計などは仕様として，製品検査や受入検査などの各種検査は性能として，要求品質への適合を確実にするために行われる一連の活動といえる。したがって，コンクリートへの要求品質の各項目に対応するコンクリートの諸性質を理解することは，コンクリートの基本を学習するうえで重要である。

1) フレッシュコンクリート
a ワーカビリティーとコンシステンシー

フレッシュコンクリートの性質を表わす用語としてワーカビリティー（≒作業性），コンシステンシー（≒変形や流動への抵抗性），プラスティシティー（≒材料分離抵抗性），ポンパビリティー（＝圧送性），フィニッシャビリティー（≒仕上げ性）の5つがある（表1.14）。なかでもワーカビリティーは建設現場における使用頻度が最も高いが，後者4つの性質を併せたフレッシュコンクリートの総合的な性質を表わす用語のため一概に説明することは困難である。ただし，多少乱暴な説明であることを断ったうえで簡易に述べると，一般的なコンクリートではコンシステンシーを低下させて流動性を高めるとプラスティシティーが低下し材料分離が起きやすくなる。この流動性と材料分離抵抗性のバランスが結果的にポンパビリティーやフィニッシャビリティーの善し悪しにもつながることから，ワーカビリティーの良いコンクリートとは，コンシステンシーとプラスティシティーのバランスがよく各作業において取り扱いのしやすいコンクリートと捉えることができる。

コンシステンシーを判断する試験方法としてはスランプ試験が一般的である。スランプ試験とは，フレッシュコンクリートをスランプコーンとよばれる器具に詰め，コーンを取り去ったときのコンクリート中心部における下がりを測定する試験で，JIS A 1101（コンクリートのスランプ試験方法）にその方法が規定されている。スランプ試験によってコンシステンシーを鋭敏に捉えられる

表1.13　使用材料あるいはコンクリートの品質の違いに対する調合の補正の目安

区　分	細骨材率 (s/a) の補正	単位水量の補正
砂の粗粒率が0.1大きい（小さい）ごとに	0.5 %大きく（小さく）する	補正しない
スランプが1 cmだけ大きい（小さい）ごとに	補正しない	1.2 %大きく（小さく）する
空気量が1 %だけ大きい（小さい）ごとに	0.5～1 %小さく（大きく）する	3 %小さく（大きく）する
水セメント比が5 %大きい（小さい）ごとに	1 %大きく（小さく）する	補正しない
細骨材率 (s/a) が1 %大きい（小さい）ごとに	－	1.5 kg/m³ 大きく（小さく）する
川砂利を用いる場合	3～5 %小さくする	9～15 kg/m³ 小さくする

なお，単位粗骨材かさ容積による場合は，砂の粗粒率が0.1だけ大きい（小さい）ごとに単位粗骨材かさ容積を1%小さく（大きく）する

表1.14　フレッシュコンクリートの性質を表す用語

用　語	対応英語	定　義
ワーカビリティー	Workability	材料分離を生じることなく，運搬，打込み，締固め，仕上げなどの作業が容易にできる程度を表わすフレッシュコンクリートの性質
コンシステンシー	Consistency	フレッシュコンクリート，フレッシュモルタルおよびフレッシュペーストの変形または流動に対する抵抗性
プラスティシティー	Plasticity	容易に型枠に詰めることができ，型枠を取り去るとゆっくり形を変えるが，くずれたり，材料が分離することのないような，フレッシュコンクリートの性質
ポンパビリティー（圧送性）	Pumpability	コンクリートポンプによって，フレッシュコンクリートまたはフレッシュモルタルを圧送するときの圧送の難易性
フィニッシャビリティー	Finishability	コンクリートの打上り面を要求された平滑さに仕上げようとする場合，その難易を示すフレッシュコンクリートの性質

Point 表面水の補正計算の例

例題
表に示す計画調合のコンクリート100 l を練り混ぜたい。骨材の表面水率を測定したら細骨材は2.5 %，粗骨材は0.5 %であった。計画調合通りのコンクリート100 l を得るための水，細骨材および粗骨材の補正後の計量値を求めよ。

絶対容積 (l/m^3)				単位量 (kg/m^3)			
セメント V_c	水 V_w	細骨材 V_s	粗骨材 V_g	セメント C	水 W	細骨材 S	粗骨材 G
108	170	302	370	340	170	779	962

計算手順

i 水，細骨材，粗骨材それぞれの練混ぜ量に応じた計量値を計算する。

$M_w = W \times$ (練混ぜ量 /1 000)
　　 $= 170 \times (100/1 000)$
　　 $= \underline{17.00}$

$M_s = S \times$ (練混ぜ量 /1 000)
　　 $= 779 \times (100/1 000)$
　　 $= \underline{77.90}$

$M_g = G \times$ (練混ぜ量 /1 000)
　　 $= 962 \times (100/1 000)$
　　 $= \underline{96.20}$

ここに，M_w：計画調合の水の計量値 (kg)
　　　　M_s：計画調合の細骨材の計量値 (kg)
　　　　M_g：計画調合の粗骨材の計量値 (kg)
　　　　W：水の単位量 (kg/m³)
　　　　S：細骨材の単位量 (kg/m³)
　　　　G：粗骨材の単位量 (kg/m³)

ii 細骨材，粗骨材それぞれの計量値を表面水率に応じて割り増す。

$M_s' = M_s \times (100 + H)/100$
　　 $= 77.90 \times (100 + 2.5)/100$
　　 $≒ \underline{79.85}$

$M_g' = M_g \times (100 + H)/100$
　　 $= 96.20 \times (100 + 0.5)/100$
　　 $≒ \underline{96.68}$

ここに，M_s'：補正後の細骨材の計量値 (kg)
　　　　M_g'：補正後の粗骨材の計量値 (kg)

iii 水の計量値から細骨材の表面水と粗骨材の表面水を差し引き，水の計量値とする。

$M_w' = M_w - (M_s' - M_s) - (M_g' - M_g)$
　　　$= 17.00 - (79.85 - 77.90) - (96.68 - 96.20)$
　　　$= \underline{14.57}$

ここに，M_w'：補正後の水の計量値 (kg)

解答 得られた結果は次のとおりである。
・補正後の水の計量値：14.57 kg
・補正後の細骨材の計量値：79.85 kg
・補正後の粗骨材の計量値：96.68 kg

Point 表面水の測定方法の例（容積法）

試験操作
容積の目盛が付いた容器にある程度まで水を入れ，そのときの目盛 (V_1) を読む。その後，試料（質量：m）を容器に投入し，よく撹拌して脱泡した後に投入後の目盛 (V_2) を読む。

試料（質量：m）

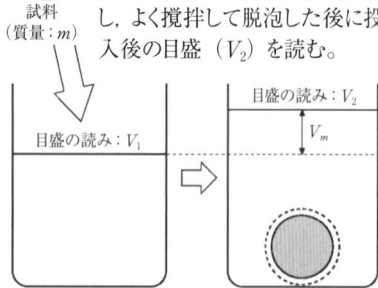

目盛の読み：V_1
目盛の読み：V_2

表面水率試験（容積法）の操作

表面水率の計算（条件 細骨材の密度：ρ_s，水の密度：1.00 g/cm³）

試料の体積：$V_m = V_2 - V_1$ ……(1)
試料の質量：$m =$ 細骨材の質量：$S +$ 表面水の質量：h ……(2)
表面水量：$h = m - S$
　　　　　 $= m - V_s \cdot \rho_s$ ……(2)′
試料の体積：$V_m =$ 細骨材の体積：$V_s +$ 表面水の体積：V_h ……(3)
表面水体積：$V_h = h = V_m - V_s$ ……(3)′

(3)′式と(2)′式より：$V_m - V_s = m - V_s \cdot \rho_s$ ……(4)

(4)式を移項すると：$m - V_m = V_s \cdot \rho_s - V_s$
　　　　　　　　　　　 $= V_s \cdot (\rho_s - 1)$

両辺を $(\rho_s - 1)$ で除すと　$V_s = \dfrac{m - V_m}{\rho_s - 1}$ ……(5)

(5)式により求めた V_s と(1)式の V_m を(3)′式に代入して「h」を求める。
この h：表面水量と m：試料の質量を(2)式に代入して「S」を求める。
以上より求めた値を次の式に代入すると，表面水率が得られる。

$$\text{表面水率}：H(\%) = \frac{h：表面水量}{S：表乾状態の細骨材の質量} \times 100$$

範囲はスランプの値でおおむね5～21cmであり，この範囲を小さいほうに逸脱する場合の試験方法としてはJSCE-F 501（舗装用コンクリートの振動台式コンシステンシー試験（土木学会規準）），大きいほうに逸脱する場合の試験方法としてはJIS A 1150（コンクリートのスランプフロー試験方法）がそれぞれ代表的である。

なお，コンシステンシーに影響を及ぼす要因として単位水量，空気量，水セメント比，細骨材率，骨材の品質，化学混和剤の種類および使用量などがあげられるが，最も影響の大きな要因は単位水量と化学混和剤の種類および使用量である。

また，時間の経過とともにコンシステンシーは変化し，スランプは練混ぜから徐々に低下していくため，練上りにおけるスランプは，この低下量を考慮して定められている（「Pointスランプの低下（スランプロス）と目標スランプ」参照）。スランプにより異なるフレッシュコンクリートの状態を写真1.2に示す。

b 材料分離

材料分離とは，フレッシュコンクリートの構成材料の分布が不均一になる現象で，おもにモルタル分と粗骨材の分布が不均一になる材料分離（粗骨材の分離）と構成材料のなかで最も密度の小さな水がコンクリートの上面に浮き出るブリーディングの2種類に大別される。

粗骨材の分離が著しいと，硬化後のコンクリートに粗骨材だけが多く集まり連続空隙を生じる「豆板（まめいた）」とよばれる欠陥部が生じ，その部分では鉄筋コンクリート構造物の耐力や耐久性が損なわれる。

ブリーディングが多い場合には，ブリーディング水がモルタル部分に水みちや粗骨材または鉄筋の下面に水隙をつくり，コンクリート内部への劣化因子の浸透を促進させたり付着力を低下させるため強度や耐久性を低下させることがある。また，ブリーディング水が滲出した分だけコンクリートの上面は沈下するため，沈下量が多くなると天端付近では鉄筋により沈下が拘束された部分でひび割れを生じることがある（図1.9参照）。

材料分離に影響を及ぼす要因として，スランプ，単位水量，水セメント比，細骨材率，骨材の形状，粗骨材の最大寸法，細骨材の微粒分量などがあげられるが，材料分離に及ぼす影響が最も大きな要因はモルタル分の粘性であるためモルタル分の粘性にかかわる要因はいずれも材料分離に影響する。また，ブリーディングはコンクリートの凝結が進むと止まるものであるため，セメントの凝結時間や気温などコンクリートの凝結時間に影響を及ぼす要因は，ブリーディング量にも影響を及ぼす。

2）初期性状

a 凝結

凝結とは，フレッシュコンクリートが徐々に流動性を失って固まり，ある程度の強さをもつまでの過程をいい，凝結に至る時間を凝結時間という。凝結時間はコンクリートの可使時間に影響し，コンクリートの打重ねにおいて凝結がある程度進んだコンクリートの上に新たなコンクリートを打ち込むと「コールドジョイント」とよばれる不連続な継ぎ目ができ，水密性や耐久性上の欠陥となる。凝結時間は，コンクリート温度が高いほど短くなるほか，コンクリート中に有機不純物を多く含むと長く，塩化物を多く含むと短くなる傾向にある。

b 初期容積変化

コンクリートの初期容積変化には，ブリーディングによる沈下とプラスチック収縮があり，いずれも不具合はコンクリート表面のひび割れとして現われる。プラスチック収縮によるひび割れは，コンクリート表面からの水分の蒸発速度がブリーディング水の上昇速度を上回り，急速に乾燥が進んだ場合に生じる。ただし，沈下によるひび割れもプラスチック収縮によるひび割れも凝結があまり進んでいない段階では，タンピング（コンクリート表面をたたく操作）により除去することが可能である。

c 初期強度

初期強度とは，一般に材齢1～3日における

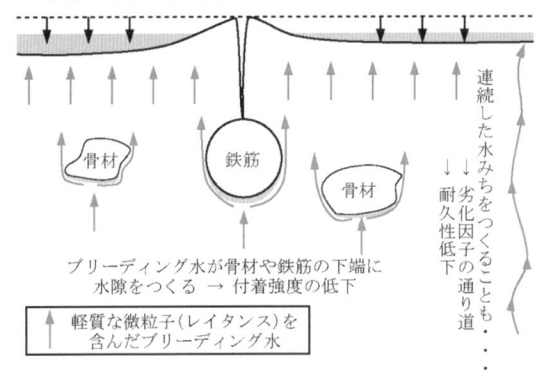

図1.9 ブリーディングが多い場合の不具合のイメージ

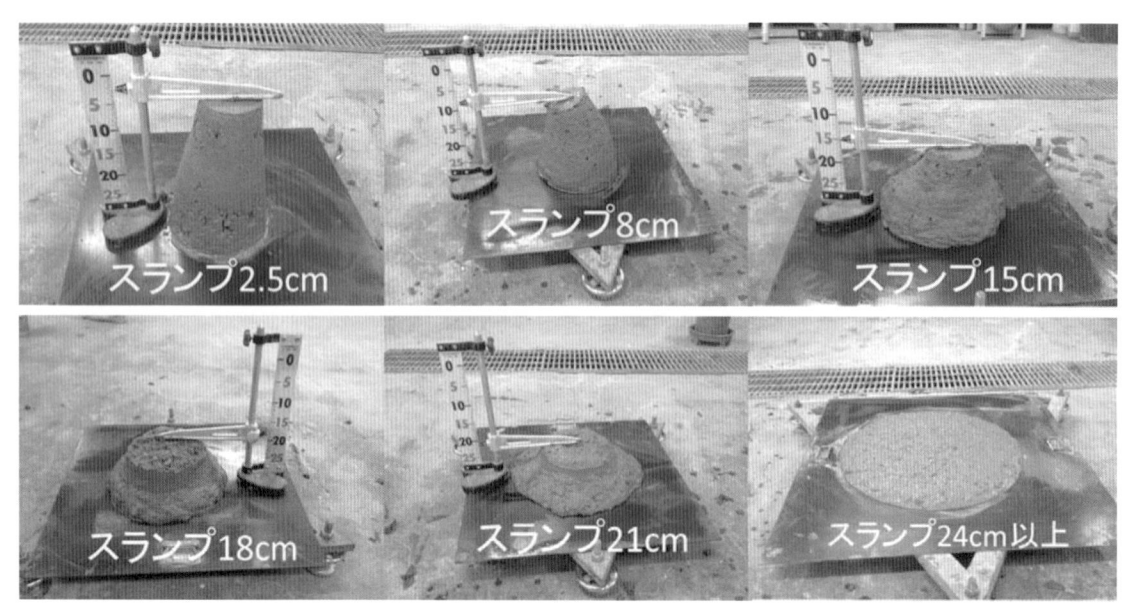

写真1.2 スランプにより異なるフレッシュコンクリートの状態

Point スランプの低下（スランプロス）と目標スランプ

スランプの低下（スランプロス）とは

　コンクリートのスランプは，製造直後よりも荷卸し地点や打込み地点では一般に小さくなる。このスランプが低下する現象あるいはスランプ低下量のことを「スランプロス」とよぶ。

スランプロスの影響と対策

　スランプロスにより荷卸し地点におけるコンクリートのスランプが，許容範囲よりも小さくなると受入検査に不合格となり受け入れられないため，施工計画に支障が生じると同時に資源および製造コストに大きな無駄が生じる。また，許容範囲の下限付近でスランプが受入検査に合格してもポンパビリティーが低下している場合があり，一般的なコンクリートポンプ工法での現場内運搬において，効率が低下したり不具合が生じる可能性がある。

　このためレディーミクストコンクリート工場では，運搬時間やコンクリート温度により変化するスランプロスの程度を見極めたうえで，荷卸し地点におけるスランプが指定の範囲となるよう練上りにおけるスランプを割り増している。

打込みの最小スランプから見た練上りの目標スランプの決定

　設計におけるスランプは，打込み箇所の部材寸法，鉄筋の空きやかぶり厚さから定められている。したがって，最も重視すべきスランプは打込み時点におけるものであり，現在は打込みにおける最小スランプ（施工に適した範囲で最小のスランプ）をもとにして荷卸し地点における指定スランプを定める合理的な考え方が一般的となりつつある。この考え方では，まず「打込み地点における最小スランプ」を決め，そこから遡って①現場内運搬（圧送）に伴うスランプロス，②経時に伴うスランプロスおよび③スランプのばらつきを考慮して荷卸し地点の目標スランプとし，これをレディーミクストコンクリートの指定スランプとする（右図）。

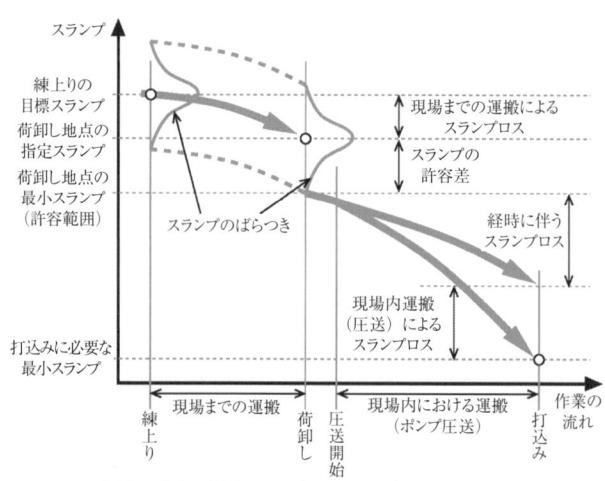

打込み地点の最小スランプからスランプを定める考え方

強度のことである。初期の強度発現が正常であることが所要の長期強度を得るためには重要であるが，この時期はセメント水和物の結合が弱く容易に破壊されるため，不要な振動や初期凍害を与えないように養生する必要がある。

3）硬化コンクリート

構造材料としての硬化コンクリートに求められる性能のなかで最も重要なのは強さ（強度）であるが，コンクリートの強さにはさまざまなものがある。コンクリートを単純に素材として見た場合の強さとしては「圧縮強度」「引張強度」，鉄筋コ

表 1.16　硬化コンクリートの体積変化

名　称	概　要
乾燥収縮	コンクリート中の水分が逸散（おもに蒸発）することによりコンクリートが収縮する現象で，標準的な試験方法による収縮は $5〜8×10^{-4}$ 程度である。
自己収縮	硬化したセメントペーストの体積は同質量のフレッシュなセメントペーストよりも若干小さいため，セメントペーストは凝結・硬化に伴い若干収縮する。この収縮のことを自己収縮という。
応力による変形	コンクリートに限らずすべての材料は，圧縮力がかかるとその応力方向に縮み，引張力が掛かるとその応力方向に伸びる性質をもっている。このときの伸びや縮みを応力による変形という。
クリープによる変形	コンクリートに持続荷重が掛かると，コンクリートは時間の経過とともに変形する。この現象をクリープといい，このときのひずみをクリープひずみという。
熱による変形	コンクリートに限らずすべての材料は，温度が高いと膨張し低いと収縮する。このときの膨張や収縮が熱による変形であり，組成が変化しない範囲では温度と直線関係を示す。この関係を温度による変形を横軸：温度，縦軸：膨張量として表現した図の傾きを熱膨張係数（線膨張係数）という。

Point コンクリートの強度理論

建物の構造安全性を担保するために，コンクリートの強度は確実に制御される必要がある。強度を支配する要因に関してはこれまでに次のような理論が示されている。

水セメント比説

1919 年に D.A.Abrams は"清浄で堅硬な骨材を用いたプラスチックでワーカブルなコンクリートを適切に施工した場合の強度はセメントペーストの水セメント比によって支配される"とし，水セメント比が小さいほど強度は高くなることを示した。Abrams はこの関係を次の式で与えている。

$$F_c = \frac{A}{B^x}$$

ここに，　F_c：圧縮強度
　　　　　A, B：セメントの品質などによる実験定数
　　　　　x：水セメント比

セメント空隙比説

1921 年に A.N.Talbot は"コンクリート強度は，セメント空隙比によって支配される"とし，次の式を与えた。

$$F_c = A + B \cdot \frac{V_c}{V_w + V_a}$$

ここに，　V_c：セメントの絶対容積
　　　　　V_w：水の絶対容積
　　　　　V_a：空気の容積

セメント水比説

1932 年に I.Lyse は圧縮強度とセメント水比に直線関係があるとして，次の式を与えた。

$$F_c = A + B \cdot C/W$$

Abrams の水セメント比説と Lyse のセメント水比説はいずれもその妥当性が多くの研究により立証されているが，現在は直線式で取扱いの簡便なセメント水比説が多く用いられており，建築工事標準仕様書 JASS 5 ではこの式を基にしたコンクリートの調合設計方法を示している。

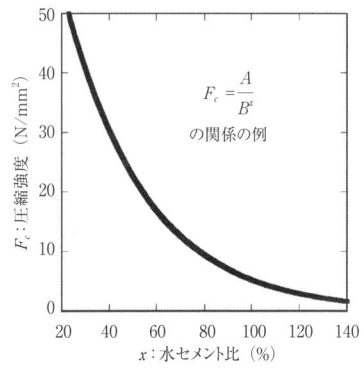

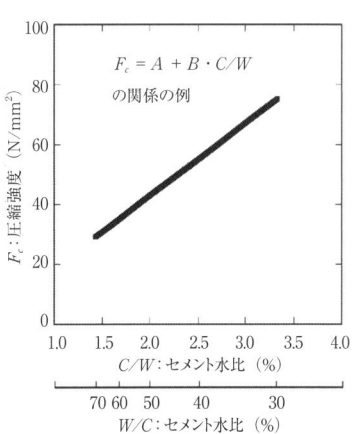

ンクリートや構造体を想定したときの強さとしては「曲げ強度」「せん断強度」「支圧強度」「鉄筋との付着強度」「疲労強度」などがあげられるが，単にコンクリートの強度といえば，一般には圧縮強度を指す。これには，圧縮強度が他の強度と比較して大きく，構造的にもコンクリートは圧縮応力を負担する材料として扱われること，その他の強度を含めた硬化コンクリートの性質の多くが圧縮強度との関係からおおむね推定できる範囲にある（たとえば，曲げ強度は圧縮強度の1/5～1/8，引張強度は圧縮強度の1/10～1/15）ことが関係しており，レディーミクストコンクリートの強度に関する品質管理も，一般には圧縮強度試験によって行われている。

また，硬化コンクリートの性能として重要な項目に体積変化がある。コンクリートの体積変化として代表的なものには，乾燥収縮および自己収縮と応力やクリープまたは熱による変形があり，これらの体積変化は構造物の接合部分における耐力や耐久性にかかわるひび割れの発生に影響するため，設計において考慮すべき項目といえる（表1.16）。

4）耐久性

コンクリートの耐久性とは，硬化コンクリートの性能を長期間にわたり維持する性能である。つまり，ほぼすべてが鉄筋コンクリートとして用いられるコンクリートに関しては，鉄筋コンクリート構造物あるいは部材の性能を低下させる「劣化」を予防することが耐久性を向上させるということである。言い換えれば，鉄筋コンクリートの劣化について学習すれば，耐久性に関する知識を身につけることができる。

鉄筋コンクリートはコンクリートが圧縮力を負担し鉄筋が引張力を負担する構造であり，双方の機能が十分に発揮されて初めて十分な耐力が得られる。このことから，鉄筋コンクリートの劣化は「鉄筋の腐食による劣化」と「コンクリートの劣化」に大別できる。鉄筋コンクリートの劣化はおおむねひび割れの発生・進行またはかぶり厚さの減少を伴うため，進行すると鉄筋の腐食に関係する劣化因子のコンクリート内部への浸透を促進し，ある時点から加速度的に進行する。

a 鉄筋の腐食による劣化

a）鉄の腐食のメカニズム

健全なコンクリート中では鉄は安定しており腐食しないが，何らかの原因で化学的に不安定になると鉄の表面電位が不均一となり，陽極（アノード）と陰極（カソード）が生じて電流が流れ，鉄イオンと水酸化物イオンができる。この鉄イオンと水酸化物イオンが化学反応を起こし水酸化鉄や水酸化第二鉄（赤さび）などを生じる。これが鉄の腐食である。腐食により生成する"さび"は，もとの鉄よりも体積が大きい（2～3倍）ため，鉄筋コンクリートでは鉄筋が腐食するとコンクリートに引張力が働いて鉄筋に沿ったひび割れが発生する。ひび割れが生じると鉄の腐食因子である水や酸素の侵入が容易になるため鉄筋はさらに腐食し，劣化が進行する。

b）中性化による劣化

鉄は，高アルカリ環境下ではその表面に腐食抑制作用のある緻密な「不動態被膜」を形成し，腐食しにくい状態にある。コンクリート中はセメントの水和により生成した水酸化カルシウムやNa^+やK^+などのアルカリイオンによってpHが12以上（強アルカリ）に保たれているため，鉄筋は不動態被膜によって安定した状態になっている。しかし，コンクリートのアルカリは大気中の炭酸ガスと反応し表面から徐々に失われていく。この反応を「中性化」といい，中性化が鉄筋の近傍まで達すると鉄筋の不動態被膜は失われ，腐食が始まることになる。

c）塩害による劣化

コンクリート中で鉄筋の表面に形成されている不動態被膜は，塩化物イオンの影響を受けて部分的に破壊する。このため，コンクリート中に一定量以上の塩化物イオン（Cl^-で$1.2\,kg/m^3$程度以上）が存在すると，アルカリ性が保たれていても鉄筋は腐食を始める。これが塩害による劣化の仕組みである。コンクリート中の塩化物イオンには，製造時から含まれているものと硬化後に海水や飛来塩分，凍結防止剤などの浸透によりもたらされるものがあるが，レディーミクストコンクリートは製造時における塩化物含有量が規制されている（Cl^-で$0.3\,kg/m^3$以下）ことから，劣化につながる塩化物イオンは硬化後にコンクリート表面から浸透するものといえる。

d）電流の作用による劣化

「Point 鉄筋腐食の仕組みと電流の作用」に示したように，鉄が腐食する場合には陽極と陰極が生じ微弱な電流が流れる。Pointに示した異種金属との接触など，何らかの原因で鉄筋にこの腐食電流と同方向の電流が流れると鉄筋の腐食が進行

Point 中性化の仕組みと塩害の仕組み

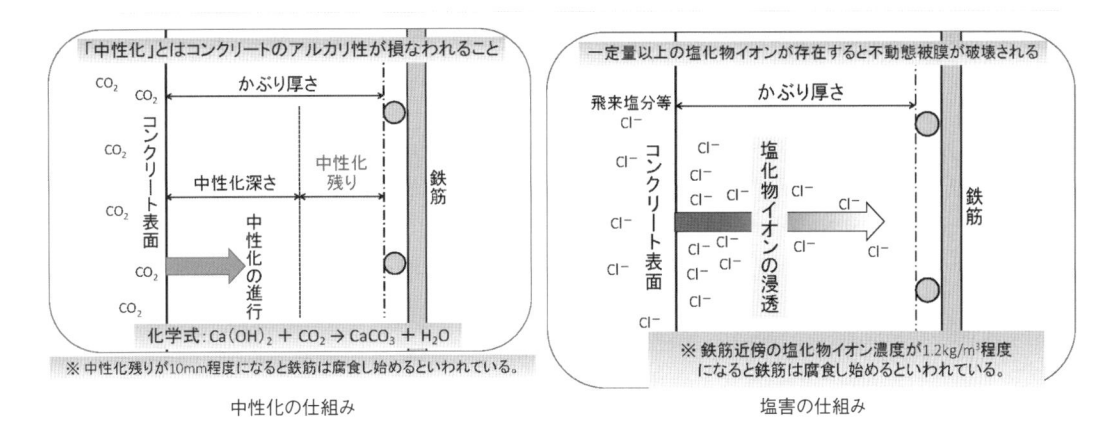

「中性化」とはコンクリートのアルカリ性が損なわれること

中性化の仕組み図:
- CO_2 がコンクリート表面から浸透
- かぶり厚さ／中性化深さ／中性化残り／鉄筋
- 化学式：$Ca(OH)_2 + CO_2 \rightarrow CaCO_3 + H_2O$
- ※中性化残りが10mm程度になると鉄筋は腐食し始めるといわれている。

中性化の仕組み

一定量以上の塩化物イオンが存在すると不動態被膜が破壊される

塩害の仕組み図:
- 飛来塩分等 Cl^- がコンクリート表面から浸透
- 塩化物イオンの浸透／かぶり厚さ／鉄筋
- ※鉄筋近傍の塩化物イオン濃度が $1.2kg/m^3$ 程度になると鉄筋は腐食し始めるといわれている。

塩害の仕組み

Point 鉄筋腐食の仕組みと電流の作用

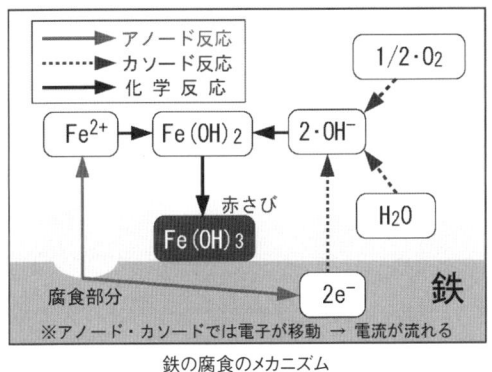

凡例：
- →アノード反応
- ---→カソード反応
- →化学反応

$Fe^{2+} \rightarrow Fe(OH)_2 \rightarrow$ 赤さび $Fe(OH)_3$
$1/2 \cdot O_2$、$2 \cdot OH^-$、H_2O、$2e^-$、鉄、腐食部分

※アノード・カソードでは電子が移動 → 電流が流れる

鉄の腐食のメカニズム
（反応に伴い電流が流れることに注意）

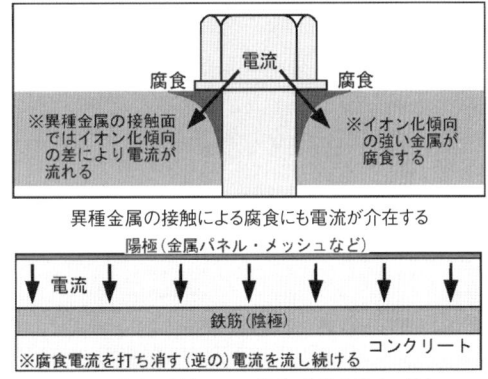

※異種金属の接触面ではイオン化傾向の差により電流が流れる
※イオン化傾向の強い金属が腐食する

異種金属の接触による腐食にも電流が介在する

陽極（金属パネル・メッシュなど）
↓電流↓
鉄筋（陰極）
コンクリート

※腐食電流を打ち消す（逆の）電流を流し続ける

電流で腐食を制御できる（電気化学的防食工法）

Point 凍害の仕組み

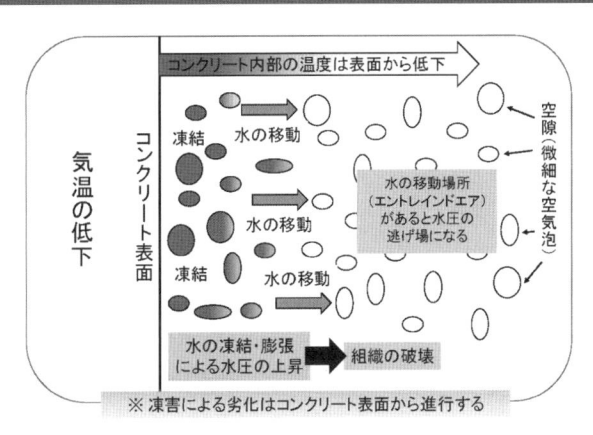

- 気温の低下
- コンクリート内部の温度は表面から低下
- コンクリート表面／凍結／水の移動
- 空隙（微細な空気泡）
- 水の移動場所（エントレインドエア）があると水圧の逃げ場になる
- 水の凍結・膨張による水圧の上昇 → 組織の破壊

※凍害による劣化はコンクリート表面から進行する

する。これが電流の作用による劣化である。この電流の作用による劣化を逆手にとって、鉄筋に腐食電流と逆の電流（鉄筋が陰極）を流して腐食を抑制する「電気防食工法」とよばれる劣化予防法があり、塩害を受ける環境などで採用されている。

b コンクリートの劣化

a）凍害による劣化

コンクリート中の水分は低温になると約9％の体積膨張を伴って凍結し、温度が上昇すると融解する。この水が凍結するときの膨張圧力はコンクリートの組織にダメージを与えるため、凍結と融解が繰り返されるとコンクリートは徐々に破壊されていく。凍害による劣化の特徴として、劣化初期にはコンクリート表面に「スケーリング」とよばれる微細なひび割れや「ポップアウト」とよばれるコンクリート表層部における小さなクレーター状の剥離が生じ、劣化が進行すると粗骨材の露出、隅角部の脱落、鉄筋の露出などが見られるようになる。

なお、凍害による劣化は凍結融解の繰返し作用によるものであるため、寒冷地の構造物では日射により融解回数が多くなる南側面のほうが北側面より劣化しやすい傾向にあり、また気温が著しく低く凍結融解の回数が少ない極寒地では劣化の進行が遅い傾向にある。

b）アルカリシリカ反応による劣化

アルカリシリカ反応（ASR）とは、反応性骨材に含まれるシリカ（けい素）とコンクリート中や外部から供給される水酸化アルカリ（NaOHやKOH）との化学反応のことであり、ASRによって生成されるアルカリシリカゲルが吸水膨張することによってコンクリートにひび割れを生じさせる劣化である。

ASRによる有害な膨張は、次の3つの条件が同時に成立して初めて起こる。

① 反応性鉱物を含有する骨材が一定量以上存在する。
② コンクリート中に十分な水酸化アルカリが存在する。
③ 反応やゲルの膨張に要する水分が供給される。

したがって、ASRによる劣化を予防するためには、これらの条件のいずれかが成立しないような対策をとればよい。

c）化学的浸食による劣化

化学的浸食とは、セメントペースト分とコンクリートの外部から供給される化学物質が化学反応を起こして、結合材の役割を果たすセメント水和物が脆弱な物質に変化する、または溶解していく現象であり、この程度が著しいと粗骨材の露出や脱落、さらに劣化が進むと鉄筋が露出する場合も

Point アルカリシリカ反応とは

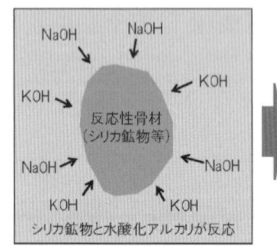

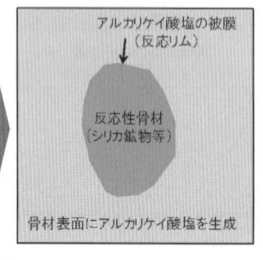

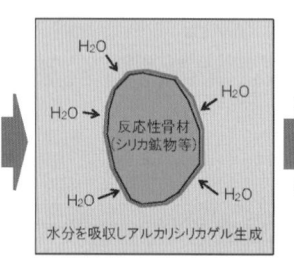

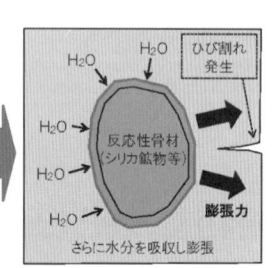

アルカリシリカ反応のメカニズム

骨材に含まれる不安定なシリカ鉱物とセメントに由来するアルカリ金属やコンクリート外部から侵入するアルカリ金属が反応し、骨材表面にアルカリけい酸塩を生成する化学反応である。このアルカリけい酸塩は水分が供給されるとアルカリシリカゲルとして膨張し、膨張圧によりポップアウトやひび割れを生じさせる。

アルカリシリカ反応の劣化形態

アルカリシリカ反応によるコンクリートの劣化形態は、拘束の少ない箇所では亀甲状や網目状のひび割れ、主筋などの拘束を受ける箇所ではその主筋に沿ったひび割れが生じ、場合によってはひび割れから白色ゲル状物質の析出が見られるのが特徴とされる。

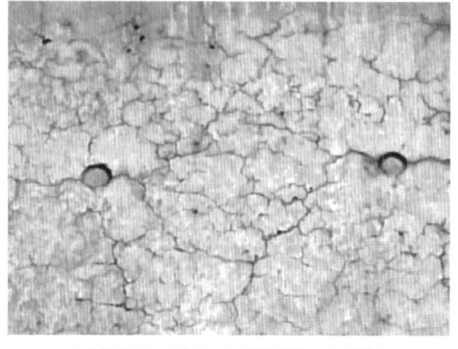

アルカリシリカ反応による網目状のひび割れ

ある。化学的浸食の要因となる物質は，おもに下水道施設でバクテリアの活動により発生する亜硫酸ガスなどの硫酸類，酸性土壌・河川や温泉などから供給される酸性物質である。

なお，化学的浸食とは異なるが，コンクリートが長期間にわたって水に接することによりセメント水和物の成分が数十年かけて徐々に溶け出し，硬化体組織が多孔化し劣化する「溶脱」という現象もある。

d) すりへりによる劣化

すりへりとは，タイヤなどとの繰返し接触や砂礫を含んだ水流との繰返し接触によるすり磨き作用や突き砕き作用によってコンクリートの表面が徐々に削られていく現象で，道路や水路などに多く見られる。すりへりによる劣化が進むと，摩耗に弱いモルタル（セメントペースト）部分が部分的に崩壊・脱落して粗骨材（摩耗に強い）がむき出しになり，平坦性や美観を損ねる。ただし，すりへりによる劣化は表面部分に留まるのが特徴である。

c 鉄筋コンクリート構造物の維持・管理

鉄筋コンクリート構造物は耐久性を考慮して設計されており，コンクリートの調合やかぶり厚さなどはそれに対応して決定されている。しかし，それらの構造物は竣工後にまったく手を掛けずに永遠に使い続けられるわけではない。したがって，その構造物を使用し続ける間は，安全性などの必要な性能を確保するために定期的な維持・管理（メンテナンス）を行う必要がある（「Point 鉄筋コンクリート構造物のメンテナンス」参照）。構造物の維持・管理とは，基本的には日常的あるいは定期的な点検を行って構造物の状態の変化を調べ（調査・点検），現状の把握ならびに将来予測を行った結果から補修や補強の要否を判断し（診断），必要な場合は補修や補強を実施して構造物を健全に保つことである（「Point コンクリート構造物の診断・調査・点検」「Point 維持管理と補修・補強」参照）。本書が対象としているのは鉄筋コンクリート構造物の施工までであるが，でき上がった構造物に対して適切な維持・管理が行われてはじめて，使用を予定する期間（計画供用期間）を通じて安全・快適に，また安心してその構造物を使用できるということは知っておくとよい。

Point 鉄筋コンクリート構造物のメンテナンス

メンテナンスとは

メンテナンス（Maintenance）とは，わが国では一般に整備・維持・保守・点検・手入れ等の意味で用いられる用語である。鉄筋コンクリート構造物の寿命（ライフサイクル）は50～100年以上ときわめて長いことから必要なメンテナンス回数は複数回に及ぶ。このため，あらかじめ計画的にメンテナンスの手順（計画・診断・対策・記録）のサイクルを指定しておくことが効率的である。

メンテナンスのサイクルと計画

メンテナンスとして「計画」「診断」「対策」および「記録」を行い，その構造物のデータおよび類似する構造物のデータをデータベース化し，2サイクル目以降のメンテナンスに活用する。計画にあたっては，まず点検の頻度を決定する必要があり，さらに日常的な点検と定期的な点検の内容を決定する。

メンテナンスの注意点

鉄筋コンクリート構造物のライフサイクルはきわめて長いため，メンテナンスを行う管理者や技術者がライフサイクルの途中で代わることが容易に想定できる。このとき，貴重な情報となるデータベースは万人が理解できるものでなければならないことから，メンテナンスの記録においては，技術的な共通言語を用いる必要がある。

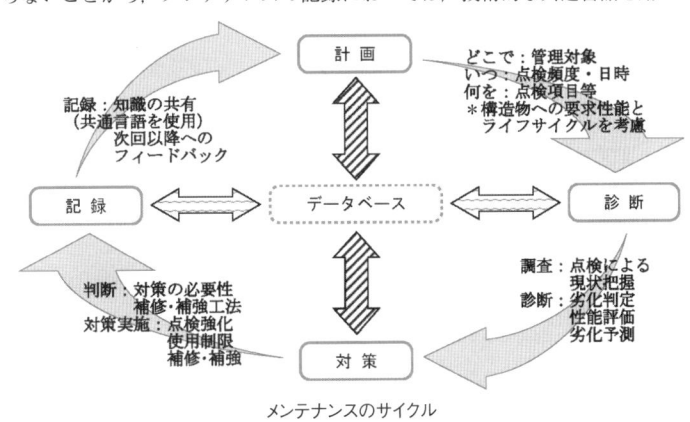

メンテナンスのサイクル

Point コンクリート構造物の診断・調査・点検

診断・調査・点検

鉄筋コンクリート構造物の診断とは，調査による現状把握をもとにした劣化の判定および現状における性能の評価，ならびに今後の劣化予測までの一連の活動をいう。つまり，診断は調査ありきの活動なのである。

調査には標準調査と詳細調査の2種類，点検には初期点検，日常点検，定期点検，臨時点検および緊急点検の5種類がある。調査は構造物の状態を把握するための一連の活動を指し，点検はそのための具体的な方法と考えればよい。

コンクリート構造物の調査と点検

調査の種類	点検の種類	目的	方法など
標準調査	初期点検	構造物の初期状態を把握する。	供用開始（使用開始）にあたり最初に行われる。このときの状態が以降の劣化評価の原点となる。目視観察などの簡易な調査による。
	日常点検	変状を早期に発見・把握する。	数日～週に1回程度の頻度で実施する。主として目視観察など簡易な調査を実施する。パトロールや日常使用と兼ねて行われることが多い。
	定期点検	日常点検では確認できない部分の状態を把握する。	数年に1回程度の頻度で実施する。詳細な目視や簡易な非破壊試験による。
	臨時点検	事故・災害などで偶発荷重が作用した場合に，損傷の有無や構造物の状態を把握する。	一般には目視観察を行う。日常点検の実施者が行うと効果的である。
	緊急点検	類似する構造物において影響の大きな不具合や事故等が生じた場合に，同様の不具合の有無を確認する。	目視による観察が基本だが，非破壊試験等を行う場合もある。具体的な方法は類似する構造物において生じた不具合に対応して決定する。
詳細調査	―	標準調査では性能を評価することが困難な場合や詳細なデータが必要な場合に行う。	基本的に各種の非破壊試験や微破壊試験による調査。具体的な方法は得たいデータに対応して決定する。

Point 維持管理と補修・補強

予防維持管理と事後維持管理

構造物の維持管理には予防維持管理（予防保全）と事後維持管理（事後保全）がある。予防維持管理は定期的な調査・点検を行い，性能低下を引き起こす劣化を見逃さずに劣化の予防あるいは劣化の進行を停止・遅延させるような維持管理であり，保全後の各種性能を保全前よりも向上させることが目的ではない。事後維持管理は性能低下を引き起こす劣化が顕在化した後に補修や補強などの適切な対策を講じる維持管理であり，保全の対象とする各種性能を保全前よりも保全後に高めるためのものである。

補修と補強

コンクリート構造物の事後保全における補修および補強は，いずれも一定期間を経過して低下した各種性能を向上させる行為を指す。

「補修」とは，使用性や美観など数値で表現できない性能を向上させることであり，仕上げの張り替えや塗り替え，ひび割れ補修などがこれにあたる。「補強」とは，力学的な性能や劣化に関する性能など数値で表現できる性能を回復させ，回復後の性能が建設時の性能を超えることであり，部材の増設，部材の増圧や巻立て，部分的なコンクリートや鉄筋の打ち換えなどがこれにあたる。なお，数値で表現できる性能でも建設時の性能を超えない場合は「補修」である。

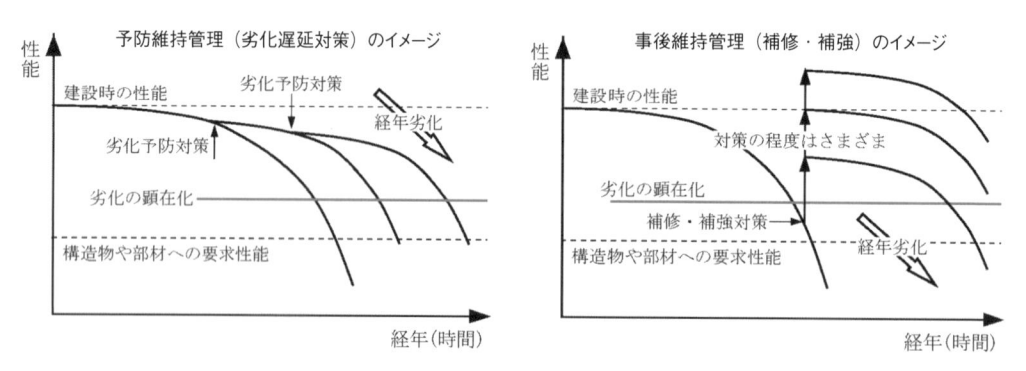

性能低下曲線で見た予防維持管理と事後維持管理のイメージ

2 レディーミクストコンクリートの基本

2.1 建築コンクリートに関わる規格・規準

(1) 建築基準法第37条と大臣認定
1) 建築基準法第37条

建築関係法令において，建築材料は鉄筋コンクリート造建築物に使用されるコンクリートや鉄筋，木造建築物に使用される木材などの各構法においてさまざまな荷重に耐力を発揮する部材に使用される「構造材料」と内・外装や屋根材などに使用される「一般材料（非構造材料）」に区分されており，構造材料の種類は建築基準法第37条で「指定建築材料」として定められている。建築基準法第37条を右に示す。

これによると建築物の主要な構造部に使用するコンクリートは，「JIS規格品のレディーミクストコンクリート」あるいは「国土交通大臣の認定を受けたコンクリート」でなければならないということになる。

2) 大臣認定

前述の「JIS規格品のレディーミクストコンクリート」とは，おもにJIS A 5308（レディーミクストコンクリート）に適合していることをJIS Q 1001（適合性評価－日本工業規格への適合性の認証－一般認証指針）およびJIS Q 1011（適合性評価－日本工業規格への適合性の認証－分野別認証指針（レディーミクストコンクリート））に基づいて認証されたレディーミクストコンクリートを指す。つまり，その品質がJIS A 5308に適合していても認証を受けていないものは「JIS規格品」ではなく，建築主事や確認審査機関に使用を認められた場合に限り，特記により構造材料として使用できる。一方，JIS A 5308に適合していないコンクリートおよびJIS A 5308に品質が適合していても建築主事等の判断により使用が認められないコンクリートについては，建築基準法第37条に則って国土交通大臣の認定を取得しなければ構造材料には使用できない。

現状で大臣認定を必要とするコンクリート（認定が多く取得されているコンクリート）は，JIS A 5308の「高強度コンクリート」の範囲を超える高強度コンクリート，高流動コンクリート，再生骨材を使用したコンクリートなどである。

国土交通大臣の認定を受けるためには，そのコ

> **建築基準法第37条（建築材料の品質）**
> 建築物の基礎，主要構造部その他安全上，防火上又は衛生上重要である政令で定める部分に使用する木材，鋼材，コンクリートその他の建築材料として国土交通大臣が定めるもの（以下この条において「指定建築材料」という。）は，次の各号の一に該当するものでなければならない。
> 一　その品質が，指定建築材料ごとに国土交通大臣の指定する日本工業規格又は日本農林規格に適合するもの
> 二　前号に掲げるもののほか，指定建築材料ごとに国土交通大臣が定める安全上，防火上又は衛生上必要な品質に関する技術的基準に適合するものであることについて国土交通大臣の認定を受けたもの

ンクリートについて材料特性を実験（「Point コンクリートの材料特性を明らかにするための実験と構造体強度補正値（S値）」参照）により明らかにしたうえで指定性能評価機関の材料評価を受け，国土交通省に認定を申請しなければならない。なお，このときの認定は，レディーミクストコンクリート工場（製造者）が単独で取得するものと，レディーミクストコンクリート工場（製造者）および建設会社（施工者）が協同で取得するものがある。

(2) JIS A 5308 レディーミクストコンクリート

日本工業規格（JIS）は工業標準化法（昭和24年）に基づき制定されている国家規格で，現在10525件が制定されている（2014年3月）。JISは部門別にA～Zに分類されており，建築分野に関係する部門としては「A 土木および建築」「G 鉄鋼」「R 窯業」「Q 管理システム」「Z その他」があげられる。JISの規格番号はJIS ○ △△ ××：◇◇◇◇のように表示され，○の部分は部門（19部門に分類），△△の部分は部門の中の細分類，××の部分は細分類内の通し番号，最後の◇◇◇◇の部分はこの規格が制定または改正された西暦年をそれぞれ示している。JISのなかで建築に関係するものはおもに材料に関する規格と設備に関する規格および試験に関する規格であり，JIS A 5308（レディーミクストコンクリート）は材料に関する規格の一つである。

Point コンクリートの材料特性を明らかにするための実験と構造体強度補正値（S値）

実験の主旨

コンクリートの圧縮強度は養生期間における環境温度や水分の供給状態などにより異なる。このため，強度管理用の供試体と構造体に打ち込まれたコンクリートの強度発現性は同一ではなく，特に強度レンジの大きな高強度コンクリートではその差が大きくなる可能性がある。そこで，大臣認定を受ける高強度コンクリートでは，図のような柱を模擬した試験体を製作し，ここから切り取ったコア供試体と強度管理用供試体の各材齢における強度の差（構造体強度補正値：S値）を確認する実験が一般に行われている。

試験体の概要

柱模擬試験体は，上下を断熱材で覆うことで柱の中間部における温度を再現するもので，温度の異なる中心部と端部それぞれから所定材齢の2日以上前にコア供試体を切り取り，48時間程度水中養生した後に圧縮強度試験を行う。試験体の打込み時に温度センサー（熱電対）を埋め込んで試験体内の温度履歴を調べることも多い。

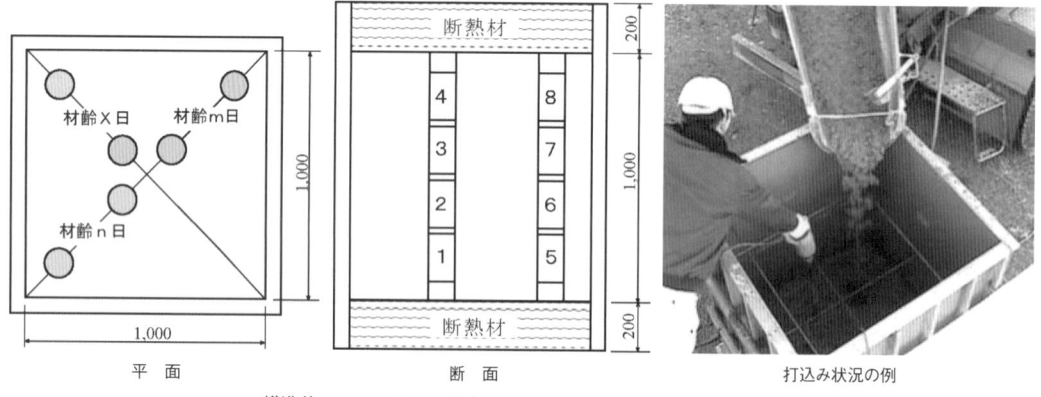

構造体コンクリートの強度を推定するための柱模擬試験体の例*

* JASS5T－605：2005「コア供試体による構造体コンクリート強度の推定方法」に準拠

構造体強度補正値 $_mS_n$ とは

標準養生した供試体の材齢 m 日における圧縮強度と構造体コンクリートの材齢 n 日における圧縮強度の差で，0以上とする。特記のない場合は m を28日，n を91日とする。JASS 5では，普通ポルトランドセメントを用いた場合の $_mS_n$ の標準値を材齢28日までの予想平均気温が8℃以上の場合3 N/mm^2，0℃以上8℃未満の場合6 N/mm^2 と定めている。

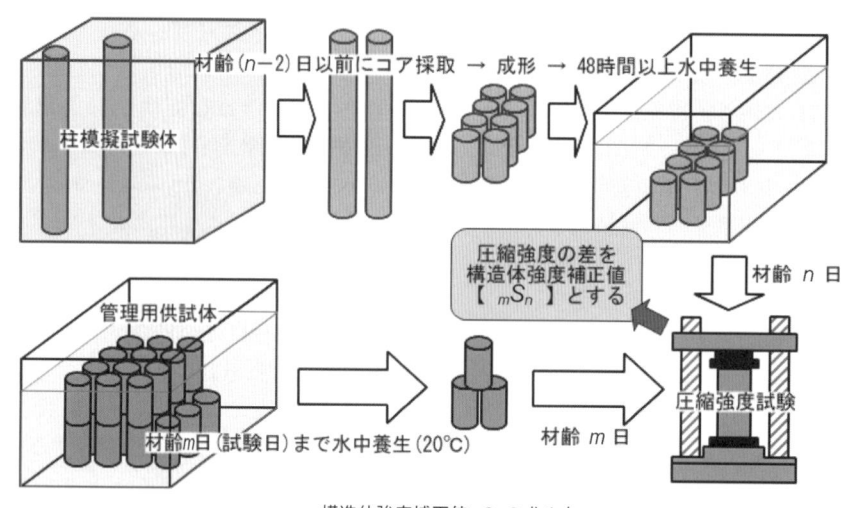

構造体強度補正値 $_mS_n$ の求め方

1) レディーミクストコンクリートの種類

JIS A 5308（レディーミクストコンクリート）は「普通コンクリート」「軽量コンクリート」「舗装コンクリート」および「高強度コンクリート」の4種類についてスランプまたはスランプフローと呼び強度の組合せを示している（「Point レディーミクストコンクリートの種類と呼び方に用いる記号」参照）。呼び強度とはレディーミクストコンクリートの荷卸し地点において採取した供試体を所定の材齢まで標準養生（20℃の水中または湿潤な雰囲気中での養生）した場合の強度を生産者が保証する目安の数値であり、単位はない。なお、このときの所定の材齢とは強度を保証する材齢のことで、特に指定がない場合は28日となる。各種類のレディーミクストコンクリートの概要は次のとおりである。

a 普通コンクリート

最も多く使用されるレディーミクストコンクリートで、一般的な粗骨材の最大寸法（20および25 mm）の場合、スランプの範囲は8～21 cm、呼び強度の範囲は18～45である。ただし、スランプ21 cmの場合の呼び強度は21以上となっている。

b 軽量コンクリート

人工軽量骨材（粗骨材最大寸法15 mm）を用いて単位容積質量を小さくするレディーミクストコンクリートでスランプの範囲は8～21 cm、呼び強度の範囲は18～40である。粗骨材のみ人工軽量骨材を使用するⅠ種と粗骨材および細骨材の一部または全部に人工軽量骨材を使用するⅡ種に区分される。

c 舗装コンクリート

舗装専用のレディーミクストコンクリートで、呼び強度は曲げ4.5のみが規定されている。スランプは2.5 cmと6.5 cmの2種類である。収縮量や発熱量の低減を目的として、普通コンクリートでは一般的でない粗骨材の最大寸法40 mmも比較的多く使用される。

d 高強度コンクリート

社会的な要望を受け、2003年のJIS A 5308の改正時に新たに規定されたレディーミクストコンクリートである。スランプで10、15および18 cmまたはスランプフローで50および60 cm、呼び強度は50、55および60が規定されている。ただし、スランプの場合の呼び強度は50のみである。また、最大寸法40 mmの粗骨材とエコセメント、スラッジ水は使用できない。

2) レディーミクストコンクリートの呼び方

レディーミクストコンクリートの呼び方は、「コンクリートの種類による記号」「呼び強度」

Point レディーミクストコンクリートの種類と呼び方に用いる記号

レディーミクストコンクリートの種類

コンクリートの種類	粗骨材の最大寸法 (mm)	スランプまたはスランプフロー* (cm)	呼び強度 18	21	24	27	30	33	36	40	42	45	50	55	60	曲げ4.5
普通コンクリート	20, 25	8, 10, 12, 15, 18	○	○	○	○	○	○	○	○	○	○	−	−	−	−
		21	−	○	○	○	○	○	○	○	○	○	−	−	−	−
	40	5, 8, 10, 12, 15	○	○	○	○	○	−	−	−	−	−	−	−	−	−
軽量コンクリート	15	8, 10, 12, 15, 18, 21	○	○	○	○	○	○	○	○	−	−	−	−	−	−
舗装コンクリート	20, 25, 40	2.5, 6.5	−	−	−	−	−	−	−	−	−	−	−	−	−	○
高強度コンクリート	20, 25	10, 15, 18	−	−	−	−	−	−	−	−	−	−	○	−	−	−
		50, 60	−	−	−	−	−	−	−	−	−	−	○	○	○	−

*荷卸し地点での値であり、50 cmおよび60 cmはスランプフローの値である。

レディーミクストコンクリートの種類による記号

コンクリートの種類	記号
普通コンクリート	普通
軽量コンクリート	軽量Ⅰ種
	軽量Ⅱ種
舗装コンクリート	舗装
高強度コンクリート	高強度

セメントの種類による記号

セメントの種類	記号	セメントの種類	記号
普通ポルトランドセメント	N	高炉セメントC種	BC
早強ポルトランドセメント	H	シリカセメントA種	SA
超早強ポルトランドセメント	UH	シリカセメントB種	SB
中庸熱ポルトランドセメント	M	シリカセメントC種	SC
低熱ポルトランドセメント	L	フライアッシュセメントA種	FA
耐硫酸塩ポルトランドセメント	SR	フライアッシュセメントB種	FB
高炉セメントA種	BA	フライアッシュセメントC種	FC
高炉セメントB種	BB	普通エコセメント	E

「スランプまたはスランプフロー」「粗骨材の最大寸法」および「セメントの種類による記号」の順に記号および数値で表現することになっている。

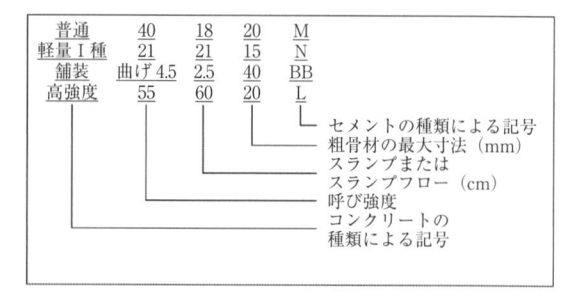

レディーミクストコンクリートの呼び方の例を図2.1に示す。この呼び方はレディーミクストコンクリートにかかわる業界では一般的に用いられており，呼び方から即座にどのようなコンクリートかを推定できるので覚えておくと便利である。なお，最も一般的に使用されている普通コンクリートの場合には，呼び強度とスランプだけを取り上げて「33の18」や「27の12」などとよぶことも多いので覚えておくとよい。

3）レディーミクストコンクリート配合計画書

JIS A 5308（レディーミクストコンクリート）では，コンクリートの生産者に対し，レディーミクストコンクリートの配達に先立って「レディーミクストコンクリート配合計画書」を購入者に提出することを要求している。このため，JIS規格品のレディーミクストコンクリートを購入する場合は，工事現場ごと，コンクリートの種類・呼び方ごとにあらかじめ配合計画書が施工者の手元に届けられている。また，これが古くからの慣習となっているため，通常は認証を受けていないコンクリートや大臣認定を受けた高強度コンクリートなどでもJIS規格品と同様の「レディーミクストコンクリート配合計画書」が発行されている。

配合計画書には，コンクリートの調合だけでなく，調合設計に関する各種の条件や指定事項，材料の産地・品質など多くの事柄が記載されている。したがって，施工者にとってはきわめて重要な情報源であり，配合計画書をよく読み取ることで使用するレディーミクストコンクリートへの理解を深めることが可能である（「Point レディーミクストコンクリート配合計画書とチェックポイント」参照）。

4）指定事項

JIS A 5308（レディーミクストコンクリート）では，表2.1に示すように購入者が指定する事項4項目と生産者と購入者が協議したうえで購入者が指定できる事項13項目が示されている。

このように指定事項を見ると，JIS A 5308（レディーミクストコンクリート）の規定はコンクリート用材料からコンクリートの調合，コンクリートの品質までを事細かに定めているように見えるが，実際は購入者の希望により指定できる事項が多いことに気づく。生産者と購入者の協議を

図2.1 レディーミクストコンクリートの呼び方と記号の意味

表2.1 レディーミクストコンクリートの指定事項

購入者が指定する事項	・セメントの種類 ・骨材の種類 ・粗骨材の最大寸法 ・アルカリシリカ反応抑制対策の方法
生産者と購入者が協議したうえで購入者が指定できる事項	・骨材のアルカリシリカ反応性による区分 ・呼び強度が36を超える場合は，水の区分 ・混和材料の種類および使用量 ・JIS A 5308に定める塩化物含有量の上限値と異なる場合はその上限値 ・呼び強度を保証する材齢 ・JIS A 5308に定める空気量と異なる場合は，その値 ・軽量コンクリートの場合は単位容積質量 ・コンクリートの最高温度または最低温度 ・水セメント比の目標値（計画調合）の上限 ・単位水量の目標値（計画調合）の上限 ・単位セメント量の目標値（計画調合）の下限または上限 ・流動化コンクリートの場合はスランプの増大量 ・その他必要な事項

必要とする項目が多いため，必ずしも購入者の希望がすべて実現するとは限らないが，これらの指定事項を検討することにより，相当に広い範囲でJIS A 5308（レディーミクストコンクリート）に適合するコンクリートを得られる可能性がある。

(3) 建築工事標準仕様書 JASS 5 鉄筋コンクリート工事

1）JASS 5の内容

建築工事標準仕様書JASS 5（鉄筋コンクリート工事）は，合理的で経済的な鉄筋コンクリート造建築物の施工標準を定めるために1953年に発刊され，技術の進歩や社会情勢の変化，研究の蓄積などに呼応して，これまでに12回の改訂が重ねられ，現行の2009年度版（写真2.1）に至っている。

図2.2に現行JASS 5の目次を示す。これを見ると，一般的なレディーミクストコンクリートの調合や荷卸し時の品質に直接関係する内容は2～6節および11節で，その他の節は施工にかかわる部分ならびに各種のコンクリートに特化した内容であることがわかる。

Point レディーミクストコンクリート配合計画書とチェックポイント

レディーミクストコンクリート配合計画書の記載内容とチェックポイント

下にレディーミクストコンクリート配合計画書の例（表面）を示す。レディーミクストコンクリート配合計画書の記入欄は，上から順に i. 宛名および製造工場名，ii. 工事の情報，iii. 配合の設計条件，iv. 使用材料，v. 配合表，vi.（裏面）アルカリ総量の計算表となっている。このうち，「iii. 配合の設計条件」の部分にレディーミクストコンクリートの基本的な品質を表す呼び方と購入者からの指定事項が記載されている。

レディーミクストコンクリート配合計画書のチェックポイントとしては，JASS 5 で購入者が指定する事項，すなわち次の6点
① レディーミクストコンクリートの種類
② 呼び強度
③ 呼び強度を保証する材齢
④ 水セメント比の最大値
⑤ 単位水量の最大値
⑥ 単位セメント量の最小値

があげられる。

購入者（施工者）は，これらの指定項目について指定と相違がないことをレディーミクストコンクリートの受け入れ前に十分確認しておくべきである。また，「配合表」についても同様に指定事項に相違がないか確認したうえで，単位水量や水セメント比，細骨材率など調合の条件が妥当な範囲で設定されているかなどを確認すべきである。

なお，レディーミクストコンクリート配合計画書の裏面にはアルカリ総量の計算表が記載されているが，この部分は表面の指定事項欄にある「アルカリシリカ反応抑制対策の方法」において「アルカリ総量の規制」などと記入されていない場合にはあまり重要でない。

レディーミクストコンクリート配合計画書の例

2 レディーミクストコンクリートの基本

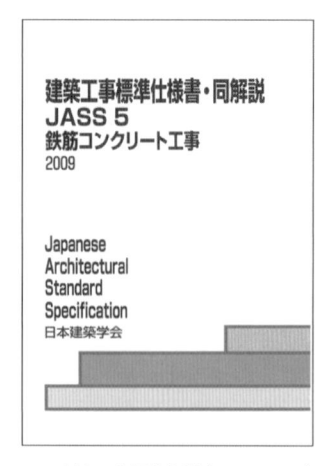

写真2.1 建築工事標準仕様書 JASS5 (2009)

2）基本的な考え方

　JASS 5 は，鉄筋コンクリート工事に関する標準仕様書であり，コンクリートについて材料から調合，製造，運搬・打込み，養生までのレディーミクストコンクリートに関係する各段階に言及している。しかし，目次を見てもおおむね推測できるように，2節で構造体および部材の要求性能として次の5項目を示し，3節以降ではこの要求性能を満足するためのコンクリートの品質，材料，調合，製造，運搬および施工の各標準を示している。

① 構造安全性
② 耐久性
③ 耐火性
④ 使用性
⑤ 部材の位置・断面寸法の精度および仕上り状態

　したがって，各節においては，すべて構造体および部材の要求性能を満足するためにどうすべきかという考えが土台となっている。12節以降の各種コンクリート（工事）においてもこの考えは同様であり，特殊な環境・調合・工法のコンクリート工事における構造体および部材の要求性能の確保が基本理念と解釈できる。

■ 2.2　レディーミクストコンクリートの発注

(1) JASS 5 にもとづく調合条件

　一般的なコンクリートの調合設計の手順は「1.2 (3) コンクリートの調合」に示したとおりであるが，この手順は経験的に得られている既往のデータがほとんどない場合に行うものであり，一般的なレディーミクストコンクリートでは，生産者が保有する標準配合や既往のデータにより所要の品質

```
建築工事標準仕様書 JASS 5
（鉄筋コンクリート工事）2009 目次
 1節　総則
 2節　構造体および部材の要求性能
 3節　コンクリートの種類および品質
 4節　コンクリートの材料
 5節　調合
 6節　コンクリートの発注・製造および受入れ
 7節　コンクリートの運搬・打込みおよび締固め
 8節　養生
 9節　型枠工事
10節　鉄筋工事
11節　品質管理・検査および措置
12節　寒中コンクリート工事
13節　暑中コンクリート工事
14節　軽量コンクリート
15節　流動化コンクリート
16節　高流動コンクリート
17節　高強度コンクリート
18節　鋼管充填コンクリート
19節　プレストレストコンクリート
20節　プレキャスト複合コンクリート
21節　マスコンクリート
22節　遮蔽用コンクリート
23節　水密コンクリート
24節　水中コンクリート
25節　海水の作用を受けるコンクリート
26節　凍結融解作用を受けるコンクリート
27節　エコセメントを使用するコンクリート
28節　再生骨材コンクリート
29節　住宅基礎用コンクリート
30節　無筋コンクリート
31節　特記
```

図2.2　JASS 5 の目次

におおむね合致する調合を得られることが多い。このため，使用者は設計図書から所要の強度やスランプなどを抽出し，さらに JASS 5 にもとづいて次に示す規制値などを抽出して調合条件とし，生産者に提示するところから，一般的なレディーミクストコンクリートの発注はスタートする。

1）構造体強度補正値（$_mS_n$）

　「Point コンクリートの材料特性を明らかにするための実験と構造体強度補正値（S 値）」に示したように，構造体強度補正値は $_{28}S_{91}$ が最も一般的であり，使用するセメントの種類ごと，材齢28日までの予想平均気温ごとにその標準値が定められている。

2）水セメント比

　JASS 5 では使用するセメントの種類ごと，計画供用期間の級ごとに水セメント比の最大値を規定しているが，現行の JASS 5 では耐久性に関係する水セメント比を圧縮強度に置き換えて耐久設計基準強度としており，一般には耐久設計基準強度を満足する水セメント比の方が小さいため，ほ

3) 単位水量

単位水量が多いと，乾燥収縮，ブリーディング，打込み後の沈下などが大きくなり，鉄筋コンクリート造の耐久性上，好ましくない。このため，JASS 5では単位水量を $185 \mathrm{~kg/m^3}$ 以下と規定している。

4) 単位セメント量

単位セメント量は単位水量と水セメント比から決まる項目であるが，これが過少だと適度なプラスティシティーが確保できないためコンクリートのワーカビリティーが損なわれ，型枠内への充填性の低下や豆板の発生，水密性の低下や耐久性の低下を誘発しやすい。このため，JASS 5では単位セメント量の最小値を $270 \mathrm{~kg/m^3}$ と規定している。

(2) レディーミクストコンクリート工場の調合と試し練り

1) 標準配合とは

レディーミクストコンクリート工場がJIS A 5308（レディーミクストコンクリート）の認証を取得するためには，コンクリートの呼び名ごとに標準化した調合を定めなければならない。この標準化した調合が「標準配合」であり，工場がJISの認証を取得している範囲のレディーミクストコンクリートについては必ず整備されている。また多くのレディーミクストコンクリート工場では，スランプや強度に影響を及ぼす気温の変化（季節の違い），運搬時間の違いなどに対応して調合を調整した「修正標準配合」も整備しており，季節ごと，工事現場ごとに使い分けている（「Point 季節や運搬時間で異なる標準配合（JIS）と気温で異なる S 値（JASS 5）」参照）。

2) 試し練り

試し練りとは，その名のとおり実際に使用するコンクリートを試作してその性状を確認する実験，あるいは調合を選定するために複数のコンクリートを試作して性状を確認する実験を指す。試し練りにはレディーミクストコンクリート工場の試験室で容量 $50 \sim 100 l$ 程度の小型コンクリートミキサーを用いて行われる「（室内）試し練り」とプラントの実機ミキサーを用いて行われる「（実機）試し練り」があり，一般に試し練りというと前者を指す（「Point レディーミクストコンクリート工場における一般的な試し練りの手順」参照）。後者は，大型試験体の製作などコンクリート試料を大量に必要とする実験，コンクリート運搬車による輸送性状・経時性状や打込みにおける性状な

Point 季節や運搬時間で異なる標準配合（JIS）と気温で異なる S 値（JASS 5）

季節や運搬時間に対応したレディーミクストコンクリートの修正標準配合

現場までの想定運搬時間	標準期	夏期	冬期
標準の運搬時間が想定される場合 （例：45分未満）	標準配合	修正標準配合 （夏期）	修正標準配合 （冬期）
運搬時間が長時間と想定される場合 （例：45分以上）	修正標準配合 （長時間運搬）	修正標準配合 （夏期・長時間運搬）	修正標準配合 （冬期・長時間運搬）

構造体強度補正値 $_{28}S_{91}$ の標準値（JASS 5）

セメントの種類	コンクリートの打込みから28日までの期間の予想平均気温 θ の範囲（℃）	
早強ポルトランドセメント	$5 \leq \theta$	$0 \leq \theta < 5$
普通ポルトランドセメント	$8 \leq \theta$	$0 \leq \theta < 8$
中庸熱ポルトランドセメント	$11 \leq \theta$	$0 \leq \theta < 11$
低熱ポルトランドセメント	$14 \leq \theta$	$0 \leq \theta < 14$
フライアッシュセメントB種	$9 \leq \theta$	$0 \leq \theta < 9$
高炉セメントB種	$13 \leq \theta$	$0 \leq \theta < 13$
構造体強度補正値 $_{28}S_{91}$（N/mm²）	3	6

（注）暑中期間における構造体強度補正値 $_{28}S_{91}$ は $6 \mathrm{~N/mm^2}$ とする

ど実際のコンクリート工事に近い状態での試験が求められる実験の場合に行われる。

3）チェックポイント

　試し練りの対象となるコンクリートの品質については，呼び強度やスランプ，空気量などの項目が数値で指定されており，通常はこれを満足するような調合があらかじめレディーミクストコンクリート工場側から提案されている。したがって，試し練りのときには数値で指定されない部分，すなわち，スランプのかたち（崩れ方）や練返し時の流動の仕方などから，現場での取扱い性（ワーカビリティー）がイメージとかけ離れていないかをチェックする。一方，対象となるコンクリートの品質に直接は関係しないが，レディーミクストコンクリート工場の試験室には，その日の工程管理用に採取された供試体や標準養生水槽内で管理されている供試体，受入検査用に採取された材料などを見ることができる。それらを見ながら，その工場では日常の品質管理がどのようになされているかなどを探ってみることも品質管理体制を推し量る目安の一つとなる。

　また，JASS 5 では，レディーミクストコンクリート工場にはコンクリート主任技士またはコンクリート技士，あるいはこれらと同等以上の知識・経験を有すると認められる技術者が常駐していることを要求している。試し練りへの立会いで工場に赴いたら，このときに工場の JIS 認証の取得状況や資格者の常駐等を確認することができる（「Point レディーミクストコンクリートに関する技術的な資格」参照）。

（3）レディーミクストコンクリートの製造工程

　レディーミクストコンクリート工場の製造設備（レディーミクストコンクリートプラント）は正式にはバッチングプラント（バッチャープラント）といい，もともとは計量設備を意味している。ただし，現在はレディーミクストコンクリートプラント（俗称では生コンプラント）というと，一般に原材料の受入設備，貯蔵設備，工場内運搬設備，計量設備，練混ぜ設備および積込み設備までの一式をセットにした概念でよばれることがほとんどである。レディーミクストコンクリート工場における製造工程を「Point レディーミクストコンクリート工場におけるコンクリートの製造工程」に示す。なお，バッチとはコンクリートミキサーで一度に練り混ぜるコンクリートのことで，一般にはコンクリートミキサーの公称容量内でトラックアジテーターへの積込み量あるいは積込み量の1/2 とすることが多い。積込み量の1/2 とする場合には，2バッチ分のコンクリートをトラックアジテーターに積み込み出荷することになる。

Point レディーミクストコンクリート工場における一般的な試し練りの手順

　レディーミクストコンクリートの試験室における一般的な試し練りの手順は下表のようであるが，複数調合について試し練りを行う場合やフレッシュコンクリートの性状としてスランプの経時変化などの試験を行う場合には，試し練り当日の中間作業を繰り返すことになる。

試し練りの手順

時期	流れ	生産者（工場担当者）の役割	使用者（施工管理者，監理者など）の役割
試し練り当日	↓	・「試し練り計画書」に沿った説明 ・計量作業 ・ミキサーへの材料投入 ・練混ぜ作業 ・練上り性状試験 　（スランプ，空気量，塩化物含有量ほか） ・強度試験用供試体採取 ・試し練り結果報告（速報）	・材料の確認（状態など） ・計量値等の確認（記録写真撮影） ・品質確認 ・確認・記録（記録写真撮影） ・報告受領
後日 （強度試験材齢）	↓	・強度試験に関する説明 ・圧縮強度試験 ・強度試験結果報告（速報） ・試し練り結果報告	・強度試験用供試体の確認 ・品質確認・記録（記録写真撮影） ・報告受領

(4) レディーミクストコンクリートの流通と発注

レディーミクストコンクリートはその性質上，作り置きが不可能な製品である。このため，一般的な商品とは異なる独特の商流で取引きされており，都市部においては協同組合による共同販売の形態（協組共販）が主流となっている。協組共販によるレディーミクストコンクリートの流通形態では，ある地域内における商品については協同組合が一括して注文を受け，協同組合がレディーミクストコンクリート工場（製造業者）を指定して発注を行う。このため，通常はコンクリートの使

Point　コンクリート製造・施工に関する技術的な資格

鉄筋コンクリート工事には品質管理責任者を置かなければならない。品質管理責任者は鉄筋コンクリート工事に関して十分な知識，技術および経験を有する必要があるため，JASS 5 では一級・二級建築士，一級・二級建築施工管理技士，技術士やコンクリート技士，コンクリート主任技士などの有資格者が望ましいと解説している。また，コンクリートの発注先であるレディーミクストコンクリート工場には，コンクリート技士，コンクリート主任技士あるいはこれと同等以上の技術者として技術士（コンクリートを専門とするもの），一級・二級（仕上げを除く）建築施工管理技士，一級・二級建築士のいずれかが常駐している必要がある。

コンクリート技士およびコンクリート主任技士は，公益社団法人日本コンクリート工学会が認定するコンクリートに関係する技術的な資格であり，日本コンクリート工学会ではそれぞれを次のように位置づけている。

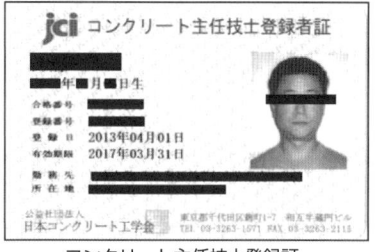

コンクリート主任技士登録証
（日本コンクリート工学会）

・コンクリート技士
　コンクリートの製造，施工，配（調）合設計，試験，検査，管理および設計など，日常の技術的業務を実施する能力のある技術者とする。
・コンクリート主任技士
　コンクリート技士の能力に加え，研究および指導などを実施する能力のある高度の技術を持った技術者とする。

Point　レディーミクストコンクリート工場におけるコンクリートの製造工程

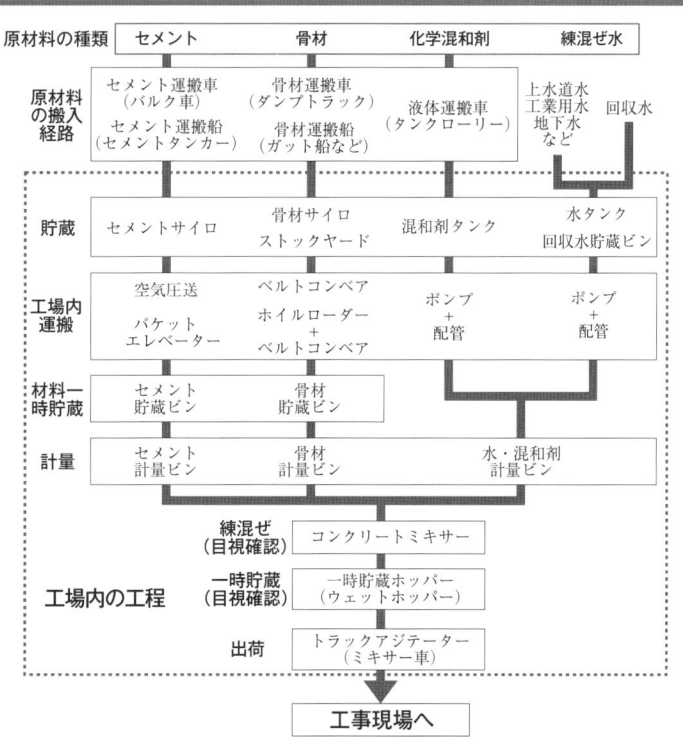

原材料の種類	セメント	骨材	化学混和剤	練混ぜ水
原材料の搬入経路	セメント運搬車（バルク車）／セメント運搬船（セメントタンカー）	骨材運搬車（ダンプトラック）／骨材運搬船（ガット船など）	液体運搬車（タンクローリー）	上水道水／工業用水／地下水 など　／　回収水
貯蔵	セメントサイロ	骨材サイロ／ストックヤード	混和剤タンク	水タンク／回収水貯蔵ビン
工場内運搬	空気圧送／バケットエレベーター	ベルトコンベア／ホイルローダー＋ベルトコンベア	ポンプ＋配管	ポンプ＋配管
材料一時貯蔵	セメント貯蔵ビン	骨材貯蔵ビン		
計量	セメント計量ビン	骨材計量ビン	水・混和剤計量ビン	
工場内の工程	練混ぜ（目視確認）：コンクリートミキサー／一時貯蔵（目視確認）：一時貯蔵ホッパー（ウェットホッパー）／出荷：トラックアジテーター（ミキサー車）			

→ 工事現場へ

2 レディーミクストコンクリートの基本　67

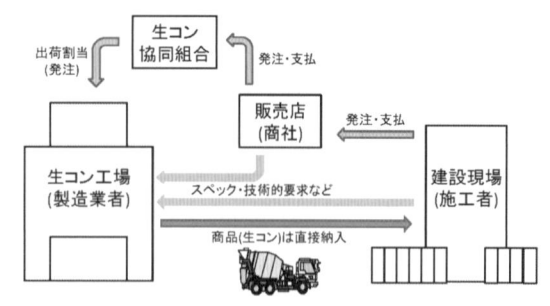

図 2.3 協組共販による生コンクリートの流通形態

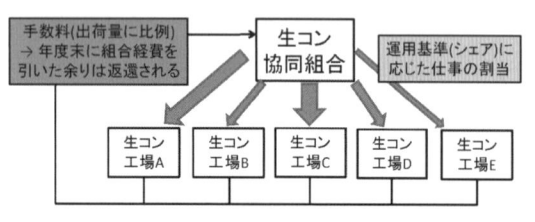

図 2.4 協同組合による生コンクリート工場への出荷割当

用者である建設現場（施工者）が工場を指定することはできない。一方でレディーミクストコンクリートは作り置きができないので，商社などが検品して一時的に保管し購入者に納入する一般的な商流はとれず，商品のコンクリートは工場から建設現場に直接納入されるため，商品のスペックや品質などに関する技術的な要求や交渉は，建設現場とレディーミクストコンクリート工場とで直接やり取りされる（図 2.3 参照）。

協同組合では加盟しているレディーミクストコンクリート工場ごとに運用基準（シェア）が決められており，協同組合が受注したすべての数量を運用基準（シェア）に応じて各工場に割り振っている。レディーミクストコンクリート工場（製造業者）は出荷量に応じた手数料を協同組合に支払うことになっているが，出荷量が運用基準（シェア）を超えた場合は，その手数料が大幅に増額する（販売益が赤字となるほど）ことで自然に運用基準（シェア）が維持される仕組みになっている（図 2.4 参照）。

このように，協組共販は一般的な産業の自由競争とは異なる仕組みであるが，レディーミクストコンクリート工場は独自の営業活動を必要としない，組合員間での代納や運搬車の貸借ができるなどの長所がある。一方で，使用者が自由に工場を選ぶことができない，競争が少ないためサービス向上の機会が少ない，組合内で一律価格を採用している関係で工場が異なってもきわめて類似した調合が採用されている，などの短所もある。

このような状況から，現状では協同組合で使用する化学混和剤の種類がコンクリートの呼び名ごとに指定されている場合が多い。

Point 協同組合の価格スライド

協同組合では，「基本価格体系（価格スライド）」という料金体系を設けている。これは，たとえば基準となる普通ポルトランドセメントを用いた呼び強度 18，スランプ 18cm のコンクリートの価格を定め，呼び強度やスランプ，使用する混和剤の種類が異なった場合にどれだけ料金を上乗せ（値引き）するかを定めたものであり，右の表のような「基本価格体系表（価格スライド表）」が各協同組合により示されている。顧客は，これらの表からレディーミクストコンクリートの価格を知ることになる。

普通セメントを用いた AE 減水剤コンクリートの基本価格体系の例

呼び強度	スランプ 18cm	スランプ 15, 12, 10cm	スランプ 8cm
15	−350	−600	−800
16	−250	−550	−750
18	0	−300	−500
21	300	−50	−300
24	650	300	50
27	1,100	700	400
30	1,550	1,050	700
33	−	1,450	1,050
36	−	2,000	1,600

普通セメントを用いた高性能 AE 減水剤コンクリートの基本価格体系の例

呼び強度	スランプ 15～18cm	スランプフロー 50cm	スランプフロー 60cm
24	1,450	−	−
27	1,800	−	−
30	2,200	−	−
33	2,650	−	−
36	3,400	−	−
40	4,100	−	−
42	4,500	6,600	6,950
45	5,350	7,000	7,400
48	5,700	7,450	7,850
50	6,100	7,700	8,100
51	−	7,850	8,250
54	−	8,250	8,700
55	−	8,400	8,850
57	−	8,700	9,150
60	−	9,150	9,600

2.3 レディーミクストコンクリートの受入れと品質管理

(1) 受入検査

レディーミクストコンクリートは、荷卸し地点においてレディーミクストコンクリート納入書（「Point レディーミクストコンクリート納入書とチェックポイント」参照）とともに生産者から使用者に引き渡される。このため、生産者の製品検査および使用者の受入検査は荷卸し地点で行われ、コンクリートの品質に関する責任も移り変わる。したがって、鉄筋コンクリート工事の品質にかかわる一つの節目としても、受入検査はきわめて重要である。

JASS 5では、レディーミクストコンクリートの受入れ時の検査について、コンクリートの種類や呼び強度などの指定事項はレディーミクストコンクリート納入書や配合計画書などの書類で確認するとしている。また、ワーカビリティーは目視検査によるとしており、検査としての試験を行う項目はコンクリート温度、スランプ、空気量、圧縮強度および塩化物量の5項目となっている。

なお、受入検査は、材料としてのレディーミクストコンクリートが発注したとおりの性能と品質を有することを確認するものであり、構造体コンクリートの検査とは目的が異なる。たとえば、構造体コンクリートの圧縮強度は所定の試験材齢において標準養生供試体が調合管理強度を上回るかコア供試体が品質基準強度を上回れば合格である

表2.2 スランプの許容差

スランプ (cm)	スランプの許容差 (cm)
2.5	±1
5および6.5	±1.5
8以上18以下	±2.5
21	±1.5*

* 呼び強度27以上で、高性能AE減水剤を使用する場合は±2とする

表2.3 スランプフローの許容差

スランプフロー (cm)	スランプフローの許容差 (cm)
50	±7.5
60	±10

表2.4 空気量の許容差

コンクリートの種類	空気量 (%)	空気量の許容差 (%)
普通コンクリート	4.5	
軽量コンクリート	5.0	±1.5
舗装コンクリート	4.5	
高強度コンクリート	4.5	

Point レディーミクストコンクリート納入書とチェックポイント

レディーミクストコンクリートが納入される際には、運搬車1台について1枚、「レディーミクストコンクリート納入書」が運ばれ、購入者の受領確認用伝票として使用される。ここには、レディーミクストコンクリートの呼び方や配合表のほか運搬車の車両番号や発着時刻などが記載されているので、注文通りのコンクリートであるか、荷卸しまでに要した時間は規定を満足しているかなどをチェックする。下にレディーミクストコンクリート納入書の例を示す。

レディーミクストコンクリート納入書の例

レディーミクストコンクリート納入書							
					No.		
				平成	年 月 日		
	殿			製造会社名・工場名			
納 入 場 所							
運 搬 車 番 号							
納 入 時 刻	発			時	分		
	着			時	分		
納 入 容 積		m³	累 計		m³		
呼 び 方	コンクリートの種類による記号	呼び強度	スランプ又はスランプフロー cm	粗骨材の最大寸法 mm	セメントの種類による記号		
配 合 表 a) kg/m³							
セメント	混和材	水	細骨材①	細骨材②	細骨材③	粗骨材①	粗骨材②	粗骨材③	混和剤①	混和剤②
水セメント比	%	水結合材比 b)	%	細骨材率	%	スラッジ固形分率	%
備考 配合の種別：□標準配合 □修正標準配合 □計量読取記録から算出した単位量							
□計量印字記録から算出した単位量 □計量印字記録から自動算出した単位量							
荷受職員認印			出荷係認印				

のに対し，受入検査の圧縮強度は，JIS A 5308（レディーミクストコンクリート）の規定を満足すれば合格となる。表2.2～2.4にスランプ，スランプフローおよび空気量の許容差を，「Point フレッシュコンクリートの試験方法」「Point 強度の試験方法」にフレッシュコンクリートの試験方法と強度の試験方法を示した。

(2) 検査の頻度

JASS 5による受入検査の頻度は表2.5のようであり，スランプや空気量は圧縮強度の受入検査時だけでなく，構造体コンクリートの強度試験用供試体採取時にも試験を行うことになっている。圧縮強度については，JIS A 5308に従う受入検査と構造体コンクリートの検査で検査ロットの大きさは「150 m³ごとおよび端数」で同じにもかかわらず一検査ロット内での供試体の採取方法が異なり，理解しにくい部分がある。理解を助けるために「Point 圧縮強度試験用供試体の採取方法」

表2.5 受入検査の時期と回数 (JASS 5)

検査項目	時期・回数
スランプ	圧縮強度試験用供試体採取時，構造体コンクリートの強度試験用供試体採取時および打込み中，品質変化が認められた場合
空気量	
圧縮強度	1回の試験は，打込み工区ごと，かつ150 m³またはその端数ごとに3個の供試体を用いて行う。3回の試験で1検査ロットを構成する。
塩化物量	海砂など塩化物を含むおそれのある骨材を用いる場合，打込み当初および150 m³に1回以上，その他の骨材を用いる場合は1日に1回以上とする。

Point フレッシュコンクリートの試験方法

スランプの試験方法

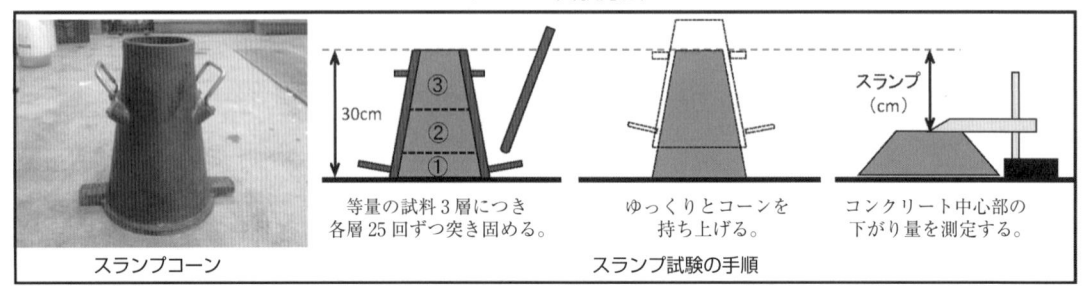

スランプコーン／等量の試料3層につき各層25回ずつ突き固める。／ゆっくりとコーンを持ち上げる。／コンクリート中心部の下がり量を測定する。／スランプ試験の手順

空気量の試験方法

エアメータ／等量の試料3層につき各層25回ずつ突き固めた後に木づち等で容器側面を10～15回たたく。／試料上面を容器の縁に合せて均した後に蓋を取り付け，空気室の圧力を初圧力の目盛に合わせる。／すべての弁を閉じてから5秒後に作業弁を開き，木づち等で容器側面を数回たたく。もう一度作業弁を開き，指針が安定したときの目盛を読む。／空気量試験の手順

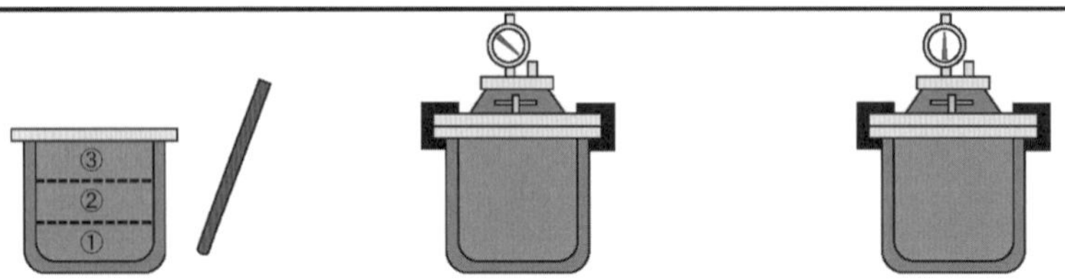

塩化物含有量の簡易試験方法

溶液の抽出／電極法／試験紙法／フレッシュコンクリートから圧搾や吸引により溶液を抽出する。／抽出した溶液について機器を用いて測定する方法と電極や塩化物イオン濃度試験紙などを直接試料に挿して溶液の濃度を測定する方法がある。

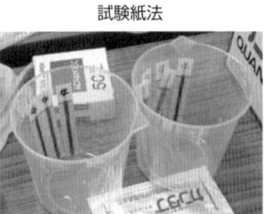

に検査ロットの考え方と供試体の採取時期および構造体コンクリート強度の判定基準を示した。

(3) 検査の注意点

レディーミクストコンクリートには，運搬車ごとに「レディーミクストコンクリート納入書」が添付される。この納入書は一般に受領書とのカーボンコピーになっており，荷卸し地点において受領書にサインをすると複写されたものが切り離されて納入書となり，使用者（施工者）に手渡される。受入時には，このレディーミクストコンクリート納入書によって到着したコンクリートが発注時の各種指定事項に適合するか，工場からの運搬時間は許容範囲か，納入容積は正しいかなどを確認しなければならないため，大切に保管し，必要な場合は参照できるよう管理すべきである。

なお，一般にレディーミクストコンクリートの受入検査および構造体コンクリート強度の検査は，施工者から外部試験機関に委託されることが多いため，施工者は，検査員がフレッシュコンクリート試験やコンクリート試料の採取などに関して設けられている技能認定制度に登録していることを確認する必要がある。

Point 強度の試験方法

供試体の作製

JIS A 1132：2014（コンクリート強度試験用供試体の作り方）に従いフレッシュコンクリート試料を型枠に打ち込み，所定の期間静置した後に脱型し，直ちに養生を行う。レディーミクストコンクリートの場合は強度保証材齢（一般に材齢28日）まで標準養生（20℃水中）を行った供試体を試験に用いる。

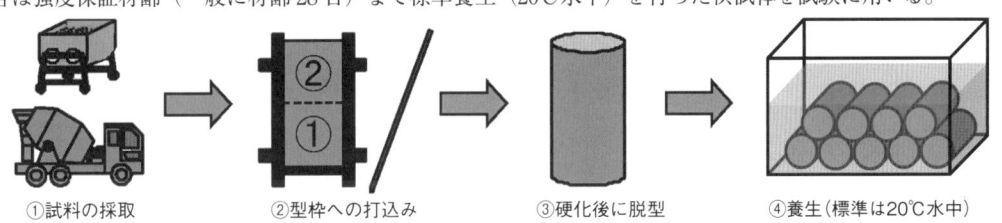

①試料の採取 → ②型枠への打込み → ③硬化後に脱型 → ④養生（標準は20℃水中）

圧縮強度試験

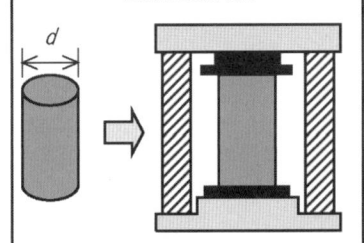

JIS A 1108：2006（コンクリートの圧縮強度試験方法）に従い，高さが直径の2倍の円柱供試体を用いて測定する。供試体の寸法は$\phi 100 \times 200$ mmが一般的に採用されている。

$$f_c = \frac{P}{\pi \times (d/2)^2}$$

ここに，f_c：圧縮強度（N/mm²）
P：最大荷重（N）
d：供試体の直径（mm）

曲げ強度試験

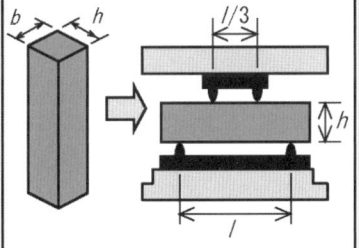

JIS A 1106：2006（コンクリートの曲げ強度試験方法）に従い，角柱供試体を用いて測定する。供試体の寸法は$100 \times 100 \times 400$ mmが一般的に採用されている。

$$f_b = \frac{P \times l}{b \times h^2}$$

ここに，f_b：曲げ強度（N/mm²）
P：最大荷重（N）
l：載荷スパン（mm）
b：破壊断面の幅（mm）
h：破壊断面の高さ（mm）

引張強度試験

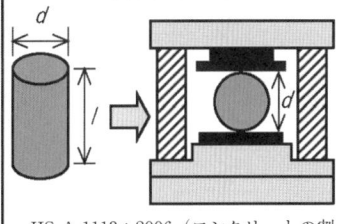

JIS A 1113：2006（コンクリートの割裂引張強度試験方法）に従い，円柱供試体を加圧版の上に寝かせ，上下に加圧して測定する。供試体の寸法は直径が粗骨材最大寸法の4倍以上かつ100 mm以上，高さは直径から直径の2倍の範囲とされている。

$$f_t = \frac{2 \times P}{\pi \times d \times l}$$

ここに，f_t：引張強度（N/mm²）
P：最大荷重（N）
d：供試体の直径（mm）
l：供試体の長さ（mm）

Point 圧縮強度試験用供試体の採取方法

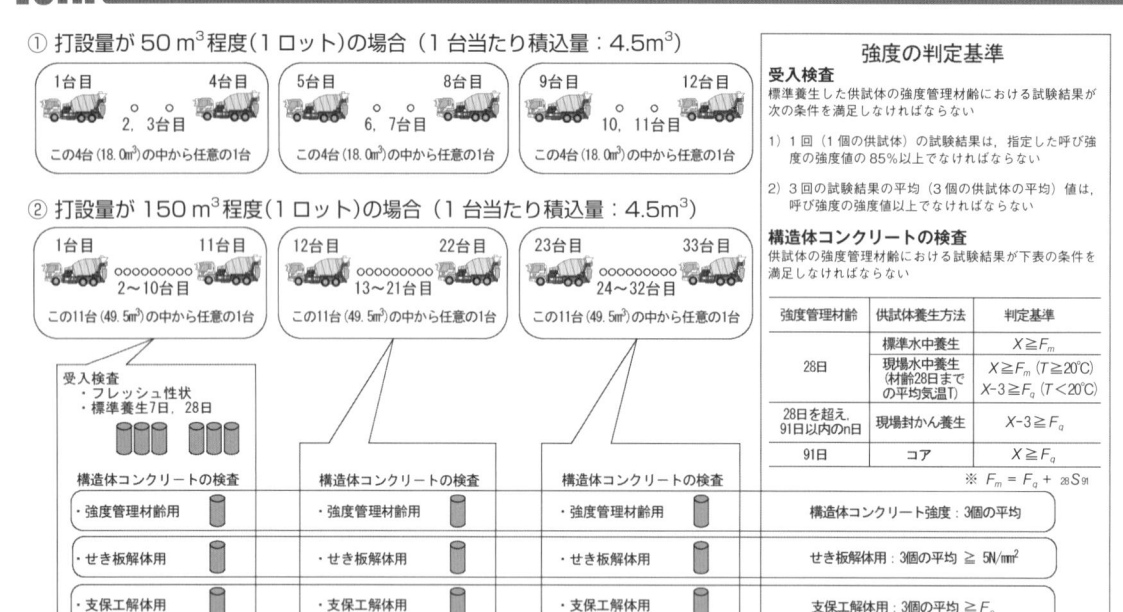

① 打設量が 50 m³ 程度（1 ロット）の場合（1 台当たり積込量：4.5m³）

- 1台目 〜 4台目 2、3台目 この4台（18.0m³）の中から任意の1台
- 5台目 〜 8台目 6、7台目 この4台（18.0m³）の中から任意の1台
- 9台目 〜 12台目 10、11台目 この4台（18.0m³）の中から任意の1台

② 打設量が 150 m³ 程度（1 ロット）の場合（1 台当たり積込量：4.5m³）

- 1台目 〜 11台目 2〜10台目 この11台（49.5m³）の中から任意の1台
- 12台目 〜 22台目 13〜21台目 この11台（49.5m³）の中から任意の1台
- 23台目 〜 33台目 24〜32台目 この11台（49.5m³）の中から任意の1台

受入検査
・フレッシュ性状
・標準養生7日、28日

構造体コンクリートの検査
- 強度管理材齢用
- せき板解体用
- 支保工解体用

強度の判定基準

受入検査
標準養生した供試体の強度管理材齢における試験結果が次の条件を満足しなければならない

1) 1回（1個の供試体）の試験結果は、指定した呼び強度の強度値の85%以上でなければならない
2) 3回の試験結果の平均（3個の供試体の平均）値は、呼び強度の強度値以上でなければならない

構造体コンクリートの検査
供試体の強度管理材齢における試験結果が下表の条件を満足しなければならない

強度管理材齢	供試体養生方法	判定基準
28日	標準水中養生	$X \geq F_m$
	現場水中養生（材齢28日までの平均気温T）	$X \geq F_q$ ($T \geq 20°C$) $X-3 \geq F_q$ ($T < 20°C$)
28日を超え、91日以内のn日	現場封かん養生	$X-3 \geq F_q$
91日	コア	$X \geq F_q$

※ $F_m = F_q + {}_{28}S_{91}$

構造体コンクリート強度：3個の平均
せき板解体用：3個の平均 $\geq 5N/mm^2$
支保工解体用：3個の平均 $\geq F_c$

③ 打設量が 650 m³ 程度（複数ロット）の場合（1 台当たり積込量：4.5m³）

$650m^3 \div 150m^3 = 4.33\cdots \fallingdotseq 5$ ロット　　$650m^3 \div 5$ ロット $= 130m^3/$ロット

- 1台目 〜 10台目 2〜9台目 この10台（45.0m³）の中から任意の1台
- 11台目 〜 20台目 12〜19台目 この10台（45.0m³）の中から任意の1台
- 21台目 〜 30台目 22〜29台目 この10台（45.0m³）の中から任意の1台

→ 130m³を1ロットと見なすと・・・
① 受入検査は・・・
130m³（29台）ごとに1回（1台から3本の供試体）
5台（5ロット）のトラックアジテータから採取
② 構造体コンクリートの検査は・・・
40〜45m³（10台）に1本の供試体×3回（=130m³）
計15台のトラックアジテータから採取

練習問題

問題1 表乾状態の粗骨材（2 000 g）の水中質量が1 252 g，同じ試料の乾燥後の質量が1 983 gであった。このときの表乾密度，絶乾密度および吸水率をいずれも小数点以下2桁まで求めよ。ただし，水中質量を測定したときの水の密度は1.00 g/cm³とする。

ふるい分け試験結果

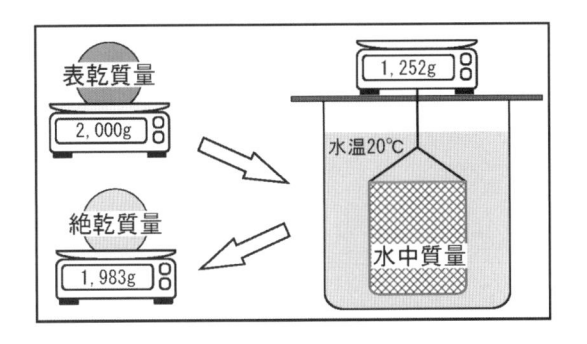

ふるいの呼び寸法 (mm)	各ふるいに留まる質量 (g) 粗骨材	各ふるいに留まる質量 (g) 細骨材
40	0	0.0
30	0	0.0
25	20	0.0
20	318	0.0
15	851	0.0
10	1 750	0.0
5	922	12.0
2.5	194	31.3
1.2	93	103.5
0.6	0	150.9
0.3	0	122.7
0.15	0	90.4
受皿	0	17.1

表乾質量 2,000g / 絶乾質量 1,983g / 水中質量 1,252g / 水温20℃

問題2 粗骨材および細骨材のふるい分け試験を行ったところ，各ふるいに留まる質量は表のようになった。このときの粗骨材および細骨材の粗粒率（F.M.）をそれぞれ求めよ。

問題3 下の調合表の (1)〜(5) の空欄の数値を求めよ。ただし，空気量，水セメント比および細骨材率は小数点以下1桁，絶対容積および単位量は整数とする。なお，各材料の密度は下に示したとおりとする。

セメントの密度 ρ_C = 3.16 g/cm³
細骨材の表乾密度 ρ_S = 2.61 g/cm³
粗骨材の表乾密度 ρ_G = 2.65 g/cm³

水セメント比 (%) W/C	空気量 (%) V_a	細骨材率 (%) s/a	絶対容積 (l/m³) セメント V_c	絶対容積 水 V_w	絶対容積 細骨材 V_s	絶対容積 粗骨材 V_g	単位量 (kg/m³) セメント C	単位量 水 W	単位量 細骨材 S	単位量 粗骨材 G
(1)	(2)	(3)	100	172	321	(4)	(5)	172	838	959

問題4 調合条件を次のとおりとする。計画調合におけるフレッシュコンクリートの単位容積質量（kg/m³）を整数で求めよ。

・空気量 = 4.5 %
・単位水量 W = 171 kg/m³
・水セメント比 W/C = 50.8 %
・単位粗骨材かさ容積：0.610 m³/m³
・セメントの密度 ρ_C = 3.16 g/cm³
・細骨材の表乾密度 ρ_S = 2.64 g/cm³
・粗骨材の表乾密度 ρ_G = 2.67 g/cm³
・粗骨材の実積率：58.2 %

問題5 所要の練混ぜ量のコンクリートを練り混ぜる場合の計画調合における計量値は，水が7.875 kg，細骨材が35.370 kg，粗骨材が44.775 kgとなっている。このとき，細骨材の表面水率が3.8 %，粗骨材の表面水率が0.7 %の場合の，水，細骨材および粗骨材の補正後の計量値を求めよ。

練習問題の解答

問題1
①試料で置き換えられた水の質量＝2 000 − 1,252 ＝ 748（g）
②試料の体積＝748 ÷ 1.00 ≒ 748.0（cm³）
③表乾密度＝2 000 ÷ 749.3 ≒ **2.67（g/cm³）**
④吸水率＝（2 000 − 1 983）÷ 1 983 × 100 ≒ **0.86（%）**
⑤絶乾密度＝2.67 ÷（1 + 0.86 ÷ 100）≒ **2.65（g/cm³）**

問題2
①各ふるいに留まる量を合計して試料の総量（g）とする。
②各ふるいに留まる質量を順番に加算して「各ふるいに留まる質量の累計（g）」とし，これを試料の総量で除して「各ふるいに留まる質量の累計百分率（%）」とする。
③粗粒率の計算に用いる対象のふるいの「各ふるいに留まる質量の累計百分率（%）」を合計し，100で除すると粗粒率（F.M.）となる。

ふるい分け試験結果からの粗粒率の計算

ふるいの呼び寸法(mm)	粗粒率の計算に用いるもの(●)	粗骨材の試験結果					細骨材の試験結果				
		各ふるいに留まる質量(g)	各ふるいに留まる質量の累計(g)	各ふるいに留まる質量の累計百分率(%)	通過率(%)	各ふるいに留まる質量(g)	各ふるいに留まる質量の累計(g)	各ふるいに留まる質量の累計百分率(%)	通過率(%)
40		0	0	0	100	0.0	0.0	0	100
30		0	0	0	100	0.0	0.0	0	100
25		20	20	0	100	0.0	0.0	0	100
20	●	318	338	8	92	0.0	0.0	0	100
15		851	1 189	29	71	0.0	0.0	0	100
10	●	1 750	2 939	71	29	0.0	0.0	0	100
5	●	922	3 861	93	7	12.0	12.0	2	98
2.5	●	194	4 055	98	0	31.3	43.3	8	92
1.2	●	93	4 148	100	0	103.5	146.8	28	72
0.6	●	0	4 148	100	0	150.9	297.7	56	44
0.3	●	0	4 148	100	0	122.7	420.4	80	20
0.15	●	0	4 148	100	0	90.4	510.8	97	3
受皿		0	4 148	100	0	17.1	527.9	100	0
合計		4 148	−	670	−	527.9	−	271	−
粗粒率（F.M.）			6.70				2.71		

$$\text{粗骨材の粗粒率（F.M.）}=\frac{8+71+93+98+100\times 4}{100}=\underline{\mathbf{6.70}}$$

＊25 mmと15 mmは対象外

$$\text{細骨材の粗粒率（F.M.）}=\frac{2+81+28+56+80\times 97}{100}=\underline{\mathbf{2.71}}$$

問題3
① $C = V_c \times \rho_c = 100 \times 3.16 = \underline{\mathbf{316}}$ （kg/m³）・・・**(5)**
② $W/C = 172 \div 316 \times 100 ≒ \underline{\mathbf{54.4}}$ （%）・・・**(1)**
③ $V_g = G \div \rho_G = 959 \div 2.65 ≒ \underline{\mathbf{362}}$ （l）・・・**(4)**
④ $s/a = V_s \div (V_s + V_g) \times 100 = 321 \div (321 + 362) \times 100 ≒ \underline{\mathbf{47.0}}$ （%）・・・**(3)**
⑤ $V_a = (1\,000 - V_c - V_w - V_s - V_g) \div 1\,000 \times 100$
　　＝（1 000 − 100 − 172 − 321 − 362）÷ 1 000 × 100 ＝ **4.5**（%）・・・**(2)**

問題4
① $C = W \times W/C \div 100 = \mathbf{171} \times 50.8 \div 100 ≒ 337$ （kg/m³）
② $V_c = C \div \rho_c = 337 \div 3.16 ≒ 107$ （l/m³）
③ $V_{air} = 1\,000 \times 4.5 \div 100 = 45$ （l/m³）
④ $V_g = 0.610 \times 1\,000 \times 58.2 \div 100 ≒ 355$ （l/m³）
⑤ $V_s = 1\,000 - V_c - V_w - V_g - V_{air} = 1,000 - 107 - 171 - 355 - 45 = 322$ （l/m³）
⑥ $G = V_g \times \rho_g = 355 \times 2.67 ≒ 948$ （kg/m³），$S = V_s \times \rho_s = 322 \times 2.64 ≒ 850$ （kg/m³）
計画調合におけるフレッシュコンクリートの単位容積質量＝$C + W + S + G$
　　　　　　　　　　　　　　　　　　　　　　　　　＝ 337 + 171 + 850 + 948
　　　　　　　　　　　　　　　　　　　　　　　　　＝ **2 306**（kg/m³）

問題5
①補正後の細骨材の計量値＝35.370 ×（1 + 3.8 ÷ 100）≒ **36.714（kg）**
②補正後の粗骨材の計量値＝44.775 ×（1 + 0.7 ÷ 100）≒ **45.088（kg）**
③細骨材の表面水量＝36.714 − 35.370 ＝ 1.344（kg）
　粗骨材の表面水量＝45.088 − 44.775 ＝ 0.313（kg）
④補正後の水の計量値＝7.875 − 1.344 − 0.313 ＝ **6.218（kg）**

Ⅲ編　鉄筋コンクリート工事の基本

1 鉄筋コンクリート工事の基本

鉄筋コンクリート造建築物は，耐震性，耐久性および耐火性に優れているものである。しかしながら，施工方法によって品質が大きく左右され，正しい施工を行わなければいくら優れた材料や構造であってもその性能を十分発揮することはできない。

施工は，設計により計画された空間構成，あるいは構造設計により計画された柱，梁の大きさやスパンによってその難易度が変化してくる。いくらすばらしい設計であったとしても，施工技術のレベルが追従してこなければ良い建築物にはなりえない。そのためにも，施工技術は，将来，設計者，施工者のいずれの立場になろうとも，建築の基本として知っておく必要がある。本章では，鉄筋コンクリート工事の基本として，鉄筋コンクリート造建築物がどのように施工されていくかを述べる。

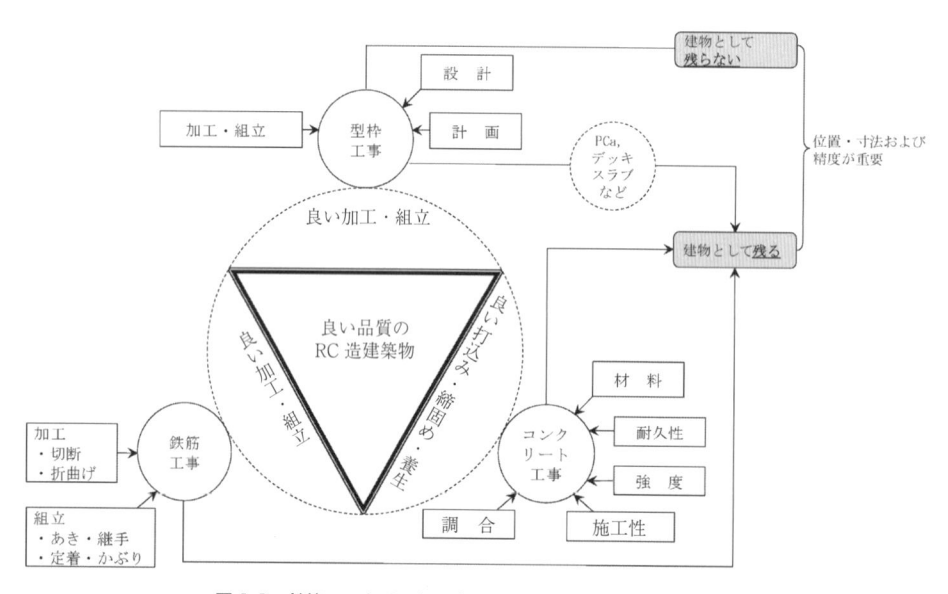

図1.1 鉄筋コンクリート工事における技術の三位一体の概念

Point 鉄筋コンクリート工事のフロー

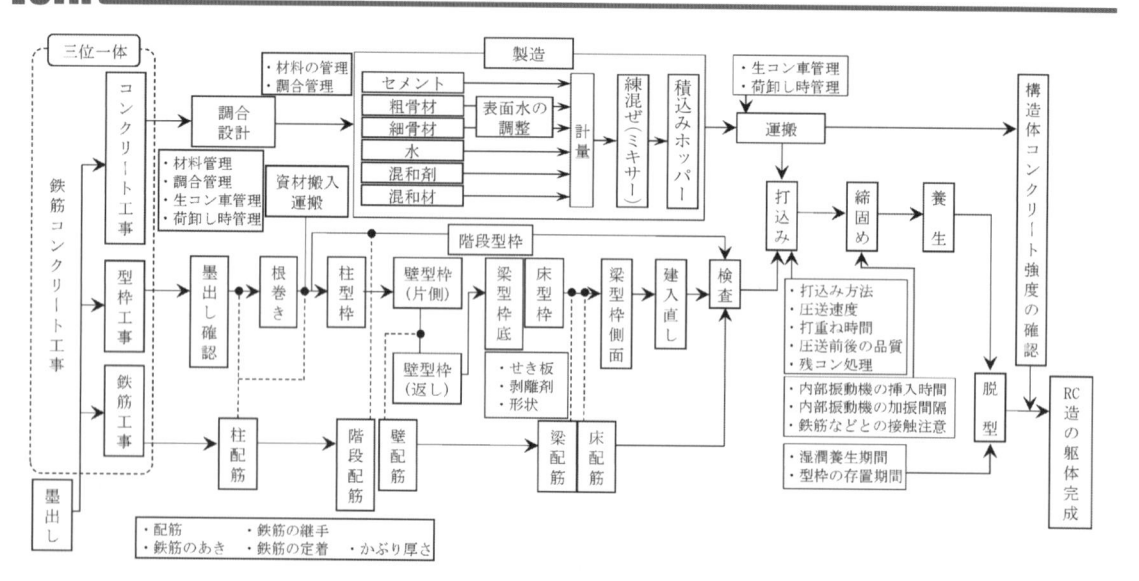

1.1 鉄筋コンクリート工事の概要

(1) 鉄筋コンクリート工事における「三位一体」

鉄筋コンクリート造の躯体（構造体コンクリート）は，設計の主旨を遵守しつつ所定の品質を満足するように，契約で定められた工期内で，経済的かつ安全に施工する。そのために，それぞれの工事だけでなく工事間の調整も含めた綿密な施工計画を立案し，工事を進行していかなければならない。

鉄筋コンクリート造は，主要な材料である鉄筋とコンクリートで構成されるが，これに加え，構造体コンクリートを形づくる仮設材として型枠が必要となる。

鉄筋コンクリート工事を大きく分けると以下の3つの工事に分けられる。

① 鉄筋工事
② 型枠工事
③ コンクリート工事

図1.1に示すように，これら3つの工事が三位一体となって円滑に進められないとより良い鉄筋コンクリート造を施工できないと言っても過言ではない。

(2) 鉄筋コンクリート工事における品質のばらつきに関する概念図

「Point 鉄筋コンクリート工事における品質のばらつきの概念図」に示すように鉄筋コンクリート工事には，製造，運搬，輸送，施工および竣工後まで各段階がある。この各段階において，鉄筋コンクリート造の品質のばらつきが種々の要因の蓄積により増幅されていく。前述した「三位一体」の図で示したように，鉄筋コンクリート工事には，おもに鉄筋工事，型枠工事およびコンクリート工事の3つがある。これは，工事のおもな要素であり，実際には多くの工程が含まれていることを理解しなければならない。

① 製造（プラント）
② 工事現場外の運搬（アジテータトラックなど）
③ 工事現場内の運搬（コンクリートポンプ車など）

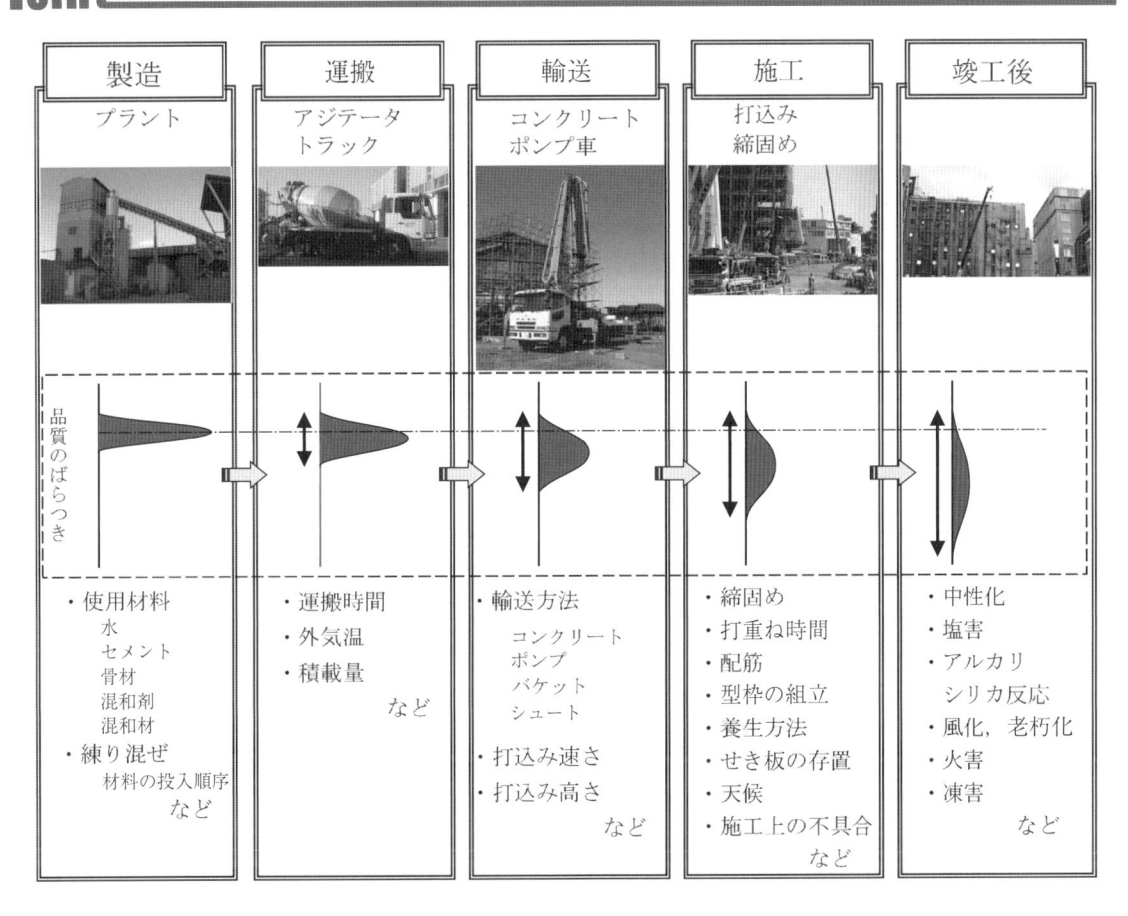

Point 鉄筋コンクリート工事における品質のばらつきの概念図

製造	運搬	輸送	施工	竣工後
プラント	アジテータトラック	コンクリートポンプ車	打込み 締固め	
・使用材料 　水 　セメント 　骨材 　混和剤 　混和材 ・練り混ぜ 　材料の投入順序 　など	・運搬時間 ・外気温 ・積載量 　など	・輸送方法 　コンクリート 　ポンプ 　バケット 　シュート ・打込み速さ ・打込み高さ 　など	・締固め ・打重ね時間 ・配筋 ・型枠の組立 ・養生方法 ・せき板の存置 ・天候 ・施工上の不具合 　など	・中性化 ・塩害 ・アルカリ 　シリカ反応 ・風化，老朽化 ・火害 ・凍害 　など

1 鉄筋コンクリート工事の基本

④ 施工（鉄筋工事，型枠工事，コンクリート工事）
⑤ 竣工後

鉄筋コンクリート工事は，Point に示したコンクリートの製造，運搬，工事現場内の運搬および打込みのように担当する技術者が異なり，それぞれの役割と責任がわかれている。これらの施工の集合体である鉄筋コンクリート造の品質のばらつきは，材料単体から運搬や圧送の影響を受け，さらに打込みや締固めの影響を受けている。また，鉄筋コンクリート工事は，Point に示していない部分の施工においてもその品質は左右される。そのため施工を行ううえで，管理する範囲は大変幅広く，各担当技術者の役割を適切に果たすことが重要である。

(3) 建築基準法における建築材料の品質

「Point 建築基準法 第 37 条 建築材料の品質」に示すように，建築物の基礎や主要構造部（壁，柱，梁，屋根および階段），またその他の安全上，防火上および衛生上で重要な部分にコンクリートを使うときは，法第 37 条の第一号において国土交通大臣が指定する日本工業規格（JIS A 5308）に適合するものでなければならない。この第一号の規定外となったコンクリートの場合は，法第 37 条の第二号の「安全上，防火上，または衛生上必要な品質に関する技術的基準」に適合するものとして国土交通大臣の認定を受けなければならない。

1.2 墨出し

墨出しは，所定の位置に正確な形状の建築を施工するために基準となる線のことである。墨出しする部位には，次のようなものがある（写真 1.1 参照）。

① 敷地境界線
② 敷地高さと工事建物および道路とのレベル差
③ ベンチマーク（B.M.）の位置
④ 隣地境界線，道路境界線などの逃げ墨の位置・寸法
⑤ 隣接既存建物の位置
⑥ 工事建物の基準線の位置や寸法

(1) 墨出しの手順

均しコンクリート（捨てコン）を打ち込んだのち，正確な測定を行うことで建物の位置を写し出していく。

Point 建築基準法 第 37 条 建築材料の品質

第37条⇒建築材料の品質について（9種類：コンクリートを含む）

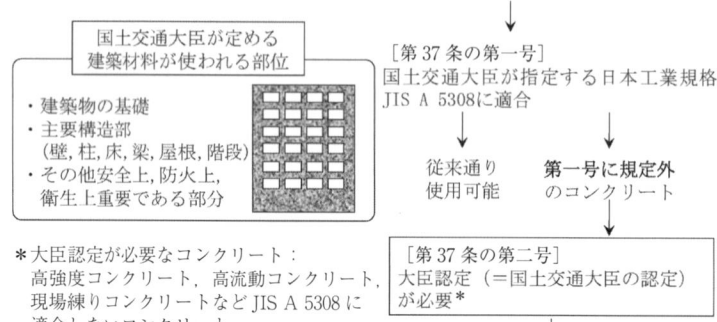

国土交通大臣が定める建築材料が使われる部位
・建築物の基礎
・主要構造部（壁，柱，床，梁，屋根，階段）
・その他安全上，防火上，衛生上重要である部分

＊大臣認定が必要なコンクリート：高強度コンクリート，高流動コンクリート，現場練りコンクリートなど JIS A 5308 に適合しないコンクリート

［第 37 条の第一号］
国土交通大臣が指定する日本工業規格 JIS A 5308 に適合
→ 従来通り使用可能

第一号に規定外のコンクリート
［第 37 条の第二号］
大臣認定（＝国土交通大臣の認定）が必要＊

評価機関へ申請：コンクリートの性能評価の審査を実施

国土交通大臣から大臣認定を受ける

--- 第 37 条 ［建築材料の品質］ ---

建築物の基礎，主要構造部その他安全上，防火上又は衛生上重要である政令で定める部分に使用する木材，鋼材，コンクリートその他の建築材料として国土交通大臣が定めるもの（以下この条において「指定建築材料」という。）は，次の各号の一に該当するものでなければならない。
一　その品質が，指定建築材料ごとに国土交通大臣の指定する日本工業規格又は日本農林規格に適合するもの
二　前号に掲げるもののほか，指定建築材料ごとに国土交通大臣が定める安全上，防火上又は衛生上必要な品質に関する技術的基準に適合するものであることについて国土交通大臣の認定を受けたもの

1) 水平基準墨（陸墨）

水平基準墨は，高さ方向の墨出しのことで，一般はフロアライン＋1 000 mm のラインに逃げ墨を打つことが多い。ここでは，あらかじめ設定した B.M.（基準点）からレベルを考慮して基礎コンクリートなどの高低確認を行う。

2) 通り芯などの基準線（地墨）

地墨とは，平面への墨出しのことで，通り芯（芯墨）はトランシットを用い正確に計測する。一般的に，柱や壁には鉄筋が存在し墨打ちができないので，通り芯から 1 000 mm ずらした位置に「逃げ墨」を墨打ちする。また，この逃げ墨の心墨からの距離を示すものを「返り墨」という。返り墨は，「通り芯〜mm 返り」とよばれ，〜mm 水平方向に移動させれば，通り芯の位置であるということを示す記号である。

3) 通り芯の移動

下階から上階への通り芯の写し取りは，下階における逃げの交点上の上階スラブに開けた直径 150 mm 程度の穴から下げ振りを落とし，直下階の逃げ墨の交点を上階へ写し出していく。ここで，上階では，移された交点が直角であることをトランシットを用いて確認する。

下げ振りとは，糸の先端に円錐形の重りを付けた垂直を確認する簡易的な道具であり，柱が垂直に建っているかを確認することにも使われる。

(2) 水平角・鉛直角の原理

トランシットは，望遠鏡を用いて鉛直方向と水平方向の直線および角度を測定することができる。「Point トランシットの方法とレベルの原理」に示すように，トランシットは，おもに基準墨のおおもととなる通り芯を標示することに用いる。

(3) レベルの原理

敷地の高低差は，写真 1.2 に示すレベルを使用して測量する。レベルの測量は，三脚上に水平に載せた望遠鏡で測点に立てた標尺の目盛りを読

| 墨つぼ | 墨出し作業の状況 | 基準墨（芯墨）と小墨 |

写真 1.1　墨出し

Point　墨出しの手順

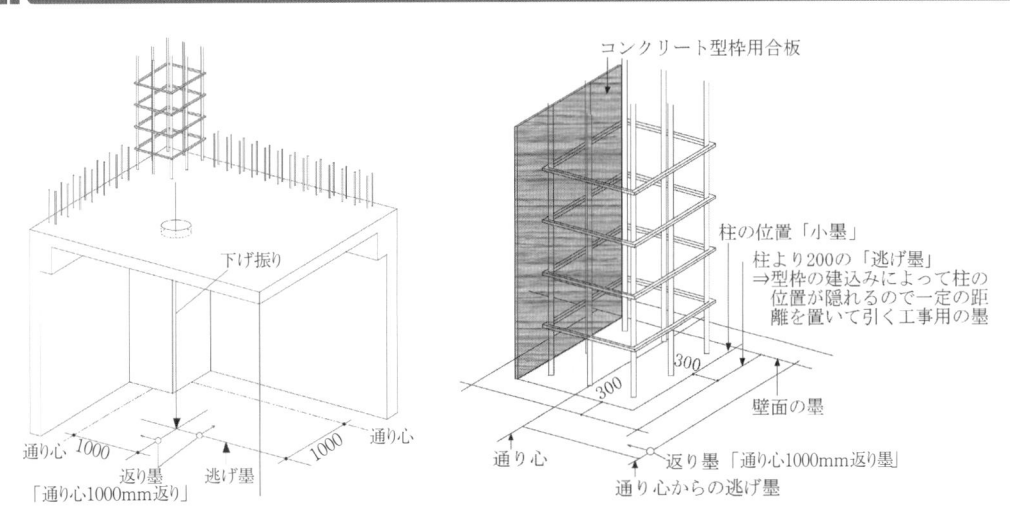

1　鉄筋コンクリート工事の基本　79

み，測点の高低差を求めて算出する方法である。レベル測量の原理を「Pointトランシットの方法とレベルの原理」に示す。標尺Aで地盤高さAを読み取り，標尺Bで地盤高さBを読み取る。この2つの読み取り値の差が，地盤の高低差になる。

1.3 仮設工事

仮設工事は，建築工事を進行するために設ける一時的な施設や設備を組み立てる工事のことをいう。仮設では，仮囲いやゲート，外部足場などをさし，最終的には建物に残存しないものの，工事を進めるときに安全につくるために必要となってくる。仮設物は，目的や範囲が非常に広く，一般に全工事に共通して必要となる仮設事務所や足場，揚重機械類と，地下工事における山留めやコンクリート工事における型枠，支保工のような単独の工事に必要とされるものとに分類される。仮設をどのように設置するかによって工事の品質や安全が大きく左右され，コスト面でも，仮設工事は全体コストの1割程度を占める。また，仮設物は，転用を意識し，コストを安く，合理的な工法を考慮して選定する必要がある。

(1) 単管足場

単管足場は，鋼管（パイプ）を緊結金具（クランプ）などで固定して組み立てられる足場である。おもな構成部材は，建地，布，腕木，筋かい，緊結金具（クランプ），継手金具（単管ジョイント），ベース金具，壁つなぎ，足場板である（「Point 単管足場と枠組足場」参照）。部材の概要は次のとおりである。

① 鋼管（単管パイプ）：溶融亜鉛メッキ鋼管（JIS G 3444）STK500を用いる（引張強さ500 N/mm² 以上・降伏点 355 N/mm² 以上）。

② 継手金物（単管ジョイント）：鋼管を継ぎ合わせるのに用いる。摩擦型とせん断型があるが，せん断型が多く用いられている。

③ 緊結金具（クランプ）：直角あるいは斜めに交差する鋼管を結合する部品である。種類は，直交型・自在型・特殊型（三連クランプ）がある（写真1.3参照）。

④ 足場板：作業する床となる部材である。木

写真1.2 レベルの使用状況

Point トランシットの方法とレベルの原理

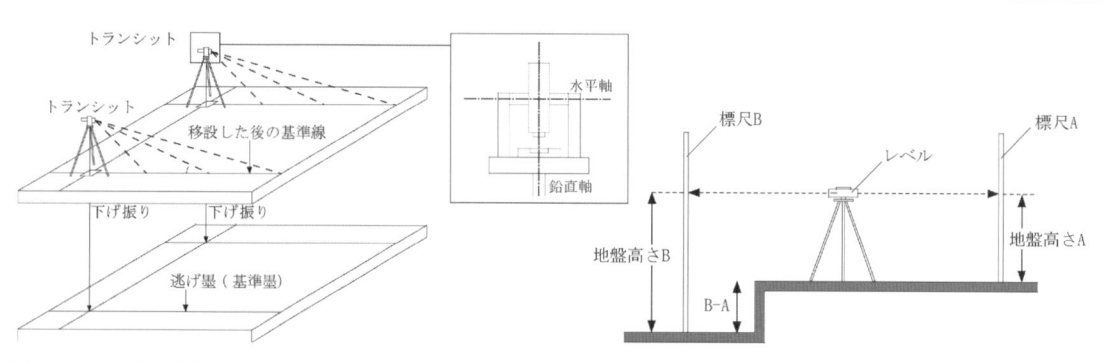

トランシットの使用方法
トランシットとは，鉛直方向，水平方向および角度を測定する機械

レベルの原理
レベルとは，高さ・水平を測定する機械

製，合板製，鋼製があるが，鋼製が一般的である。布板ともいう（写真1.4参照）。
⑤ ベース金具：建地の柱脚部に用いるもので，調節型と固定型のうち固定型が主体である。

(2) 枠組足場

枠組足場は，建枠（ビティ），交差筋かい（ブレース），床付き布枠（アンチ），脚柱ジョイント，ジャッキ型ベース金具，壁つなぎなどの部材によって構成されている。この足場は，ユニット型であり，組立，解体が容易なことに加えて，軽量で強度も高いことから，最も多く使用されている（写真1.5参照）。部材の概要は次のとおりである。
① 建枠：建地と腕木を一体にし，補強材で補強したもの。標準枠，簡易枠および拡幅枠がある。
② 床付き布枠：鋼製布板を布枠に固定し，つかみ金具を取り付けたもの。
③ 交差筋かい：建枠どうしを連結する部材で，足場の座屈を防ぐ効果がある。
④ ジャッキベース金具：最下部の建枠の柱脚に使用

(3) 外部足場

外部足場とは，外部工事に用いられる足場のことである。

外部足場の機能は，次の3つがあげられる。

写真1.3 クランプの種類

写真1.4 鋼製布板

写真1.5 枠組足場

Point 単管足場と枠組足場

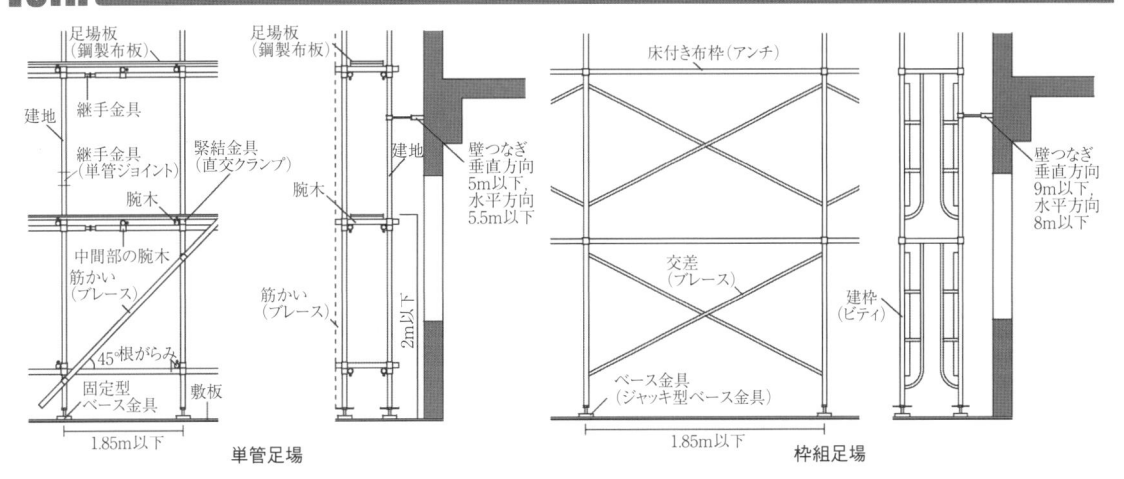

単管足場

枠組足場

1 鉄筋コンクリート工事の基本　81

① 作業床・通路
② 外部への落下・墜落防止
③ 第三者の安全・養生

建物条件・施工条件によって足場を設けず，リフトやクレーン車が用いられることもある。

1）本足場

本足場は，単管足場，枠組足場，丸太足場およびくさび緊結式足場に分けられる。外部足場には，本足場が最も多く用いられる。

2）一側足場（ひとかわあしば）

「Point 一側足場の種類」に示すように，一列の建地と一列の布（水平材）で構成されるものを片足場といい，二列の布を設けたものを抱き足場という。また，建地にブラケットをはね出して足場板を敷いたブラケット付一側足場などは低層建物に簡便な足場として用いられ，建地1本で作業床を設けることができる。足場を組み立てる際には，外周にネットを張るようにする。

3）地足場

基礎の躯体工事においては，地中梁が障害になって横移動ができない。そのため，地中梁上部に資材の運搬や作業員の通行用に足場を設置する。これを地足場という。これを利用して基礎の鉄筋を支持する場合もある。地足場は，単管または枠組足場で組み立てるが，耐圧盤がある場合，建地の柱脚部が耐圧盤のコンクリートに埋まるため，耐圧盤と同じ厚さの埋設資材を置き，その上に足場を組む。

4）ユニット足場

ユニット足場は，限られた場所のみに足場が必要な場合，その場所にユニット化された足場を取り付けるもので，おもに柱と梁，柱と柱の接合作業が中心となる鉄骨ラーメン構造の建方の際に適用される。

(4) 内部足場

内部足場とは，内部工事に用いられる足場のことである。

1）脚　立

3m前後までの高さで，部分的に作業を行う場合の簡易的な方法として用いられる。

2）脚立足場

脚立足場は，3m前後までの高さで，連続作業を行う場合に用い，足場板受け台に足場板を架けて使う場合と足場板受け台に大引を渡し，大引に

図1.2　内部足場の種類

Point 一側足場の種類

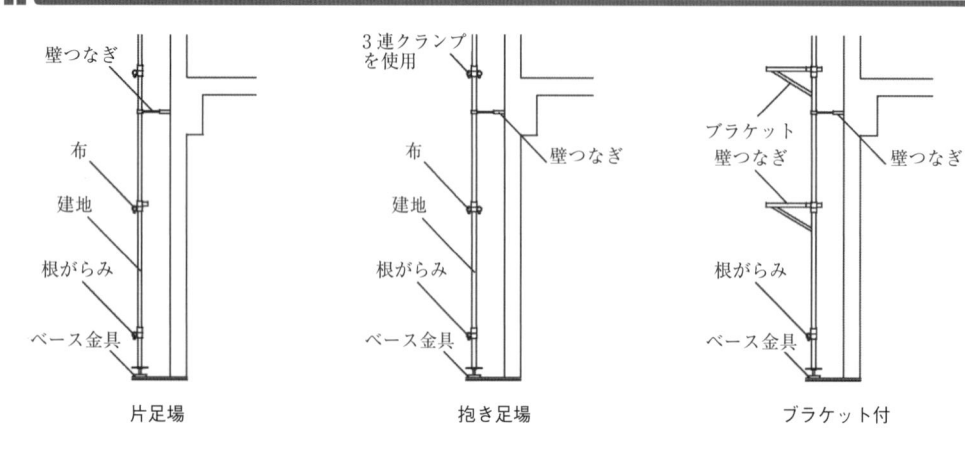

片足場　　抱き足場　　ブラケット付

足場板を架けて全面に足場を架ける場合がある（図1.2参照）。この足場は，天井の施工に一般的に用いられる工法である。その他，天井足場としては長机状の折りたたみ式の既製足場もある。なかには，足にキャスターが取り付けてあり，移動も容易で使い勝手がよい製品もある。

3）移動式足場

移動式足場は，図1.2のように，枠組構造であり，階高の高い部屋の天井の照明器具の取付け作業など，全面に足場を必要としない場合に用いる。足場の下部には，ストッパー付のキャスターが取り付けてあり，移動が容易な構造となっている。ただし，床に凹凸がある場合は使用できない。

(5) 重　機

建築工事では，人力ではもつことのできない重さの資材を多く使用する。そのため，資材の運搬にさまざまな揚重機械が使用される。揚重機械は，次の3つが代表的である。

1）移動式クレーン

「Point 重機の種類」のように移動式クレーンの種類は，クローラクレーンとラフタークレーンに分類される。クローラクレーンは，車体の旋回台を中心に360°の作業半径（作業領域）をもっており，作業半径はクレーンのブームを上下することで調整する。ブームの先端には吊り荷重が掛かるため，クローラクレーンの安定度を考慮して吊り荷の重さを確認する必要がある。

ラフタークレーンは，ラフテレーンクレーンともよばれ，移動を簡易的に行える。クローラクレーンと同様に，ブームの長さや作業半径，アウトリガー張出しなどの作業条件を考慮し吊り作業を行う。これらのクレーンが利用する仮設の支柱および作業床などで構成され，材料もしくは仮設機材，建設機械などの運搬を目的とする設備を「構台」とよぶ。構台の種類は，乗入れ構台と荷受け構台に分けられる。

2）建設用リフト

建設用リフトは，荷のみを運搬することを目的としたエレベーターのことである。昇降はボタンスイッチのみときわめて簡便であるが，操作するには建設用リフト運転特別教育を修了することが必要となる。

3）工事用エレベーター

工事用エレベーターは，人員と資材を運搬するエレベーターのことであり，小型のタイプからロングスパンのタイプまで種々の大きさのものがある。

また，設置には専用のガイドレールと支柱が必要となる。

Point 重機の種類

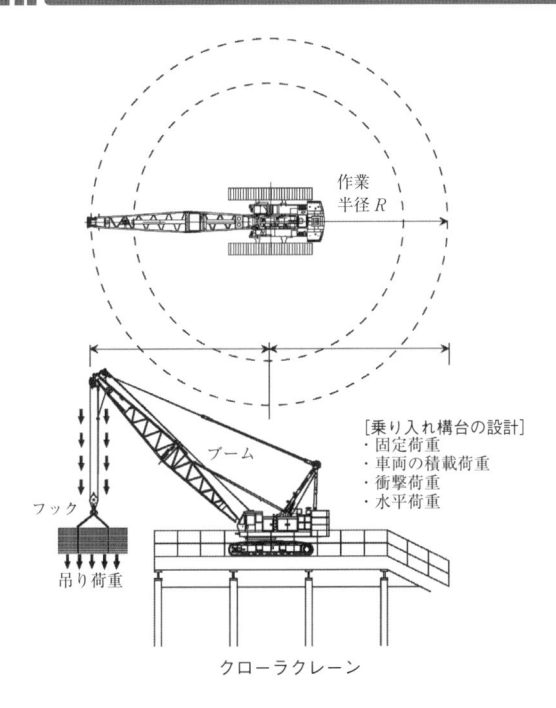

クローラクレーン

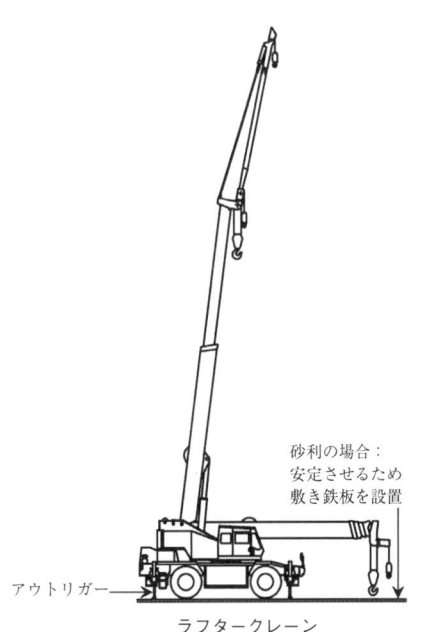

[乗り入れ構台の設計]
・固定荷重
・車両の積載荷重
・衝撃荷重
・水平荷重

ラフタークレーン

1.4 鉄筋工事

(1) 鉄筋の役割

鉄筋コンクリート造の鉄筋は，コンクリートと一体となって，安全な構造体を造るための骨格を担っている。鉄筋工事では，構造計算により導かれた所要の構造強度を満足するために適切な加工と組立がなされなければならない。鉄筋の位置は，コンクリートを打ち込んだ後に修正ができないため，慎重な配筋作業が望まれる。また，部材によって使用する鉄筋の種類が異なるので，鉄筋の種別，径，長さといった項目を検討し，躯体施工図に記載しておく。ここでは，鉄筋コンクリート工事で躯体の骨格を担う鉄筋工事が，どのように施工されていくかを述べていく。

1) 鉄筋材料

鋼材の製造過程には，高炉と電気炉の2種類がある。高炉（溶鉱炉）では，銑鉄をつくる「製鉄」と，その銑鉄を転炉で精錬して各種の鋼をつくる「製鋼」の2段階の製造過程がある。鉄筋は，「Point 電気炉による鋼材の製造過程」に示すように，廃棄物を安定化・無害化し，廃棄物の再生と減容化を可能とした電気炉により製造されることがほとんどである。電気炉による製造は，電気のアーク熱（約5 000℃）を使い，スクラップ（鉄屑）を溶かして鋼をつくる方法である。

鉄筋コンクリート造に使用される異形鉄筋は，製造工程の最後に圧延が行われるが，鉄筋表面にリブや節が形成するような型を使用して製造されている。

2) 鉄筋の生産量

鉄筋の生産量は，2006年までは1200万t前後で推移していたが，2008年以降では大きく減少し，2012年には約900万tとなっている。これは新築建物の着工数が減少したためである。

(2) 鋼材の力学的特性

「Point 鋼材の応力-ひずみの関係」に鋼材の応力-ひずみ図を示す。鉄筋に引張力が生じたとき，初期の段階では応力に比例してひずみが増大していく傾向を示す。この領域のことを弾性域といい，鉄筋にかかる引張力がなくなるとひずみがなくなり，鉄筋はもとの長さに戻る性質がある。また，このときの応力に対する鉄筋のひずみ量の傾きをヤング係数といい，ヤング係数は，鋼材の強度にかかわらず約$2.1 \times 10^5 \text{N/mm}^2$と一定の値となる。弾性域を超えると，ひずみが大きく増える現象が起きる。これを降伏といい，外力が増してひずみが増大する上降伏点と，外力を増加させなくてもひずみが進む下降伏点の2種類に分けられる。上降伏点以降のことを塑性域といい，鉄筋の変形がもとに戻らなくなる性質のことを示している。さらに，引張力がかかると，応力が緩やかに増加し，最大応力になったときが鉄筋の引張強さとされ，鋼材が伸びきったときに破断する点を破断点としている。そして，鉄筋は，強度が高くなるほど破断点での伸びが小さくなる性質をもっ

Point 電気炉による鋼材の製造過程

スクラップ鉄屑 → 電気炉 → 取鍋精錬 → 連続鋳造 → ビレットブルーム
加熱炉 → 棒鋼圧延機 → 異形棒鋼

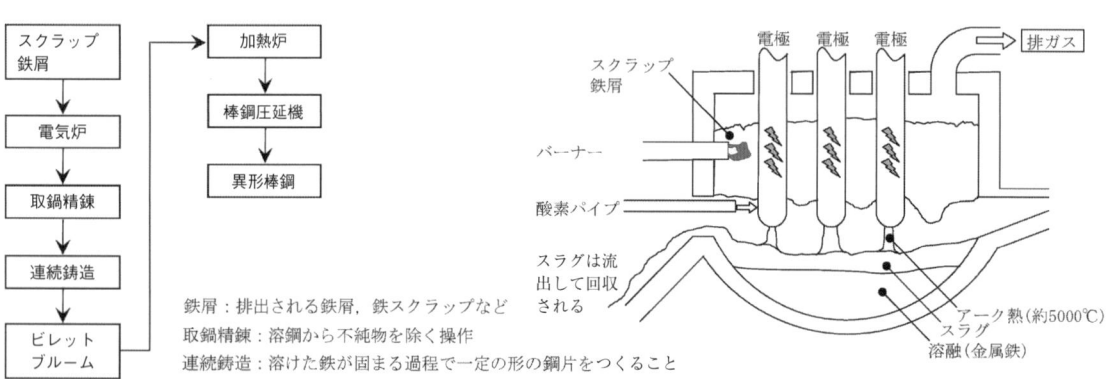

鉄屑：排出される鉄屑，鉄スクラップなど
取鍋精錬：溶鋼から不純物を除く操作
連続鋳造：溶けた鉄が固まる過程で一定の形の鋼片をつくること

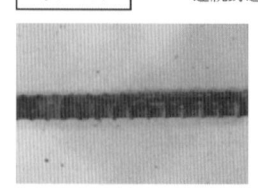

異形鉄筋

電気炉では，電気の放電時に発生する熱によって鉄を融解させている。そして，酸素やいおうなどの不純物を取り除き，製鉄が行われている。

ている。鉄筋の長所としては引張りに強いことがあげられるが，熱に弱い性質をもっている。鉄筋の強度は温度によって変化し，200℃のとき常温の0.8倍となり，400℃以上で急激に低下する性質をもっている。

鋼材の呼び名は，図1.3に示すように形状・降伏点下限値に分けられており，異形鉄筋では異形鉄筋のD・呼び径で表わされる。呼び径は，実際の直径と異なり簡略化された値で示され，実際の直径のことを公称直径とよぶ。

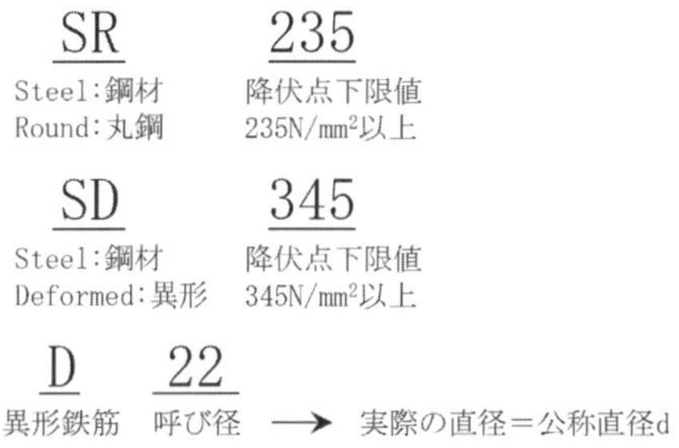

$\underline{SR}$　　$\underline{235}$
Steel：鋼材　　降伏点下限値
Round：丸鋼　　235N/mm² 以上

$\underline{SD}$　　$\underline{345}$
Steel：鋼材　　降伏点下限値
Deformed：異形　345N/mm² 以上

$\underline{D}$　　$\underline{22}$
異形鉄筋　呼び径　→　実際の直径＝公称直径d

図1.3　異形鉄筋の呼び名と意味

（3）構造的な鉄筋の役割

コンクリートは，圧縮に強く引張りに弱いという性質がある。「Point 鉄筋コンクリート造での鉄筋のはたらき」にあるような梁に荷重がかかったとき，梁の下部が引張力を受けコンクリートの破断が起きる。これは，コンクリートの引張強度が圧縮強度の1/10程度と小さいためである。これを補うために，梁の下部に鉄筋を入れることで，梁の下部のコンクリートにひび割れが生じても内部の鉄筋が破断しない限り梁が壊れない。このように，鉄筋コンクリート造は，鉄筋が引張りに強く，コンクリートが圧縮に強いといったそれぞれの長所を生かした構造体である。また，引張力に耐えるためにコンクリート内に鉄筋の量を増やすことが梁を強くする方法の一つでもある。しかし，鉄筋を増やし補強しても，コンクリートと鉄筋が「付着」していなければ効力は発揮されない。コンクリートと鉄筋の付着が良ければコンクリートの破断に抵抗するが，付着が悪いとコンク

Point 鋼材の応力-ひずみの関係

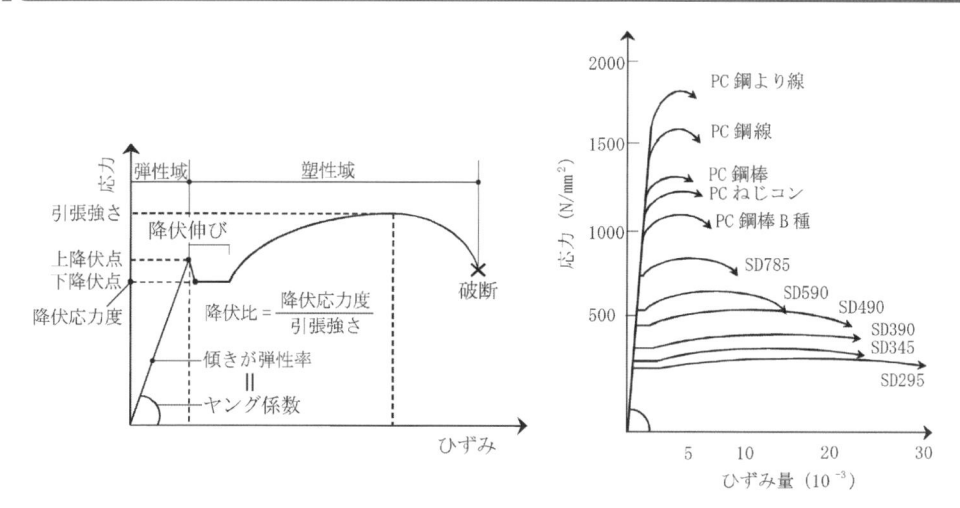

Point 鉄筋コンクリート造での鉄筋のはたらき

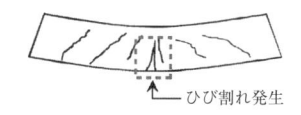

1 鉄筋コンクリート工事の基本　85

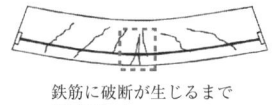

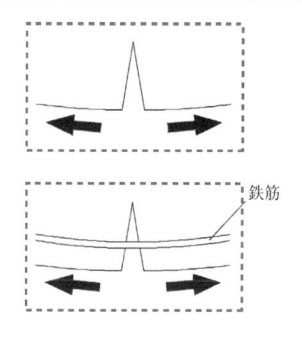

リートの破断が起きてしまう。したがって，鉄筋コンクリート造では，コンクリートと鉄筋を十分付着させることが必要となる。

また，鉄筋の線膨張係数はコンクリートとほぼ等しい関係にあり，温度変化によるひび割れや剥離が生じないこともコンクリートと鉄筋の相性の良さの一つである。

次に，鉄筋コンクリート造のフープとスターラップについて説明する。図1.4に示すように部材がせん断力を受けたとき，コンクリートに引張りがかかった部分でひび割れが生じてしまう。そこで，主筋の周囲にフープやスターラップといった補強筋を配筋することで，せん断力に耐えることができるようになる。こういったことから，フープやスターラップはせん断補強筋ともよばれている。また，フープやスターラップは，それらの内側にあるコンクリートの膨張を拘束することによって部材の耐力を高める効果もある（図1.5参照）。

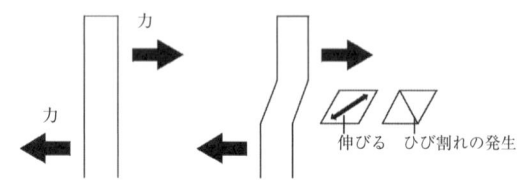

(4) 鉄筋の加工
1) 加工寸法

鉄筋の加工は，図1.6に示すように加工寸法が鉄筋の折り曲げられた鉄筋の外面長さで示されており，主筋や帯筋，あばら筋などそれぞれ加工寸法に対して許容値が与えられている。数値に関しては，『建築工事標準仕様書JASS 5 鉄筋コンクリート工事』を参照されたい。近年では，鉄筋の加工が自動化されているため許容値は十分満足されている。鉄筋の性質として，加工された鉄筋は元に戻ろうとするため，寸法や形状に不良が生じる場合もあるので注意が必要となる（「Point 鉄筋の折曲げ方法」参照）。帯筋（フープ）・あばら筋（スターラップ）などは，かぶり厚さや柱筋など納まりを考慮された寸法が加工帳に記載される。これらのことから，鉄筋の加工をするときは，施工誤差や加工誤差を考慮した検討が必要である。

図1.7に異形鉄筋の折曲げ形状・寸法を示し，

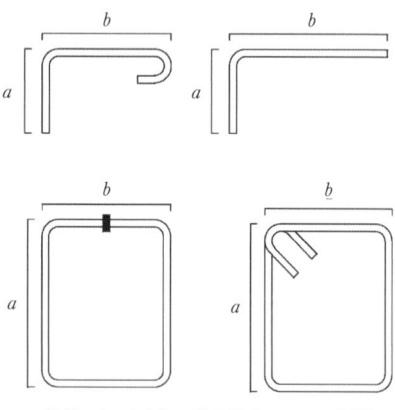

図1.4　せん断力を受けたときの柱

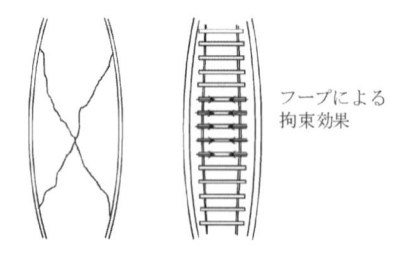

図1.5　フープによる効果

鉄筋の加工寸法の許容値はJASS 5 参照
図1.6　加工寸法および加工後の全長の測り方の例

Point 鉄筋の折曲げ方法

折曲げ機（ベンダー）

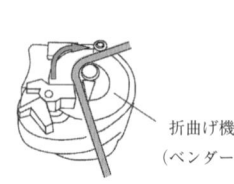

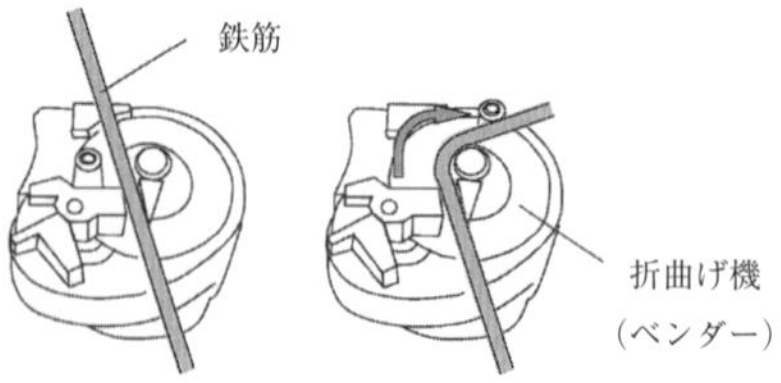

鉄筋

折曲げ機（ベンダー）

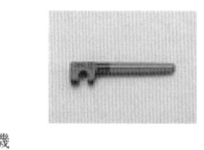

・折曲げ加工は，自然に鉄筋が戻る（スプリングバック）ことを考慮して，やや強めに折り曲げる必要がある。
・折曲げ加工は，熱を加えて熱間加工すると鉄筋の性質が変わるため冷間加工で行う。

図 1.7　異形鉄筋の折曲げ形状・寸法

図 1.8　異形鉄筋の柱梁接合部分の定着長さ

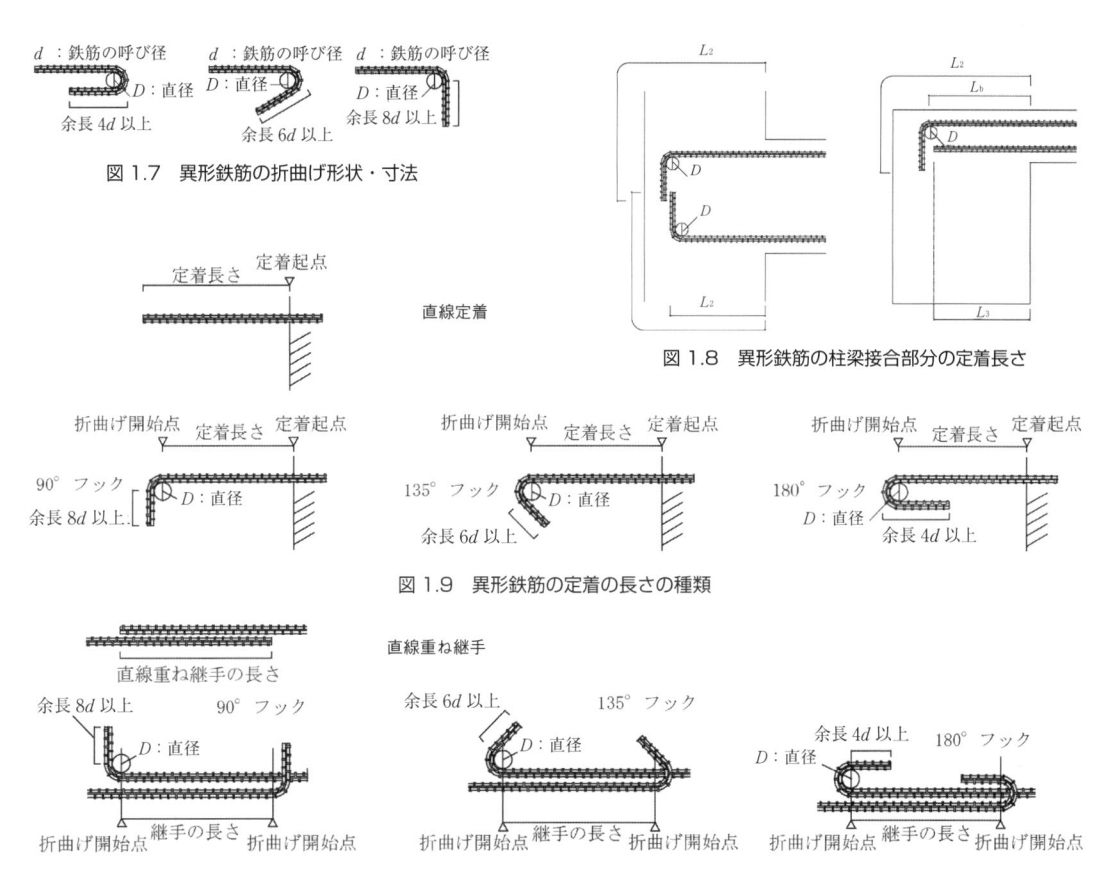

図 1.9　異形鉄筋の定着の長さの種類

図 1.10　異形鉄筋の重ね継ぎ手の長さの種類

Point 鉄筋の定着長さおよび重ね継手の長さ

鉄筋の加工寸法の許容値は JASS 5 参照

[降伏点の大小関係による傾向]

定着長さ

鋼材の種類 コンクリートの設計基準強度 F_c (N/mm²)	SD295A SD295B	SD345	SD390	SD490
18	40d(30d)	—	—	—
21	35d(25d)	40d(30d)		
24〜27	30d(20d)		45d(35d)	
30〜36	30d(20d)		45d(35d)	
39〜45	25d(15d)		45d(35d)	
48〜60	25d(15d)		45d(35d)	

( ) 内は，フック付きの場合

重ね継手長さ

鋼材の種類 コンクリートの設計基準強度 F_c (N/mm²)	SD295A SD295B	SD345	SD390	SD490
18	(35d) 45d	(35d) 50d	—	—
21	(30d) 40d	(35d) 50d		
24〜27	35d(25d)		55d(40d)	
30〜36	35d(25d)		50d(35d)	
39〜45	30d(20d)		45d(35d)	
48〜60	30d(20d)		40d(30d)	

( ) 内は，フック付きの場合

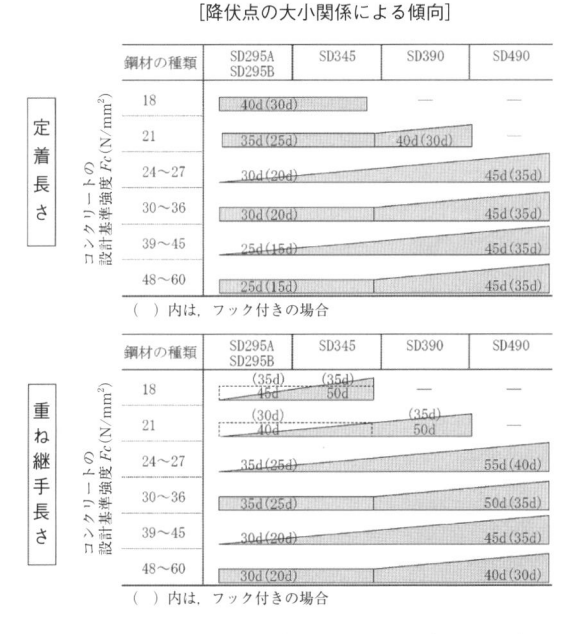

[F_c の大小関係による傾向]

定着長さ

鋼材の種類 コンクリートの設計基準強度 F_c (N/mm²)	SD295A SD295B	SD345	SD390	SD490
18	40d(30d)	40d(30d)	—	—
21			40d(30d)	
24〜27				45d(35d)
30〜36				45d(35d)
39〜45	25d(15d)	25d(15d)	30d(20d)	
48〜60				35d(25d)

( ) 内は，フック付きの場合

重ね継手長さ

鋼材の種類 コンクリートの設計基準強度 F_c (N/mm²)	SD295A SD295B	SD345	SD390	SD490
18	45d(35d)	50d(35d)	—	—
21			50d(35d)	
24〜27				55d(40d)
30〜36				
39〜45	30d(20d)			
48〜60		30d(20d)	35d(25d)	40d(30d)

( ) 内は，フック付きの場合

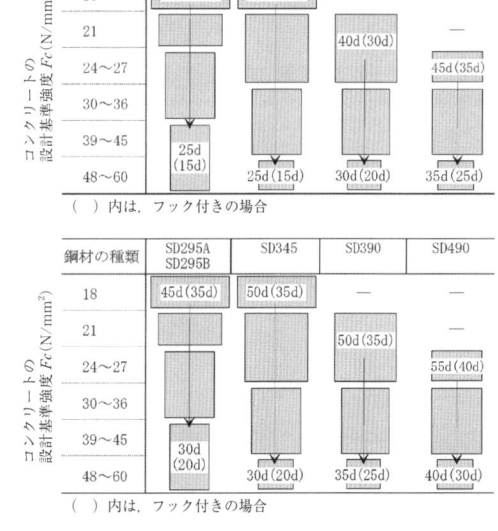

・鋼材の降伏点が大きくなると定着長さと重ね継手の長さは大きくなる。
・コンクリートの設計基準強度が大きくなると定着長さと重ね継手の長さは大きくなる。

1 鉄筋コンクリート工事の基本

図1.8に異形鉄筋の柱梁接合部分の定着長さを示す。余長の長さは，鉄筋の径（d）と鋼材の種類によって変わり，その数値に関しては『建築工事標準仕様書 JASS 5 鉄筋コンクリート工事』を参照されたい。なお，図中の$4d$とは，異形鉄筋の呼び径の4倍という意味である。

2）定着・重ね継手

定着は，鉄筋が引き抜けないようにコンクリート中に端部を埋め込んで固定させるものである。梁の場合では，梁主筋を柱内に所定の長さをのみ込ませて応力を確実に伝える役目を担っている。また，重ね継手は，鉄筋を延長する方法の一つである。鉄筋どうしの端と端を一定の長さで重ね合わせて，コンクリートの付着力を介して継ぐものである。図1.9に異形鉄筋の定着長さの種類を示し，図1.10に異形鉄筋の重ね継手の長さの種類を示す。異形鉄筋の定着には，直線定着と直線重ね継手のほかに90°フック，135°フック，180°フックといった種類がある。そして，この定着長さと重ね継手の長さは，コンクリートの設計基準強度と鋼材の種類によって変わってくる。「Point 鉄筋の定着長さおよび重ね継手の長さ」に示すように，異形鉄筋の定着の長さおよび重ね継手の長さは，鋼材の降伏点が大きくなると長くなるように規定されている。また，コンクリートの設計基準強度F_cが大きくなると長さは大きくなっている。異形鉄筋の定着長さや重ね継手をしっかり確保することで，コンクリートと鉄筋を固定することができるが，フックの角度によっても変わる余長など，配筋の規定を十分把握しておく必要がある。

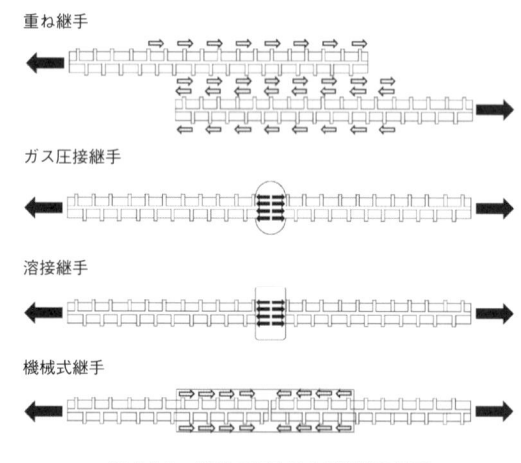

3）継手の工法

継手の工法は，図1.11に示すように大きく4つに分類される。ガス圧接継手は，「Point ガス圧接継手の手順」に示すように鉄筋の端面の清掃を行ったあと，加圧しながら圧接する工法である。ガス圧接は，加熱の際に鉄筋径と同じ量の縮みが生じるので長めに加工する必要がある。溶接継手は，溶接方法，材質，構造，形状性能などを考慮して行う。機械式継手は，ガス圧接継手や溶接継手のような鉄筋を直接接合させる工法ではなく，鋼管と鉄筋の機械的な噛み合わせを利用したものや，注入グラウトの接着力を利用したものなどがある。

4）鉄筋の結束

鉄筋は，鉄筋加工図に示されている配筋のとおり，所定の本数を精度よく組み立てなければなら

図1.11 継手の工法および鉄筋の結束

Point ガス圧接継手の手順

①鉄筋端部の切断
②鉄筋の端面処理
③圧接端面の確認
④圧接機の取付け
⑤圧接機の定期検査
⑥圧接機の取付け
⑦圧接端面の隙間確認
⑧加熱および加圧
⑨圧接終了

鉄筋端面の清掃と確認
加圧
初期加圧
ふくらみ形成

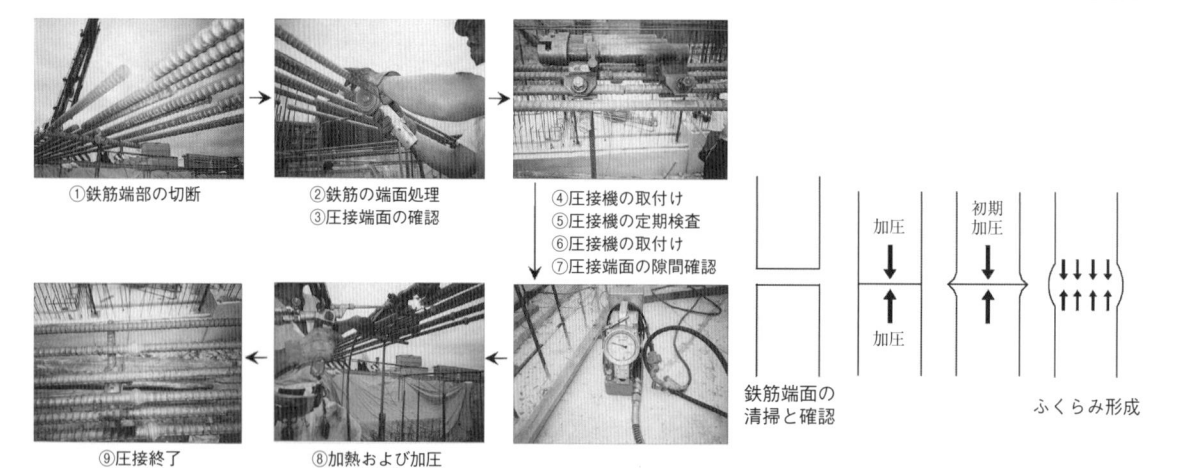

ない。しかし，鉄筋は，コンクリートの打込みなどによって移動してしまうことがある。そこで，鉄筋を固定するために結束を行う必要がある。結束には，写真 1.6 に示すような「ハッカー」という先端が鉤状の治具を使用し，鉤を結束線に掛け，回転し締め付ける。結束は，施工図面に記載されず，各種仕様書の規定に基づいて行われる。

(5) 鉄筋工事の流れ

鉄筋工事は，図 1.12 に示すように，施工計画の作成，鉄筋の加工，鉄筋の現場搬入，現場組立，配筋の検査の過程となる。施工計画の作成では，構造上での重要な点の把握，構造図および仕様書の確認などを行う。仕様書に関しては，定着長さ，フープ・スターラップの曲げ角度，フックの長さなどを確認する。鉄筋の加工後に現場搬入された際には，指定通りの材質とサイズ，長さ，本数かどうかを確認する。現場での組立は，まず鉄筋加工図の確認を行い，補強筋の間隔や位置，径を把握して行う。その後，コンクリートの打込み前に配筋の検査を実施し，図 1.13 に示すような加工帳を見て柱，壁，梁，スラブの検査を行い，径，長さ，位置，間隔を確認する。この配筋の検査では配筋検査記録表をまとめ，配筋状況を撮影する。

(6) 鉄筋の「あき」と「かぶり」

鉄筋を配筋する際に，粗骨材の最大寸法と鉄筋の径を考慮して，鉄筋どうしの適切な間隔を設けることが必要となる。この間隔が適切に空いてい

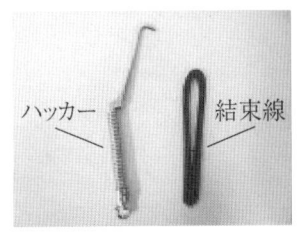

写真 1.6 ハッカーと結束線および結束の例

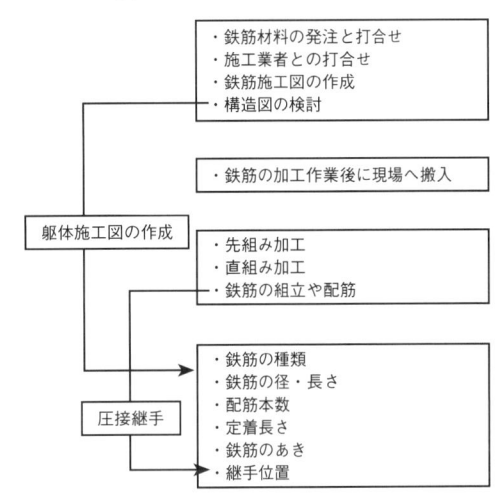

図 1.12 鉄筋工事の流れ

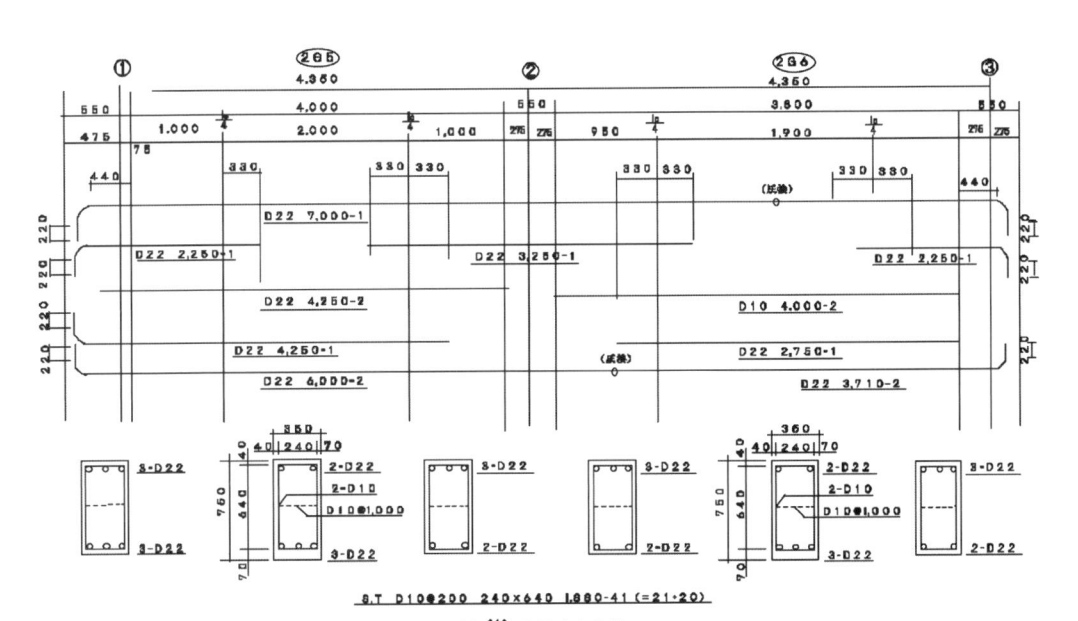

図 1.13 加工帳の例

1 鉄筋コンクリート工事の基本

ることで，鉄筋とコンクリートの一体化を図ることができる。鉄筋とコンクリートが一体化するというのは，配筋の間をコンクリートがしっかり充填されているときである。鉄筋のあきが狭いと粗骨材が詰まり，コンクリートが鉄筋周囲へ密実に充填されず豆板を引き起こす原因となる（「Point 鉄筋のあき」参照）。また，型枠と鉄筋とのあきとなる「かぶり厚さ」を確保する必要がある。かぶり部分は，図 1.14 のように中性化や鉄筋の腐食を防止して耐久性を確保すること，火災発生時に鉄筋を保護する役目をもっている。かぶり厚さが十分確保されていないとき，かぶり厚が確保されているものにくらべてコンクリートの中性化が鉄筋位置まで到達する時間が相対的に早くなる。結果として，鉄筋の腐食が発生する時期が早まる。これにより鉄筋が膨張しコンクリートにひび割れが発生してしまう。

(7) 鉄筋の台直し

台直しは，柱や壁に配筋した鉄筋が正規の位置に納まっていない場合，鉄筋を曲げて正規の位置に戻す作業のことをいう。台直しの原因としては，コンクリートの打込みによる配筋のずれや墨出しの間違い，精度の低さなどがあげられ，墨出しの確認や適切な鉄筋の固定を行うことにより防止することができる。台直しは，「Point 鉄筋の

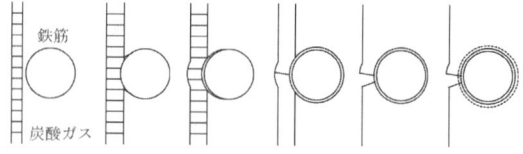

図 1.14 かぶり厚さ不足による劣化の例

写真 1.7 鉄筋の先組み

Point 鉄筋のあき

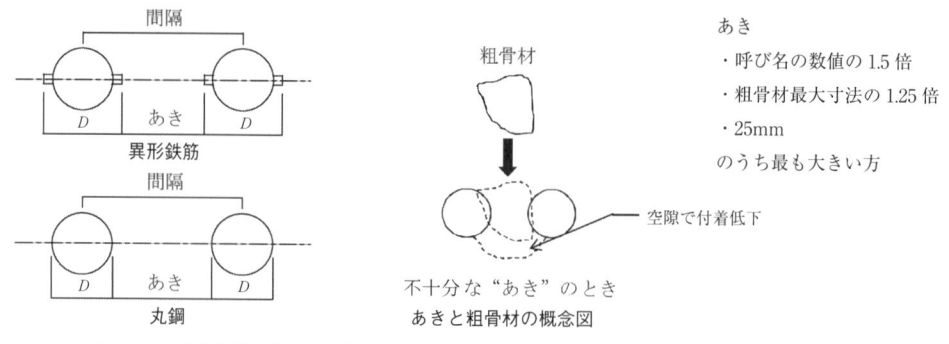

あき
・呼び名の数値の 1.5 倍
・粗骨材最大寸法の 1.25 倍
・25mm

のうち最も大きい方

コンクリートの打込み時に鉄筋間を粗骨材が通過するように配筋の間隔を規定している

Point 鉄筋の台直し

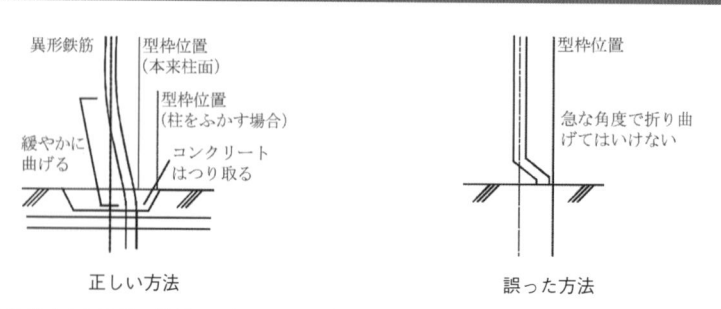

正しい方法　　　　　　　誤った方法

すでに打ち込まれた鉄筋の位置により，かぶり厚の確保が困難な場合，柱のふかしを検討する。

台直し」に示すように，コンクリートをはつり取ったり，鉄筋を緩やかに曲げて行うもので，急に曲げないようにする。

(8) 鉄筋の先組み

近年では，写真1.7に示すように，鉄筋を建築工事現場または加工工場であらかじめ組み立てた後に，所定の位置に建込み，緊結，接合する「先組み」という工法がある。先組みは，施工の省力化や工期短縮といったメリットがあるが，建築工事現場では先組み作業を行うスペースが必要なことや柱・梁の形状が規格化された建物の場合でしか使用できない。鉄筋の先組みでも注意しなければならないのが，先組み鉄筋を運搬するときに鉄筋の位置がずれることである。そのため，吊り作業のことを考慮して先組み鉄筋の配置を決定する。また，高耐震化による過密配筋の状態においてもコンクリートが適切に流動できるようにしなければならない。したがって，鉄筋の配筋計画を立てる際には，コンクリートの品質を考慮して計画する必要がある。

1.5 型枠工事

(1) 型枠の役割

鉄筋コンクリート造の躯体は，型枠に打ち込まれたコンクリートが，硬化することでできあがる。したがって，組み立てられた型枠の形状は，コンクリート部材の形状や寸法，位置を決定するものである。また，コンクリートを型枠へ打込み後，コンクリートの強度が十分発現するまで，型枠はコンクリートの質量や施工時の荷重を支えなくてはならない。そのために型枠は，強度や剛性を有していなければならない。

以上のように，鉄筋コンクリート造建築物においては，部材が設計図書通りに所要の品質と性能を確保するために型枠工事の果たす役割が非常に大きいことがわかる。

写真1.8は，壁部材および柱部材の配筋と型枠を示している。型枠工事を遂行するためには，人が作業をするための足場や場所の確保，必要な資材を確保するスペースなども考慮する必要がある。このように，型枠を組み立て，所定の部材をつくるためには，数多くの検討や準備が必要である。「Point 型枠工事の役割とおもな欠陥」に型枠工事を行ううえでの役割とおもな欠陥を示す。型枠工事において留意すべき点を以下に示す。

① 部材が設計図面通りの形状・寸法・位置となるよう正確に組み立てる。
② コンクリートの強度が十分発現するまでさまざまな荷重を支えられるように強度と剛性を確保する。
③ 鉄筋とせき板の間隔（かぶり厚さ）をコンクリートの打込み終了まで確保するために正しく組み立てる。

上記を実行するためには，適切な施工計画を立てることが重要になる。

写真1.8 壁部材および柱部材の配筋と型枠

Point 型枠工事の役割とおもな欠陥

欠陥：型枠工事に起因するおもな欠陥
注意：型枠工事を行ううえで配慮すべき点
計画：型枠工事を行ううえでの計画

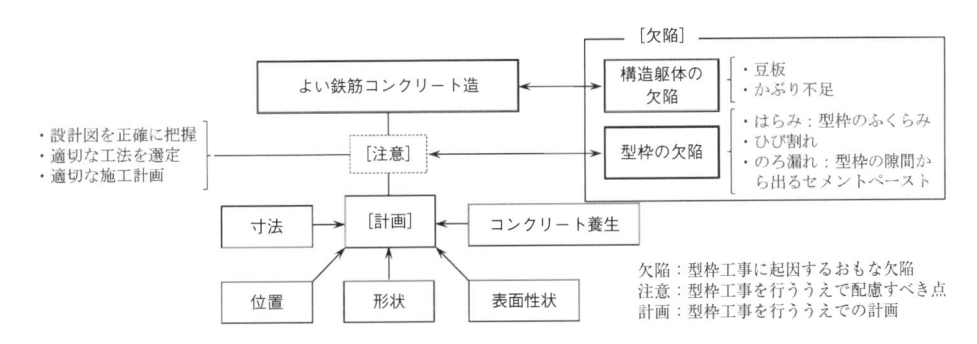

1 鉄筋コンクリート工事の基本

(2) 型枠を構成する材料

「Point 型枠を構成する材料」および図1.15は，一般的な建築工事における型枠の構成である。型枠は，多くの材料により構成されていることがわかる。

以下に，それぞれの構成材料の概要を示す。

1) せき板（合板）

せき板は，コンクリートと接する板材であり，原則としてJAS（日本農林規格）に定めるコンクリート型枠用合板（コンパネ）を用いる。多用される合板の寸法は，サブロク（3×6尺，約900×1800 mm）やニロク（2×6尺，約600×1800 mm）である。

窓や出入口などの開口部や部材どうしの接合部などの複雑な形状の部位には，それに合った型枠の形状が必要になる。この点において，合板は，

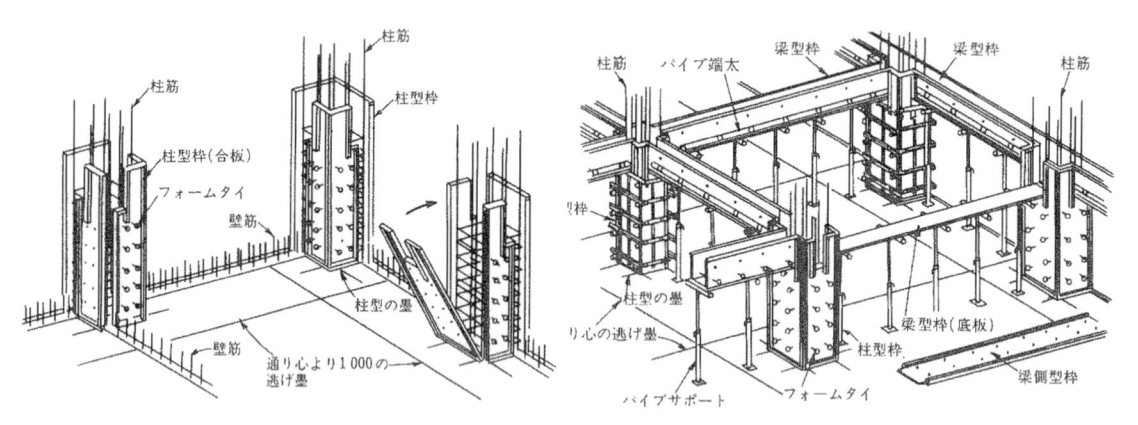

図 1.15 柱（左図）および梁（右図）の型枠の組立

Point 型枠を構成する材料

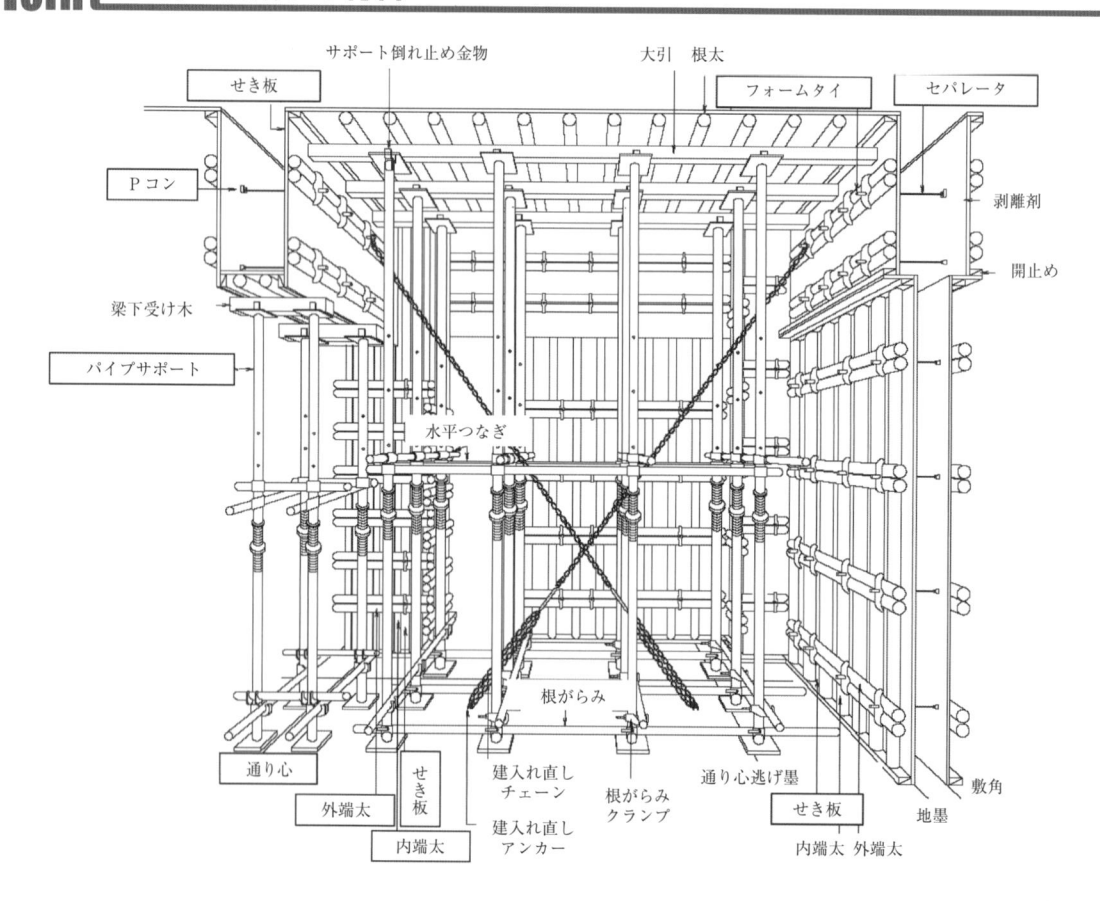

木製のため加工性に優れており，容易に対応することができる。また，他の材料にくらべて安価であり，総合的にみれば，非常に利用効率が高い材料である。一般的な工法では，合板と桟木を一体化してパネルとして用いる。

2）フォームタイ（締付け金具）

フォームタイは，セパレータを利用し，外端太をせき板に固定し，型枠として一体化させるためのものである。フォームタイには，横端太を締め付けるための座金があり，端太の形状や材料の締付け方法の違いにより使い分ける（写真1.9参照）。

3）セパレータ

「Point 型枠を構成する材料」で示すように，セパレータは，柱・梁・壁でせき板の間隔を一定にするために用い，コンクリートの側圧によるせき板の変形を防ぐ役目をもつ（写真1.10参照）。

4）スペーサ

スペーサは，せき板と鉄筋の間隔（かぶり厚さ）を保持するために鉄筋に取り付ける治具である（写真1.10，写真1.11参照）。その形状からドーナッツと呼称されることもあり，かぶり厚さに応じて各種の寸法の製品がある。

5）パイプサポート（支柱）

パイプサポートは，写真1.12に示すように鋼管製の支柱であり，スラブ・梁などの型枠の底を変形しないように支持するものである。図1.16に示すように，パイプサポートには，外ねじ式と内ねじ式がある。パイプサポートの強度は，建築工事の安全性に関わるため，品質や強度試験方法といった項目が厚生労働省令で細かく規定されている。

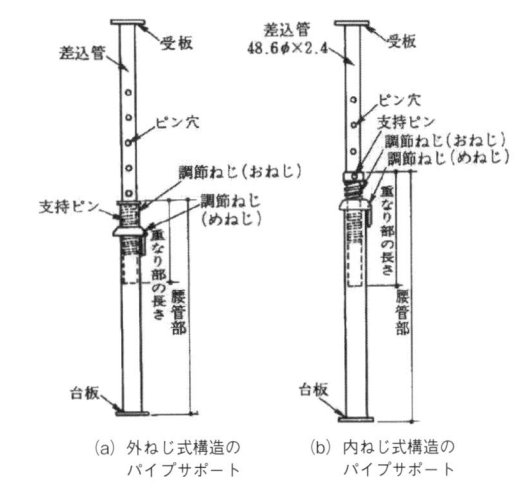

図1.16　パイプサポートの形状例

写真1.9　フォームタイ

写真1.10　スペーサ，セパレータおよびプラスチック製コーン

写真1.11　かぶり厚さに応じたスペーサ（ドーナツ）

写真1.12　パイプサポートの組立て状況

1 鉄筋コンクリート工事の基本

6）Pコン

セパレータの端部に付けるプラスチック製のコーンのことである。写真1.10にPコンの外観を示す。

7）外端太

せき板に接して補強する内端太（桟木および単管パイプ）に対して直行方向で支持する部材であり、内端太を補強して、せき板の変形を防ぐものである。一般には単管パイプが用いられるが、外端太をせき板に固定する際には、フォームタイや番線が使われる。

(3) 型枠工事の流れ

型枠工事の流れを「Point 型枠工事の流れ」に示す。

施工計画段階において、増し打ちの有無、開口部や設備工事用開口を含む躯体の位置・寸法やせき板の種類、型枠工法の選定などについて確認する。

せき板は、材種、厚さ、JAS（日本農林規格）マークを確認し、工事写真も撮影する。せき板の保管は、集積時に直射日光に当てないようにシートで養生する。支保工は、損傷および劣化の程度を確認し、不良品のないようにする。

型枠の検査は、建入れ検査が最も重要な検査となる。建入れは組立が終了し、型枠が固定された後では修正が難しくなるので、型枠組立中にも一度検査をしておく。また、検査した結果、不良箇所があった場合には、チェーン、ターンバックル、パイプサポート、端太材などで調整を行う。

各部材寸法の許容差については、JASS 5において「コンクリート部材の位置および断面寸法の許容差の標準値」が規定されており、これに合致した十分な精度を確保できるように、組み立てる必要がある。

型枠の脱型は、所定の存置期間を経てから行う。後述するように、型枠の存置期間とは、コンクリートの打込み後に、型枠をそのまま取り付けておく期間のことである。存置期間は、セメントの種類やコンクリート強度や平均温度によって変わる。また、コンクリートの仕上り状態についても確認する必要があり、打込みの欠陥部や仕上りの平坦さなど、外観検査により確認する。

(4) 側　圧

型枠に生じるコンクリートの側圧には、「Point 側圧」の図に示すように、硬練りコンクリートをゆっくり打ち込む場合の側圧と軟練りコンクリートを急速に打ち込む場合の側圧がある。硬練りコンクリートの場合、ある高さまで打ち込むと、それ以上側圧が大きくならなくなる。その後、打込み続けると最大の側圧を示す位置が上方に移動する。最大の側圧を示した状態の打込み高さを「コンクリートヘッド」という。また、軟練りコンクリートを急速に打ち込む場合、液圧として側圧が

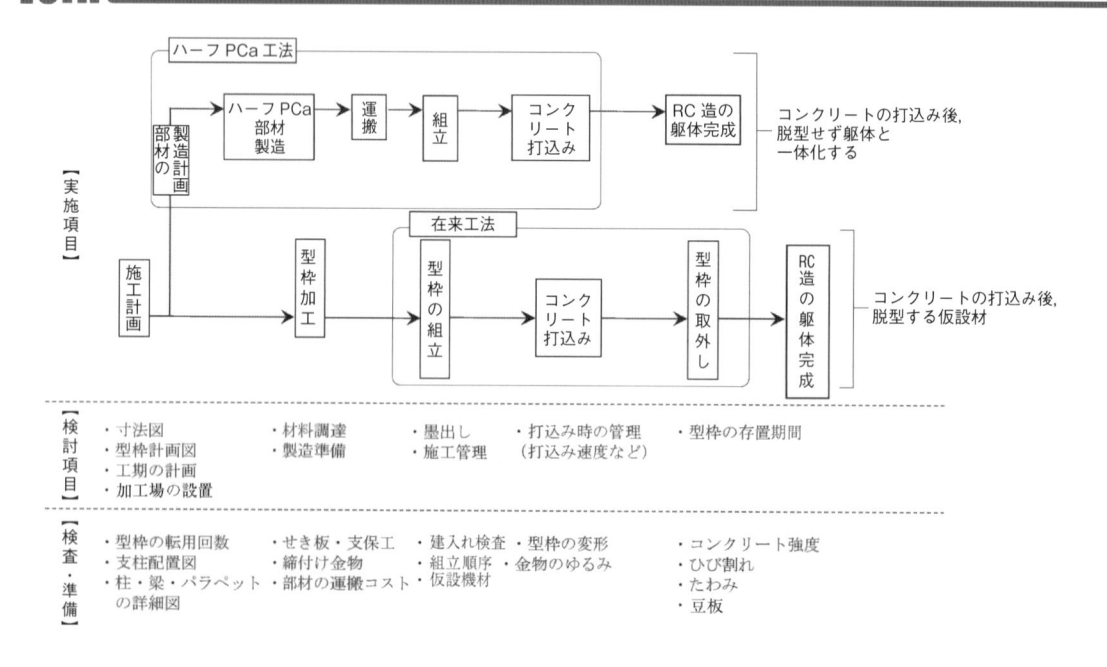

Point 型枠工事の流れ

【実施項目】

ハーフPCa工法: 部材の製造計画 → ハーフPCa部材製造 → 運搬 → 組立 → コンクリート打込み → RC造の躯体完成（コンクリートの打込み後、脱型せず躯体と一体化する）

在来工法: 施工計画 → 型枠加工 → 型枠の組立 → コンクリート打込み → 型枠の取外し → RC造の躯体完成（コンクリートの打込み後、脱型する仮設材）

【検討項目】
- 寸法図
- 型枠計画図
- 工期の計画
- 加工場の設置
- 材料調達
- 製造準備
- 墨出し
- 施工管理
- 打込み時の管理（打込み速度など）
- 型枠の存置期間

【検査・準備】
- 型枠の転用回数
- 支柱配置図
- 柱・梁・パラペットの詳細図
- せき板・支保工
- 締付け金物
- 部材の運搬コスト
- 建入れ検査
- 組立順序
- 仮設機材
- 型枠の変形
- 金物のゆるみ
- コンクリート強度
- ひび割れ
- たわみ
- 豆板

Point 側圧

参考書などに記載されている側圧

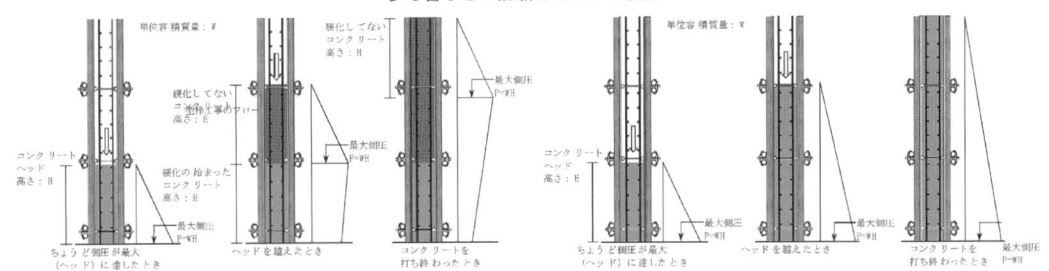

硬練りコンクリートをゆっくり打ち込む場合の側圧　　　軟練りコンクリートを急速に打ち込む場合の側圧

スランプ[小]：硬練り ←――――――――→ スランプ[大]：軟練り

JASS 5の型枠用設計側圧算定式による側圧

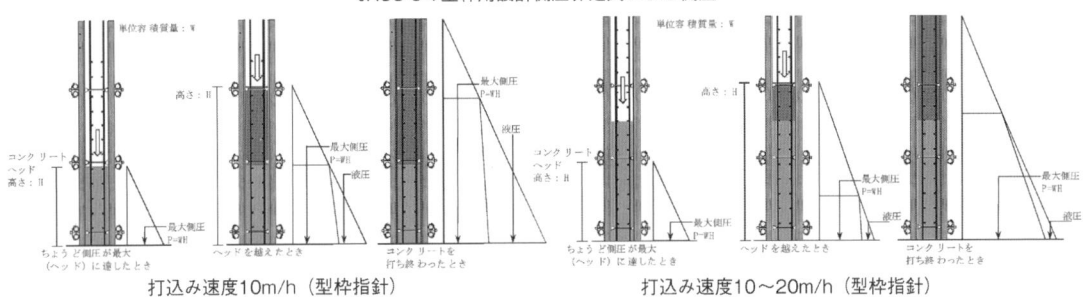

打込み速度10m/h（型枠指針）　　　　　　　打込み速度10〜20m/h（型枠指針）

Point 型枠の存置期間（せき板と支保工）

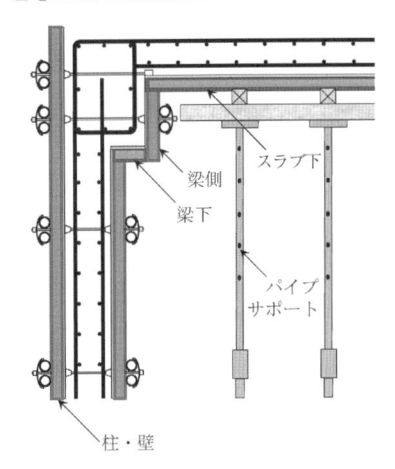

梁スラブ・柱および壁におけるせき板と支保工

詳細は，JASS 5を参照

せき板の存置期間を定めるコンクリートの圧縮強度

種類	期間	圧縮強度（N/mm²）	
		梁，柱，壁	スラブ下，梁下
普通コンクリート $18 \leq F_c \leq 36$	短期・標準	5	圧縮強度≧部材の F_c（F_c：設計基準強度）*
	長期・超長期	10	
高強度コンクリート $36 < F_c$	—	8	

*この条件より早く外したいときは支保工の取外し後に部材にかかる荷重を算出し，圧縮強度が上回ることを確認する。
ただし，最低 12 N/mm² 以上を確保すること。

基礎・梁側・柱およびせき板の存置期間を定めるためのコンクリートの材齢

平均気温	コンクリートの材齢（日）		
	H	N,BA,SA,FA	BB,SB,FB
20℃以上	2	4	5
20℃未満 10℃以上	3	6	8

H：早強度ポルトランドセメント，N：普通ポルトランドセメント
BA：高炉セメントA種，SA：シリカセメントA種，FA：フライアッシュセメントA種
BB：高炉セメントB種，SB：シリカセメントB種，FB：フライアッシュセメントB種

1 鉄筋コンクリート工事の基本

作用し，液体の単位容積質量とその打込み高さに比例した側圧となる。コンクリートの側圧は，コンクリートのスランプが大きいほど，打込み高さが高いほど，打込み速度が速いほど大きくなる性質をもっている。また，外気温によりコンクリートの流動性の保持時間が異なるため，冬期には夏期にくらべて側圧が大きくなる傾向を示す。

一方，「Point 側圧」の下段に示した側圧は，JASS 5 の「型枠設計用側圧算定式」により算出されたものである。型枠の最下部に生じる側圧は，液圧よりも小さく，打込み速度が遅いほどその傾向が大きくなるようになっている。従来参照されている型枠の側圧とくらべ，型枠の中間部で最大側圧を示すといった点や，最下部にいくに従って小さくなる点で異なるところがある。近年では，せき板に生じるたわみやフォームタイの本数，崩壊事故や安全性などの問題から側圧を液圧とする考え方が出てきている。こうしたことから，コンクリートの性状を考慮した型枠の側圧を検討する必要性があるといえる。

(5) 型枠の存置期間

型枠の存置期間とは，コンクリートを打込み後に型枠をそのまま取り付けておく期間のことである。「Point 型枠の存置期間（せき板と支保工）」にせき板と支保工の存置期間を示す。図は，梁・床・柱および壁におけるせき板と支保工を示したものである。

型枠の存置期間は，JASS 5 の「型枠工事　型枠の存置期間」に規定されており，コンクリートの圧縮強度または平均気温およびセメントの種類に応じた材齢の2つの考え方がある。前者では，存置期間は，計画供用期間の級が短期および標準のとき，コンクリートの圧縮強度が 5 N/mm² 以上，計画供用期間の級が長期および超長期のとき，10 N/mm² 以上に達したことを確認されるまでとしている。これに対し，高強度コンクリートのせき板の存置期間は，コンクリートの圧縮強度が 8 N/mm² 以上に達したことを確認されるまでとしている。後者では，梁側，柱および壁のせき板の存置期間は，普通コンクリートの場合，計画供用期間の級が短期から標準，長期，超長期によって分けられ，日数で決められている。また，普通コンクリートおよび高強度コンクリートのスラブ下および梁下の支保工の存置期間は，コンクリートの圧縮強度が設計基準強度に達したことが確認されるまでとしている。ただし，これより早く取り外す際は，支保工の取外し後に部材にかかる荷重を安全に支持できるだけの強度を適切な方法で算出し，この圧縮強度を実際のコンクリートの圧縮強度が上回ることを確認しなければならない。

■ 1.6　コンクリート工事

(1) コンクリート工事の流れ

コンクリート工事のフローを「Point コンクリート工事のフロー」に示す。コンクリート工

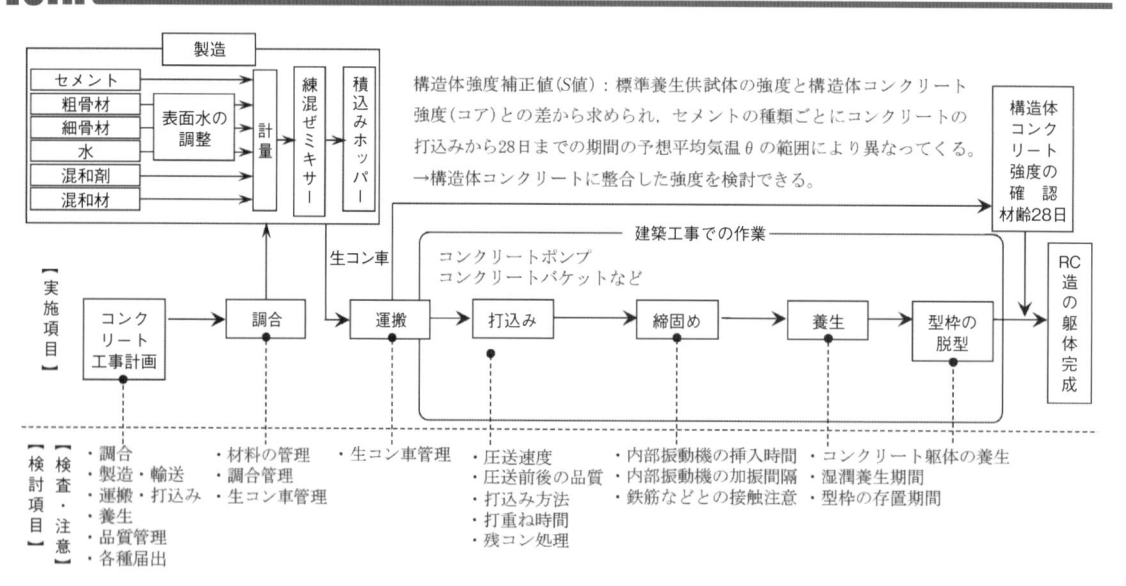

Point　コンクリート工事のフロー

[製造] セメント・粗骨材・細骨材・水・混和剤・混和材 → 表面水の調整 → 計量 → 練混ぜミキサー → 積込みホッパー

構造体強度補正値(S値)：標準養生供試体の強度と構造体コンクリート強度（コア）との差から求められ，セメントの種類ごとにコンクリートの打込みから28日までの期間の予想平均気温 θ の範囲により異なってくる。
→構造体コンクリートに整合した強度を検討できる。

[実施項目] コンクリート工事計画 → 調合 → 運搬（生コン車）→ 打込み（コンクリートポンプ・コンクリートバケットなど）→ 締固め → 養生 → 型枠の脱型 → 構造体コンクリート強度の確認　材齢28日 → RC造の躯体完成

建築工事での作業

[検討項目・注意]
・調合　　　　・材料の管理　・生コン車管理　・圧送速度　　　　・内部振動機の挿入時間　・コンクリート躯体の養生
・製造・輸送　・調合管理　　　　　　　　　　・圧送前後の品質　・内部振動機の加振間隔　・湿潤養生期間
・運搬・打込み ・生コン車管理　　　　　　　　・打込み方法　　　・鉄筋などとの接触注意　・型枠の存置期間
・養生　　　　　　　　　　　　　　　　　　　・打重ね時間
・品質管理　　　　　　　　　　　　　　　　　・残コン処理
・各種届出

は，まず計画を立てることから始まる。計画段階においては，コンクリートの調合や運搬，打込み，養生の方法を決定し，各種の届出を行う。実際の工事においては，レディーミクストコンクリート工場で製造され工事現場まで運搬されたコンクリートについて品質を確認して受け入れ，打込み箇所まで運搬して型枠へ打ち込み，締固めおよび養生を行う。その後，型枠を取り外し，ようやく躯体ができあがる。

(2) レディーミクストコンクリート

レディーミクストコンクリートとは，日本工業規格 JIS A 5308 に規定されたコンクリートのことである。この JIS A 5308（レディーミクストコンクリート）に定められているコンクリートの種類は，普通コンクリート，軽量コンクリート，舗装コンクリートおよび高強度コンクリートとなっており，それぞれに，粗骨材の最大寸法，スランプまたはスランプフローおよび呼び強度の組合せが示されている。

(3) コンクリートの発注

コンクリートの発注は，次の点に留意する必要がある。

① 工場から現場までの距離（練り始めから打込み完了までの時間を満足できる距離）
② コンクリートの種類（普通，軽量，舗装，高強度）
③ セメントの種類（普通ポルトランドセメント・混合セメントなど）
④ 骨材の種類（砂利・砕石など）
⑤ 粗骨材の最大寸法（25 mm・20 mm・15 mmなど）
⑥ 呼び強度
⑦ スランプ
⑧ その他混和材料の種類や空気量，単位水量など

「Point JASS 5 (2009) によるコンクリート工事の施工管理のフロー」に示すように，所要の性能をもつコンクリートを発注するための手順は，次のとおりである。まず，品質基準強度を設定する。コンクリートの品質基準強度は，設計基準強度と耐久設計基準強度の大きいほうの値とする。耐久設計基準強度は，構造物または部材の計画供用期間の級に応じて定められている。ここで，レディーミクストコンクリートを発注する際に用い

Point JASS 5 (2009) によるコンクリート工事の施工管理のフロー

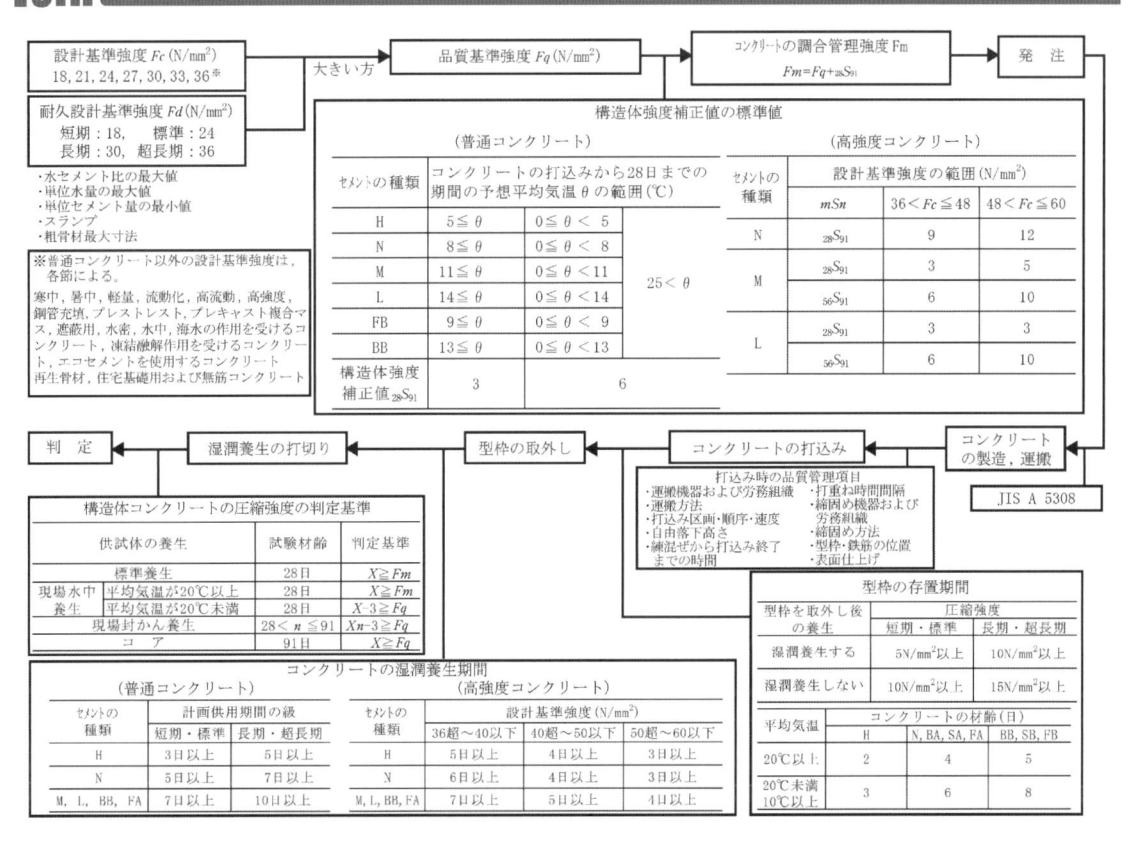

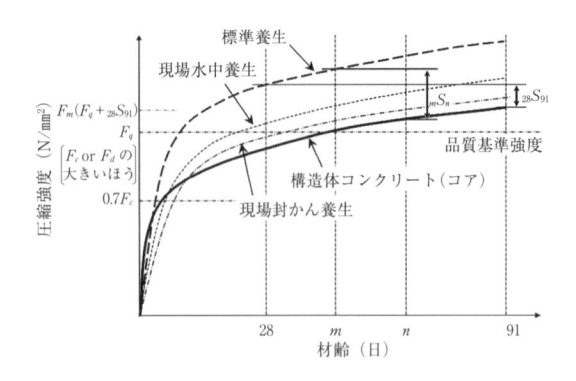

図 1.17 各種養生した供試体の強度発現と強度補正値

る呼び強度は，JASS 5 において調合管理強度以上と規定されており，次式により算出する。

$$F_m = F_q + {}_{28}S_{91}$$

ここに，F_m：調合管理強度（N/mm^2）
　　　　F_q：品質基準強度（N/mm^2）
　　　　${}_{28}S_{91}$：構造体強度補正値（N/mm^2）

構造体強度補正値よりコンクリートの打込み時期を考慮して，品質基準強度に必要な ${}_{28}S_{91}$ を加えたものを発注することになる（図 1.17 参照）。

(4) コンクリートの使用材料

コンクリートの製造にあたっては，材料の管理を十分に行い，練り混ぜを行う。原材料は，品質が変化しないように保管して，できるだけ均質な状態で使用する必要がある。使用材料ごとの管理の留意点は，次のとおりである。

1) セメント

セメントは，一般にサイロに保管し，空気中の水分と水和反応を起こすことを防ぐようにする。また，保管および輸送時に異種セメントと混合しないように注意しなければならない。

2) 骨　材

骨材は，種類ごとに区分された骨材貯蔵設備に，異なる品種の骨材が混じり合わないように，また異物が混入しないように注意して保管する。そして，保管時および輸送中に粒子径の違いによる分離を起こさないよう注意する。

3) 混和材料

混和材は，サイロに保管する場合と袋で屋内に保管する場合がある。いずれも，セメントに類似した保管上の取扱いが必要となる。また，混和剤は，貯蔵タンクに保管し，雨水などが入らないように注意する。また，長期の保管による沈殿によって品質が変化しないよう管理する必要がある。環境においては，直射日光や凍結によって品質が変化しないようにする。

4) 水

水の中でも，コンクリートの製造設備や運搬車の洗い水から骨材を分離して回収する「スラッジ水」は固形分（スラッジ）を含むため，貯蔵タンクやかくはん槽内ではつねにかくはんし，固化しないように注意する必要がある。

上記のような原材料の管理をしたうえで各材料を計量し，練り混ぜを行う。練り混ぜの検査として，目視によるコンクリートの状態および容積の確認，工程検査としてスランプや空気量など品質の確認を経て，コンクリートは工事現場に向けて出荷される。

(5) コンクリートの運搬

コンクリートの運搬には，工場から工事現場までの運搬と工事現場内における運搬の 2 種類がある。

a 工場から工事現場までの運搬

コンクリートは，練り混ぜから短時間で工事現場へ到着することが大切である。コンクリートの練混ぜから打込み完了までの時間を「Point コンクリートの練混ぜから打込み完了までの時間」に示す。JASS 5 に記載される練混ぜから打込み完了までの時間は，外気温 25℃ 以上で 90 分まで，25℃ 未満で 120 分までとされている。このように，コンクリートの練混ぜから打込み完了までの時間には制限があり，この時間を超過するおそれのあるときは凝結遅延剤を用いて調節するなどの工夫が必要となる。

b 工事現場内における運搬

工事現場内における運搬には，次の種類がある。

① コンクリートポンプ
② コンクリートバケット
③ カート
④ ベルトコンベア
⑤ シュート
⑥ ホッパー

このうち，建築工事で最も一般的な運搬方法はコンクリートポンプ，次いでコンクリートバケットである。

コンクリートポンプによる工事現場内における運搬の概要を「Point コンクリートポンプ工法」に示す。

「Point コンクリートの練混ぜから打込み完了までの時間」に示すように，コンクリートポンプ工法を用いる場合は，日本建築学会「コンクリートポンプ工法施工指針・同解説」により工場から現場までの運搬時間が最大 60 分までとされてい

る。コンクリートポンプ工法を用いる場合でも，JASS 5によって定められている運搬時間内にコンクリートを打ち込まなければならず，この規定された運搬時間，運搬方法を考慮して工場を選定する必要がある。写真1.13にコンクリートポンプ車（ブーム），配管の模様およびバケットによる打込みの模様を示す。

なお，工事現場内における運搬にバケットを使用する場合，バケット内に長時間コンクリートを入れておくとブリーディングの発生やワーカビリティーの低下を起こし，コンクリートの排出ができなくなることがある。このためバケットを使用した場合は，バケットに投入後は速やかにコンクリートを打ち込む必要がある。

(6) コンクリートの打込み

コンクリートの打込みにおいては，コンクリートポンプまたはバケットへの積込み地点より遠い部分から打込みを始めるのが原則である（「Point　コンクリートの打込み方法」参照）。コンクリートポンプ工法における圧力損失とは，写真1.13のような配管やブームを通してコンクリートを打ち込む際に，その管にコンクリートを通すために発生させる押す力（圧力）が距離に伴い失われてしまうことである。この圧力損失の程度はコンクリートの種類や輸送管の管径などによって異なるため，コンクリートポンプの機種の選定や配管経路などに関しては十分な計画が必要とされる。

コンクリートを打ち込むときは，コンクリートの分離を防止することが重要になる。コンクリートを1か所に流し込み，横流しすると分離しやすくなるため，打込み方法としては，建物全体の柱・壁などの垂直部材を順番に回りながら水平に

写真1.13　コンクリートポンプ車（ブーム）・配管の模様・バケットによる打込みの模様

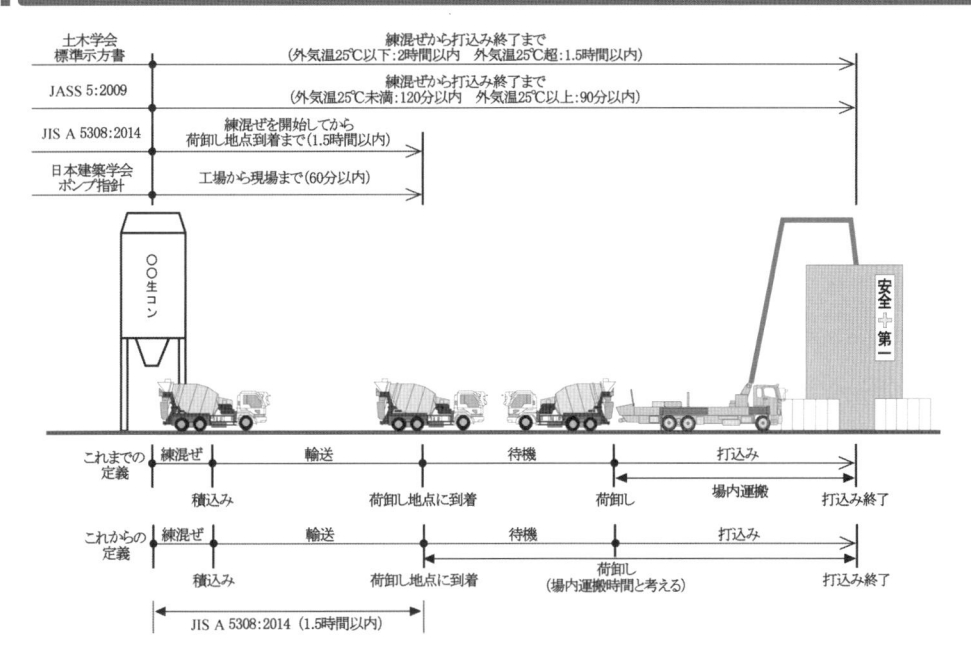

Point コンクリートの練混ぜから打込み完了までの時間

打ち進める回し打ちが理想である。「Point コンクリートの打込み方法」に柱と壁の水平打ちを示す。水平打ちの場合，一層目と二層目に分離を生じるおそれがあるため，打込みは，1区画のコンクリートが一体となるように連続して行う。また，コンクリートを打ち込むときに自由落下させる高さは，骨材の分離が起こらない範囲とする。図 1.18 に打重ね位置のコールドジョイントを示す。コンクリートを打ち重ねる場合にはコールドジョイントが発生しないよう，締固めをしっかり行う必要がある（写真 1.14，1.15 参照）。なお，浮かし型枠内のコンクリートを締め固める際には，「噴出し」の危険性があるので，できるだけ浮かし型枠を採用しないように努めるとよい。

写真 1.14　梁のコールドジョイント

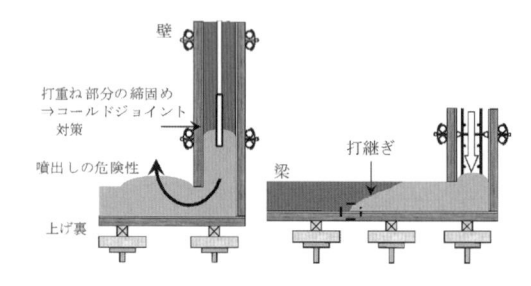

図 1.18　打重ねとコールドジョイント

Point コンクリートポンプ工法

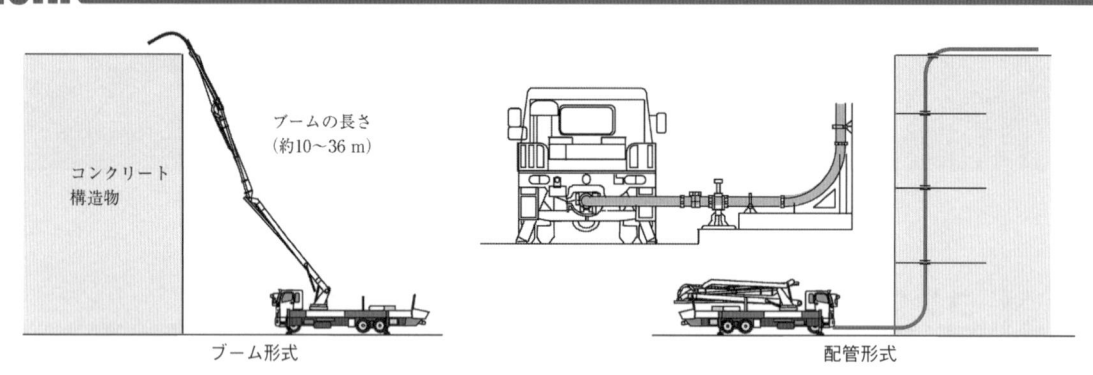

形式	ブーム形式	配管形式
利点	・打込み箇所を容易に移動可能 ・配管作業が不要	・長距離圧送，高所への圧送が可能 ・コンクリートポンプの設置に場所を取らない
欠点	・圧送距離，圧送高さに制約がある	・配管作業が必要

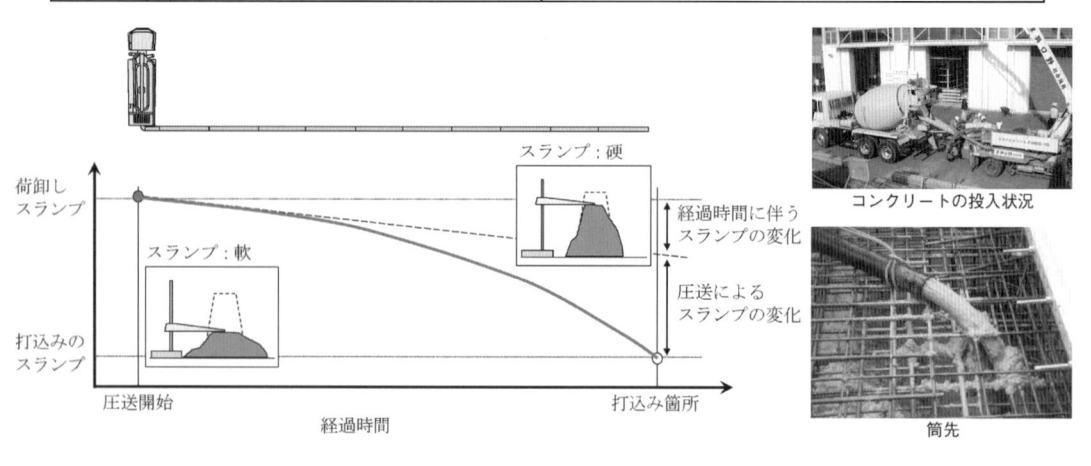

コンクリートの投入状況

筒先

100　Ⅲ編　鉄筋コンクリート工事の基本

(7) コンクリートの締固め

コンクリートの締固めは，コンクリートを密実にし，型枠内へしっかり充填させることを目的とし，突き棒や棒形振動機を用いて行われている。締固めを行う際に，振動機を長時間かけすぎるとコンクリート中の空気が抜け，粗骨材が下部に沈降する現象が起こる（図1.19参照）。これを「材料分離」といい，振動機のかけすぎには注意する必要がある。

写真1.15 締固め作業

(8) コンクリートの上面仕上げ

コンクリートの上面仕上げは，レベルの調整と不陸の除去（均し）を目的として行われている。コンクリートの上面仕上げの手順を写真1.16に示す。また，上面仕上げに用いる道具・機材をPointに示す。まず荒均し・タンピングにより大きな不陸を除去し，定木摺りやトンボ均しにより上面のレベルを調整した後に金ごてにより仕上げ（金ごて押さえ）を行う。金ごて押さえを行うことによりセメントペーストが表面に集まるため，表面部は平滑かつ密実となる。

(9) コンクリートの養生

コンクリートの養生とは，コンクリートが所要

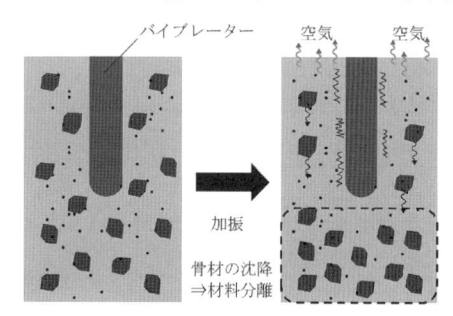

図1.19 過度な締固め作業による材料分離

Point コンクリートの打込み方法

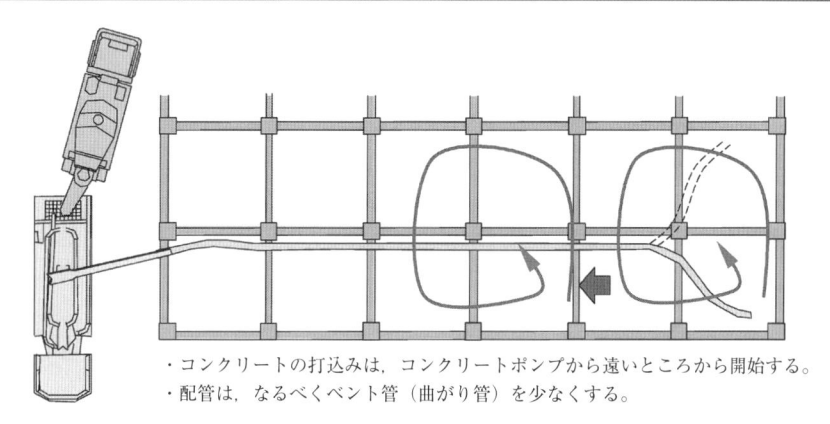

・コンクリートの打込みは，コンクリートポンプから遠いところから開始する。
・配管は，なるべくベント管（曲がり管）を少なくする。

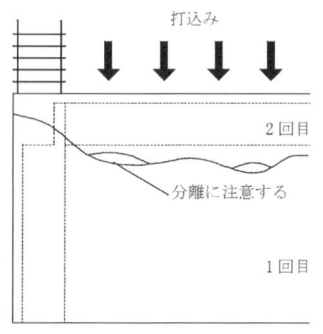

壁の水平打ち

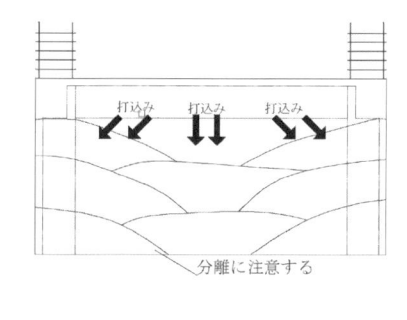

柱と壁の打込み

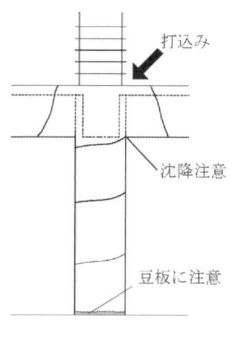

柱の打込み

の性能を確保することや有害なひび割れなどの初期欠陥を防止することを目的として，打込み後の一定期間，適切な温度および湿度に保持することをいう。セメントの水和反応を促進させるために水分を保持する手段として湛水養生や散水養生，養生マット，シート，膜養生剤による被覆が一般的に用いられている。JASS 5では，セメントの種類および計画供用期間の級ごとに湿潤養生期間を3日以上～10日以上と定めている。

(10) コンクリートの品質管理

コンクリートの品質管理として，荷卸し時に採取した試料について次の各試験が行われる。

1) スランプおよびスランプフロー試験

スランプ試験は，JIS A 1101（コンクリートのスランプ試験方法），スランプフロー試験はJIS A 1150（スランプフロー試験方法）に従って行う。い

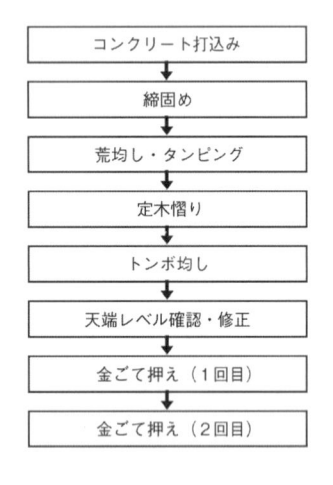

写真 1.16　コンクリートの上面仕上げ手順

Point　締固め方法

締固め方法		使用状況	効果	適用範囲
棒形振動機	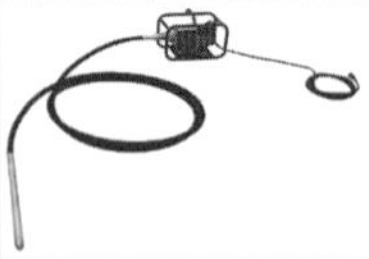		振動によってコンクリートを液状化させ，脱泡，締固め，せき板とのなじみを良くする。	硬練り，軟練りを問わずすべてのコンクリートの締固めに適用できる。
型枠振動機	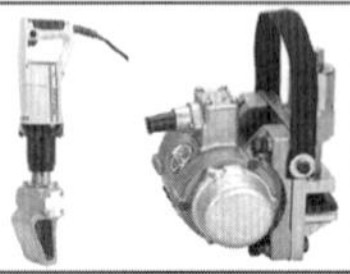		振動をせき板に伝達させることによって内部のコンクリートを加振させる。	表面に見える豆板や気泡の減少に役立つ。表面部に限られ，内部のコンクリートを大量に締め固めることはできない。
木づち			型枠とコンクリートのなじみを良くする。せき板面の水みちおよび空隙を除去する。	打放しコンクリートに有効である。音によってコンクリートが充填されているか判断が可能である。

Point　上面仕上げに用いる道具・機材

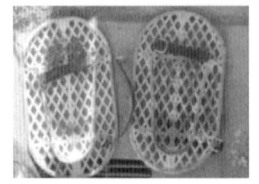

かんじき 　　　　定木 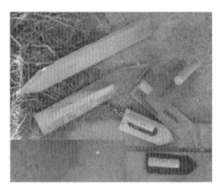　　　　木ごて・金ごて　　　　トロウェル

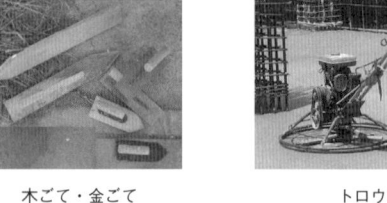

ずれも高さ30cmのスランプコーンにコンクリートを詰め，詰め終わったらスランプコーンを鉛直に引き上げる。このときの頂部中央の下がり量をスランプ，コンクリートの広がりをスランプフローとよび，いずれも軟らかいコンクリートほど大きな値を示す（「Point スランプおよびスランプフロー」参照）。これらの試験の結果や変形時の状態からコンクリートのワーカビリティー（作業性）を評価できる。

2）空気量試験

空気量試験は，JIS A 1128 に従って行い，コンクリート中に含まれる空気の容積のコンクリート容積に対する百分率で表わす。JASS 5 では，混和剤に AE 剤，AE 減水剤および高性能 AE 減水剤を用いるコンクリートの空気量は，4.5 ± 1.5% としている。

3）塩化物含有量試験

コンクリート中に含まれる塩分が多いと鉄筋が腐食しコンクリートが劣化することがある。このため，フレッシュコンクリート中の水の塩化物イオン濃度を JASS 5 T-502：2009（フレッシュコンクリート中の塩化物量の簡易試験方法）によって測定する。

4）圧縮強度試験

建築工事現場では，搬入されたコンクリートから荷卸し地点で試料を採取し，標準養生（水中：20 ± 2℃）した供試体の材齢28日（コンクリートの打込みから28日後）における圧縮強度を測定する。

(11) 残コン・戻りコン

残コンとは，運搬車に積み込まれているコンクリートが余った，コンクリートポンプや輸送管に残ったなどの理由で，一部のコンクリートが工場に戻されるもの，戻りコンとは，受入れ検査で不合格となった，発注量と使用量に差があったなどの理由で，運搬車に積み込まれているコンクリートの全量が工場に戻されるものを指す（「Point 残コン・戻りコンの発生パターン」参照）。これらは一般に有効利用されずに工場で処分されている。そこで，コンクリートを発注する場合は，いわゆる「残コン」や「戻りコン」といった余剰コンクリートの発生が極力少なくなるよう留意する。残コンや戻りコンの量を削減するには，コンクリートの打上がり状況を踏まえたうえでの必要数量の正確な把握と発注数量の徹底管理が望まれる。また，必要に応じて工場と密接に連絡をとり，発注量の調整をこまめに行う必要がある。

1.7 鉄筋コンクリート工事の不具合

コンクリート工事で起きる不具合は，次があげられる。

① 豆板：コンクリートの外面に現れる，粗骨材が分離したまま硬化したもの（写真1.17参照）。
② コールドジョイント：先に打ち込まれたコンクリートと，時間をおいて打ち込んだコンクリートとの間にできる一体化の不十分な打重ね面のこと（写真1.18参照）。
③ エフロレッセンス（白華）：コンクリート表面に現れる白色の物質で，セメント水和生成物の水酸化カルシウムが炭酸ガスと化合して炭酸カルシウムになったもの。水洗いでは取ることはできない（写真1.19参照）。
④ 沈下ひび割れ：コンクリートは打ち込まれた後にブリーディングや硬化収縮により沈下す

Point スランプおよびスランプフロー

スランプ

スランプフロー

[大] 軟 スランプ [小] 硬

コンクリート表面温度　粗骨材　細骨材　細骨材の表面水率　空気量　単位水量　[小・少] → [大・多]

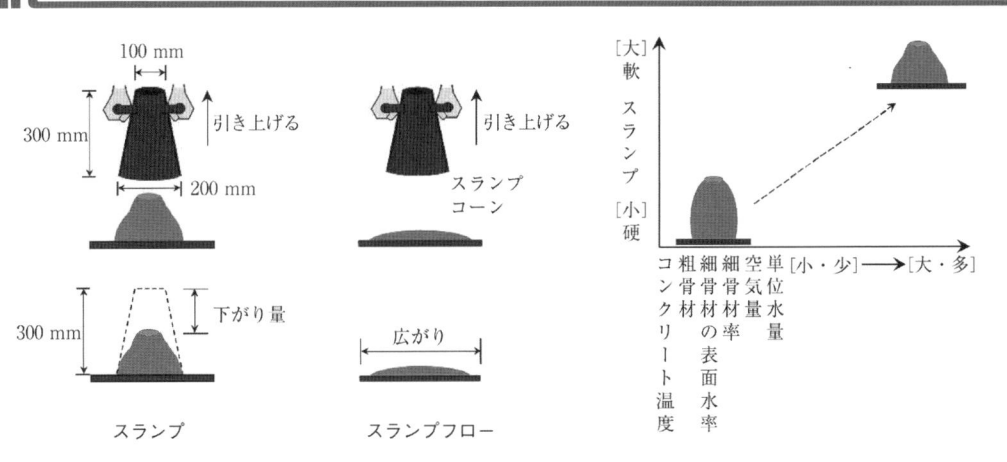

る。打込み高さが大きく異なる部分や，鉄筋やセパレータなどにより沈下が拘束される部分では沈下量に差が生じ，沈下ひび割れを生じることがある。沈下ひび割れはコンクリートが硬化する前に生じるため，発生直後にタンピングを施すことにより除去できる。

⑤ プラスチック収縮ひび割れ：硬化前のコンクリートの表面が急激な乾燥により網目状にひび割れる現象。ブリーディングが少ない場合や風が強い場合に生じやすいが，適切な湿潤養生を行うことで防止できる。また，沈下ひび割れと同様に発生直後にタンピングを施すことで除去できる。

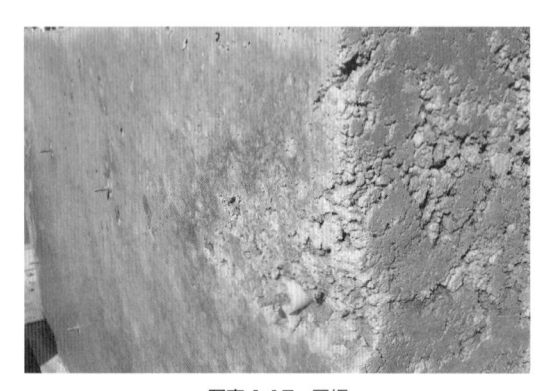

写真 1.17 豆板

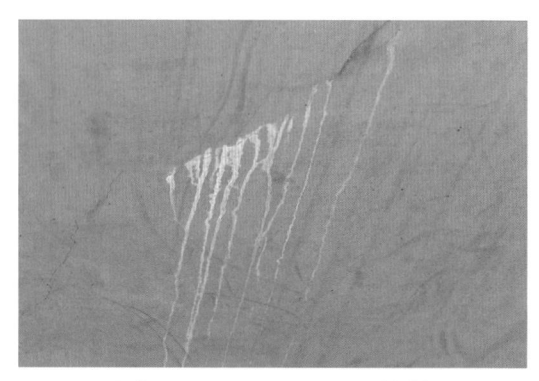

写真 1.19 エフロレッセンス（白華）

写真 1.18 コールドジョイント

写真 1.20 壁の横筋に沿って発生した沈下ひび割れ

Point 残コン・戻りコンの発生パターン

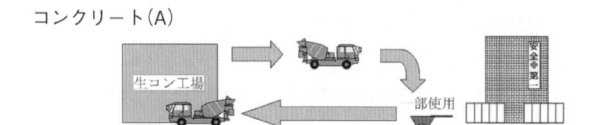

コンクリート(A)

生コン車に積み込まれている一部が工場に戻ったもの

コンクリート(B)

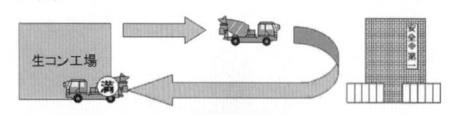

生コン車に積み込まれている全量が使用されずに工場に戻ったもの

コンクリート（C-1） （C-2） （C-3）

打設終了後，ホッパ，配管などに残ったもの

C-1を生コン車に返して生コン工場に戻したもの

C-1を現場内で廃棄したもの

コンクリート(D-1) (D-2)

洗い水などが混入したコンクリートを生コン車に返して生コン工場に戻したもの

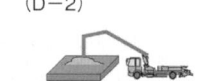

洗い水などが混入したものを現場内で廃棄したもの

コンクリート(E)

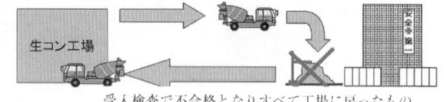

受入検査で不合格となりすべて工場に戻ったもの

2 スラブ

スラブ (slab) は，鉛直方向の面荷重を受ける板状のものであり，一般的に，鉄筋コンクリートの床版をいう。床として用いられるときに「床スラブ」ともいう。床スラブは，構造的な耐力だけでなく振動や遮音の面から厚さを決めることがあり，一般的な厚さは 150 ～ 200 mm 程度である。

2.1 スラブの機能と種類

スラブは，建物内部の水平な構造体コンクリートであり，直接使用者の生活空間を支持するため，図 2.1 に示したように構造体の役割だけでなく，下記の性能を考慮して施工する必要がある。

床は，その上で人が生活を送るだけのしっかりとした使用性の確保が要求される。使用性としては，振動や遮音性能といった重要な点から，火事に対する耐火性能や防火性能も求められる。ここで，スラブ自体がもつ構造体としての役割である曲げモーメントやせん断力に耐える力が不足してしまうと，人の歩行や機械・道路からの振動が伝わり，使用者に不快な思いをさせてしまう。

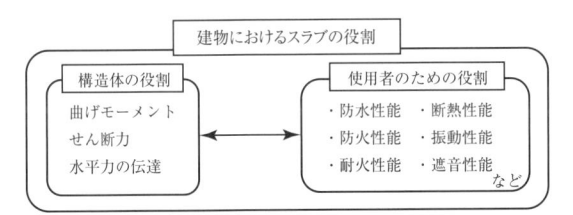

図 2.1 スラブがもつ構造体としての役割と使用者のための役割

(1) 力の伝達
1) 鉛直力

「Point スラブ荷重の伝達」に床に作用する荷重の伝わりかたを示す。Point の図(a)のような 2 方向の柱の間隔が同等で，スラブの形状が正方形に近い場合には，梁 A および梁 B にほぼ同等の荷重が伝えられる。しかし，Point 図(b)のように 2 方向の柱の間隔が異なり，スラブの形状が長方形の場合には，長辺の梁 A に多くの荷重が伝えられるようになり，短辺の梁 B に伝わる量は少なくなる。スラブにかかる鉛直力は，このような伝わり方をしている。また，Point 図(c)のように，スラブに生じる曲げ応力は上端に圧縮力として作用し，下端に引張力として作用する。これらの力は，上下端へいくほど大きくなる。このことはスラブの配筋計画に影響するので，知っておく必要がある。

2) 水平力

鉄筋コンクリート構造では，スラブのコンクリートは梁と一体に施工される場合が多い。この場合，スラブは梁の曲げ変形やせん断変形に追随して変形する。スラブは柱や梁・壁など耐震要素を連結させることで加重に対する挙動を安定させ，風や地震などの水平力に対する建物の剛性を確保し，それぞれの耐震要素に力を配分する役割がある。

3) 曲げモーメントとせん断力

曲げモーメントの大きさは，スラブ周辺構造の影響を受ける。一般的なスラブは，周辺が梁と一体化され，4 辺が固定されている。「Point スラブ

Point スラブ荷重の伝達

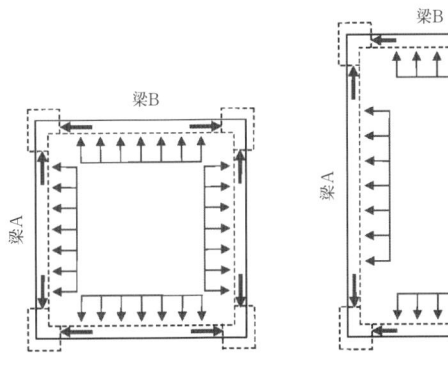

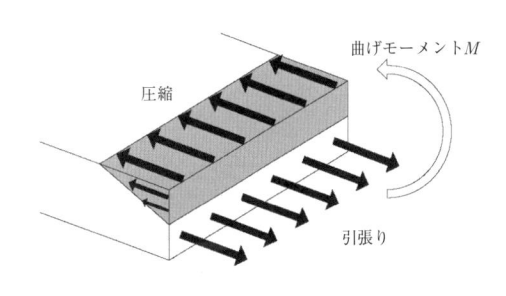

(a) 正方形のスラブ　　(b) 長方形のスラブ　　(c) スラブに生じる曲げ応力度

床に作用する荷重は，梁へ伝えられ，さらに梁から柱へ伝えられる。

の曲げ変形に伴う曲げモーメントとせん断力とたわみ」にあるように、スラブのたわみは曲げモーメントの大きな中央では、固定された両端の方向で交差する形となる。前述したように、スラブに生じる応力は曲げモーメントとせん断力であるが、一般的に、スラブは厚さに対してスパンが長いため、せん断力が問題となることは少なく、曲げモーメントに対して配筋量が定められている。大きな力が作用する短辺方向に配置されるスラブ鉄筋を"主筋"といい、長辺方向に配置されるスラブ鉄筋を"配力筋"という。

4）変　形

スラブには、スラブ自重によるたわみと積載荷重によるたわみが生じる。これらのたわみは弾性たわみとよばれている。また、スラブを長期間使用する際に乾燥収縮のひび割れやコンクリートのクリープひずみなどによりたわみが徐々に大きくなる傾向にある。これを長期たわみとよぶ。

スラブに生じる曲げモーメントとたわみを抑制するには、スラブ厚さを厚くするか、スパンを短くする必要がある。したがって、たわみを抑えるためには、スラブ1枚の面積を小さくする（短辺方向の長さを短くする）ことが効果的である。スラブの短辺にあたる部分を短くするために柱間隔を短くすることは、居住空間を狭めることになるため現実的でない。また、建物の自重を軽減することも困難となる。このため、一般的には図2.2に示すように、梁と梁との間に柱と連結しない梁を設けることが多い。両端が柱でなく梁で支えられた梁は「小梁」とよばれ、スラブの荷重を効果的に支えるが、地震などの水平力に対してはあまり効力がない。小梁は通常、長期の常時荷重に対して設計されるものなので、十分な曲げモーメントに耐える剛性を付与する必要がある。場合によっては、小梁に関してもたわみやクリープの検討が行われるため、設計が複雑になることがある。

（2）スラブの種類と構工法
1）スラブの種類

スラブの種類を「Point スラブおよびその周辺部位の名称」に示す。一般的な床スラブは、2.1 スラブの機能と種類で述べたように構造上重要な役割を果たしている。このほかに、ベランダ、外廊下、ひさしおよび犬走りのような片持ちスラブの構造もある。通常、片持ちにする場合は、床の下がり防止などの観点から片持ち梁が必要となる。しかし、外廊下やベランダ、ひさしなどの比較的小さな持ち出しはスラブのみとすることができ、このような持ち出しのスラブを片持ちスラブとよぶ。なお、ベランダや外廊下の床レベルは、屋内の床スラブのレベルよりも 200 mm 程度下げ

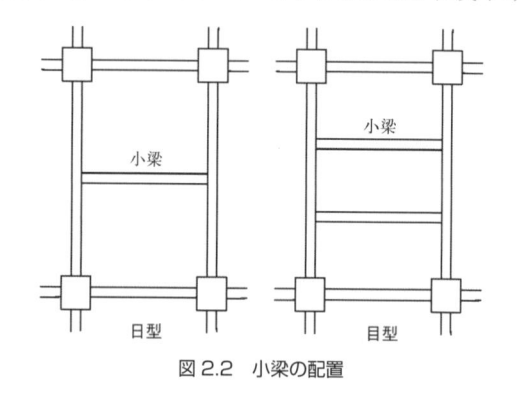

図 2.2　小梁の配置

Point スラブの曲げ変形に伴う曲げモーメントとせん断力とたわみ

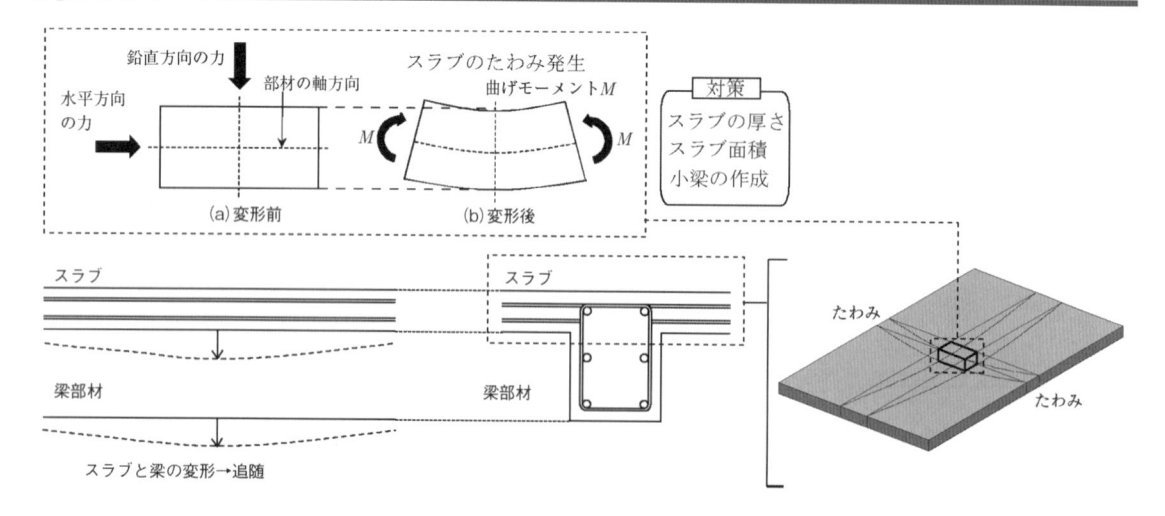

ることが多い。これは室内への雨水の浸入を予防する意味合いをもっている。

屋根スラブは，勾配屋根と陸屋根に分類でき，その厚さは一般に各階のスラブと同等である。屋根スラブでは，防水層の立ち上がり部分に水が浸入するのを防ぐためPointに示すようにパラペットを設けることが多い。

建物の周囲の地面に砂利やコンクリートを敷く細長い部分のことを犬走りという（Point参照）。犬走りは，雨水の排出，雨水による建物の損傷予防，汚れ防止，建物への出入りが楽になるなどいろいろな理由で設けられている。犬走りのつくり方には2つの工法がある。一つは片持ちスラブとする方法，もう一つは建物と縁を切ってコンクリートを土の上に敷く方法である。片持ちスラブとする場合は，建物と一体であるため建物下の地面が沈下しても沈下することはない。

2）スラブの構工法
a 在来工法

写真2.1に示すように，在来工法ではスラブの型枠に型枠用合板を使用する。型枠は，せき板の下に根太を置き，大引，支柱の順に組み立てる。スラブでは，柱や壁と異なりコンクリートの自重がかかるため支柱の配置には十分な計画が必要となる。

b デッキプレート工法

デッキプレート工法は，支保工を用いないで施工できることから工期短縮につながる工法である。しかし，構造的な面で状況が異なるため，施工計画に注意する必要がある。おもな工法として，デッキ複合スラブ（写真2.2），デッキ合成スラブ（写真2.3），フラットデッキ（写真2.4）および鉄筋組込みデッキ（写真2.5）がある。デッキ合成スラブは，断面が複雑な凹凸形状でデッキ

Point スラブおよびその周辺部位の名称

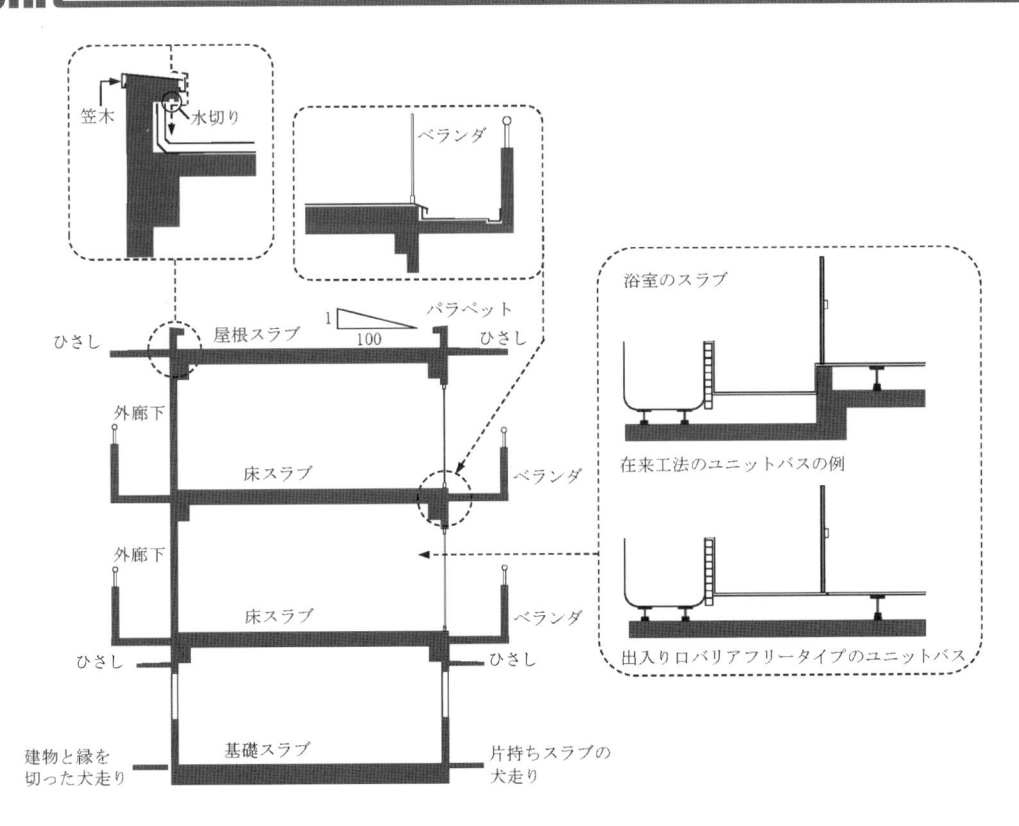

犬走り：建物の周囲の地面に砂利やコンクリートを敷く細長い部分のこと。
ベランダや外廊下の床レベル：床スラブのレベルより20cm程度下げる。
屋根スラブ：大きな勾配のある床スラブと陸屋根に分類でき，各階の床スラブと同じ厚さ。
パラペット：屋根スラブの防水層立上り部分に水が浸入するのを防ぐ。

プレートとその上のコンクリートが一体化して曲げに抵抗するものである。フラットデッキは、構造体ではなく型枠とみなされるのが一般的とされ、仮設材なので鉛直力や水平力はコンクリートスラブが受け持つ。この床スラブ工法はデッキ型枠スラブとよばれる。いずれの工法も解体せずにそのまま存置しておく場合がほとんどである。これらの工法は、RC造やS造、SRC造で使われる場合が多い。

c ボイドスラブ（void-slab）

「Pointスラブの形状」に示すように、ボイドスラブは、スラブを厚めにして、中に等間隔にボイド（中空）をつくり、中空と中空の間の部分は小さな梁の役割を担うものである。コンクリートの打込み前にスラブ型枠の上に、紙製や薄い鉄板製の円筒を等間隔に配置し、円筒の間の部分と上下に鉄筋を配筋してコンクリートの打込みを行う。ボイドスラブでは、普通の梁が不要となるため、梁のない天井をつくることができる。このほか類似したものに、球体ボイドスラブ（写真2.6）やサイレントボイドスラブ（写真2.7）、中空ボイドスラブ（写真2.8）のようなものがある。

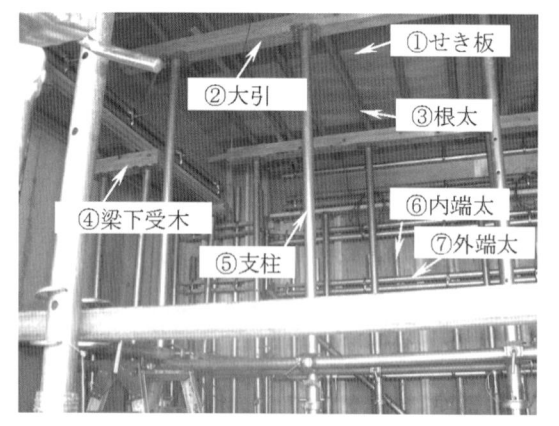

写真2.1 スラブの在来工法

写真2.4 フラットデッキ

写真2.2 デッキ複合スラブ

写真2.5 鉄筋組込みデッキ

写真2.3 デッキ合成スラブ

写真2.6 球体ボイドスラブ

写真2.7 サイレントボイドスラブ

写真2.8 中空ボイドスラブ

d ワッフルスラブ（waffle slab）

ワッフルスラブは,「Pointスラブの形状」に示されるように格子状の梁と一体となったスラブのことである。普通の梁は,柱から柱に渡す大梁,梁から梁に渡す小梁の2種類で,スラブの端部や中央部にのみ存在する。これに対し,ワッフルスラブの梁は,格子状にスラブと一体化したような梁となるので,格子梁ともよばれている。また,ワッフルスラブは,梁を小さくして分散した形なので,格子梁の高さを小さくして階高を小さくすることが可能であるが,天井が露出するので照明,空調ダクト,配線の隠し方に難しい面がある。

e プレキャストコンクリート工法（PCa工法）

プレキャストコンクリート工法（PCa工法）は,デッキプレート工法と同様に支保工を用いないで施工できることから工期短縮につながる工法である。PCa工法はPCaとハーフPCaに分類できる。写真2.9にPCa床部材の組立模様を,図2.3にハーフPCa床部材の施工手順を示す。PCaはPCaを設置するだけであるのに対し,ハーフPCaはPCa版を設置してから鉄筋を配筋してコンクリートを打ち込む。ハーフPCaは,中高層のRC建築物において外廊下やベランダに用いられることが多く,図2.4に示すようなタイルの先付け工法に用いられることがある。タイルの先付け工法は,PCa版を製造する工場で,型枠にタイルを敷き並べた上からコンクリートを打ち込み,タイルが貼られたPCa版をつくる工法である。この工法は,タイルの接着が確実で仕上がり精度が高く,さらに建築現場で施工される際に作業能率も高いメリットがある。また,近年では高層建築物に採用されることが多い傾向にある。しかし,PCa工場での製造の初期段階でタイルが必要となるため,早期にタイルの種類や割付けを決定しておく必要がある。

Point スラブの形状

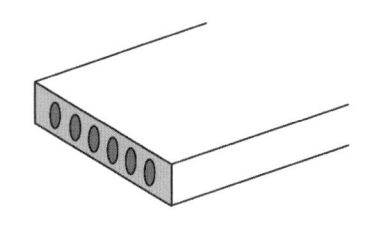

ボイドスラブ
スラブの中に等間隔にボイド（中空）をつくる。

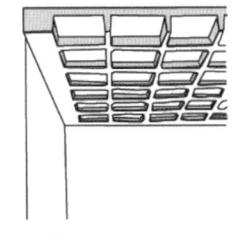

ワッフルスラブ
格子状の梁を設けた梁と一体となったスラブ

写真 2.9 PCa 床部材の組立模様

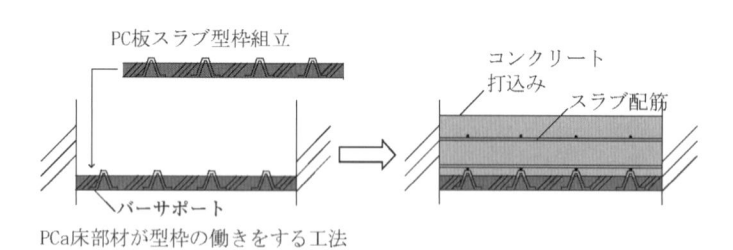

図 2.3 ハーフ PCa 床部材の施工手順

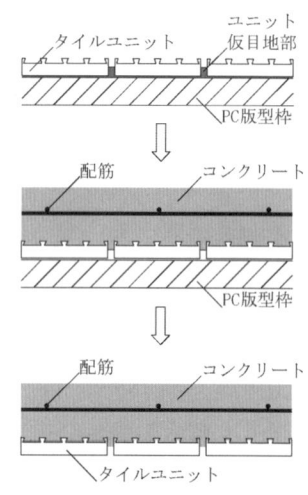

図 2.4 タイルの PC 版先付け工法

2.2 スラブの施工

(1) 鉄筋工事

スラブでは，図 2.5 に示すように縦・横の網目状鉄筋を 2 段に組み，このとき上の鉄筋を上端筋といい，下の鉄筋を下端筋という。「Point 配筋における主筋と配力筋」に示すように，スラブにおいて軸方向力，または曲げモーメントを負担する鉄筋を主筋といい，一般的に短辺方向の引張鉄筋をさす。スラブに使用される鉄筋には，短辺方向（主筋方向）と長辺方向（配力筋方向）の鉄筋があり，いずれも D10 以上の異形鉄筋を使用するようになっている。スラブのように広い面積を配筋する場合，鉄筋の長さが足りなくなる場合がある。このような場合は，連続したものとするために，鉄筋を接合する必要がある。この接合を鉄筋継手といい，スラブには，一般に重ね継手が用いられている。

スラブの鉄筋間隔は，D10 以上の異形棒鋼を用いた場合の鉄筋の間隔とされており，表 2.1 に示すように規定されている。配筋は作業員の歩行などで倒れたり，曲がったりしないよう設計にはな

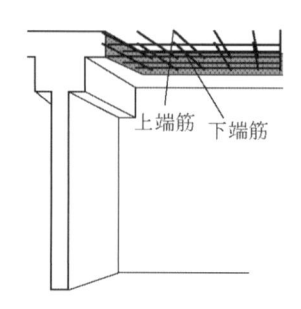

図 2.5 スラブにおける上端筋および下端筋

表 2.1 スラブの鉄筋間隔

	普通コンクリート	軽量コンクリート
主筋 短辺方向	200mm 以下	200mm 以下
配力筋 長辺方向	300mm 以下 かつ スラブ厚の 3 倍以下	250mm 以下

くても 1 本か 2 本置き程度に D13 などの鉄筋を組み入れて堅固な組立とするなど工夫するとよい。

スラブにおける鉄筋のかぶり厚さを確保するために写真 2.10～2.12 に示すような"うま"やコンクリートブロック，バーサポートが使われる。これらはスラブの上端筋や下端筋が所定の位置になるようにするためのスペーサの一種である。また，写真 2.13 にスラブの先組み鉄筋の組立模様を，図 2.6 にスラブに組まれた補強筋の有無によるひび割れの発生状況を示した。補強筋がない場合には，スラブの四隅においてひび割れが発生しやすくなるので，補強筋をしっかり配筋するよう計画しなければならない。

また，スラブは，鉄筋の定着によって構造状態が大きく異なる部材である。定着とは，梁や柱な

写真 2.10 うま

写真 2.11 コンクリートブロック

写真 2.12 バーサポート

写真 2.13 スラブの先組み鉄筋の組立模様

Point 配筋における主筋と配力筋

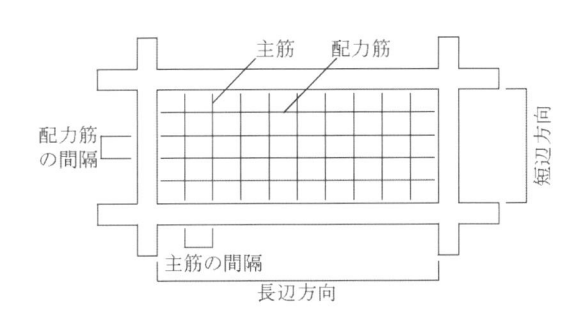

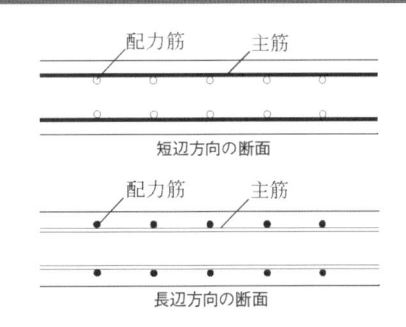

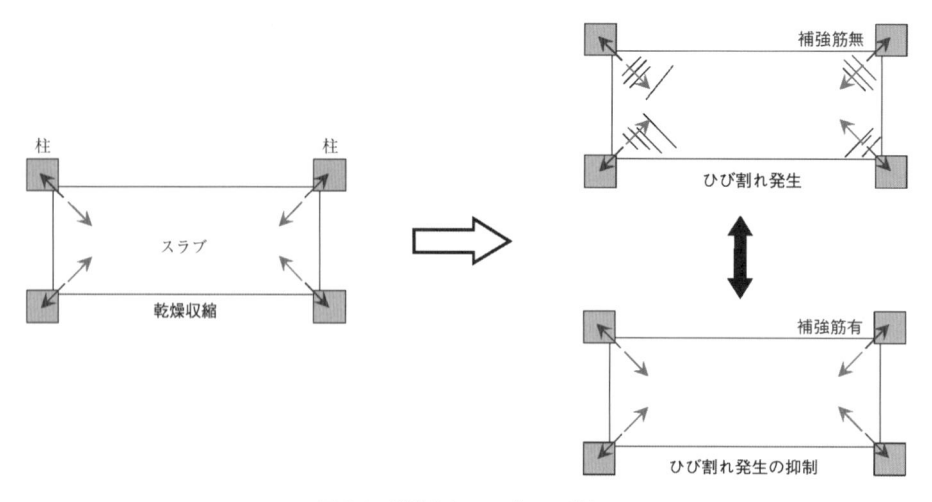

図2.6 補強筋とスラブのひび割れ

どから鉄筋が抜けないようにしっかりと埋め込むことである。図2.7に示すように，構造体としての性能を満足するようにしっかりと鉄筋を定着させる必要がある。鉄筋の定着長さについては，JASS 5「鉄筋工事」を参照されたい。

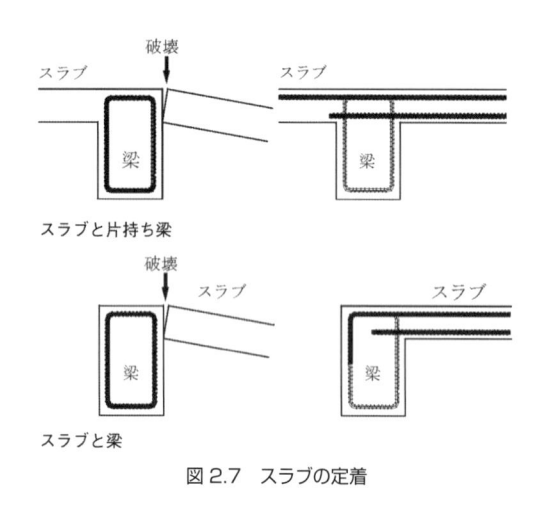

図2.7 スラブの定着

(2) 型枠工事

RC造は，一般的に図2.8のように，壁，柱，スラブを1フロアの1工区として施工を行う。型枠工事は，壁の型枠返しが行われた後，梁の型枠の途中まで施工したところでスラブ型枠の施工を行う。この施工手順は，梁の型枠をすべて施工すると梁の鉄筋を設置できないこと，スラブの型枠が施工されていないと梁配筋の材料を揚げて，仮組することができないことなどのために複雑化している。梁の配筋が終了すると梁のセパレータやフォームタイなどの型枠工事を終了できる。一方，スラブの型枠は，写真2.14に示すように，スラブの下に敷き詰める合板を根太と大引を組んで下階の床よりパイプサポートで支える。床スラブの型枠が完了したら，パイプサポート・フォームタイなどで，型枠全体を完全に締め付け，その後，床の配筋の作業に移る。このときに，上部の荷重で型枠が崩壊しないように，コンクリート，鉄筋などの固定荷重および積載荷重（作業荷重および衝撃荷重）を考慮する必要がある。

型枠工事は，建物の下から順に柱・壁・梁・床と組み立てられていくが，躯体が何層にもなったとき，型枠資材の移動には労力を要する。そこで建物の形が標準化されて型枠が転用可能なときは，「Point 型枠工事における資材の移動」に示すように資材の移動を行う。まず型枠の脱型時期を考慮して1階分と2階分の2セットを用意する場合がある。1階分の鉄筋工事および型枠工事が終了し，コンクリートを打ち込んだら，1階の脱型を待たずに2階のスラブ型枠を組み立て始め

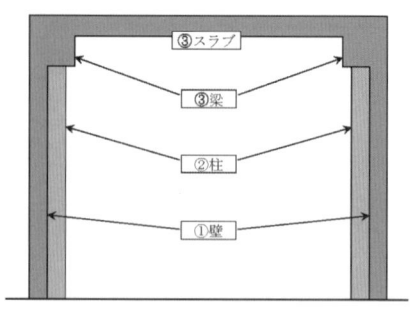

図2.8 RC造の施工手順

写真2.14 スラブ型枠設置状況

る。組立が進んでいる間に1階のコンクリートは脱型時期を迎え，脱型が行われる。脱型された1階の型枠は一度外へ出され，クレーンや階段リフトを使用して3階部分へ移動される。この作業手順が繰り返されることで高層住宅などは施工されていく。しかし，脱型後の型枠を一度外に出す方法は，作業時間や安全性の面から見てあまり効率がよくない。そこで，型枠を移動する手段として「Point 駄目穴の施工」に示す「駄目穴」を設け

て施工する方法が普及した。駄目穴とは，その穴を通して型枠や資材を移動させるためにスラブに空けた穴をいい，これを設けることにより型枠や資材の移動効率が上がるものである。駄目穴の施工方法は，まずスラブの型枠を組み，駄目穴部分には鋼板を設置してコンクリートを打ち込む。コンクリートが硬化した後に鋼板を外すことでスラブに駄目穴が空く。施工後に役目を終えた駄目穴には，鋼板内部に打ち込んでおいたコンクリート

Point 型枠工事における資材の移動

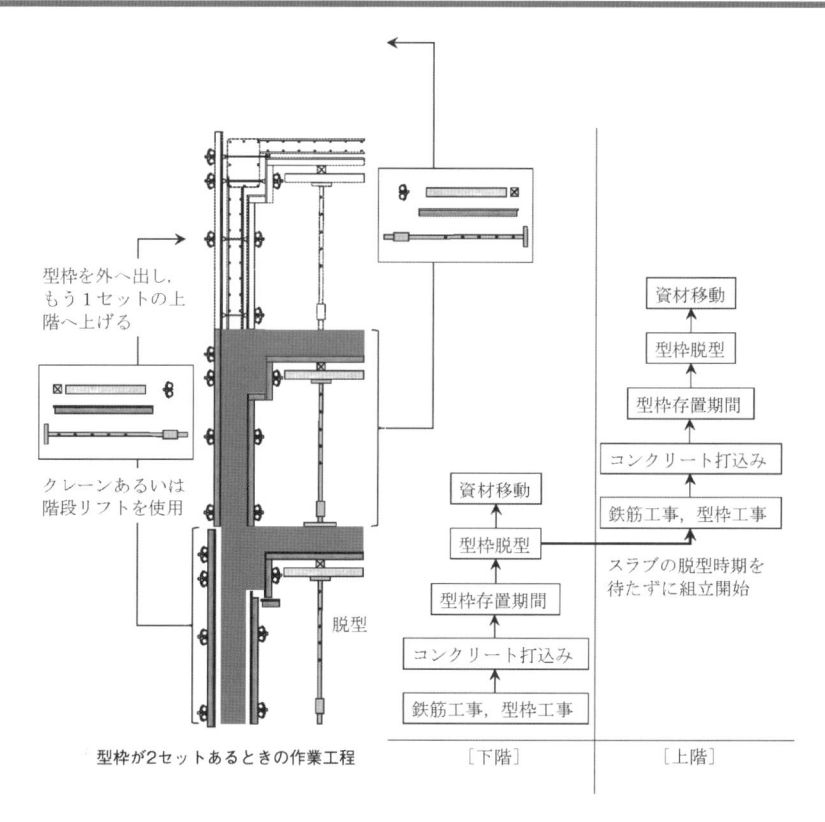

型枠が2セットあるときの作業工程

2 スラブ　113

をはめ込み、スラブと一体化させてふさぐ。このときの注意点は、駄目穴の施工途中に鋼板が落ちないようにすること、鋼板によりかたどられたコンクリートを駄目穴にはめ込むときにしっかりと一体化させることである。その後、鉄筋を溶接し、躯体のコンクリート強度以上のコンクリートを打ち込む。駄目穴が大きい場合には、接着面に打継ぎ用のエポキシ樹脂を塗布することもある。駄目穴の有効性は施工業者による資材の移動だけでなく、解体工（ばらし屋）といわれるコンクリート型枠の解体作業を専門とする作業者にとっても作業効率の面から有効といえる。また、図2.9のように、駄目穴は大きな曲げモーメントがかかるスラブ中央部には設けず、構造上作用している力の弱いスラブ端に空けるのがよいとされている。駄目穴の大きさはできるだけ小さくし、駄目穴が長方形の場合には、切断する主筋を少なくする向きとする。近年では、駄目穴をふさぐ補強で不具合が発生する事例があり、あまり推奨されない傾向にある。

また、仮設資材のなかでもパイプサポートは、スラブの荷重を支えなければならない重要なものである。パイプサポートの耐力として一般的に使われているものを表2.2に示す。パイプサポートとスラブ型枠は、スラブに打ち込まれたコンクリートの強度が設計基準強度に達してから脱型する。なお、スラブの型枠には、図2.10に示すように梁の型枠をセパレータで受けるためのスラブ

表2.2　パイプサポートの例

種類	最大使用長 (mm)	直径 (mm) 上部	直径 (mm) 下部	質量 (kg)	許容荷重 (kN)
強力サポート	2470	82.5	114.3	43.5	147.0
	3270	82.5	114.3	48.1	147.0
	4070	82.5	114.3	57.1	127.4
	5070	82.5	114.3	68.4	98.0
パイプサポート	3010	48.6	60.5	12.3	9.7
	3150	48.6	60.5	13.0	9.6
	3450	48.6	60.5	14.0	9.6
	3950	48.6	60.5	15.5	9.6

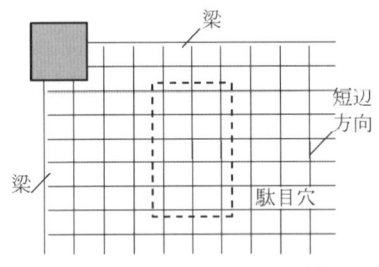

図2.9　駄目穴の施工位置および向き

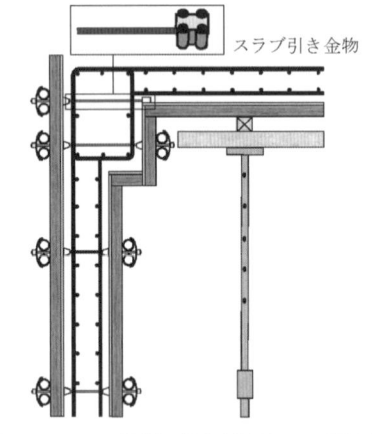

図2.10　スラブ型枠に取り付けるスラブ引き金物

Point　駄目穴の施工

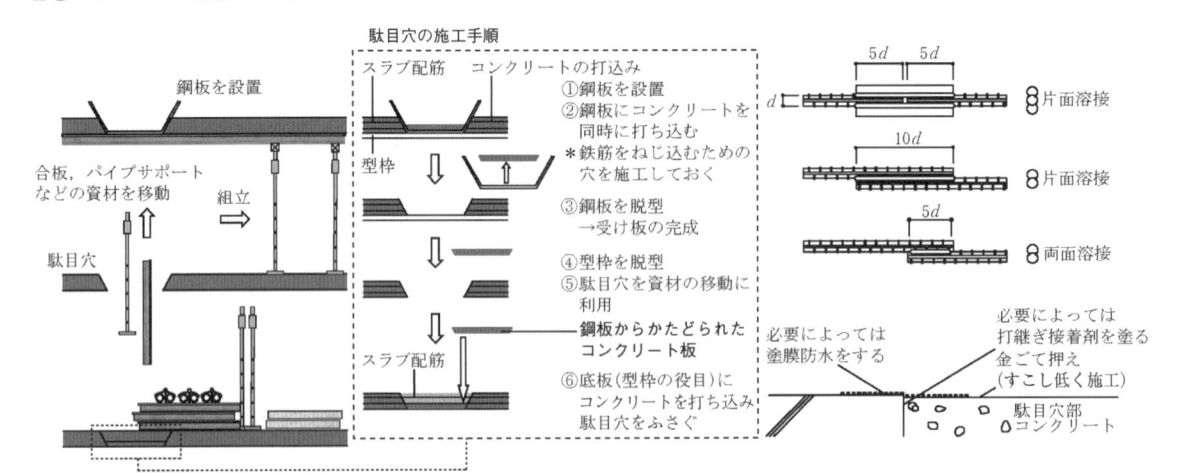

駄目穴の施工手順
①鋼板を設置
②鋼板にコンクリートを同時に打ち込む
＊鉄筋をねじ込むための穴を施工しておく
③鋼板を脱型→受け板の完成
④型枠を脱型
⑤駄目穴を資材の移動に利用
　鋼板からかたどられたコンクリート板
⑥底板（型枠の役目）にコンクリートを打ち込み駄目穴をふさぐ

引き金物がある。これはスラブと梁を引き会わせ，締め付ける役目をもつ。

(3) コンクリート工事

前に述べたように，スラブにおけるコンクリートは壁，階段，柱および梁の後にスラブが打ち込まれる。また，スラブには，図2.11に示すようにCD管等の埋設物をあらかじめ配管する場合がある。そのとき，重要となるのがスラブの構造性能を低下させないように配管することである。たとえば，鉄筋とCD管は30 mm以上間隔をあけ，コンクリートをきちんと打ち込めるようにするなどの配慮を要する。

打ち込んだコンクリートはバイブレータなどを用いて締固めを行う。締固めは，よい躯体をつくるためには重要な作業であり，締固めに不足があると豆板などが発生するおそれがある。また，コンクリートの天端は，レーザーレベルなどを用いて管理する。スラブにコンクリートを打ち込むときの注意点は次のとおりである。

① 梁せいが高いときには，梁のコンクリートの

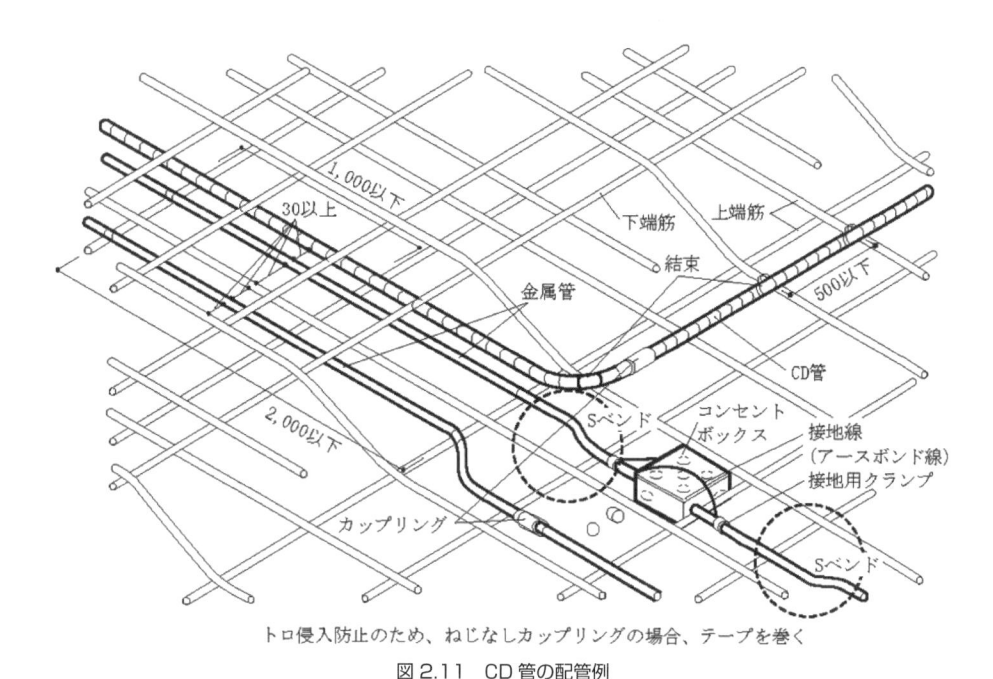

図2.11 CD管の配管例

Point スラブの表面の均し作業

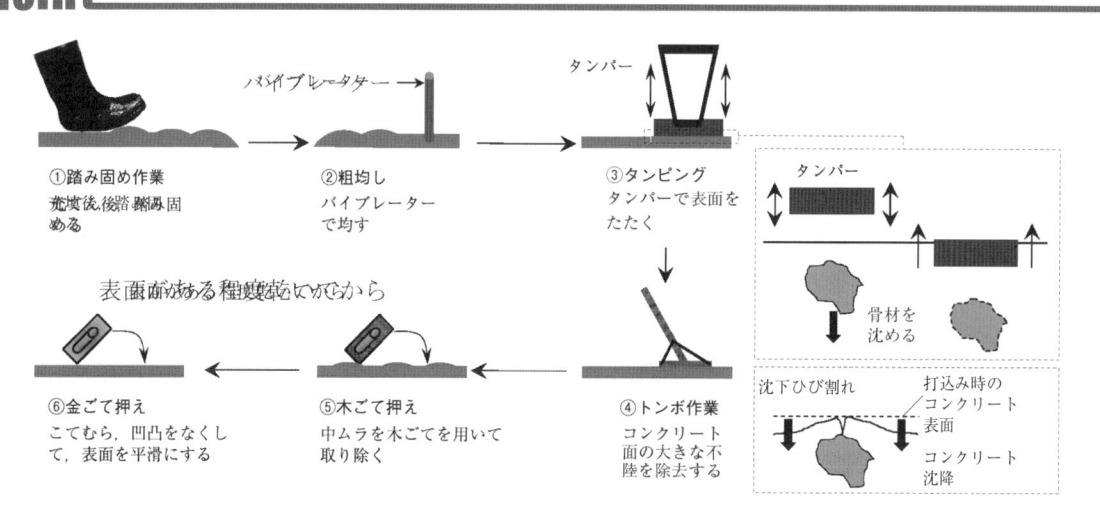

① 踏み固め作業 荒均し後，足で踏み固める
② 粗均し バイブレーターで均す
③ タンピング タンパーで表面をたたく
④ トンボ作業 コンクリート面の大きな不陸を除去する
⑤ 木ごて押え 中ムラを木ごてを用いて取り除く
⑥ 金ごて押え こてむら，凹凸をなくして，表面を平滑にする

沈下量が大きいために，床スラブのコンクリートまで一気に打ち込むと，梁と床スラブの接合面に亀裂が発生することがある。
② 床スラブの打込みは，遠方から近くへと打ち上げていく。
③ 打込みのとき，コンクリート輸送管の重量などで配筋が緩んだり曲がることがあるので，コンクリートの打込み前に確認をする。
④ 床スラブへの打込み後，以下の点を考慮して表面の仕上げを行う。

仕上げの手順を「Point スラブの表面の均し作業」に示した。まず，コンクリート表面を人の足を使い踏み固め，バイブレーターをかけることで足跡を消していく。その後，タンピング作業を行うことで表面部にある粗骨材を沈め，粗骨材による沈下ひび割れを防ぐ。タンピング作業とは，ランマーやタンパーとよばれる道具でコンクリートの表面をたたいて均す作業のことをいう。その後，トンボや"こて押さえ"によりコンクリート表面の大きな不陸をなくす。最後に，木ごておよび金ごての手順で表面の凹凸をなくしていく。

"こて押さえ"では，スラブの表面状態を見て木ごてから金ごてへと"こて"の種類を変えていく。また，塗床・木造などの二重床のときは，定規ずりを用いて不陸を直し，木ごてにより天端ならしを行う（硬化直前にブラシなどによる目荒しを行うこともある）。防水下地・タイルの直接張り下地・じゅうたん下地のときは，定規ずりを用いて不陸を直し，木ごてを用いて天端ならしを行い，硬化直前に金ごてなどを用いて表面を平滑に仕上げる。このほかに，打込み・締固めが完了した後，表面仕上機（トロウェル）を用いて表面仕

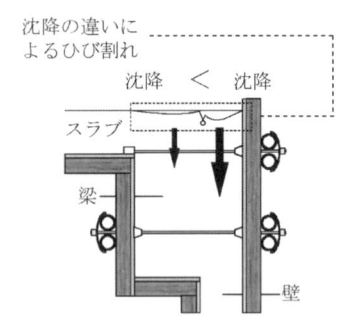

図2.12 スラブにおける沈下ひび割れ

Point スラブに生じる欠陥の種類

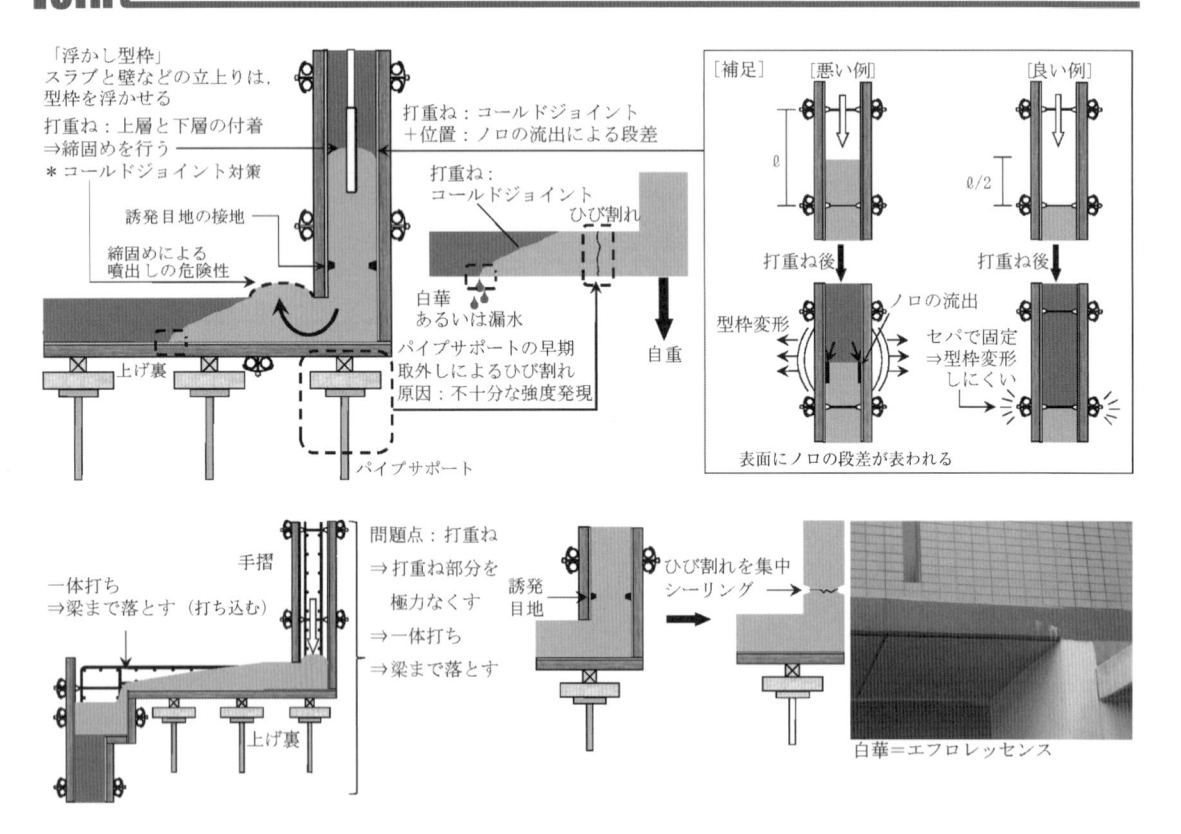

白華=エフロレッセンス

上げを行う場合もある。表面仕上げを行わないと，コンクリートが沈降し鉄筋に沿ってひび割れが発生するおそれがある。なお，冬期など気温が低い場合にはコンクリートが硬化するまでに時間を要するため，これに対応した注意が必要となる。

スラブのコンクリート工事において生じる不具合には，梁とスラブ部分の沈下量が異なることで生じる沈下ひび割れがある（図2.12参照）。沈下ひび割れは，柱や梁など沈下量の大きな部位の沈下が落ち着くのを待ってから，スラブを打ち込むことにより予防できる。

また，スラブと壁の噴出し部分にコールドジョイント（Point参照）が生じることがある。これはスラブのコンクリートを打ち込んだ後に壁のコンクリートを打ち込む際に，打回しに時間がかかることが原因のため，対策としてはスラブと立上り部を同時に打ち込むとよい。特に，手摺のある外廊下は，打重ねを行わず，梁までコンクリートを落とし込むことで一体打ちにし，コールドジョイントを防ぐ対策をとるとよい。パラペット，逆梁，手摺などにおける噴出し部のコンクリートのスランプは，軟練りすぎると硬化まで時間がかかり，またスラブの仕上げなどを考慮すると，15cm程度が望ましいとされている。

スラブのコンクリート打込みについては，最初の打込み時にも注意する点がある。それは，図2.13のように，コンクリートをスラブ型枠に打ち込む際，コンクリートが落下により分離し，スラブの底面に豆板が発生してしまうことである。この対策として，フレキシブルホースの高さを下げ，コンクリートの自由落下高さを低くするとよい。

その他，おもに施工が原因でスラブに生じる欠陥を「Point スラブに生じる欠陥の種類」に示した。

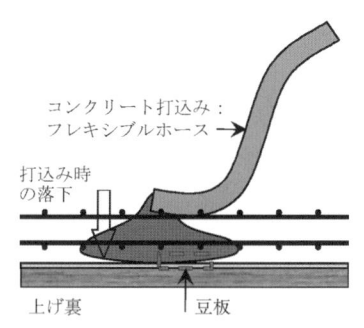

図2.13 打込み時に発生するスラブの豆板

3 柱

　柱（column）は，屋根や床の荷重を支え，基礎に伝える役目を果たす垂直部材で，梁とともに構造上最も重要な部材である。地震や風圧による水平力に対しては，ブレースや耐力壁の抵抗のほかに柱が梁との接合部を剛にしたラーメンを形成し，柱に曲げモーメントを生じて抵抗する。単独に立つ柱を独立柱，壁体と一体になっているものを壁付き柱という。また，柱はその長さと断面積との割合から長柱と短柱に区別することがある。

3.1　柱の機能と種類

　柱には，積載荷重などによる軸力（圧縮力）がかかるとともに，地震および台風などの水平力を受けた場合は曲げ作用も受ける。このため，柱はこれらに抵抗できるものにしなければならない。

(1) 力の伝達
1) 軸　力

　柱は，建築構造物の重量を支持するための構造要素である。軸力とは柱の長辺方向に働く力をいい，この軸力方向の力には，「Point 柱にかかる軸力方向の概念」に示すように圧縮軸力と引張軸力の2つがある。おもに柱に作用する軸力は構造物の荷重による圧縮力であり，そのほか地震や風による水平荷重が，柱には圧縮軸力や引張軸力として作用する。

2) 曲げモーメント

　柱には，軸力と曲げモーメントが作用し，柱断面の力の分布は，圧縮軸力の大きい場合と小さい場合に分けられる。「Point 柱の断面にかかる力

Point 柱にかかる軸力方向の概念

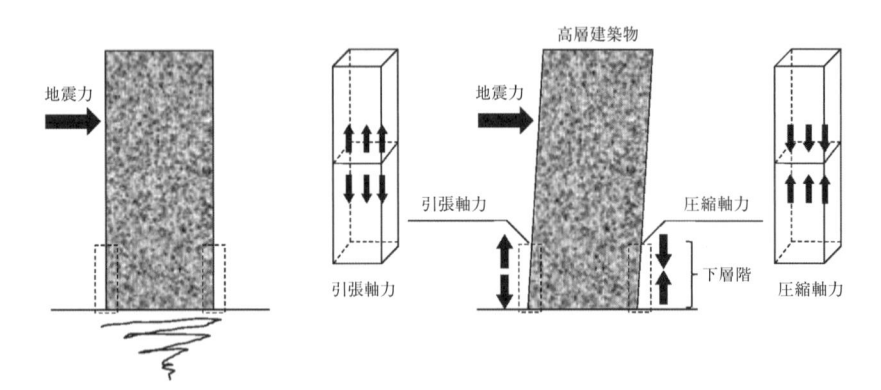

通常の柱は，軸力方向と曲げモーメントの2つの力が作用するが，高層建築物の下層階や地震や風の荷重などの水平力が生じたときの1階の隅柱では軸力方向の力が増えるので，対抗する力が要求される。

Point 柱の断面にかかる力の分布関係

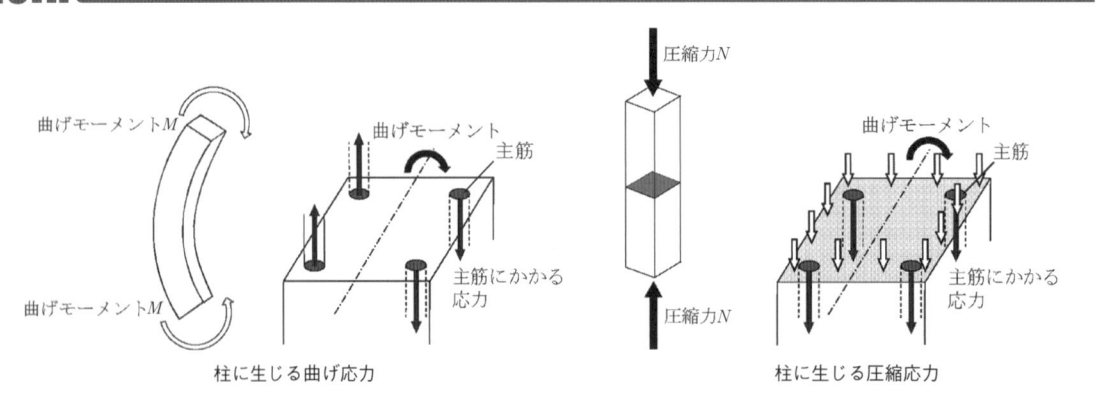

柱に生じる曲げ応力　　　　　柱に生じる圧縮応力

柱には，圧縮と曲げの2つの応力度が生じ，対抗する力が要求される。

の分布関係」には，圧縮応力と曲げモーメントがかかったものを示してあり，ここではその軸力による曲げモーメントが作用している。また，大きな引張軸力が作用した場合には，柱断面のすべてが引張状態となることもあるが，ここでは，圧縮の軸力のみを示してある。

3）変　形

柱の変形の一つに，柱が軸力（圧縮力）を受けたときに生じる「座屈」がある。一般に柱が長いときに座屈は起きやすく，柱全体が曲がる変形と局部的に曲がる変形の2種類がある。座屈は建物の倒壊にもつながるおそれがあり，柱の構造計算では座屈を考慮している。建築基準法では，座屈による低減係数も掛けて許容応力度を算出している。

曲げひび割れは，「Point 柱に生じる曲げひび割れおよびせん断ひび割れの破壊」の左に示すように，柱に作用した曲げモーメントにより発生したひび割れのことであり，柱の軸にほぼ直行して発生するものである。そして，この曲げひび割れを横切るように直交して配置された鉄筋が主筋であり，この主筋は，柱の軸方向に配筋されることで，柱に作用した軸力と曲げモーメントに抵抗する役割を担っている。

地震の場合は，せん断力が左右方向から交互に生じることで，図3.1にあるようなX字にひび割れが発生することが多いといわれている。この斜めのひび割れを横切って配置された鉄筋がせん断補強筋である。せん断補強筋は，一般に柱の主筋に直交して配筋され，柱の場合には「フープ」「帯筋」とよばれている。

柱のせん断破壊とは，おもに斜めせん断ひび割れの発生によるもので，一般にはとても脆性的で，あまり変形しないうちに破壊するため，危険な破壊である。地震時に，RC造の建物に最も被害を与える原因は，柱のせん断破壊である。柱は，つねに建物自体の荷重を支持しているために，柱のせん断破壊が生じると，斜めせん断ひび割れに沿って上の階が沈み，最悪な事態では，その階が落下し崩壊する。RC造の柱のせん断破壊は唐突な破壊となるので，柱のせん断破壊に対する抵抗力は重要といえる。

(2) 柱の種類と工法
1) 構造材料から見た柱の種類

柱の内部には，軸方向に固定荷重や積載荷重がかかり，せん断力および曲げモーメントが発生する。これらの力を柱に剛接された主要構造の一つである梁に伝達し，柱と梁が一体となって外力に抵抗する構造をラーメン構造という。ラーメン構造は，水平力に対し図3.2に示すような変形を起こし，水平力は柱内部で曲げモーメントとせん

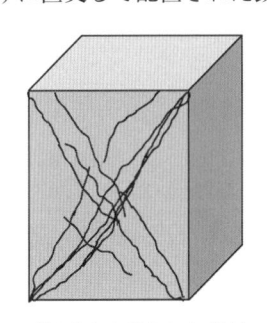

図3.1　柱に生じたX字のひび割れの概念

Point 柱に生じる曲げひび割れおよびせん断ひび割れの破壊

曲げひび割れ　　せん断ひび割れ　　せん断ひび割れ発生　　崩壊

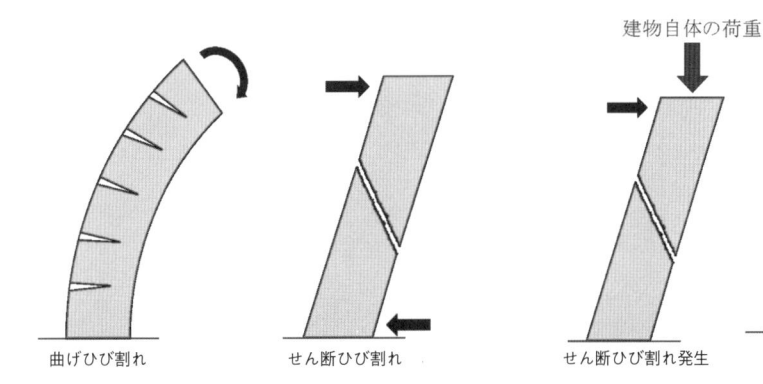

ひび割れは，それを引き起こす応力によって「曲げひび割れ」と「せん断ひび割れ」の2つに大きく分けられる。せん断ひび割れは，せん断によって生じるひび割れのことである。右のせん断ひび割れの特徴は，柱の軸方向に対して斜めに発生することにある。

断力として吸収される。ラーメン構造は，鉄筋コンクリート造（RC造），鉄骨造（S造），鉄骨鉄筋コンクリート造（SRC造），木造（W造）などで適応される構造形式である。

a 鉄筋コンクリート造（RC造）

RC造の構造形式において，柱の断面は，一般に正方形，長方形，円形，八角形などがあるが，柱の最小幅は階高の1/15以上必要とされている。また，階数が多くなる建築物の柱は，上階ほど支持する荷重が小さくなる。これにより，上階の柱は細くなり，平面にゆとりができる。「Point RC造の柱における配筋の種類」に示したスパイラルフープは，通常の帯筋よりも主筋の拘束が強く，外れにくいという長所がある反面，地震のときに内部のコンクリートが外側に飛び出し柱が崩壊することがある。通常，帯筋は，建築工事現場で決められた間隔で入れていき，主筋と緊結することで一定間隔を保つ。スパイラルフープは，上からはめ込むだけなので施工精度が高く理想的といわれている。しかし，柱1本分を通しでつくるので重くなり，差し込む工程で持ち上げるのが困難となる。図3.3は柱の帯筋について説明したものである。帯筋は，せん断力によるひび割れの拡がりを防ぎ，主筋の座屈を防止する役目をもっている。また，コンクリート部分のはらみを防止し，強度と靭性を確保する役目もある。構造図で示されるRC造の柱断面のリストを「Point RC造における柱断面のリスト」に示す。

b 鉄骨造（S造）

鉄骨造の柱には，山形鋼，みぞ形鋼などを平鋼でつづり合わせた組立柱のラチスと，図3.4にあるようなH形鋼または角型鋼管の大きな材料をそのまま柱として用いる場合がある。建築構造では，上部の荷重が大きいために組立柱よりH形鋼や角型鋼管の厚肉のものを使用するのが一般的である。近年では，効率が良く工期短縮が可能となるH形鋼をそのまま用いる例が増えてきている。

c 木造（W造）

木造の柱と，柱に接合する梁を図3.4に示す。近年の木造は，壁で支える壁主体の構造が多くなりつつあるが，ラーメン構造となる在来軸組工法の割合が最も多い。しかし，木材は，鋼材などの工業材料とは違い，樹種，生育地，伐採年齢および木取り方法などにより強度が異なるため，設計段

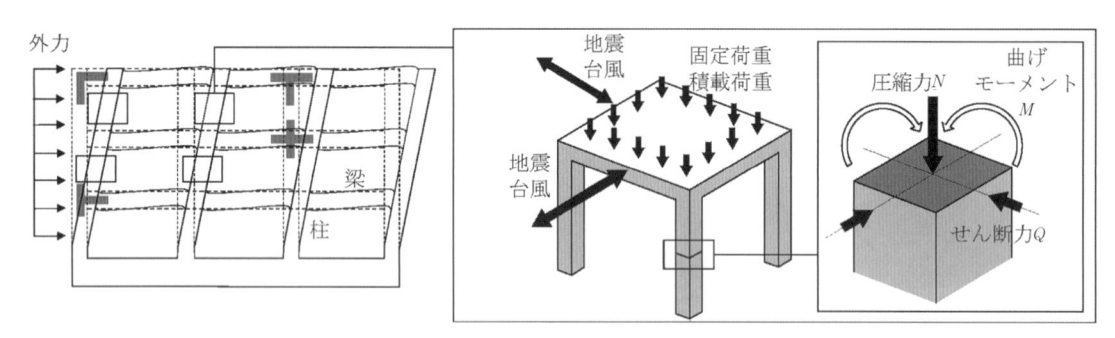

図3.2　外力による骨組の変形の概念およびラーメン構造と力の関係

Point RC造の柱における配筋の種類

フープ　　　スパイラルフープ　　　帯筋（フープ）の状況

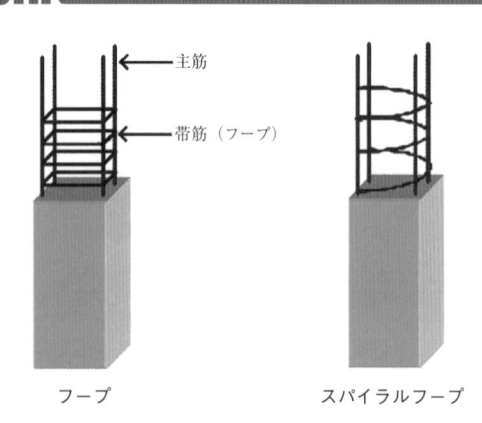

階で産地，生育条件，樹齢などを考慮する必要がある。

2) 柱の工法
a 在来工法

在来工法によるRC造の柱には，独立柱と壁付き柱がある。

独立柱とは，写真3.1にあるような柱の周囲に壁が接合していない柱である。柱と柱の間隔はスパン（span，梁間）とよばれ，7m程度の間隔が標準である。スパンを7mにすると，床版を支えるのに経済的であるといわれる。また，柱の断面や数は，柱が負担する荷重の大きさによって決まる。柱の主筋の周りには，帯筋（フープ hoop）やスパイラルフープ（spiral hoop）が配置される。

一方，RC造の柱には，写真3.2に示したよう

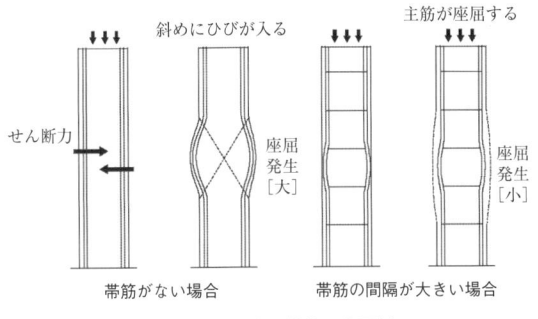

図 3.3 RC造の帯筋の必要性

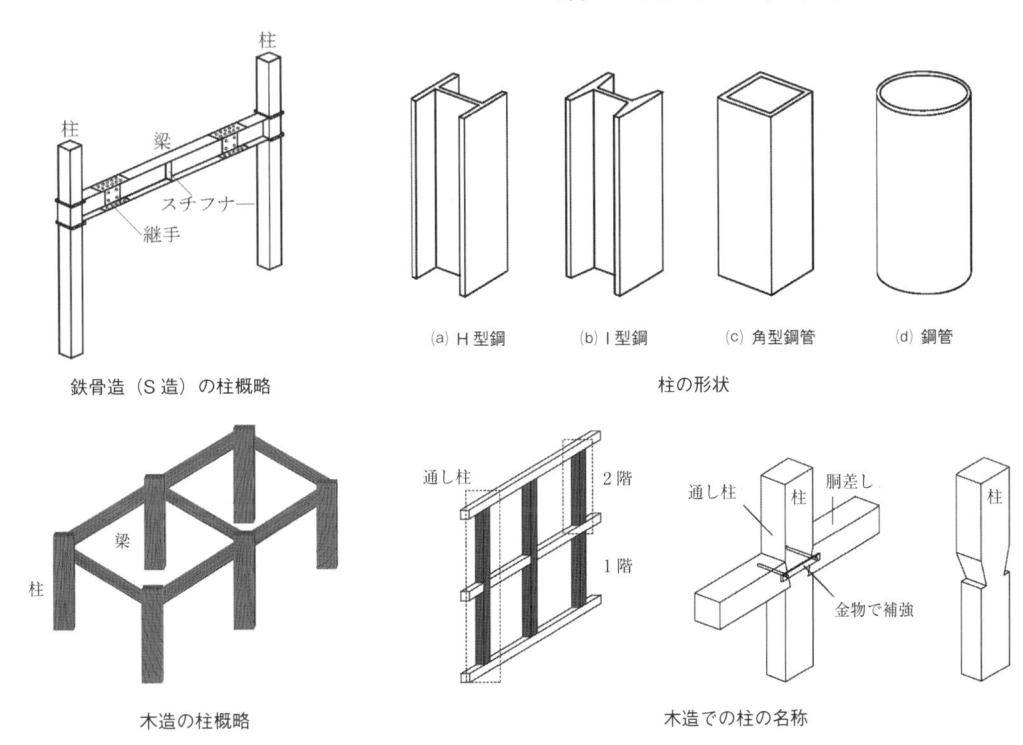

図 3.4 材料から見た柱の種類

Point RC造における柱断面のリスト

符号	C1	C2
R階断面		
$B \times D$	700×700	
主筋	12-D32	
帯筋	⊞-D13@100	
備考		
3階断面		

3 柱　121

に，壁に接合された壁付き柱がある。RC造の壁は，柱や梁にくらべて剛性が著しく高いことが知られており，壁付き柱の壁には，その剛性に応じた建築物に作用する水平力の地震力（せん断力）を負担する構造壁（耐力壁）と負担しない非構造壁に分類できる。非構造壁は，薄い壁や柱で拘束されていない壁は脆性破壊をするため，地震時に生じるせん断力に対して期待できない。

b プレキャストコンクリート工法（PCa工法）

写真3.3にプレキャストコンクリート（PCa）の柱を示す。コンクリートは一般に，現場で型枠にレディーミクストコンクリートを打ち込むことでつくられるが，PCa工法は，工場でコンクリートの打込み・脱型までを終えて，部材の製品として現場に持ち込み，施工する（組み立てる）ものである。PCaを一部の部材に使用する構造は，近年増えつつあり，現場作業の省力化，工期の短縮を目的に採用されている。また，工場で製作されたコンクリートの型枠をハーフPCaとして用い，PCa板の仕上面をそのままの仕上げあるいは仕上下地とする工法もある。

3.2 柱の施工

(1) 鉄筋工事

鉄筋工事は，柱の配筋，壁の配筋，梁の配筋，スラブの配筋と進めていくが，柱の配筋以外は，型枠工事と併行することが多く，工事の段取りを十分考慮して計画しなければならない。鉄筋の組立に先立ち，柱の主筋が所定の位置にあるか否かを確認する。柱脚の鉄筋が，墨位置から大きくずれているときには，これを修正しなければならない。これを台直しといい，1.4の鉄筋工事（「Point 鉄筋の台直し」）のところですこし触れている。また，現場において柱の主筋が完全に立った後に，帯筋を取り付ける方法を直組鉄筋という。帯筋の取付け方は，あらかじめ加工場で曲げ加工を行うものと，一部のフックを工場加工として現場で柱主筋に合わせて折り曲げながら取り付けるバンド巻き，または後曲げ工法という方法もある。先組み鉄筋は，主筋と帯筋を工場あるいは工事現場内の鉄筋加工場で組み立て，クレーンなどでつり下げて，既存の柱筋と接合する工法である（地

写真3.1 独立柱

写真3.3 PCa柱部材

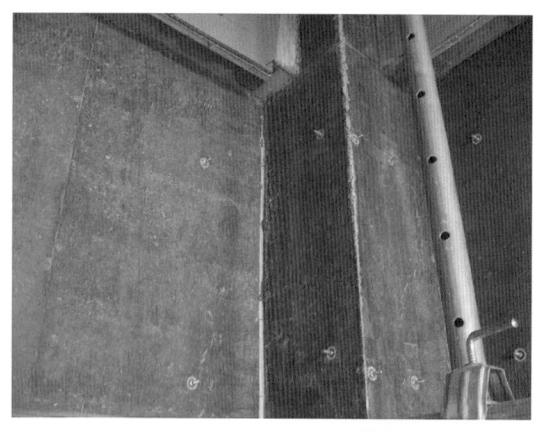

写真3.2 壁付き柱

組工法・組立鉄筋工法）（「Point 柱の帯筋（フープ）の組立」参照）。帯筋は柱と梁の交差部にも配置しなしなければならない。この部分は，梁配筋を行ってから行うことになるので，あらかじめ帯筋を所要本数束ねて固定しておく必要がある（写真3.4，3.5，図3.5，「Point 柱の帯筋（フープ）の組立」参照）。

鉄筋コンクリート造における継手は，限られた定尺（長さ）の鉄筋を現場において連続な鉄筋とするための鉄筋の接合あるいは太さの異なる鉄筋相互の接合である。継手には，重ね継手，ガス圧接継手，機械式継手，溶接継手がある。継手は，鉄筋コンクリート造において構造上最も重要な部分であるから，継手種類や位置は当然，設計図書（図面）に明示されるべきものであり，施工はそれに従って行われる。図3.6に代表的な柱配筋のガス圧接継手と機械式継手を示したが，ガス圧接継手のときも機械式継手のときも原則として隣接する接合部分の高さをずらすよう配置される。ガス圧接継手は，原則400 mm，機械式継手は

写真3.4 柱の先組み配筋

写真3.5 配筋の作業風景

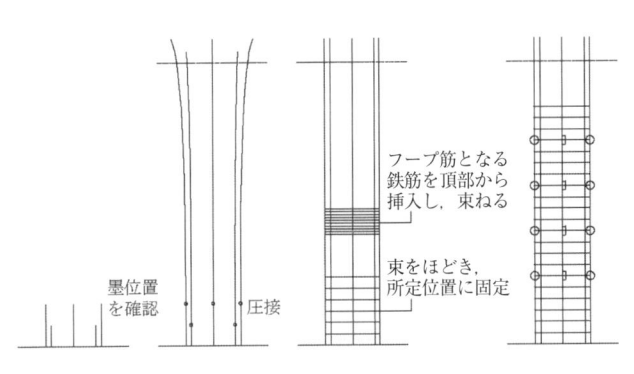

図3.5 柱の配筋手順

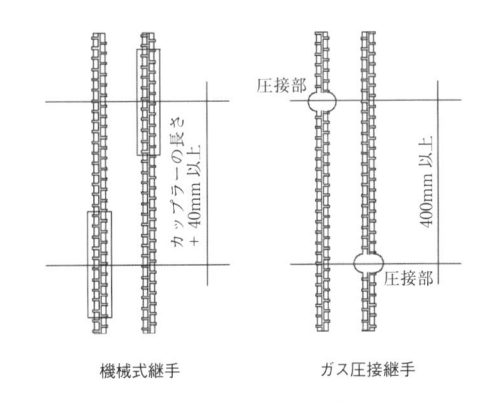

図3.6 柱配筋のガス圧接継手と機械式継手

Point 柱の帯筋（フープ）の組立

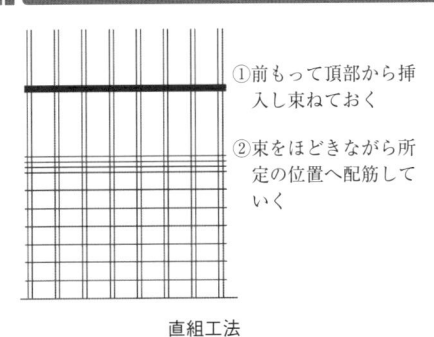

直組工法
①前もって頂部から挿入し束ねておく
②束をほどきながら所定の位置へ配筋していく

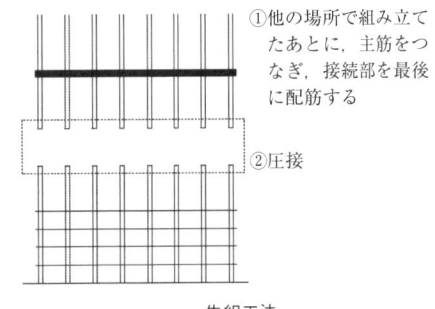

先組工法
①他の場所で組み立てたあとに，主筋をつなぎ，接続部を最後に配筋する
②圧接

400 mm 以上かつカップラーの長さ + 40 mm 以上ずらすものとされている。

(2) 型枠工事

柱の型枠は，設計の寸法と同じ幅の側板と側板の幅に板厚を加えた妻板とから構成される。柱の型枠に関しては，墨出し後に柱筋の組立を行い，これに並行して電気設備などの埋込み配管，スイッチボックスなどを柱筋に取り付ける。柱の型枠工事の手順を次に示す。まず，柱の出隅の墨位置を合わせて，セメントモルタルで小さな三角形または四角形をつくる。これを根巻きという。現在はベース金物で固定することが多い。各柱の四隅の鉄筋に一定の高さで墨出しを行い，テープやペンキで印をつける（一般に床スラブから 1 m くらい）。鉄筋に印した基準高さに合わせ，柱の型枠の上部から測定して，必要な長さに型枠の下部を切り，建て込む必要がある。これは，床スラブコンクリートが平坦でないために必要とされる作業である。次に，型枠にセパレータを取り付け，フォームタイで仮の固定をした後，各面のせき板を桟木を介して釘止めする。この際には，型枠の解体を考慮して，釘頭を完全に打ち込まないようにする。

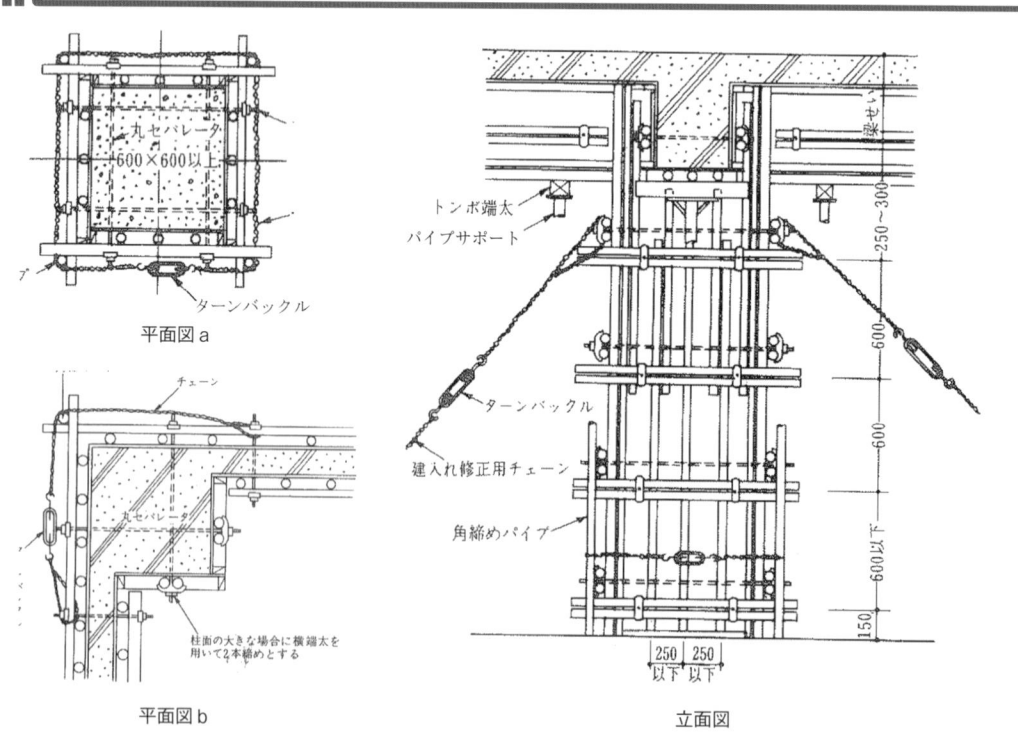

1) システム型枠

システム型枠は，写真 3.6 のように，せき板，端太材，緊結材および支保工をあらかじめ一体に組み立てておき，揚重機を用いて所定の位置に固定して，コンクリートの打込み後は，一体に取り外して転用する型枠である。柱や梁の場合は，水平移動には揚重機は必要ない。壁面や壁・梁連続面に使用するときは，面全体用の大型型枠にすることが多く，さらに足場を一体化することもある。型枠と支保工を一体化してあることから省力化・工期短縮を実現できる。また，剛性が高いので面精度が高くなる。

2) プレキャストコンクリート型枠

構造鉄筋を組み込んだハーフプレキャストコンクリート板をせき板とし，打ち込むコンクリートと一体化させて合成構造を成す型枠工法と，構造鉄筋を含まないプレキャストコンクリート板を型枠とし，合成構造とはせずに，仕上材先付けなどの機能をもたせる型枠工法（図 3.7 参照）がある。プレキャストコンクリート型枠は，柱・梁接合部以外ではいっさいの型枠作業が不要になり，工期短縮・省力化に大きく寄与する。また，工場生産品であるので形状・寸法の精度が高い。

Point 柱における型枠の概要

平面図 a

平面図 b

立面図

写真 3.6 柱用システム型枠

コンクリート打込み　一体化される

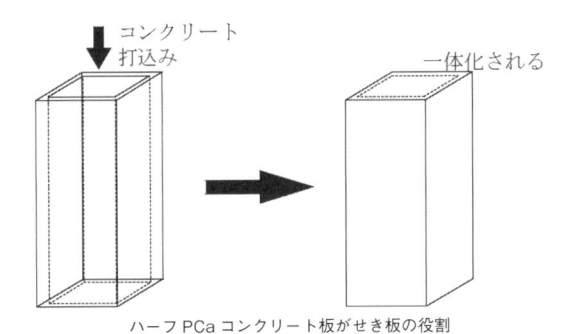

ハーフPCaコンクリート板がせき板の役割

図 3.7 ハーフPCa柱部材の概要

(3) コンクリート工事

　柱に関する鉄筋工事から型枠工事およびコンクリート工事までの作業風景を写真 3.7～3.10 に示す。RC造における柱の作業は，コールドジョイントや豆板などの欠陥が生じやすいため，しっかりとした施工を行う必要がある。また，柱と接合される梁とのかかわりも重要であり，打込み後のコンクリートの沈降など注意する点は多い。

　柱は打込み高さが高いため，コンクリートを一気に打ち上げず，60～80 cm の高さごとに棒形振動機を用いて十分に締め固めながら打ち上げていく。図 3.8 にあるような壁付き柱の場合は，壁内の横流し距離が長くならないよう，階高の 1/2 程度の高さまで打ち上げたところで壁または隣の柱へ移動して打ち込み，コンクリート天端が水平になったら元の柱に戻るように打込み計画を立てる。独立柱の場合は，「Point 独立柱へのコンクリートの回し打ち」にあるように全体の高さの 1/2～1/3 程度まで 1 区画の施工範囲全体がほぼ水平になるように打ち込み，ふたたび最初の位置に戻って残りの部分を梁下まで打ち上げる「回し打ち」とするのがよい。また，締固めは鉄筋・鉄骨・埋設物などの周囲・型枠の隅々などにコンクリートが充填されるようにする必要がある。この

写真 3.7 配筋作業

写真 3.8 型枠組立て

写真 3.9 コンクリート打込み

写真 3.10 型枠脱型

3 柱　125

ためには，確実に締固めができる打込み速度とし，締固めには突き棒を用いたり，確実性の高い棒形振動機を用いる。棒形振動機が届かない場合や挿入が困難な場合は，型枠振動機・突き棒・叩きなどを併用する。ただし，過度に振動を加えることで骨材が沈降し材料分離を発生させる可能性もあるため慎重に計画すべきである。

また，階高が高い（4.5 m程度以上）場合には，コンクリートの自由落下による材料分離や空気の巻込みを少なくするために，自由落下高さを小さくする工夫が必要となる。柱のコンクリートの打込みでは，打込み用の管を用いてコンクリートを打ち込む方法がある。この場合の打込み用の管にはサニーホース，塩ビ管，スパイラルダクトなどが用いられるが，筒先ホースの内径に合ったスパイラルダクトを用いると軽量でつぶれもなく，筒先との接続も容易で扱いやすい特徴がある。また，打込み用の管の挿入が困難な場合は，型枠の途中に打設孔を設けてそこから打ち込むか，仕切り弁付きの圧入治具に筒先ホースを接続して打ち込む方法もある。

上部から柱へコンクリートを打ち込む場合は，梁筋の交差した中央部からの打込みは避け，梁から柱内へ落とすようにする。これは，鉄筋の交差した部分に落下途中のコンクリートが接触すると材料分離を起こしやすいため，その防止対策とされている。また1方向からの流し込みは材料分離につながるため，コンクリートの打込みは柱の四方から行うようにする。近年は，材料分離抵抗性を高めた高流動コンクリートなどがあり，締固め

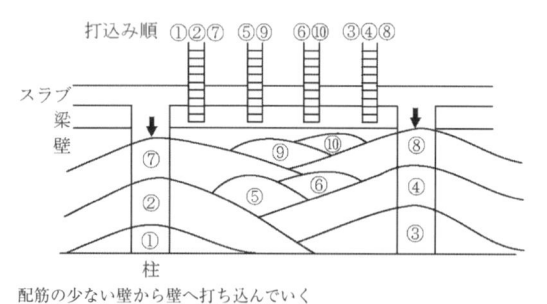

図 3.8 壁付き柱の打込み方法

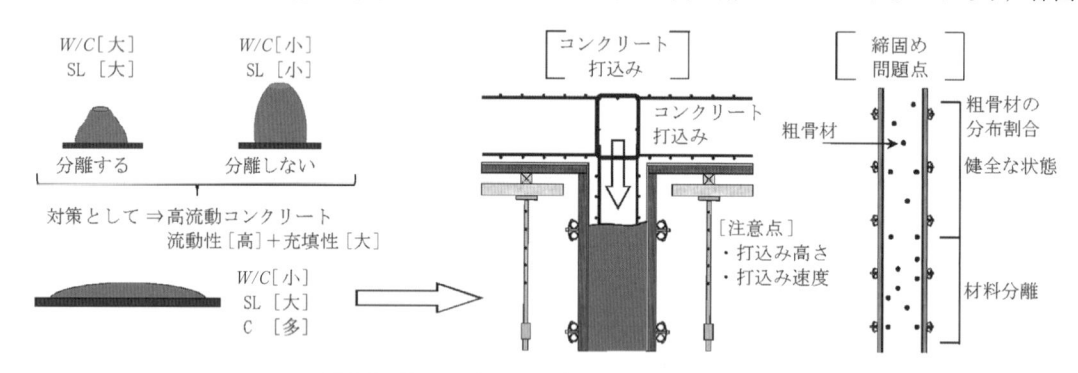

図 3.9 柱へコンクリートを打ち込んだときの問題点

Point 独立柱へのコンクリートの回し打ち

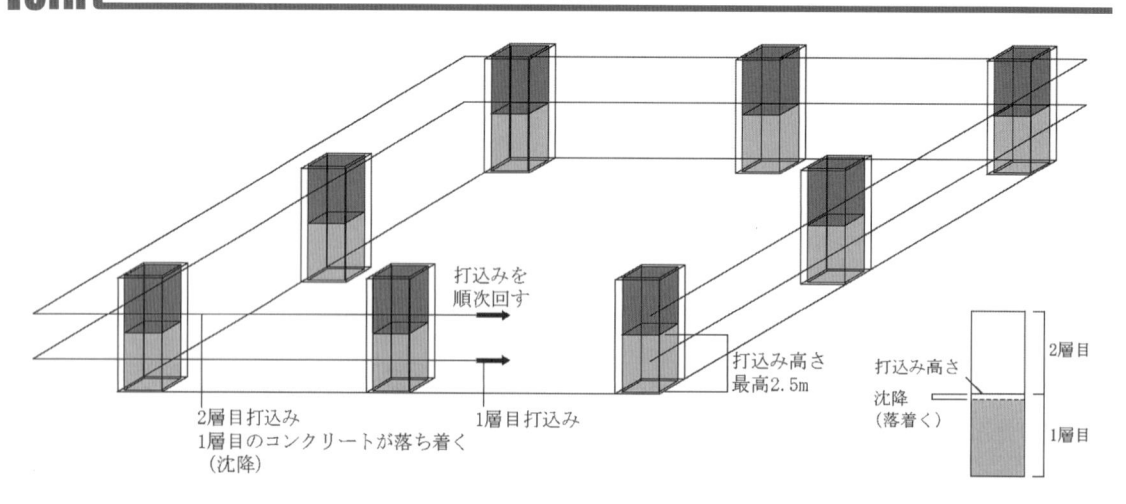

作業の軽減につながっているが，これを用いる場合にも，極力，材料分離しやすいやり方は避けるべきであることは言うまでもない。なお，梁やスラブまで一体に打ち込むときには，沈下ひび割れを防止するために梁下でいったん打ち止め，コンクリートの沈下を待ってから（1時間程度），梁・スラブの打込みに進む。

図3.9に柱へコンクリートを打ち込んだときの問題点を示す。コンクリートの品質はW/Cや単位水量によって変化するため，使用するコンクリートによって打込みや締固めは柔軟に対応できるよう計画するとよい。「Point 柱のコンクリート工事で発生する不具合」に示したように，柱の施工では，打継ぎ部におけるコールドジョイントや柱底での豆板の発生，梁との相対的な沈降量の差による沈下ひび割れなどに注意して施工を行うべきである。また，セパレータ周辺に気泡が集中するのを防ぐために，叩き作業において単管（横端太）周辺を叩くなどの工夫も美しい躯体をつくる一手間としてポイントとなる。

その他の注意点として，図3.10に示すように，打重ね位置や打継ぎ位置をセパレータとセパレータの間にとると，後から打ち込んだコンクリートの圧力により型枠が変形し下層コンクリートとせき板が離れてすきまができ，そこにノロ（セメントペースト）が入り込むことにより美観が損なわれることがある。これを防止するため，柱などの垂直部材の打重ね位置や打継ぎ位置は，セパレータで締め付けられた高さとするのがよいといえる。

柱の仕上げとして，型枠の隅角部に「面木」という断面が三角形の棒を貼り付けて角断面の角を斜めに面施工することを「面取り」という（写真3.11参照）。面取りは，角に接触した際の危険防止や角部分の保護，意匠性の効果を目的として行われる。一方，面取りを行わず角が90°になっているものは「ピン角」とよばれている。

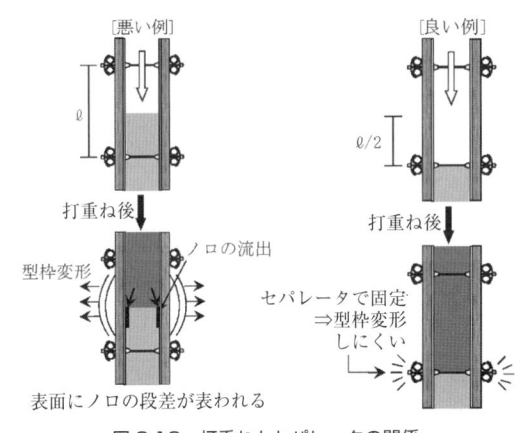

図3.10 打重ねとセパレータの関係

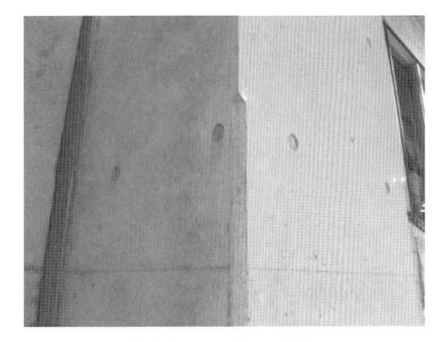

写真3.11 柱の面取り

Point 柱のコンクリート工事で発生する不具合

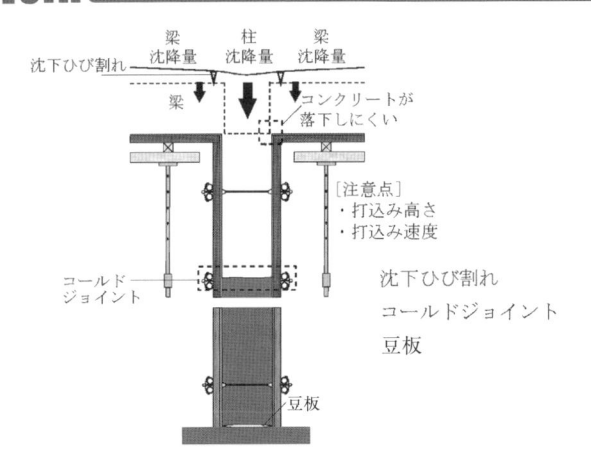

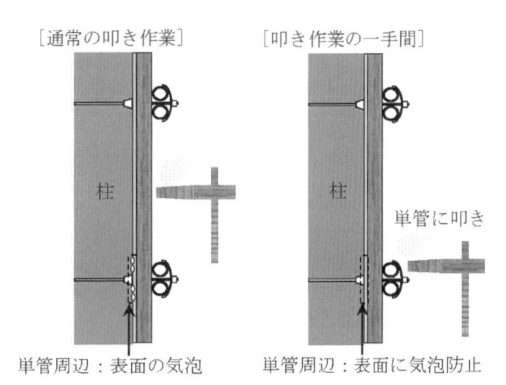

4 梁

梁 (beam) は，建築構造物の柱上部の側面または柱頭に位置する水平方向の部材のことである。もともと，梁は木造（在来軸組構法）建築の床や小屋組を支える横架材であり，2つの支点において水平もしくはこれに近い状態で支えられ，材料の軸方向に対して直角方向もしくは斜め方向の荷重を受け止める構造部材のことをいう。梁部材は，曲げの力を負担するとともに，せん断力による荷重を支点へ伝える役目をもつ。また，梁は，柱と剛接合することでラーメン構造を構成するので，RC造では柱と同様，最重要構造部材の一つとされている。

4.1 梁の機能と種類

(1) 力の伝達

梁は，柱に続いて建築構造物の重量を支持するために重要な構造要素である。梁に作用する荷重は，建築構造物の自重（鉛直荷重）や地震，風（水平力）などの力があり，このとき，梁には通常2つの力が作用する。1つは，「曲げモーメント」で主筋が抵抗する役割をもつ力，もう1つは，「せん断力」であばら筋が対抗する役割をもつ力である。鉛直荷重と水平荷重を受けたときの梁にかかる力は「Point 梁に作用する建物の自重と外力」に示すようになる。

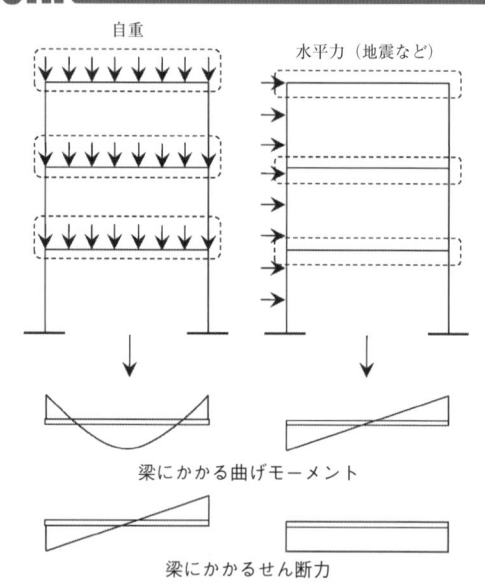

1) 曲げモーメント

RC造は，部材内部に生じた引張力がコンクリートの引張強度を超えるとひび割れが生じる。図4.1のように，梁が無筋状態であると，ひび割れが生じたところから2つに割れて壊れてしまうことになる。鉄筋は，前述のように主筋とあばら筋（せん断補強筋）の2種類からなり，その構成はひび割れの生じ方に深く関係する。

単純梁に作用する曲げモーメントは中央部で最大となり，梁下端部に引張力が作用する。この引張力により，ひび割れはまず下端中央から発生する。このため，梁下面における引張力に対抗するよう主筋は下側に配置（配筋）し，コンクリートにひび割れが発生した後も，梁部材がその性能を保持することを可能にしている。これが梁における配筋の原則である。

2) せん断力

せん断力がある限界を超えると，梁にはひび割れが生じる。このひび割れを斜めひび割れ（せん断ひび割れ）とよぶ。斜めひび割れが発生する流れを「Point 梁に生じるせん断力とひび割れ」で説明する。RC部材の一部を長方形で切り取って見た場合，ここにせん断力がかかると，部材は平行四辺形に変形しようとし，短くなろうとする対角線の直交方向には圧縮力，長くなろうとする対角線の直交方向には引張力が働く。この一連の流れが梁の内部で生じることで，引張りに弱いコンクリートには斜めひび割れが発生することになる。したがって，梁の部材内では，斜めに生じる引張力に抵抗するせん断補強筋が重要となる。

3) 変　形

コンクリートは，圧縮力に強いが引張力には弱く，ひび割れが生じやすい材料である。曲げモーメントによって生じる変形を「Point RC梁に曲げモーメントが生じたときの梁の部材にかかる圧縮

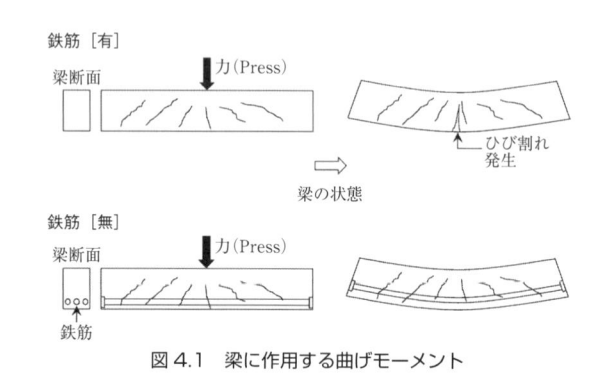

図4.1　梁に作用する曲げモーメント

Point　梁に作用する建物の自重と外力

力と引張力」に示した。曲げモーメントが作用していない変形前の状態を (a) 変形前, 曲げモーメントが作用して変形した後の状態を (b) 変形後としている。上端にあるコンクリートは, 鉄筋と同様に圧縮力に対して対抗する役割をもつ。しかし, RC 造では, 引張力に対してコンクリートは抵抗しないことになっているので, 下端では引張力に対する抵抗を鉄筋にのみ期待することになる。

曲げひび割れは, 曲げモーメントによって生じるひび割れのことであるが, これは部材の軸方向に直行して生じるものである。主筋は, この曲げひび割れが生じる方向に対して直交方向に配筋され, 梁に生じる曲げモーメントまたは軸力に抵抗する役割をもつ。RC 造の梁は, 図 4.2 に示すように曲げモーメントによるひび割れとせん断力によるひび割れが異なる。おもに, 曲げモーメントでは, 梁の下部にひび割れが発生し, せん断力では, 梁に斜めひび割れが発生する傾向にある。

(2) 梁の種類と構工法
1) 構造材料から見た梁の種類

梁は, 柱と同様に鉄筋コンクリート造 (RC 造), 鉄骨造 (S 造), 鉄骨鉄筋コンクリート造 (SRC 造), 木造 (W 造) でつくられている。

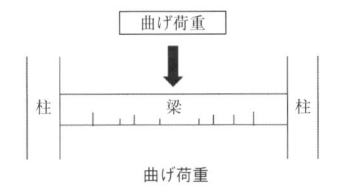

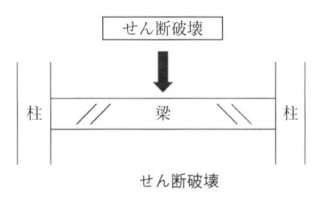

図 4.2 曲げとせん断力によって梁に生じるひび割れの概念図

Point 梁に生じるせん断力とひび割れ

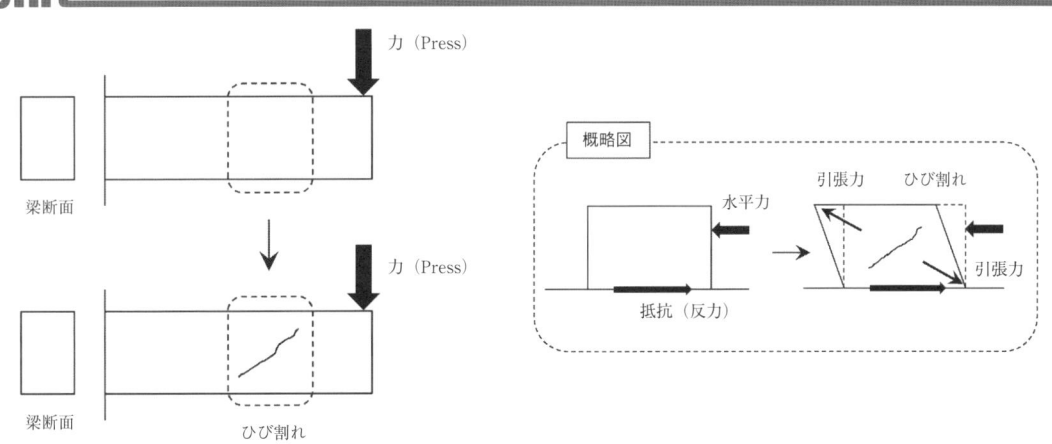

Point RC 梁に曲げモーメントが生じたときの梁の部材にかかる圧縮力と引張力

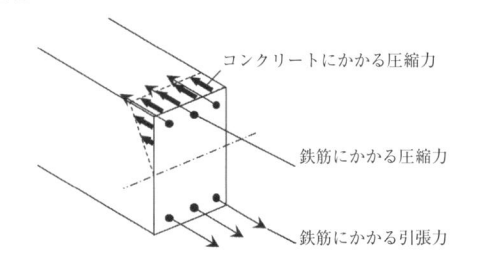

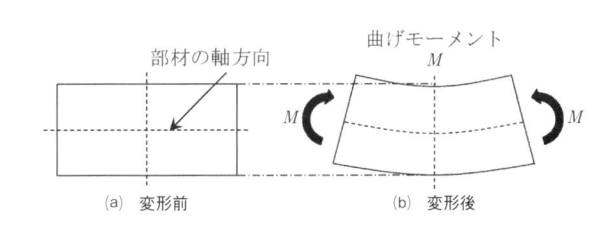

曲げモーメントの変形
上面で縮む変形, 下面では伸びの変形

4 梁　129

a 鉄筋コンクリート造（RC造）

梁の配筋に使用する鉄筋は，径の異なるものを構造的な機能に応じて配置している。鉄筋コンクリート造は，「Point RC造の梁の形状」に示すようにおもに主筋の上端筋および下端筋とあばら筋，腹筋，幅止め筋から構成されている。建築工事では，「PointのRC造における梁断面のリスト」に示すようなリストから上端筋の本数，下端筋の本数，あばら筋のピッチなどを確認する。

b 鉄骨造（S造）

鉄骨造の梁に用いられる形鋼には，H形鋼，I形鋼，溝形鋼があり，おもに，H形鋼とI形鋼が使われている。形鋼梁では，使用できるスパンに限度があるために，十分な設計・計画が必要とされる。図4.3に示した組立梁のプレート梁を例にあげると，鉄骨は曲げを負担するフランジプレートとせん断力を負担するウェブプレートに分けられる。梁の上下端の水平材であるフランジ部分に関しては曲げモーメントに対抗し，梁の中央の垂直部材であるウェブ部分がせん断力に対抗する構成となっている。組立梁は，ほかにトラス梁，ラチス梁といった種類がある。鉄骨の梁の継手は，高力ボルトを使用した継手と溶接による継手がある。

c 木造（W造）

木造の梁は，柱間の長辺方向（棟木や母屋と平行）に架けられるものを桁といい，桁と直交する短辺方向に架けられるものを梁という。いずれも小屋組や床を支える横架材である。木造の梁は，梁の中央部付近の下側に引張力が働くため，切欠きをできるだけ避けるように注意する必要がある。中央部付近に切欠きがあると，その部分から折れることがある。また，図4.4にあるように，節の部分で折れたり繊維に沿って割れてしまうこともあるので，主要構造部に使用する木材は，腐れや繊維の傾斜部分，節などの欠陥のないものを使用する。

2）梁の構工法
a 在来工法

RC造の梁では，おもに下側に曲げモーメントによる引張力がかかるため，梁の下端の軸方向に

Point RC造の梁の形状

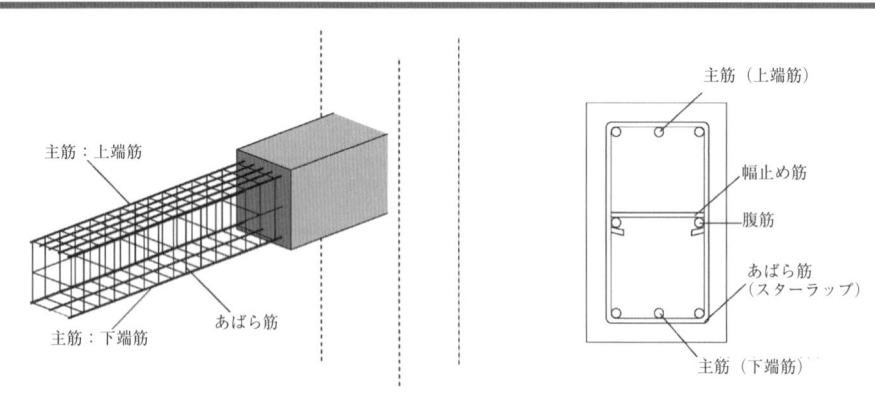

Point RC造における梁断面のリスト

符号	G1	
位置	端部	中央
断面		
W×H	500×900	
上端筋	5-D25	3-D25
下端筋	3-D25	5-D25
あばら筋	-D13@150	
腹筋	2-D10	
備考		
符号	G15	
位置	端部	中央

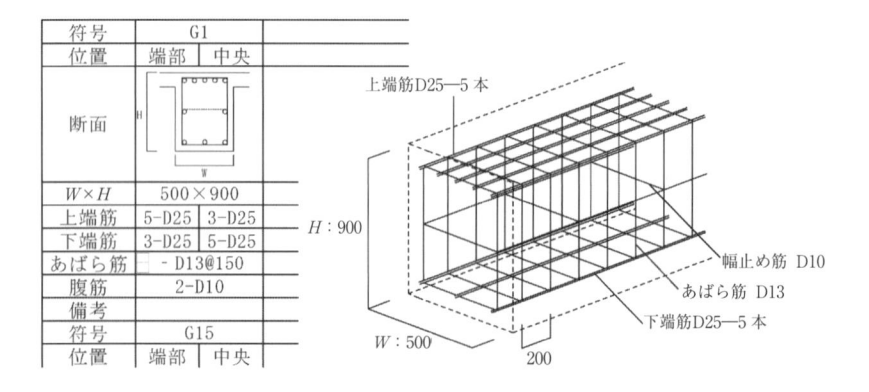

鉄筋を配置する。これが梁の主筋である。また，前述したように，せん断力による引張力は梁に対し斜めに働くため，主筋を巻くようにせん断補強筋を配置する。梁では，このせん断補強筋をあばら筋もしくはスターラップとよぶ。在来工法による梁は，ほかの部材と同様に型枠を配置し，そのなかで鉄筋を組み立て，あるいは型枠の外で組み立てた鉄筋を配置してからコンクリートを打ち込んでRC造とする。大梁では柱と一体構造とするために，柱との接合部では鉄筋の定着や型枠の取り合いが複雑となるので，施工時には注意する必要がある。同様に小梁では大梁との接合部で鉄筋や型枠が複雑となるので注意を要する。

b プレキャストコンクリート（PCa）

プレキャストコンクリート工法は，工法上の特性をコスト，工期，労働生産性，品質，環境の面

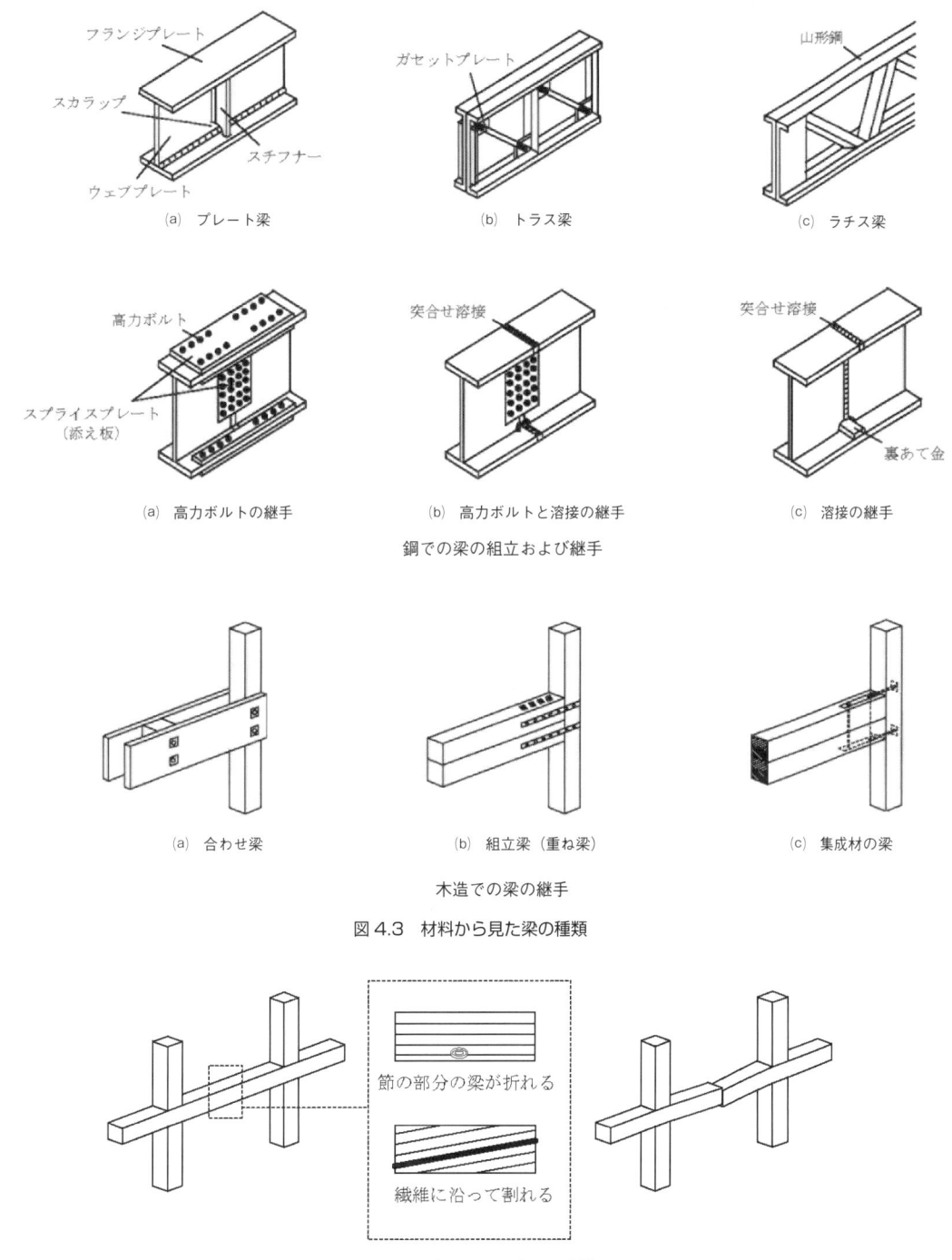

(a) プレート梁　(b) トラス梁　(c) ラチス梁

(a) 高力ボルトの継手　(b) 高力ボルトと溶接の継手　(c) 溶接の継手

鋼での梁の組立および継手

(a) 合わせ梁　(b) 組立梁（重ね梁）　(c) 集成材の梁

木造での梁の継手

図 4.3　材料から見た梁の種類

図 4.4　木造の梁で発生する破壊

4 梁　131

からみるときわめて合理化された工法の一つである。「Point PCaを型枠として用いるハーフPCa」にハーフPCa造の梁を示す。Pointの左，薄肉PCaを使用した梁型枠の例では，型枠に合板を使用せず，PCaを型枠として使用することによ

り，脱型作業の工程を削減することが可能となる。また，右のハーフPCaの梁は，コンクリートを打込む前の部材の組立の際に，柱や床の接合部の配筋作業のみとなるため，作業時間の削減が望まれるものである。

PCa梁の搬入　　　　　　　　　　　　　　PCa梁の組立

写真4.1　PCa梁の組立の作業風景

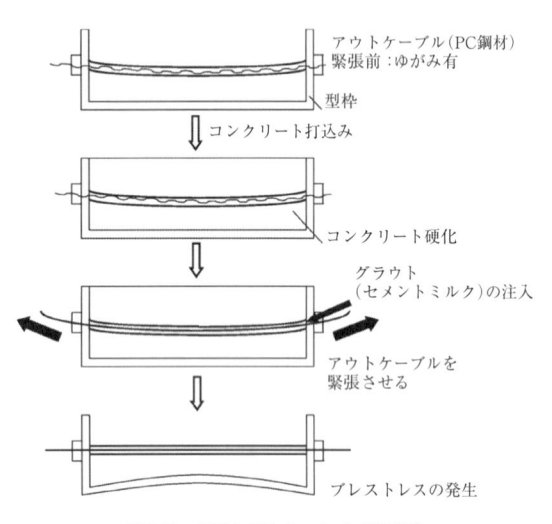

図4.5　ポストテンション方式の概念

写真4.2　プレストレストコンクリートのポストテンション方式の作業風景

Point　PCaを型枠として用いるハーフPCa

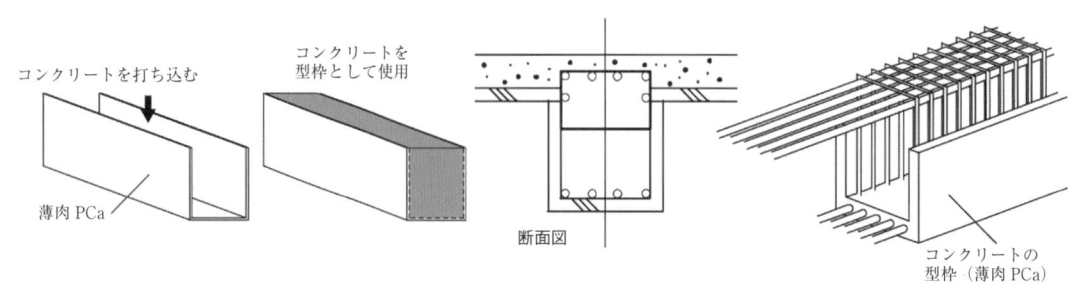

薄肉PCaを使用した梁型枠の例

近年，使用されているPCaは，現場とは別の製造工場で製作された梁を現場に搬入して組み立てるもので，現場で行うコンクリート工事を削減することが可能になっている。写真4.1にPCa梁の組立の作業風景を示す。また，プレストレストコンクリートといって部材内に埋設された鋼材によって前もってコンクリートに圧縮力を与えておく構造のコンクリートもある。プレストレストコンクリートには，引張力をかけた鋼材を型枠内に配置してコンクリートを打ち込み，コンクリートが硬化してから引張力を解放して部材に圧縮力をかけるプレテンション方式と，図4.5のような管を配置し，コンクリートが硬化したところで管のなかに入れた鋼材に引張力をかけ，そのまま鋼材の両端を固定したポストテンション方式がある（写真4.2参照）。

c 特殊な構工法

a）逆　梁

　通常，荷重は上からかかるので，梁は床スラブの下に付ける。これに対して，図4.6にあるように逆梁はスラブの上に梁を配置し，スラブを吊るようにして補強する梁のことである。普通の梁との違いは，通常，仕上面により梁を隠すときに普通の梁では天井裏が大きくなるが，逆梁の場合，床下が大きくなることにある。

b）片持ち梁

　枝が木の幹から持ち出されるように，片持ち梁（キャンティレバー梁）は，柱から持ち出されている（図4.7参照）。柱から柱へ渡すのが通常の梁（大梁）であるが，片持ち梁は，柱から突き出す形になる。これは，バルコニーや外廊下ばかりでなく，室内を柱の外に張り出すときにも使用されるが，長期的な重みで垂れ下がってこないように，内部の鉄筋を柱や背後の梁などにしっかり定着させる必要がある。片持ち梁が大梁である場合，大梁の先端は，図のように小梁で結ぶのが一般的な工法であり，この小梁を省略することもある。

c）T形梁

　図4.8にあるようにRC造では，梁と床スラブは一体なので，スラブの中央部に配置された梁では，スラブの一部を梁と見なすとT字の形となる。この場合の梁の上端はスラブの上端となる。スラブの鉄筋を梁にしっかりと定着させること

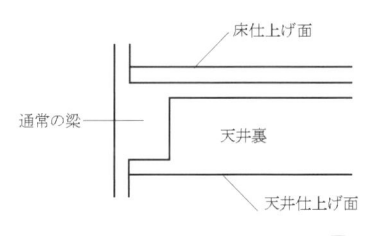

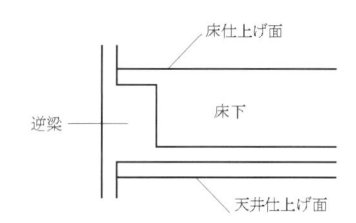

図4.6　逆梁

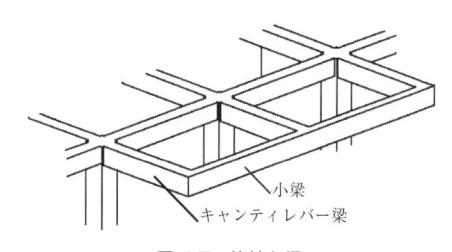

図4.7　片持ち梁

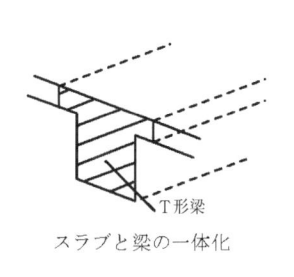

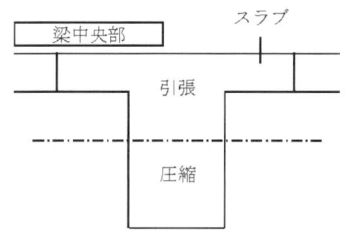

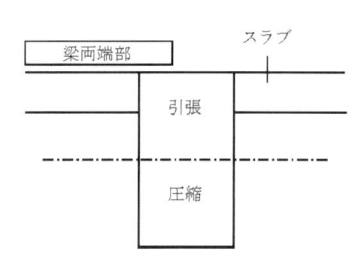

図4.8　T形梁

で，梁は床スラブと構造的に一体となっている。梁とスラブが一体となっているため，梁は長方形というよりも，床スラブにある程度の長さを加えた形，つまりT字形になっている。RC造の梁は，梁の位置によって形が異なるが，抵抗する力も異なる。

　梁中央部：上部→圧縮力，下部→引張力
　梁両端部：上部→引張力，下部→圧縮力

4.2　梁の施工

(1) 鉄筋工事

　梁における鉄筋の組立方法には「落し込み工法」と「組込み工法」がある。「Point 梁における鉄筋の組立（落し込み工法）」に示すように，落し込み工法では，梁型枠とスラブ型枠を組み立てた後に，スラブ型枠上に梁の下端筋を載せるための「かんざし」と梁の上端筋を載せるために「うま」とよばれる架台に「かんざし」を渡し，これらの上で主筋（上端筋および下端筋）とあばら筋（スターラップ）を結束する。そして組み上がった鉄筋は，「かんざし」と「うま」を外して型枠内に落とし込む。このとき，梁の型枠内にスペーサブロックを適当に配置しておき，下端筋のかぶり厚さを確保しておく。組込み工法では，梁型枠のなかで主筋とあばら筋を組み立てるため，梁せいが大きい場合には作業が難しくなる。

　梁の鉄筋工事で重要なポイントになるのは，スパンが大きいときに鉄筋を継いで一体化する継手作業である。継手の工法は，ガス圧接式継手や機械式継手という工法がある（Pointに示す写真参照）。

(2) 型枠工事

　梁の型枠に使用されている材料を図4.9に示す。梁の側板を取り付け後にセパレータ，Pコン，ス

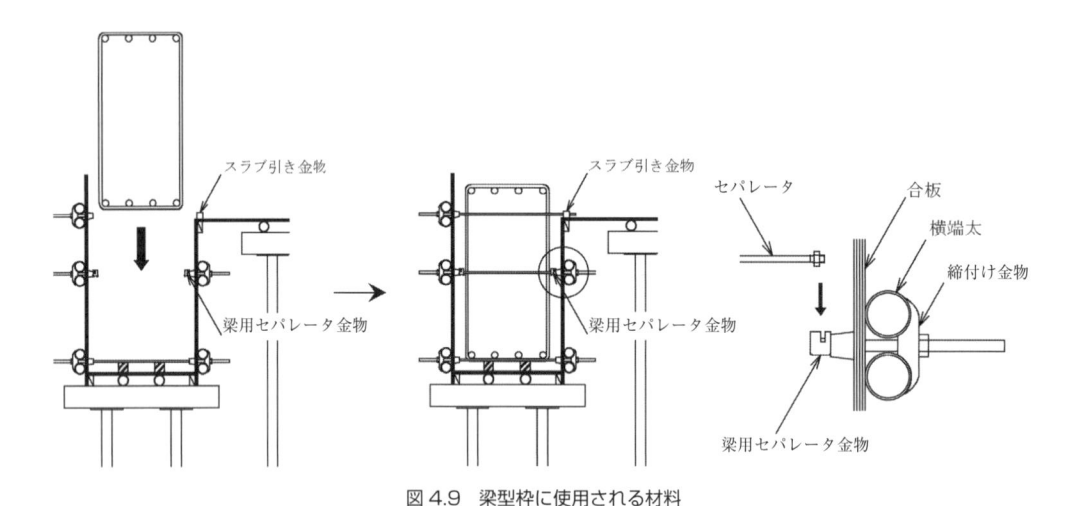

図4.9　梁型枠に使用される材料

Point　梁における鉄筋の組立（落し込み工法）

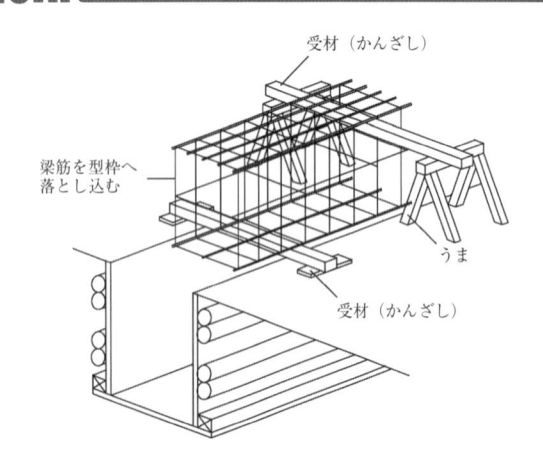

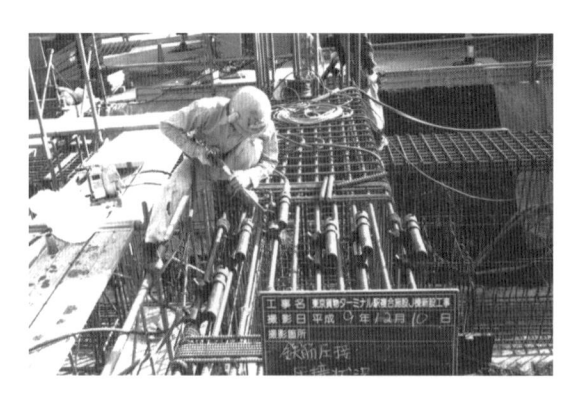

ラブ引き金物を取り付けていく。セパレータやPコン，合板，横端太，締付け金物の取付けは，柱と同様の内容だが，外周部にある梁では，スラブ下の型枠と梁を引き寄せるスラブ引き金物を設置する。また，梁とほかの部材でコンクリート強度が異なる場合は，エアフェンス（写真4.3）などを用いて打ち分ける。エアフェンスとは，プラスチックのチューブにエアを吹き込み打込み部にセットして，コンクリートの流れを止めるもので，打継ぎ時はエアを抜くと，簡単に抜き取れる。また，コンクリート打込み前に取付けが可能なことから，ラス網にくらべると施工スピードが速く工期を短縮できるメリットがあり，高強度コンクリートの場合でもコンクリートの漏れが少ない特徴もある。

次に，梁における型枠と鉄筋の組立について「Point RC造の梁における型枠の組立手順」に示す。ここでの作業手順は，梁と接続するスラブ型枠と作業を同時に見ている。まず，柱や壁が立ち上がると（Pointの①），梁下に型枠を掛け渡すと同時に梁を支えるパイプサポートとスラブを支えるパイプサポートを仮建てし，スラブ下に型枠を掛け渡す（Pointの②）。次に，梁の配筋を先組みし梁型枠内へ落し込む（Pointの③）。その後，梁の側面にあたる型枠を組み立てる（Pointの④）。最後に，梁にあるセパレータやPコン，スラブ引き金物を設置する（Pointの⑤）。配筋を落し込んでから，セパレータなどの設置をするためには，この作業工程が通常となる。また，これと前後してスラブの配筋を行う。

（3）コンクリート工事

梁のコンクリートの打込みは，柱・壁を打ち込んでから，コンクリートが落ち着くまで1～2時間程度待って行う。これは，梁まで一度にコンクリートを打ち上げると，柱や壁のコンクリートと梁のコンクリートの沈下量に差があることにより，接合部分にひび割れが生じるのを防ぐためで

写真4.3　エアフェンス

Point RC造の梁における型枠の組立手順

① ①壁，柱の型枠組立
② ②底板設置 梁とスラブ下の底板を設置
③ 鉄筋の落し込み
③-1 落し込み 梁とスラブの鉄筋を落とし込む
③-2 金物の取付け 梁のセパレータ，Pコン，（スラブ引き金物）を組み立てる
④ ④梁の側板 梁の側板を組み立てる 梁側面
⑤ ⑤梁部分のセパレータやスラブ引き金物などを設置する。 →型枠の組上がり

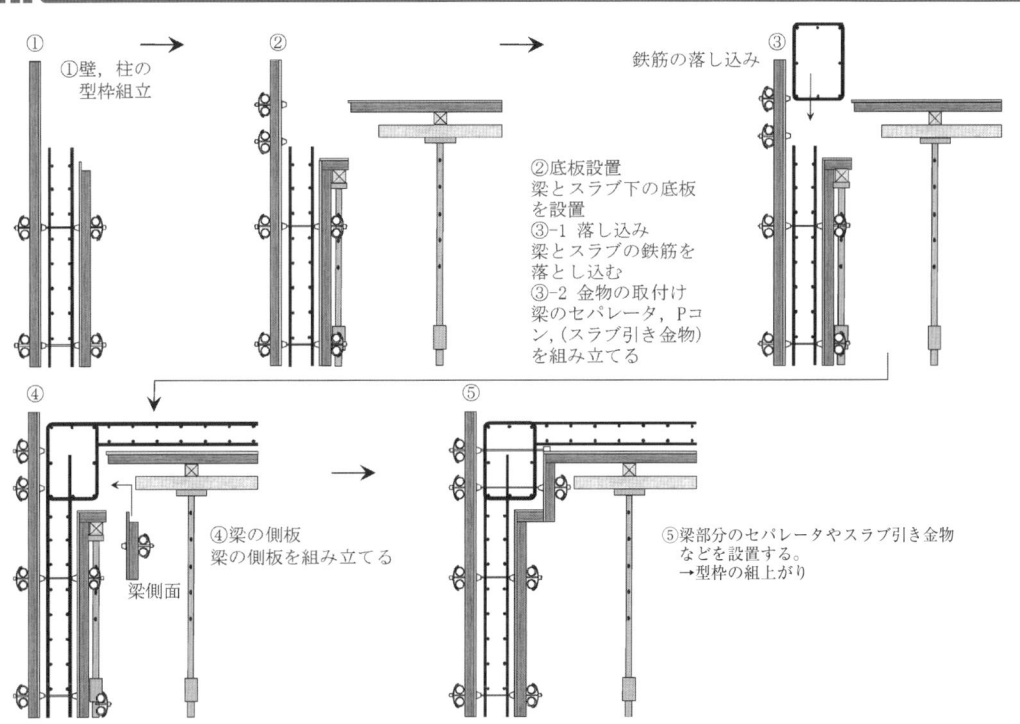

ある。「Point 沈下量の違いにより梁の接合部に生じるひび割れ」に，コンクリート打込み時に生じるひび割れのメカニズムを示した。

また，図4.10にあるように打込み時にコンクリートを落とした部分で豆板が発生することや，写真4.4や図4.11に示すように梁の打重ね部にコールドジョイントが発生することがあるので，コンクリートの自由落下高さや打重ね時間間隔は適切に管理すべきである。

このように，梁の施工は，配筋，型枠組立の手順，コンクリートの打込みなどにさまざまな注意点が存在する。したがって，施工手順を十分理解したうえで工事計画を立てる必要がある。

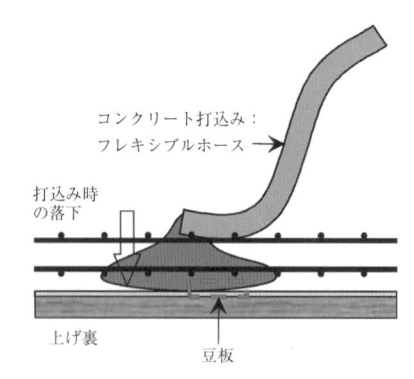

図4.10 打込み時に発生する梁の豆板

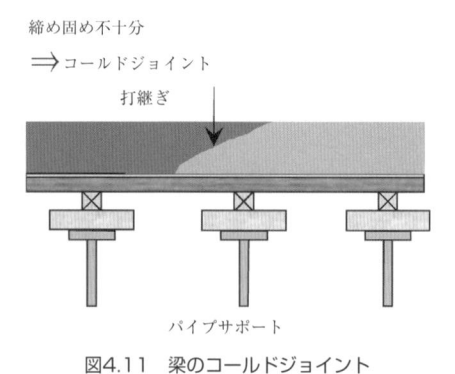

図4.11 梁のコールドジョイント

写真4.4 梁のコールドジョイント

Point 沈下量の違いにより梁の接合部に生じるひび割れ

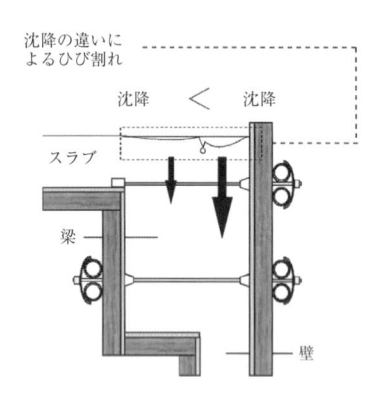

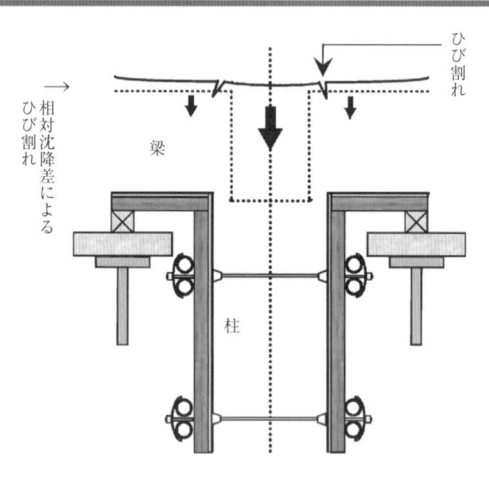

5 基 礎

基礎（foundation）は，上部構造からの荷重を地盤に伝える下部構造の総称を意味する。広義には，地業をも含めていうものである。基礎を分類すると，形式により独立基礎（独立フーチング），布基礎（連続フーチング），複合基礎（複合フーチング），べた基礎（マット基礎）があり，工法により直接基礎，杭基礎，ピア基礎（ケーソン基礎を含む）などがある。

5.1 基礎の機能と種類

基礎の目的は，建物の荷重を安全に地盤に伝えることである。ここでの「安全」とは，建物の耐用年限中に大きな沈下が生じないことを意味している。建物の上部の構造は，通常，各基礎が不揃いな沈下が生じないものと仮定して計算されているが，事実上は若干の沈下は起こるものである。この不揃いな沈下は，不同沈下もしくは不等沈下といい，部分的に沈下が生じることを示している。沈下量と荷重の関係は地耐力（沈下量もしくは破壊から制限された地盤の載荷）に関係し，地盤の許容地耐力度を算出するのに重要な要素である。地盤の性質やその試験は，土質工学の分野であるが，ここでは建築の基礎の構造的役割とその性質について述べている。

(1) 力の伝達

基礎は，建築物と地盤をつなぐ構造部分である。建築物が沈下あるいは傾くことなく建つかどうかは，その基礎の品質や性能が左右する重要な部分となる。基礎または基礎構造という用語は，基礎スラブと地業を総称したものと定義され，それより上方は上部構造とよばれている。建築物のすべては，地面の上に建設され，建物自身の自重と積載荷重もしくは風の水平力や地震力などといった構造部材が支えた力は，最後には地面へと伝わり，吸収されている。基礎は，荷重を支持するために，その耐久性や強度の条件が備わらなければならない。地盤と基礎構造のメカニズムは，「Point 地盤と基礎構造のメカニズム」にあるように，基礎部分の接する地盤が軟らかい場合には，荷重によって沈下が生じ，この沈下が均一でない場合に建物は傾き，この傾きによって柱または梁などの構造部材に大きな荷重がかかり，ひび割れが発生する。

基礎の構造を設計するときには，建物の上部構造と同様に強度とその変形を考慮しなければならない。なぜなら，地盤が破壊したり，変形（沈下）を生じたときに，基礎の構造が，上部構造を安全に支持し，上部構造に備わる機能や品質に障害を与えないようにするからである。基礎には，荷重を支える力「支持力」と建物を支持するうえで地盤の支える力「地耐力」が要求されることになる（図 5.1 参照）。

平成 12 年建設省告示第 1347 号において，地盤

Point 地盤と基礎構造のメカニズム

①建物を支える基礎部分と荷重　　②建物の沈下による傾斜　　③沈下によるひび割れ

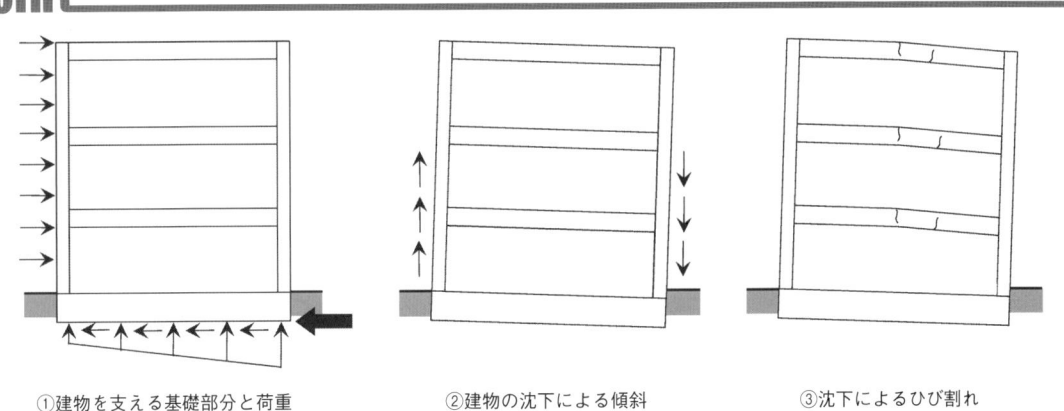

①建物を支える基礎部分は，建物にかかる建物自身の荷重を支持できなければならない。図は，水平力に対して建物の基礎部分に反力が生じ，その反力が基礎と地盤の接触面に不均一に作用することを示している。
②，③上部構造は沈下量の差によって無理に変形しようとするため集中荷重が作用した部分にひび割れが生じる。この結果，床が水平を保てなくなるなどの不具合を引き起こす。

にかかる長期の許容応力度により選択できる基礎の形式が定められた。したがって，基礎を設計するうえでは，建物が建つその計画地の地盤の許容応力度を調査したうえで基礎の形式を検討しなければならない。このように，基礎の設計では，地盤の状況や構造耐力上の安全性を確認することが重要となっている。

(2) 基礎の種類と構工法
1) 構造材料から見た基礎の種類

上部構造が鉄筋コンクリート造（RC造），鉄骨造（S造），鉄骨鉄筋コンクリート造（SRC造），木造（W造）と異なる構造の場合でも，基礎に関してはおもにRC造が用いられている。

a 鉄筋コンクリート造（RC造）

鉄筋コンクリート造の建物は，木造や鉄骨造と比較して数倍重く，同じ地盤に施工される場合でも十分な基礎構造が必要とされている。

建物を支持するうえで地盤と直に接して建物を支持する部位をフーチングという。フーチングの種類には，「独立フーチング基礎」「複合フーチング基礎」「連続フーチング基礎」「べた基礎」などがあり，独立フーチング基礎からべた基礎にいくに従って地盤に接する底面積が大きくなる形状をしている。

「Point 独立フーチング基礎に作用する力とその破壊」に示したように，独立フーチング基礎に作用している力は，柱から鉛直方向にかかる荷重と曲げモーメント，そしてフーチングを埋め戻したときの土の重さと独立フーチング基礎の自重である。こういった鉛直方向の荷重に対して釣り合おうとする力が地盤の反力となる。通常，RC構造物における曲げモーメントは，基礎梁が負担するようになっている。基礎には基礎の底と地盤との間に生じる摩擦や付着，基礎梁の前面部分で土の抵抗により，地震などの水平方向からの力に抵抗する性能がある。

b 鉄骨造（S造）

鉄骨造の建物の場合，鉄骨柱の一番下にベースプレートという板をつける。そのプレートと基礎のなかに埋め込まれているボルトをしっかりと締め

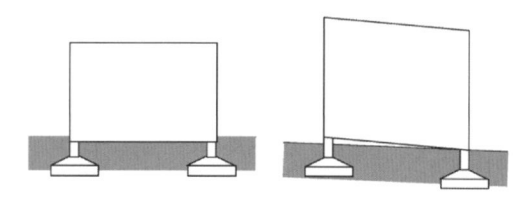

直接基礎の不同沈下
建物がゆがみ，構造部分に影響を及ぼす

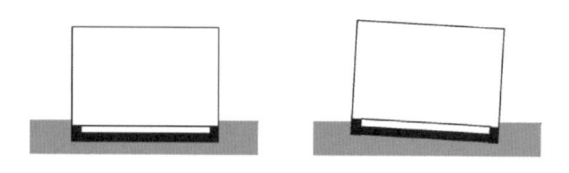

べた基礎の不同沈下
建物は傾くが，構造部分に影響を及ぼしにくい

図5.1 基礎の違いと地盤の軟弱化による沈下の影響

Point 独立フーチング基礎に作用する力とその破壊

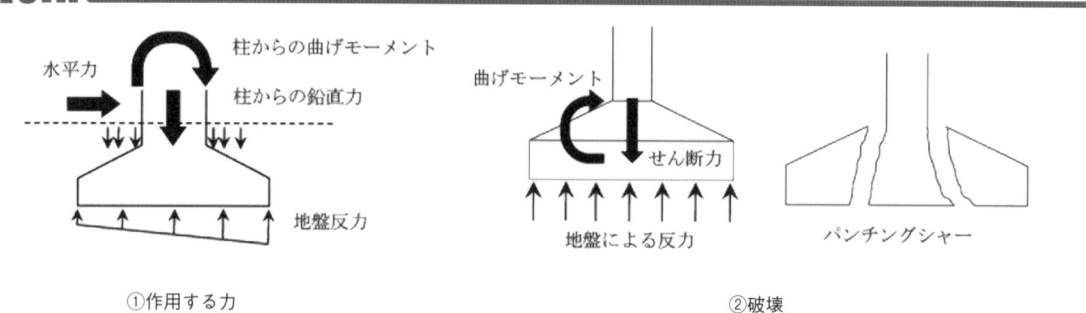

①作用する力

②破壊

①作用する力
この独立フーチング基礎に作用している力は，柱から鉛直方向に掛かる荷重と曲げモーメント，そしてフーチングを埋め戻したとき土の重さと独立フーチング基礎の自重である。

②破壊
柱からの鉛直方向に掛かる軸力によって基礎を打ち抜こうとする現象が起きる。この現象を「パンチングシャー」といい，独立フーチング基礎の破壊を招くおそれがあるので，基礎の設計には注意する必要がある。

付け，柱を強固に基礎に取り付ける。しかし，それでは，柱が垂直に立っているかは不確かなところがある。そこで，柱と基礎との間に調整するすきまを5cm程度空け，ここに半球の形のモルタルをつくり柱の垂直具合を調整する。この半球状のモルタルは，饅頭に似ているところから「まんじゅう」とよばれる。また，この工法を後詰め中心塗り工法という。

c 木造（W造）

木造の基礎は，一般的に鉄筋コンクリート造とし，図5.2に示すような基礎の上に木材の土台が配置される。近年，木造の在来軸組工法には，建物の底面全体にコンクリートを敷き詰め，スラブ全体で荷重を支持するべた基礎が多く使用される。土台は，コンクリートの基礎部分に金物で緊結される形となる。「Point 木造および鉄骨造における基礎」に示したように，木造では，独立柱に独立基礎が使用される。この工法は，独立基礎を成形後，その上部に柱を設置するものである。また，建物の床下の湿気がこもらないよう基礎には換気口を設置する。これを床下換気口という。しかし，建物の荷重を支持することを目的とした基礎に床下換気口を設置することは，建物の荷重以外の地震などの外力に対して構造的な弱点となりやすい欠点がある。このために，床下換気口周辺には，径9mm以上の補強筋を配置するなどの工夫がとられている（図5.3参照）。

2）基礎の構工法

基礎は，大きく2種類に分けられる。これまで基礎の構造として説明してきた直接基礎と，もう一つは杭基礎である。「直接基礎」は，基礎の底面が直接地盤に力を伝える基礎であり，建築物を比較的良質な地盤に支持させる場合に用いられる。「杭基礎」は，地盤の支持力が確保できないために杭を用い，基礎スラブからの荷重を杭を介して地盤に伝える形式の基礎である。杭基礎に関しては次章で取り上げているので，ここでは，直接基礎について説明をしている（「Point 基礎の形状」参照）。なお，基礎の底面以下の部分を「地業」という。

a 独立フーチング基礎

前述したように，独立フーチング基礎は，独立したフーチングによって地盤または地業に一つの

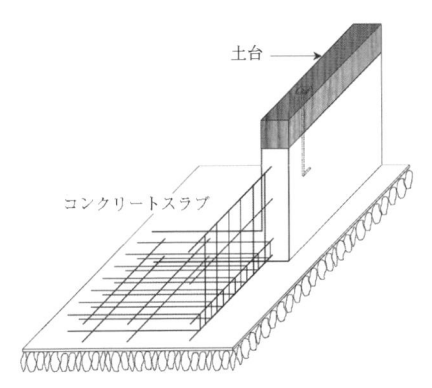

図5.2 べた基礎の形状

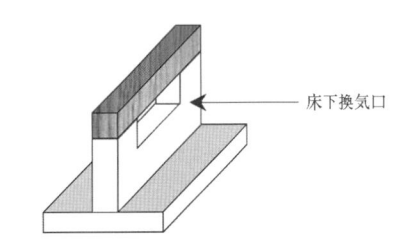

図5.3 基礎の換気口

Point 木造および鉄骨造における基礎

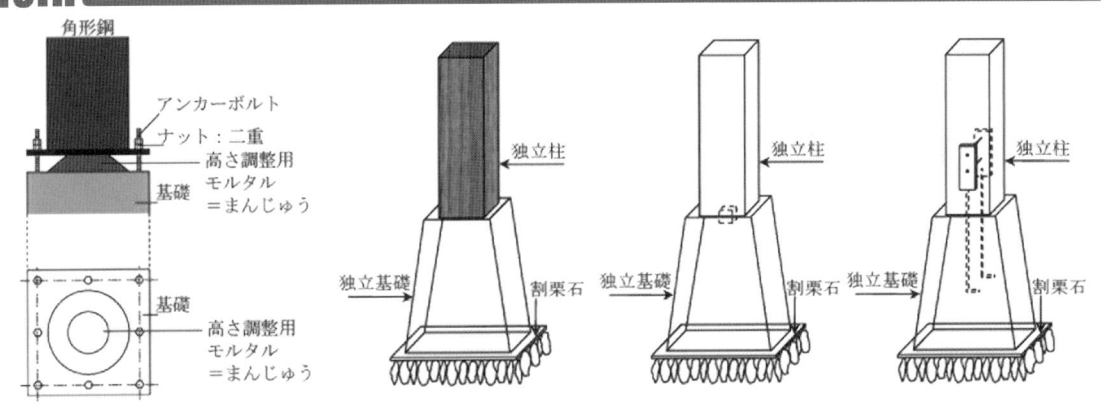

鉄骨造：まんじゅう　　　木造：金物を用いない場合（石場立て）　　　木造：金物を用いた場合

柱からの応力を伝える基礎で，建物を支える構造物の一つである。建物の四隅や柱の真下など，構造的に荷重がかかる位置に単独で設置する。特に大きな荷重がかかる柱の下に用いられる。

b 連続フーチング基礎

地盤の支持力を増すために，布基礎の底面を逆T字形に幅広くした部材の「フーチング」によって，地盤または地業に柱からの応力を伝える基礎のことで，基礎にかかる荷重を分散するために，基部を幅広くしている。「布基礎」を例にとると，図5.4に示したように，「T」の字を逆さにした形の鉄筋コンクリート造の基礎を帯状に設置し，地盤に接する部分の面積を広くして建物の荷重を分散させる仕組みである。

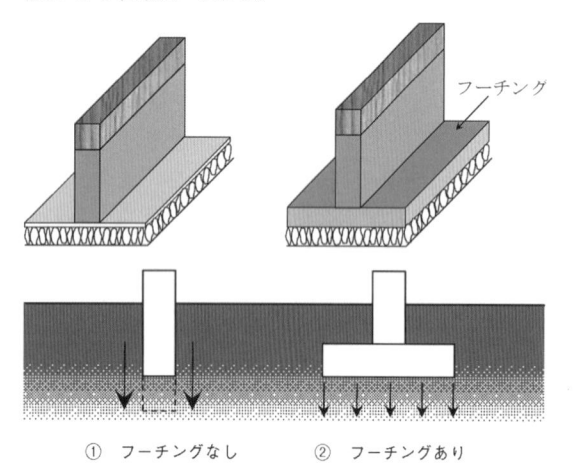

図5.4 連続フーチング基礎（布基礎）の形状
① フーチングなし
② フーチングあり
①おもに平家建に用いられる。
②2階建・3階建または積雪の厳しいところに用いられる。

c べた基礎

建物下の地盤と接する面全体に鉄筋を配筋し，そこにコンクリートを流し込んで大きなスラブ状の板をつくるもので，マット基礎ともよばれる。地盤上に施工された鉄筋コンクリート造の面全体で建物を支える構造になっているため，地震や台風などの衝撃を効果的に地盤へ逃がすことができる。また，軟弱地盤でもこの工法を施すと，安全に家を建てることができる。

5.2 基礎の施工

(1) 鉄筋工事

鉄筋工事の作業は，型枠工事の工程，設備用の配管などとの関連を施工者が調整しながら進められる。基礎の鉄筋工事は，地盤の上に割栗石を敷き，その上に均しコンクリートを打ち込み，水平な面を確保してから行われる。

基礎の鉄筋工事は，型枠工事に先行して次のような手順で行われる。図5.5のように均しコンクリートの墨に従って，ベース配筋を行う。このとき，均しコンクリートと鉄筋との間にかぶりをとるため，モルタルスペーサを配置しておく。続いて柱筋の建込みを行う。その後，基礎梁の鉄筋を配筋する。配筋にあたっては，柱脚に対するのみ込み（主筋の定着長さ）や，あばら筋の間隔などが所定の寸法となるようにし，組立時に変形しないように注意する。

図5.6に示すように，鉄筋工事では，基礎の形状によって配筋の位置や鉄筋量が異なる。独立基

Point 基礎の形状

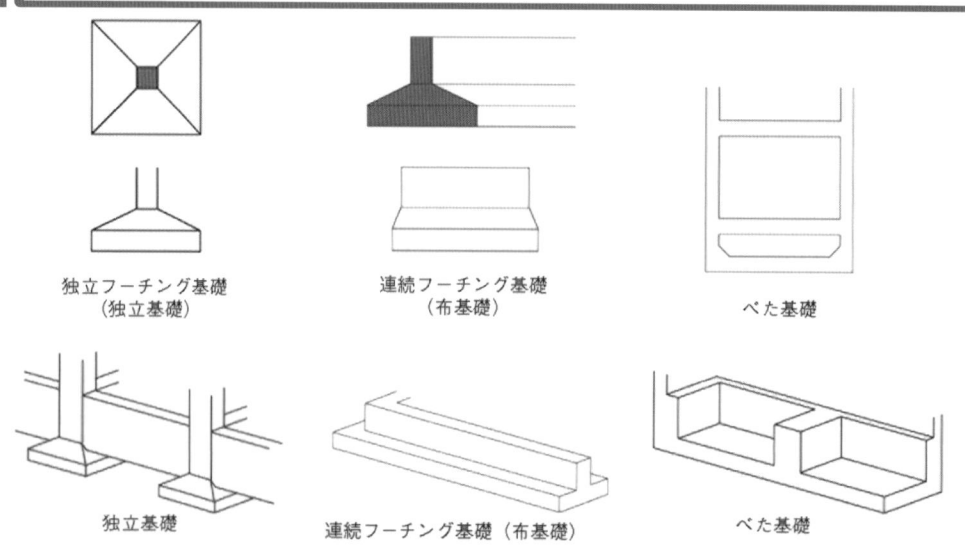

独立フーチング基礎（独立基礎）
連続フーチング基礎（布基礎）
べた基礎

独立基礎
連続フーチング基礎（布基礎）
べた基礎

礎では，長方形の場合は長辺方向に大きい荷重がかかるため長辺方向を主筋とし，正方形の場合はX軸・Y軸方向を同様に配筋する。布基礎のような連続フーチング基礎は，短辺方向に主筋を配置する。べた基礎の基礎スラブは，床スラブと同様に上端筋と下端筋を配筋する。

また，基礎のかぶり厚さについてはJASS 5に規定があり，基礎スラブの土に接する側で60 mm以上，布基礎の立上りで土に接する部分で40 mm以上と定められている。このとき，かぶり厚さはスペーサを均しコンクリートの上に設置するだけで確保できる。図5.7のように，かぶり厚さは鉄筋から均しコンクリートまでの距離となり，均しコンクリートの厚みを含まないことに注意する。

そのほかに，図5.8に示した基礎梁の鉄筋工事に使用される仮設資材の「基礎エース（キソエース）」は，仮設足場の省力化および施工費の低減，工程の短縮化などが図られるため，建築工事ではよく用いられている。キソエースは，「鉄筋受架台」とよばれ，キソエースの上に並べたあばら筋（スターラップ）をぶら下げ，あばら筋に載せるようにして梁の下端筋を結束していく仮設材で，高さ調整が可能なため，基礎梁の高さがある場合でも鉄筋の組立が容易になる。鉄筋工事に高い施工精度が求められている現状のなかで，配筋の精度を上げるための手段として普及している。

また，「Point 基礎における鉄筋工事のノウハウ」に示すように，コスト削減を可能にする工法がある。例として基礎にある柱の帯筋を幅1 mとして仮定し，配筋した場合を想定し設計するとPointの左の図のようになり，柱の帯筋（□配置）内側の面積は

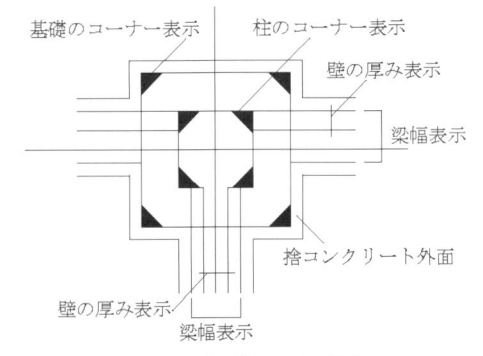

図5.5 基礎型枠のための墨出し

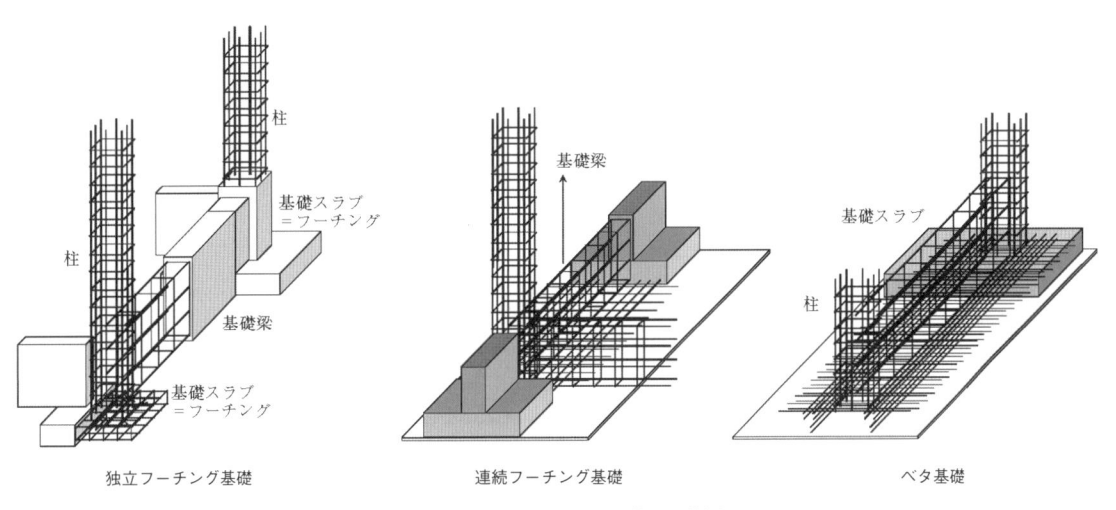

図5.6 フーチング基礎の形状と配筋例

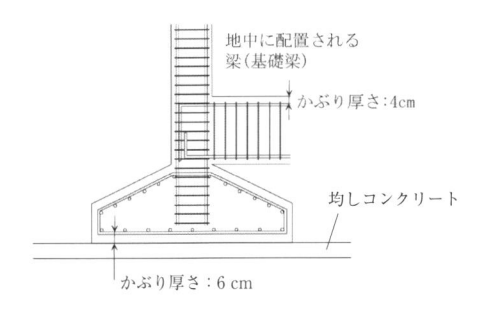

図5.7 かぶり厚さ

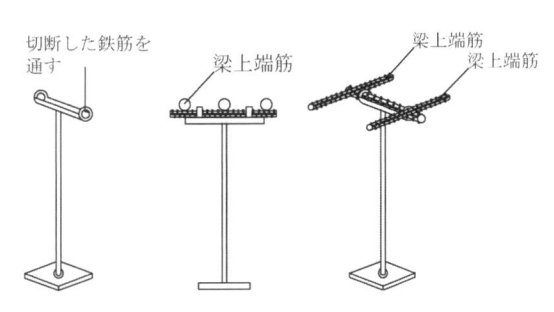

図5.8 基礎エース（キソエース）の概要

$1\,m^2$ となる。これに対して，梁に対する定着長さを保って柱の配筋方向を Point の右の図のように45°回転させた状態で設計すると，柱の帯筋（◇配置）内側の面積は $0.5\,m^2$ となる。これは，結果的にコンクリートの打込み量が減ることになり，コスト削減につながる。こういった基礎における鉄筋工事のノウハウを活かし，性能を損なわずに建築の品質を向上させることは重要である。

(2) 型枠工事

基礎で組み立てられる型枠は，せき板，せき板の変形を防止するための補強材である桟木，せき板間隔の寸法を正確に維持するためのセパレータ，両側面のせき板を締め付けるためのフォームタイなどによって構成される。型枠は，基礎配筋終了後，均しコンクリート上の墨に合わせて基礎や基礎梁の型枠を建て込み，他の構造物と同様に型枠を正確に組むことで丈夫でたわみが小さくなるようにする。そして，コンクリートが硬化した後は簡単に取り外せる構造にしておかなければならない。

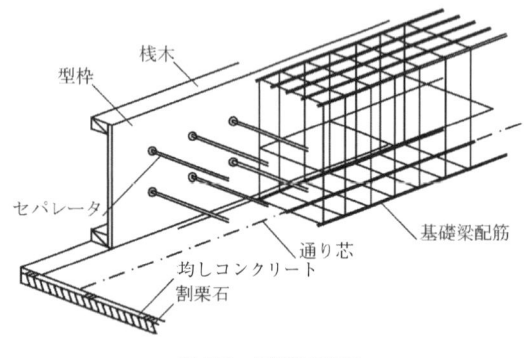

また，いったん建込みが終了すると修正が困難となるので，各工程においてスペーサの配置，各種配管スリーブの位置や数量は建込み終了までに確認しておく必要がある（図5.9参照）。

(3) コンクリート工事

基礎のコンクリート工事はシュートを用いて流し込むことが多いが，長い距離をシュートで流すとコンクリートの材料分離が起きるため，コンクリートポンプによる打込みとするのがよい。また，シュートを用いる際は，末端部分にたて管を用いて垂直に落し込み，材料分離を予防する。長い距離をシュートで流す場合には，途中で一度ホッパーに受け，改めてシュートで打ち込む方法もある。

基礎梁におけるコンクリートの打込み手順を図5.10に示す。基礎梁のせいが大きい場合，打込みを上下2回程度に分けて1段目を先行して行うとよい。基礎は比較的部材寸法が大きいため，硬化中にセメントの水和熱が蓄積してコンクリート表面と内部に温度差が生じ，温度ひび割れが発生しやすい。また，基礎に打ち込むコンクリートは，打込みが可能な範囲でスランプをできる限り小さくして単位水量および単位セメント量を減じ，分離が起きないように均一に打ち込んでいくことが重要となる。

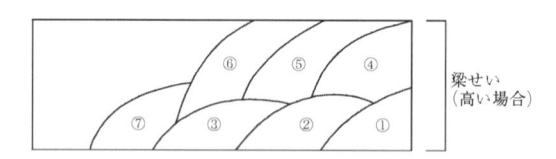

図5.9 基礎梁の型枠

図5.10 基礎梁におけるコンクリートの打込み

Point 基礎における鉄筋工事のノウハウ

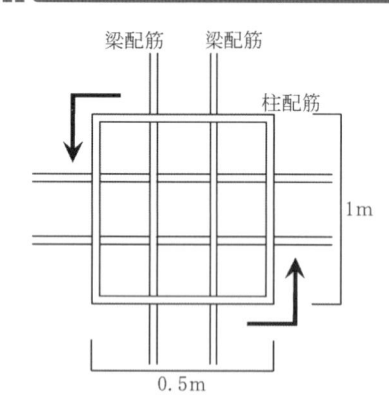

柱帯筋（形状：□）の内部の面積
$1\,m \times 1\,m = 1\,m^2$

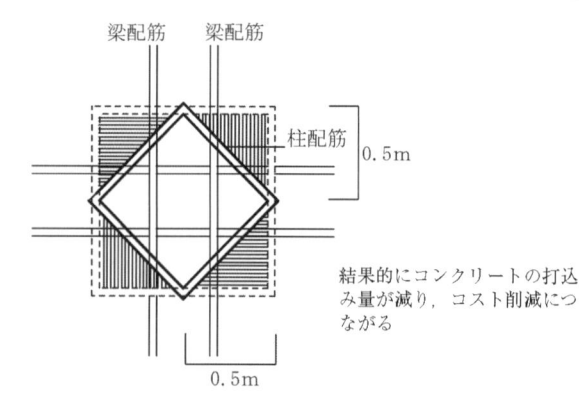

柱帯筋（形状◇）の内部の面積
$1\,m \times 1\,m - (0.5\,m \times 0.5\,m \times 1/2 \times 4) = 0.5\,m^2$

均しコンクリートの施工手順を「Point 割栗石と均しコンクリートの概要」に示した。鉄筋工事の説明でもすこし触れているが、地盤の上に直接構造躯体をつくろうとしても、力が地盤に伝わりにくいだけでなく、墨出しができない。このため、基礎をつくる前には、均しコンクリートを施工して水平な面を確保しておくことが必要になる。その手順は次のとおりである。まず、地盤の掘削作業後に割栗石を敷く。割栗石は、縦長に土に突き刺すように差し込んでしっかりと止めさせる。その後、割栗石のすきまを目つぶし砂利で埋め、ランマーで叩いて突き固め、全体を平らにする。一方で、近年では割栗石を砕石とすることが多い。その上に均しコンクリート（均しコン、レベルコン）とよばれるコンクリートを打つ。均しコンクリートを打つ理由は、前述した水平な面をつくることに加え高さ（レベル）を調整することにある。均しコンクリートがあることで作業床となる水平面ができ、その上での作業を容易にしてくれる。

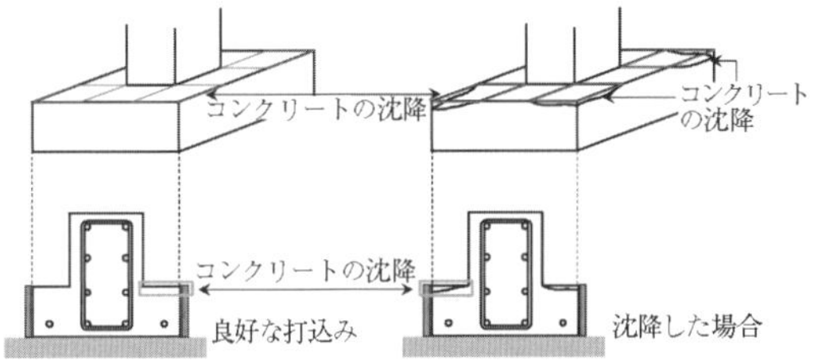

なお、基礎のコンクリート工事では、図5.11に示すように、柱基礎のコンクリート打込み後にフーチングの四方が沈下して沈下ひび割れが発生し、基礎に要求される耐力が確保できないことがあるので注意する必要がある。

図5.11　基礎における沈下による欠陥

Point　割栗石と均しコンクリートの概要

①割栗石を敷き詰める。
②ランマーを用いてタンピングを行う。
③均しコンクリートを打ち込む。
④均しコンクリート表面を金ごて押えをする。

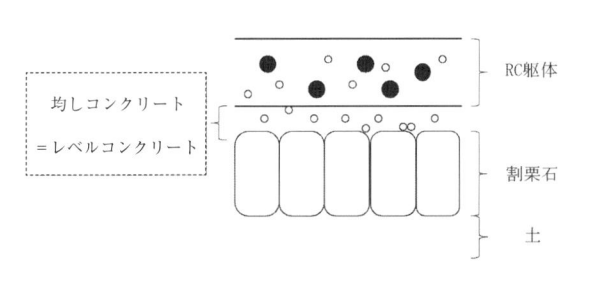

均しコンクリート＝レベルコンクリート

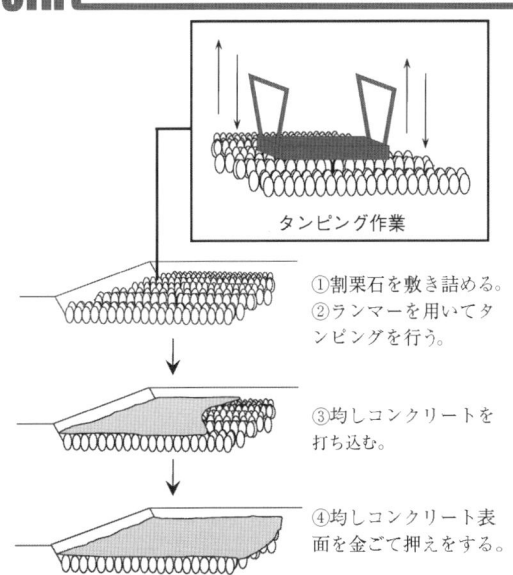

6 杭

杭（pile）は，構造物の荷重をフーチングあるいは基礎スラブから地盤中あるいは地盤の深部に伝達する役割をもつ柱状の構造部材である。杭工事は，基礎地業として一般的に用いられている地業の一つであり，材料の種類，施工方法および支持方法などにより多くの種類が用いられている。

6.1 杭の機能と種類

杭とは，地盤の表層部分で建物からかかる荷重（自重）を支えることができない軟弱な地盤に用いられる基礎の形式である。軟弱な地盤に5章で説明したような独立フーチング基礎などの直接基礎を使用すると沈んでしまい，建物を支えられない。このため，フーチングや基礎梁，基礎スラブなどの下に設けた杭により鉛直荷重を支えるようにした形式の基礎が杭基礎である。杭の種類や工法は多数あり，施工方法もさまざまである。

(1) 力の伝達

支持力の種類で分けると，杭は支持杭と摩擦杭に分類される（「Point 支持杭と摩擦杭」参照）。支持杭とは，軟弱な地盤の層を貫く長さの杭を設け，杭の先端は硬質な（地耐力の高い）地盤の層に接している杭であり，鉛直荷重は杭を介して硬質な地盤に伝えられる（図6.1参照）。一方の摩擦杭とは，杭と地盤との間に働く摩擦力により鉛直荷重を支える杭であり，杭と地盤の摩擦応力と杭の表面積の積で支持力が決まるため，必要な支持力と摩擦力から杭の長さが決まってくる。また，「Point 杭の設計（支持杭の異なる力の方向）」に示すように，支持杭には異なる2つの方向の力がかかる。一つはPoint左図に示す通常の上向きの力であり，これは建物の荷重に対する地盤からの反力である。これに対し，Point右図にあるのは地盤の沈下を生じた際の力が杭に対し下向きにかかるものである。このように，支持杭には圧縮に対する耐力の設計が必要となる。

杭の頂部には，パイルキャップが設けられる。パイルキャップには，杭から伝わる鉛直方向の力

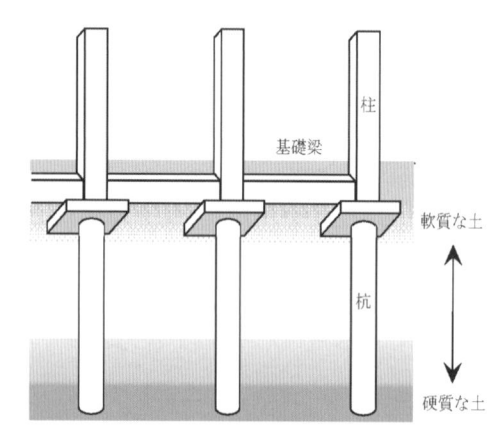

図6.1 支持杭のイメージ

杭が軟らかい地盤を貫き，硬質な地盤まで達し，建物を支持するもので，杭を置くことで建物が沈まなくなる。
建物に下駄を履かせるようなイメージ

Point 支持杭と摩擦杭

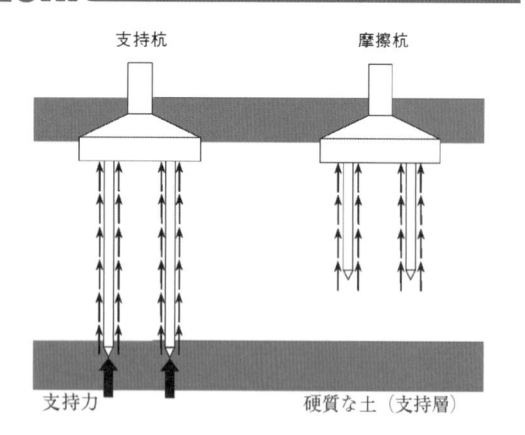

支持杭：杭の先端抵抗によって支える杭
摩擦杭：杭と地盤の間で生じる摩擦力で支える杭

Point 杭の設計（支持杭の異なる力の方向）

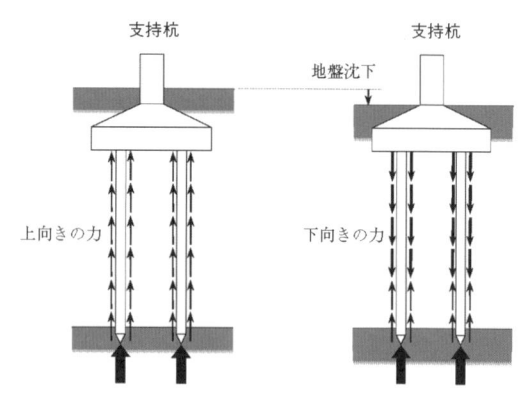

杭に働く力としては，杭を上向きへ伝わる力と杭を下向きへ伝わる力が存在する。
左：通常の力方向
右：地盤の沈下が生じたとき，杭周辺に下向きの力がかかる。

と曲げモーメントおよびせん断力が作用する。このため，設計ではパイルキャップと杭の接合部における力の伝わり方とパイルキャップの強度および変形について検討する必要がある。また，杭からの力は基礎梁に伝えられる場合があるため，杭を使用するときは，建物から伝わる力と曲げモーメントやせん断力などに対応して十分な安全性を確保する必要がある。

杭に支えられる基礎スラブは，杭から伝わる反力が作用することを考慮して設計される。これはパイルキャップよりも上部にある全荷重が，杭から反力として基礎スラブに作用するからであり，一つのフーチング基礎が複数の杭で支えられることも少なくない。また，基礎の設計のように，杭は地震時に発生する曲げモーメントとせん断力を柱や基礎梁に基礎スラブを介して伝達していく。この伝達をうまくさせるために基礎スラブの剛性を確保し，パイルキャップの鉄筋を基礎スラブへと定着させることも重要なところである。また，杭の主筋だけに限らず，必要に応じて杭を基礎スラブに埋め込むことも行われる。

また，杭の反力が大きいときを想定した場合には，基礎スラブに生じる圧縮を検討しなければならない。基礎スラブにかかる圧縮力が局所的なものとなる場合があり，この局所的に圧縮力を受けた場合の強度を「支圧強度」とよぶ。基礎スラブの支圧強度は，基礎スラブの厚さおよび杭径の影響を受けるものであり，圧縮強度の2倍までとすることが可能といわれている。

これまであげてきた直接基礎と杭基礎に作用する力や特徴は，共通して建物の荷重や地震などの外力を支持するためのものである。直接基礎であるフーチング基礎の「フーチング」とは，footing（フッティング）の日本語読みで，foot（足）を意味している。足の底を広げて基礎にかかる荷重を分散し地面へめり込まないようにするイメージである。これに対し，杭は，杭を地中に伸ばし，地層による支持または杭の摩擦力で建物を支えるものである（「Point 直接基礎と杭の概念」参照）。

つまり，硬い地盤では直接基礎を用い，軟弱な地盤では杭を使用して建物を安定させていることが理解できる。

(2) 杭の種類と構工法
1) 構造から見た杭の種類

杭に用いられる構造材料には，鉄筋コンクリート（RC），鋼（S），木（W）がある。それぞれを「Point 材質から見た杭の種類」に示す。また，杭の種類を図6.2に示す。

a 鉄筋コンクリート杭（RC杭）

鉄筋コンクリート杭は，場所打ちコンクリート杭と既製コンクリート杭に分類され，既製コンクリート杭には「振動締固め鉄筋コンクリート杭」「遠心力鉄筋コンクリート杭」および「プレテンション方式遠心力締固め高強度プレストレストコンクリート杭」がある。振動締固め鉄筋コンクリート杭には三角杭・六角杭などがあり，摩擦杭として使用される。これには300～600 mm間隔に突起が付いており，地盤の抵抗を受けるように加工されている。この杭の打込みには打撃工法が

Point 直接基礎と杭の概念

直接基礎のイメージ　　　　　　杭基礎のイメージ

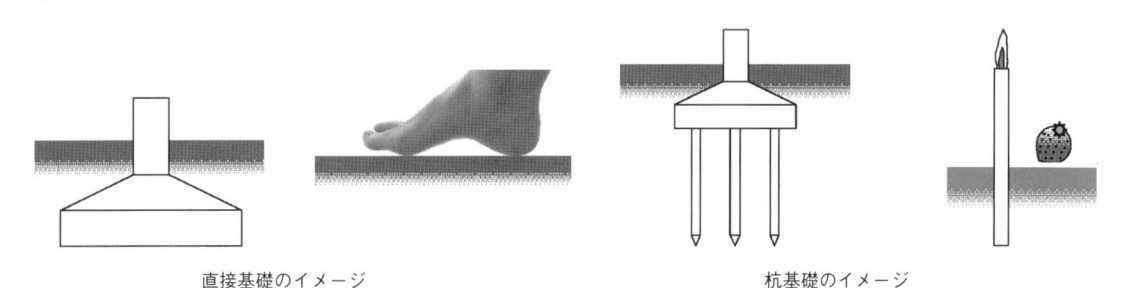

直接基礎：ハイヒールのように底面が狭いと一点に重さが集中し地面に食い込んでしまう。土の上を歩くにはスニーカーのように底が地面にしっかりつく靴が最適なように，底が広がり地面に食い込まず，建物をしっかり支える基礎が良いとされる。

杭：杭は，ショートケーキにろうそくを挿すように地面に杭を差し込み安定を得るものであり，この杭を挿す地盤も軟らか過ぎると杭の効力が発揮されない。

6 杭　145

用いられるために，非常に大きな騒音と振動が起こる。遠心力締固め鉄筋コンクリート杭は，筒形の型枠のなかに鉄筋をセットして，コンクリートを流し込み，回転させて，遠心力を利用して製造するもので中空になる。また，先端を円錐形にしたものとしないものがある。プレテンション方式遠心力締固め高強度プレストレストコンクリート杭は，PC鋼材に引張力を加えておき，PC鋼材の元に戻る力によってプレストレスを導入し，杭の耐力を大きくしたものである。

b 鋼 杭

鋼杭には鋼管やH形鋼が用いられる。一般には鋼管を使用することが多く（鋼管杭），鋼管の端部は，帯筋を巻いて補強されている。鋼管は，強度が大きいが腐食するため，鋼管の大きさは，腐食しろを足した十分な断面が必要となる。鋼管における腐食に関しては，土質や水，空気の影響のほかに地中の温度や細菌の影響も考えられる。また，鋼管とその周りで電位差を生じることによる電流の作用が腐食の原因となることもある。腐食への対策として，杭が腐食することを想定した設計によって，杭の厚さを3mm程度厚くしておく。また，鋼管にエポキシ系塗料を塗装したり，杭表面に70mm程度のコンクリートを被覆する

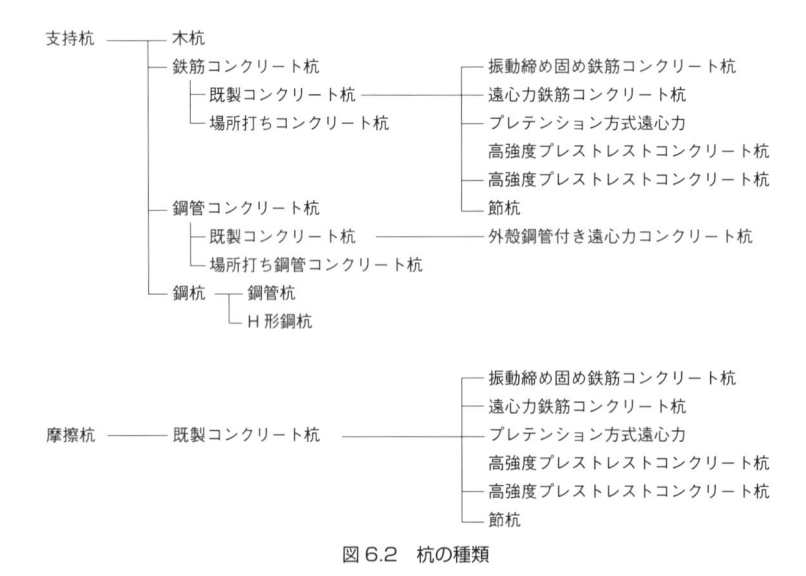

図6.2 杭の種類

Point 材質から見た杭の種類

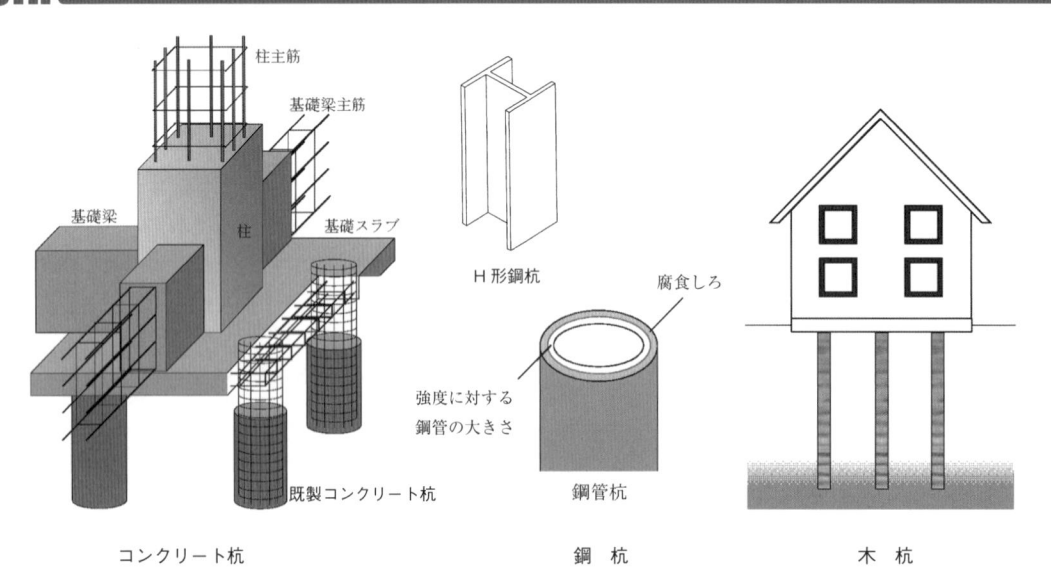

コンクリート杭　　　鋼 杭　　　木 杭

ことで腐食の予防が可能となる。鋼杭には，鋼管杭のほかに，H形鋼を用いるH形鋼杭がある。H形鋼杭は，鉄骨造の建物に用いられるH形鋼ではなく，熱間圧延で杭専用につくられたもののほか，鋼板または帯鋼を連続アーク溶接で加工したものを用いる。H形鋼杭には，形状や強度の規格が定められている。長さとしては，6 mから15 m程度が良いとされ，長さが不足するときは，現場で打込み中にアーク溶接によりH形鋼を接合して延長させる。

鋼管杭もH形鋼杭も強度は高いため，比較的断面を小さくでき，打撃工法で打ち込んでも損傷する可能性が低いなど利点があるが，いずれも腐食に対する配慮が必要となる。

c 木 杭

木杭は支持杭の一種であり，元来は建物を棒で支えることから生まれたものである。木杭は，鉄筋コンクリート杭が開発されるまでは杭の主流であり，水中において腐食しにくく，地下水位が安定した場所では優れた耐久性をもつ。木杭には，生のまつ・からまつ・べいまつなどの圧縮強度が大きく，比較的価格の安い材料が選ばれている。丸太は真直ぐなものほどよく，杭頭部の中心と先端の中心を結んだ線が杭の径からはずれないものでないと打込み中に曲がって入り，倒れが起きやすくなる。杭の径は，丸太の末口で測る。杭の加工は，皮をはぎ，大節を削り取り，先端を尖らせ，金物（踏み金物）を取り付け貫入しやすくする。頭部には鋼鉄の環をはめ，面取りを行って割れを防ぐ（杭ごしらえという）。木杭は，杭の途中が水面から出ると急速に腐食するため，常水面下（地下水中）で用いることを原則とする。杭が木材であっても，支持杭の場合は軟らかい地層を貫いて硬い地盤まで杭を打ち込むため，杭を何本も打ち継いで建物を支えている。

2）杭の構工法

杭の構工法を「Point 杭における工法の種類とその分類」および「Point 既製杭と場所打ちコンクリート杭の違い」にそれぞれ示す。

a 場所打ちコンクリート杭（Casted in place concrete pile）

場所打ちコンクリート杭は，あらかじめ地面に孔を掘削し，そのなかに鉄筋かごを入れた後からコンクリートを打ち込み，RC造の杭をつくるものである。掘削中に土が孔の中に崩落しないように何らかの対策を施し，鋼管（トレミー管）を使用して孔底からコンクリートを打ち込んでいく。場所打ちコンクリート杭の工法は，地面に孔を掘削する方法によって分類される。

a）アースドリル工法

アースドリル工法（図6.3参照）は，掘削バケットを回転させてバケット内に土砂を入れ，孔外へ排出する工法である。通常，「ベントナイト液」を主体とする安定液を孔に充填しながらバ

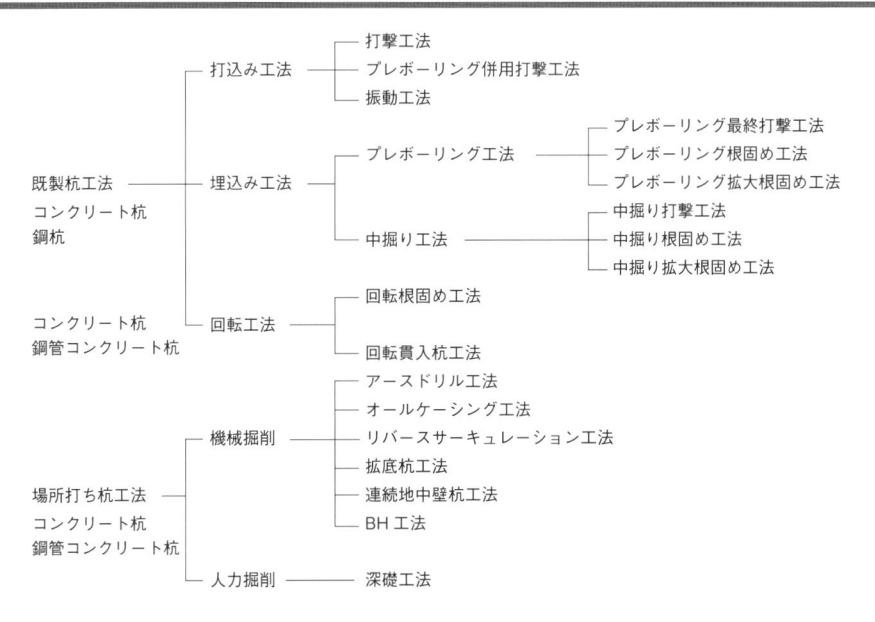

Point 杭における工法の種類とその分類

```
既製杭工法        ┌ 打込み工法 ─┬ 打撃工法
コンクリート杭    │             ├ プレボーリング併用打撃工法
鋼杭              │             └ 振動工法
                  │
                  ├ 埋込み工法 ─┬ プレボーリング工法 ─┬ プレボーリング最終打撃工法
                  │             │                     ├ プレボーリング根固め工法
                  │             │                     └ プレボーリング拡大根固め工法
                  │             └ 中掘り工法 ─────────┬ 中掘り打撃工法
                  │                                   ├ 中掘り根固め工法
                  │                                   └ 中掘り拡大根固め工法
コンクリート杭    └ 回転工法 ───┬ 回転根固め工法
鋼管コンクリート杭               └ 回転貫入杭工法

場所打ち杭工法    ┌ 機械掘削 ───┬ アースドリル工法
コンクリート杭    │             ├ オールケーシング工法
鋼管コンクリート杭│             ├ リバースサーキュレーション工法
                  │             ├ 拡底杭工法
                  │             ├ 連続地中壁杭工法
                  │             └ BH工法
                  │
                  └ 人力掘削 ─── 深礎工法
```

ケットやエアリフトによる孔底処理を行うが，孔壁を安定させるために上部は鋼製ケーシングで保護している。そして，掘削終了後に鉄筋を配置してコンクリートの打込みを行う。このときのコンクリートは，水中コンクリートの扱いとする必要があるなど注意する点がある。なお，荷重条件によって孔外周に鋼管をセットし，そこにコンクリートを打ち込む場合がある。この工法は場所打ち鋼管コンクリート杭とよばれている。

b）オールケーシング工法

オールケーシング工法（図6.4参照）では，ケーシングチューブ（図6.5）を振動させながら

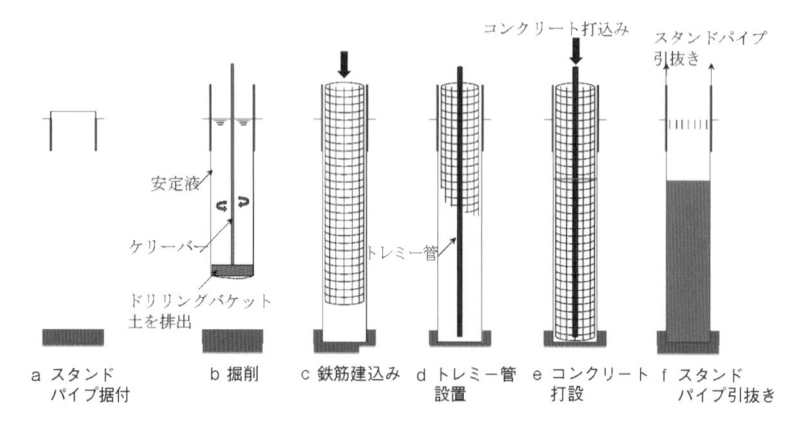

図6.3 アースドリル工法

図6.4 オールケーシング工法

図6.5 ケーシングチューブ

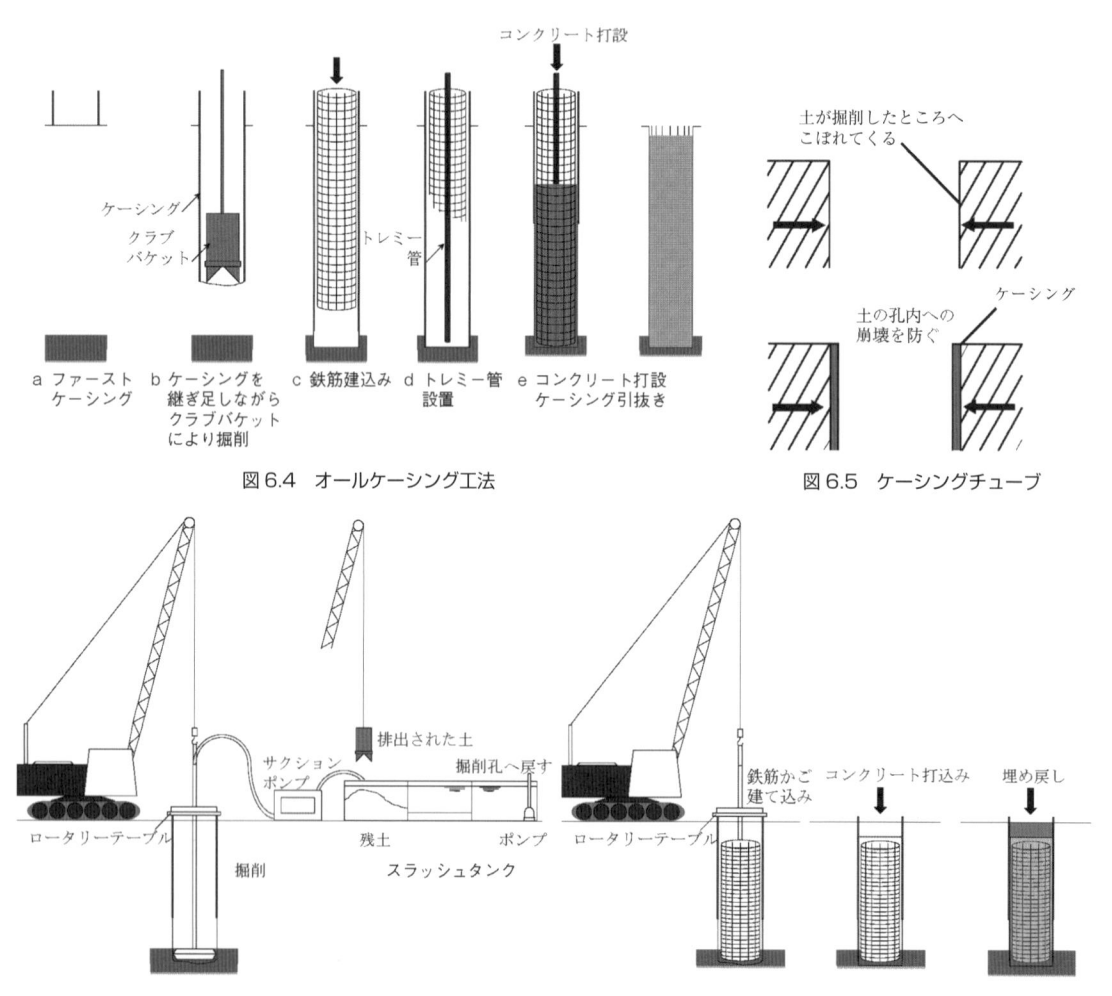

図6.6 リバースサーキュレーション工法

挿入し，その内部の土をハンマーグラブやアースドリルで掘削し，削孔の深さに合わせてケーシングチューブを回転圧入させて，継ぎ足しながら杭底までケーシングが設置された孔をつくる。そして鉄筋かごを入れ，コンクリートを打ち込むときに，コンクリートの打上げ高さに合わせてケーシングの引抜きを行う工法である。オールケーシング工法は別名ベノト工法ともいい，通常はベントナイト液を使用しないので周辺摩擦力が低下せず，信頼性が高い工法とされている。

c) リバースサーキュレーション工法

リバースサーキュレーション工法（図 6.6 参照）は，先端のビット（掘削用の刃）で掘削した残土を泥水とともにポンプで吸い上げてスラッシュタンクに送り，残土は沈殿させて，水を孔に戻しながら削孔を進める工法で，つねに孔底処理をしながら削孔を進めているような仕組みになるため掘削効率が高い。また，コンクリートを打ち上げたとき杭頭部の強度の低い部分が少なくなるメリットがある。この工法は，地盤条件の適用範囲が広いため幅広く建築工事現場で採用されており，特に次のような場合に有効である。

・大規模な杭を構築する場合
・地下水位が高い場合
・軟弱層における杭の構築

d) 深礎工法

深礎工法とは，機械や人力で円形孔の掘削を進めながら孔壁に鋼製波板（生子板）とリング枠で山留めを行う工法である。所定の深さまで掘削したら鉄筋かごを建て込み，コンクリートを打ち込むと同時にリング枠と鋼製波板を外していく。この工法は，作業員が孔底まで降りて作業をするため，酸素欠乏や有毒ガスなどに注意する必要がある。この工法では，杭の径は 1 400 ～ 3 600 mm が目安とされている。

b 既製杭 (Pre-fabricated concrete pile)

既製杭は通常，圧縮強度 80 N/mm^2 以上の高強度コンクリートと引張強度 100 N/mm^2 以上の PC 鋼材を用いた高強度プレストレストコンクリート杭（PHC 杭）が採用される。既製杭の特徴として，杭の支持力は杭自体の断面積と地盤の耐力によって定まることになっているので，杭に本来高いコンクリート強度は必要とされない。しかし，運搬中や施工中に杭にひび割れが生じるのを防ぐために高強度コンクリートが使われている。既製杭の工法は，杭を地面に打ち込む方法によって分類される。

a) 打込み工法

打込み工法のうち打撃工法は，既製コンクリート杭や鋼管杭の杭頭を打撃用のパイルハンマーで打撃して杭を地中に設置するものである（図 6.7 参照）。通常，杭径 800 mm 以下の施工に用いられることが多い。打撃工法は，パイルハンマーによる落下高さや打撃による貫入量およびリバウンド量などを把握することによって杭の支持力を確認するのが容易なため，杭工事として信頼性の高い工法の一つとして知られている。しかし，打撃工法の欠点としては，施工中の打撃が，大きな振動と騒音を起こすため市街地では問題となるケースも多い。この問題を防止するために防音防煙カバーの付いたパイルハンマーや油圧式パイルハンマーを使うなどの対策がとられている。

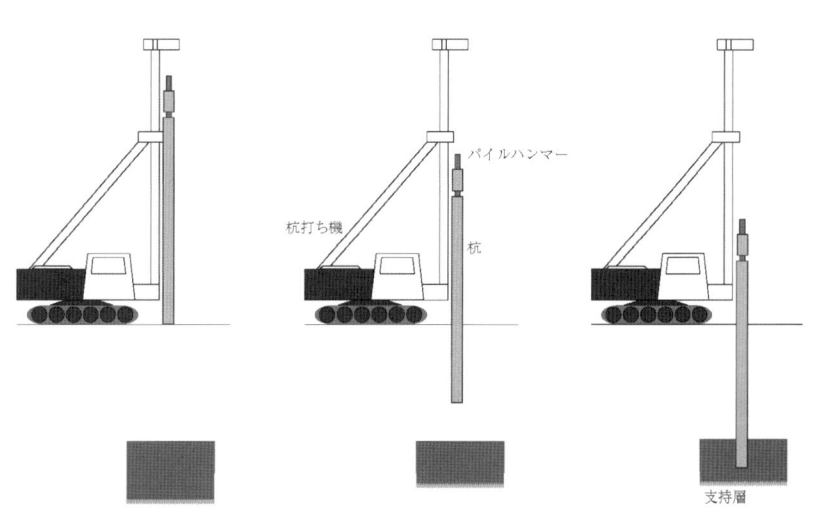

図 6.7 打撃工法

6 杭

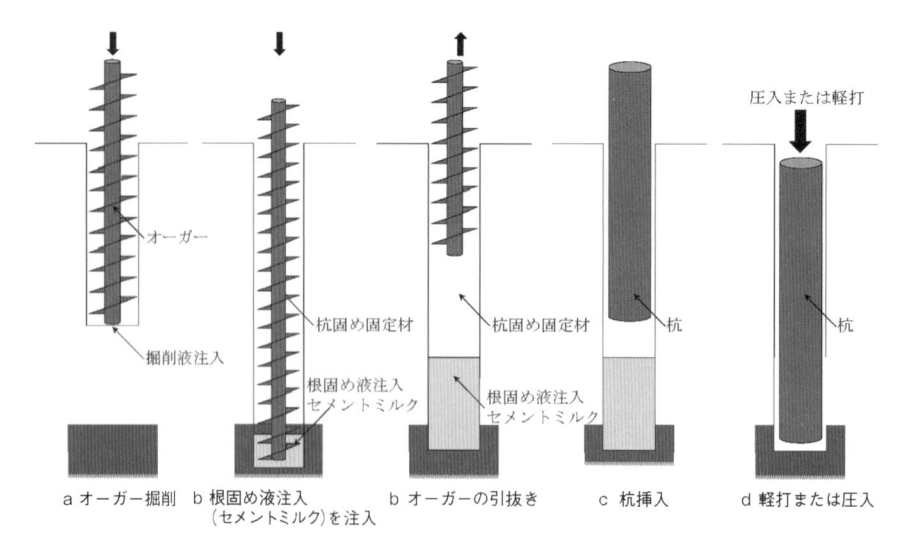

図6.8 プレボーリング工法

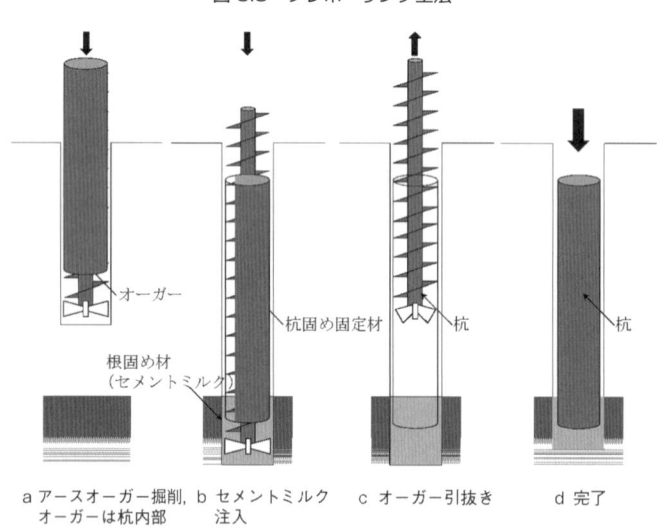

a オーガー掘削
b 根固め液注入（セメントミルク）を注入
b オーガーの引抜き
c 杭挿入
d 軽打または圧入

図6.9 中堀り工法

a アースオーガー掘削，オーガーは杭内部
b セメントミルク注入
c オーガー引抜き
d 完了

Point 既製杭と場所打ちコンクリート杭の違い

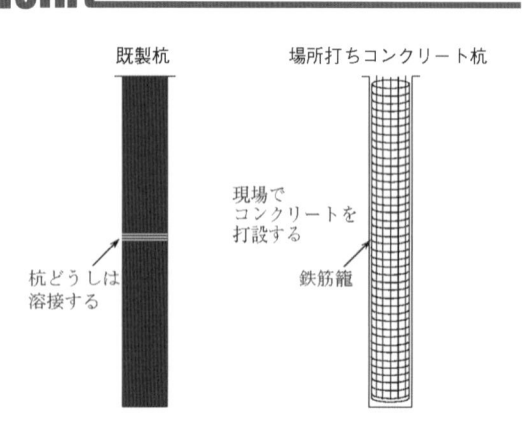

既製杭／場所打ちコンクリート杭
杭どうしは溶接する
現場でコンクリートを打設する
鉄筋籠

b）埋込み工法

埋込み工法のうちプレボーリング工法は，あらかじめ地盤をアースオーガーなどで所定の深さまで掘削した後，既製杭を挿入する工法である（図6.8参照）。セメントミルク工法ともよばれるプレボーリング工法は，アースオーガーで削孔した後，根固め液を注入しながらアースオーガーを引き上げ，既製杭をその孔に挿入する。挿入した杭を圧入するか軽打して支持層に定着させ，根固め液の硬化によって支持力を確保する工法である。このとき，アースオーガーの径は，杭径より100 mm大きいものを標準とすることが多い。この工法には，アースオーガーの引上げ速度は根固め液の注入量によって変わる，支持力を確保するために杭先端部を支持層中に1 m以上根入れす

150　Ⅲ編　鉄筋コンクリート工事の基本

るなど注意する点がある。

埋込み工法のうち中掘り工法は，先端を開放した既製杭を使用し，杭の中空部に挿入したアースオーガーで掘削すると同時に杭を挿入していく工法である（図6.9参照）。ここでは，杭がケーシング（孔壁の保護管）の役割を担っているために孔壁が崩れることはないうえ，スパイラルオーガーによる掘削のため振動や騒音があまり大きくならない利点がある。中掘り工法に適した杭の径は，300 mmから大きいもので1 200 mm程度である。

c）回転貫入工法

圧入工法のうち回転貫入工法は，鋼管の先端に掘削羽根を取り付け，鋼管を回転させることによる推進力によって地盤中に貫入させる工法である。鋼管径は，100 mmから1 200 mm程度まで幅広いため，さまざまな建築工事現場で採用されている。この工法の利点は，杭を回転させることで，杭の体積と同量の土が側方へ押しつけられ，掘削土が出ないことである。また，先端部の羽根面積を調整することが可能なので支持力を決めることができる。さらに，施工後の杭は逆回転すると容易に引抜きが可能である。

6.2 杭の施工

(1) 場所打ちコンクリート杭

場所打ちコンクリート杭では，図6.10に示すように，拡底杭（拡底工法）が主流となっている。拡底工法とは，杭の支持力を高めるために杭の底部を広げる（拡底する）工法である。アースドリル工法やリバースサーキュレーション工法で掘削し，杭の内部でビットの先端を開くことができる構造の掘削機を取り付けて拡底する。

杭工事では，掘削後にケーシングで土を押え

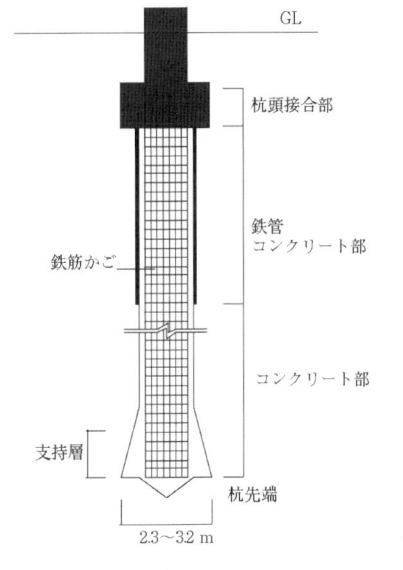

図6.10 拡底工法

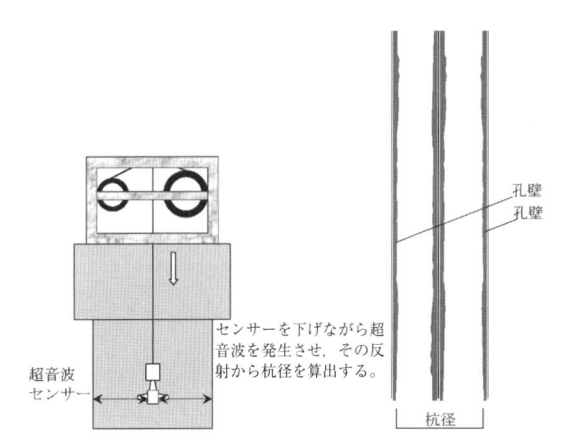

図6.11 超音波測定器の例

Point 杭工事における「おばけ」の存在

おばけ：ケーシングをとると，緩い土が落ちてきて，空洞ができること

る。このとき「Point 杭工事における「おばけ」の存在」に示すように，土の緩い部分のケーシングの裏に「おばけ」とよばれる空洞ができことがある。この場合，所定のレベルまで打ち込まれたコンクリートのレベルが下がり，杭の工事計画や品質に支障をきたす可能性があるので，十分注意する必要がある。

なお，建築工事現場では，図 6.11 に示した超音波測定器を利用して掘削孔の径や鉛直度，拡底部の直径などを計測している。

1) 鉄筋工事

場所打ちコンクリート杭に用いられる鉄筋は，JASS 4 ならびに JASS 5 に準じて施工されており，鉄筋かごが泥水中に設置された後にコンクリートが打ち込まれるため，付着力保持の面から，主筋には異形鉄筋を用いる。そして，異形鉄筋の種類・本数・太さが構造設計の結果から選定されるが，主筋の本数は 6 本以上，主筋の断面積は杭に対し 0.4％以上，鉄筋が土に接触しないようにスペーサを適宜配置し，底部のかぶり厚さを所定の値以上に確保する。鉄筋かごの組立には，主筋・帯筋・補強筋・スペーサが用いられる。鉄筋かごは運搬や建込み時に有害な変形が生じないよう堅固なものとし，最長でも 12 m 程度とする。また，鉄筋かごの建込みは，所定の掘削深さと有害なスライムがないことを確認してから速やかに行う。このとき芯ずれに注意して孔壁に接触しないようゆっくりと行うことが重要となる。スライム処理の方法を「Point スライムの処理」に示した。スライムとは，泥水中に浮遊する土砂やベントナイトの細粒分が時間の経過に伴い孔底に沈殿して残留した掘り屑のことであり，支持力やコンクリートの品質を確保するために除去する必要がある。

2) コンクリート工事

鉄筋工事でも説明したが，掘削完了後に掘削泥水をしばらく放置すると，泥水中に浮遊する微細な砂や粘土などが孔底に沈殿しスライムが発生する。このスライムが厚く沈殿すると杭先端支持力の低下や沈下量増大の原因となる。したがって，コンクリートの打込みにあたっては，沈降したスライムを「Point スライムの処理」に示した方法を用いて除去しなければならない。また，レディーミクストコンクリート工場でのコンクリート練混ぜ後からの経過時間が長くなると，コンクリートのワーカビリティーが低下するので，練混ぜから 90 分以内に打ち終わるように計画する。場所打ちコンクリート杭におけるコンクリートの打込みは泥水（安定液）中で行われるので，コンクリートが泥水を巻き込まないようにトレミー管を使用する。このとき重要になるのが，トレミー管をコンクリート中に挿入する深さである。

また，杭工事では，場所打ちコンクリート杭の掘削時に，孔壁の崩壊防止とスライム沈降防止のために安定液として「ベントナイト液」が用いられている。水を吸水して著しく膨張する微細な粘土の「ベントナイト」を溶液状にして，掘削孔に流し込み，孔壁の崩壊を防止するものである。安定液のおもな原理は，次のとおりである。掘削後

Point スライムの処理

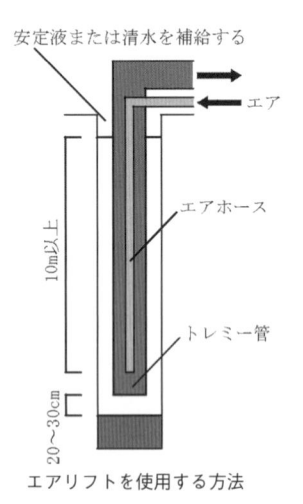

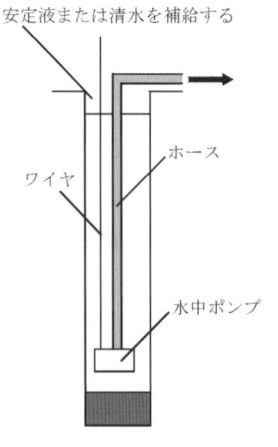

エアリフトを使用する方法 / 水中ポンプを使用する方法 / サクションポンプを使用する方法

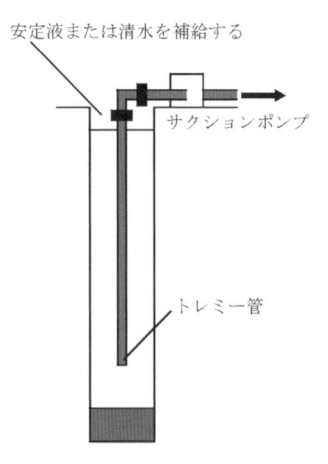

に孔内が掘ったままの状態で空洞の状態であると，地下水圧などによって土が崩れる。そこで，水より粘性のある安定液を入れ，地下水が孔内に入り込まないようにして，土が崩れるのを防いでいる。この安定液の管理が場所打ちコンクリート杭の品質を左右する。

また，トレミー管は，コンクリートを分離することなく杭底に到達させるために用いる。トレミー管は，コンクリートの打込み中はつねにコンクリート中に2m以上挿入された状態で打込み続け，不純物の混入した最初のコンクリートを押し上げるようにして打ち込んでいく。コンクリートの最上部分は，泥水やスライム，安定液のなどの混入によって品質が低下しているため，余分にコンクリートを打ち込む「余盛り」が必要になる。「Point 杭工事における余盛りの必要性」に示したように，一般的に所定のコンクリート面の高さよりも1m程度高くコンクリートを打設し，その後，ブレーカーによるはつりや膨張性破砕材により処理を行い余盛り部分を取り除く。これが，杭頭処理である。このとき処理された余盛りは，基礎の割栗石に再利用されるので，無駄なく施工することができる。

使用するコンクリートの品質については，JASS 5の「水中コンクリート」に準じているが，本書ではJASS 4（地業および基礎工事）の「場所打ちコンクリート杭工事」の規定と合わせて説明する。

場所打ちコンクリート杭において重要になるフレッシュコンクリートの性質のひとつ「スランプ」は，図6.12に示したようにJASS 5（2009）において，調合管理強度33 N/mm² 未満で21 cm以下，同 33 N/mm² 以上で23 cm 以下と規定されている。さらに，コンクリートの使用材料およびフレッシュコンクリートの性質は，JASS 5が改訂されたことでJASS 4と異なる記載があることに注意する必要がある（表6.1参照）。JASS 5では，場所打ちコンクリート杭には水中コンク

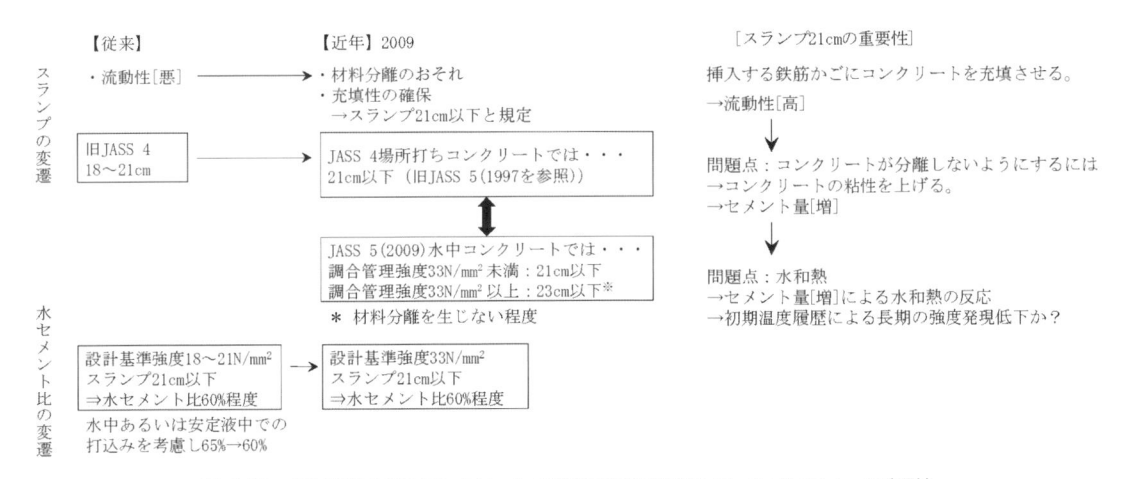

図6.12 杭に使用されるコンクリートの種類における変遷とワーカビリティーの重要性

Point 杭工事における余盛りの必要性

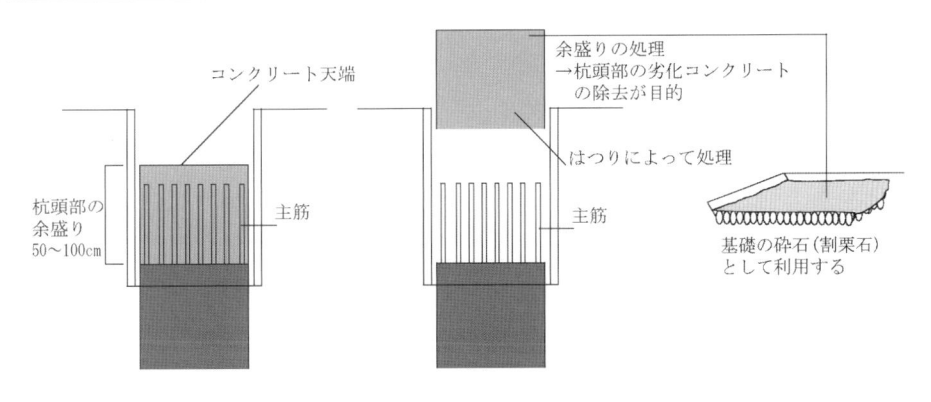

リートを用いるとされており，トレミー管で水中コンクリートを打ち込む場合の粗骨材の最大寸法は管径の1/6～1/8が施工性がよいことから，25 mm以下としている。その他，単位セメント量330 kg/m³以上，単位水量200 kg/m³以下，水セメント比60％以下，混和剤にAE減水剤または高性能AE減水剤を用いることとされている。

「Point 杭におけるコンクリートの強度発現の問題点と改善策」に示すように，場所打ちコンクリート杭はマスコンクリート（部材断面の寸法が大きく，セメントの水和熱による温度上昇で有害なひび割れが入るおそれのあるコンクリート）となることが多いため，水和熱の上昇を抑える高炉セメントB種を使用するなどの工夫が有効である。高炉セメントB種を用いると普通ポルトランドセメントを用いる場合よりも単位セメント量を増やすことができるので，コンクリートの粘性が高まり，安定液との混合による強度低下のリスクが低くなると同時に，長期強度の発現が期待できる。

これらのように，場所打ちコンクリート杭のコンクリート工事には，コンクリートの品質を十分に考慮した施工計画が必要になる。

3）杭頭処理

コンクリートが硬化した後，余盛りコンクリート部分を撤去する作業と，基礎との一体化を図るための配筋作業がある。余盛り部分の撤去は，ブレーカーによるはつりが一般的であるが，この方法には騒音や振動，作業時間が制限されるなどの問題がある。その対策として，余盛りコンクリート部分の主筋全長に付着防止材を取り付けておき，余盛りコンクリートを吊り上げて撤去する方

表6.1 JASS 4およびJASS 5の場所打ちコンクリートにおける規定

JASS 4 地業および基礎工事 2009

材料項目	品名・量・規定値
セメントの種類	普通ポルトランドセメント 中庸熱ポルトランドセメント 低熱ポルトランドセメント 高炉セメント シリカセメント フライアッシュセメント
骨材の品質*	最大寸法25 mm以下
調合	気温による強度の補正を行わない
所要スランプ*	21 cm以下
水セメント比	60％以下
単位セメント量*	清水，泥水中：330 kg/m³を最小値 空気中：270 kg/m³を最小値

＊：JASS 5 鉄筋コンクリート工事 1997
建築工事標準仕様書・同解説 JASS 4 地業および基礎工事

JASS 5 鉄筋コンクリート工事 2009

材料項目	品名・量・規定値
セメントの種類	特記によるもの
骨材の品質*	最大寸法25 mm以下
調合管理強度	33 N/mm² 未満，33 N/mm² 以上
所要スランプ*	調合管理強度33 N/mm²未満：21 cm以下 調合管理強度33 N/mm²以上：23 cm以下※
水セメント比	60％以下
単位セメント量*	330 kg/m³を最小値

＊：材料分離を生じない程度
建築工事標準仕様書・同解説 JASS 5 鉄筋コンクリート工事（2009）

Point 杭におけるコンクリートの強度発現の問題点と改善策

杭径[大]
杭径[小]

断面厚	[小] → [大]
セメントC量	[少] → [多]
粘性	[小] → [大]
水和反応（水和熱）	[低] → [高]
初期温度履歴	[小] → [大]

水や安定液の混入で強度低下させないため

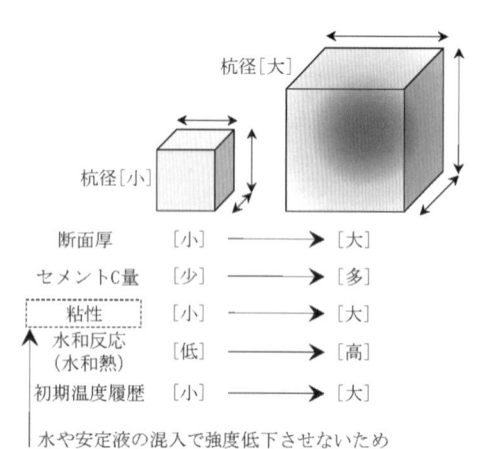

[コンクリートの強度発現のメカニズム]
普通ポルトランドセメント
→初期材齢の温度[高]約80℃
→長期強度[伸びない]
■ 初期温度履歴

[近年の研究成果]
→セメントの違いによる強度発現
高炉セメントB種 ＞ 普通ポルトランドセメント

[杭への有効性]
→高炉セメントB種の利用
＋W/Cの低下に伴うセメント量[増]可能
→C[増]で水や安定液が混合しても強度低下を抑える。

法や，膨張性破砕剤を充填できる特殊パイプの水平管をあらかじめ切断位置に取り付けておき，その膨張圧でコンクリートを破砕させる方法などが実用化されている。

(2) 既製杭

既製杭は，工場で製作した鉄筋コンクリートの杭のことで，次のような施工方法がある。

1) 継手処理

既製杭の接合方法には，溶接継手と無溶接継手がある。溶接継手は，アーク溶接を用いて既製杭の端部に取り付けられた鋼どうしを溶接する方法で，建築工事では一般的に半自動溶接を用いている。無溶接継手は，継手部にベアリングジョイントといった特殊な接続金物を用いた継手で，施工効率が高まり，気象条件の影響を受けにくい特徴がある。既製杭の継手処理で重要な点は，継手部分における「開先の食違い量」と「ルート間隔」の精度である（「Point 既製杭の継手処理の精度」参照）。開先の食違い量は，既製コンクリート杭の場合2mm以下，鋼管杭で2mmから3mm以下，ルート間隔は4mm以下と規定されている。

2) 杭頭処理

既製杭における杭頭処理とは，杭頭の位置を設計図書のどおりの高さ位置に合わせるために，施工が完了した杭の高さを整える作業である。杭頭処理を行う際は，杭のひび割れや損傷に注意する。既製コンクリート杭の場合は，杭頭をカッターで切断する方法とコンクリート部分をはつりとる方法の2つがある。はつりの場合は，杭の内部にあるPC鋼材や異形鉄筋が所定の長さを確保するよう注意する。

Point 既製杭の継手処理の精度

開先の食違い量 ： 2mm以下
ルート間隔 ： 4mm以下

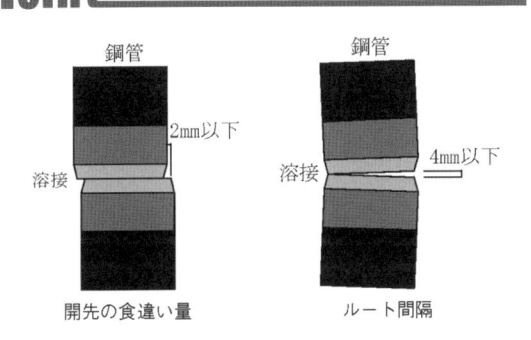

7 その他

本章では，根切り・山留め工事およびラーメン構造における壁部材について述べる。

7.1 根切り・山留め工事

(1) 根切り・山留め工事の基本事項

根切り・山留め工事の目的は，建築物が建設される範囲の地盤面を掘削し，基礎や地下構造物を建設し得る所要の大きさの地下空間を設けることにある。一方で，当該部分の工事が完了すれば不要となる仮設工事である。そもそも地盤は，何かしらの外的な要因が作用しない限り安定した状態を保っている。建築物を建設することは，一般に地盤の掘削を伴うものであり，地盤の安定した状態を乱すものである。このため，建築物の建設される敷地はもとより，周辺環境に対しても有害な影響の出ないよう，十分考慮して施工する必要がある。

2002年版の日本建築学会『山留め設計施工指針』（以下，「山留め指針」とする）によれば，工事規模，施工条件，敷地条件，地盤条件，地下水の条件に加え周辺環境に適合し，安全で経済的な方法で行うことを前提として，根切り・山留め工事の原則を以下のように定めている。この概念を「Point 根切り・山留め工事の要求性能の概念と床付け地盤の破壊現象」に示す。

① **土圧や水圧などの側圧荷重に対して安全であること**

前述したように，根切りを行うと自然状態において安定した状態にあった地盤のバランスが崩れ

Point 根切り・山留め工事の要求性能の概念と床付け地盤の破壊現象

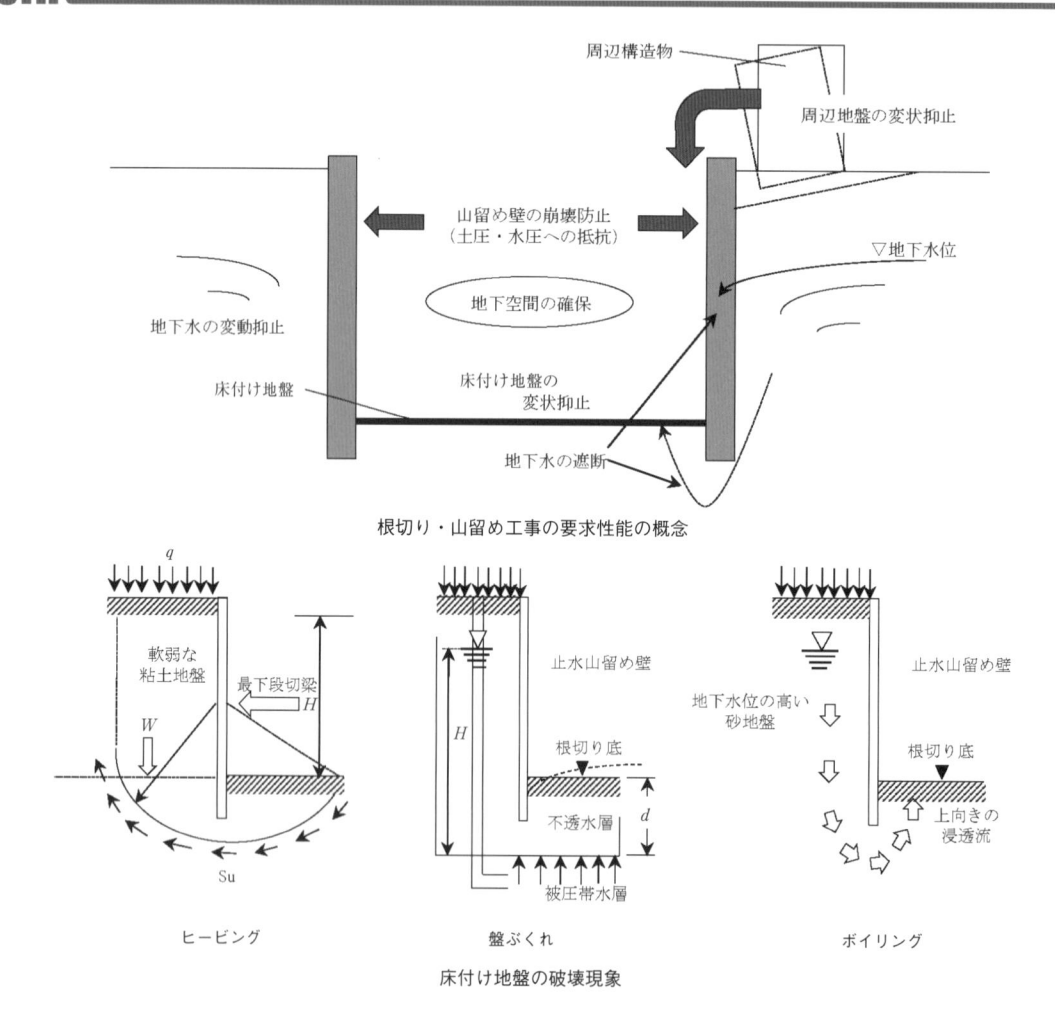

根切り・山留め工事の要求性能の概念

床付け地盤の破壊現象

ヒービング　　盤ぶくれ　　ボイリング

Point 根切り・山留め工法の種類と分類および工法の概要

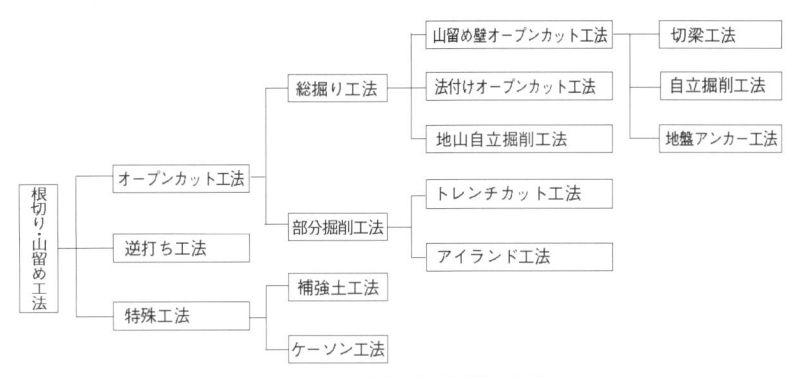

根切り・山留め工法の種類と分類

- 根切り・山留め工法
  - オープンカット工法
    - 総掘り工法
      - 山留め壁オープンカット工法
        - 切梁工法
        - 自立掘削工法
        - 地盤アンカー工法
      - 法付けオープンカット工法
      - 地山自立掘削工法
    - 部分掘削工法
      - トレンチカット工法
      - アイランド工法
  - 逆打ち工法
  - 特殊工法
    - 補強土工法
    - ケーソン工法

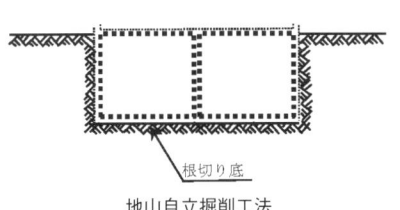

地山自立掘削工法

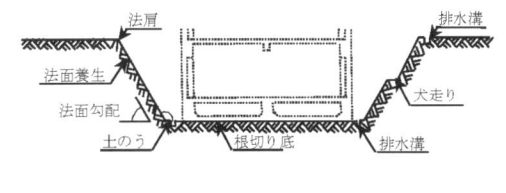

法付けオープンカット工法

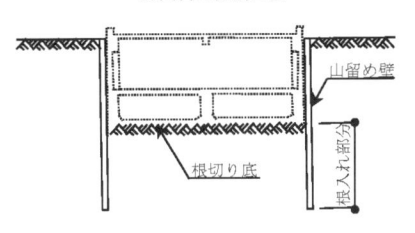

山留め壁オープンカット工法（自立掘削工法）

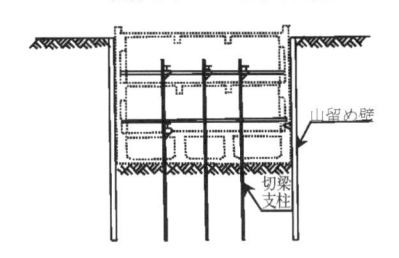

山留め壁オープンカット工法（切梁工法）

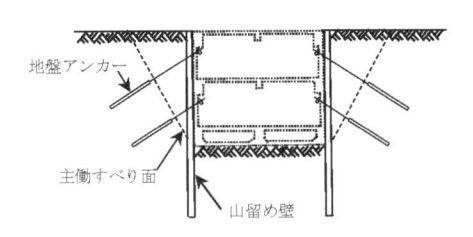

山留め壁オープンカット工法（地盤アンカー工法）

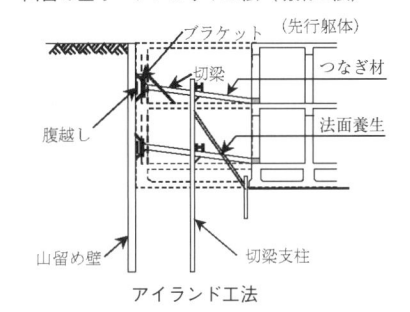

アイランド工法

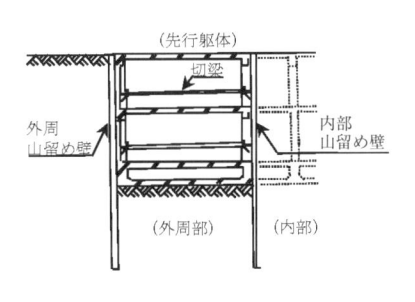

トレンチカット工法

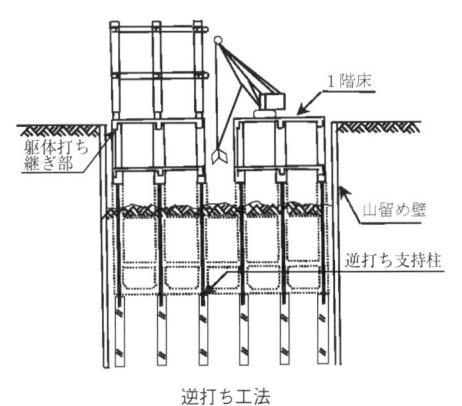

逆打ち工法

る。このため，根切り部分周囲の山留め壁には周辺地盤からの土圧のみならず，地盤に含まれる地下水の水圧が作用する。これらの側圧荷重は，根切り深さが深いほど大きくなる一方で，地盤の構成・性状，地下水の状況，地表面荷重などによって異なる。

② **ヒービング，盤ぶくれ，ボイリングに対して安全であること**

根切り底面における地盤の破壊現象には，「Point 根切り・山留め工事の要求性能の概念と床付け地盤の破壊現象」に示すように，軟弱な粘性土地盤におけるヒービング，根切り底面下の被圧水のある地盤における盤ぶくれ，地下水位の高い砂質土地盤におけるボイリングなどがある。これらの破壊現象が生じると，工事の続行が困難になることに加え，周辺地盤や構造物に有害な影響を与える可能性が大きい。このため，根切り底面の安定が確保できるよう，山留め壁の根入れ深さ，地下水の湧水処理や地盤改良などの検討が重要となる。特に，最終根切り段階における状態が最も厳しくなるので注意が必要である。

③ **周辺の構造物や埋設物などに有害な影響を与えないこと**

根切り部分に近接した構造物や埋設物は，地盤の掘削に伴う周辺地盤の沈下や水平移動により，構造物が傾いたり，変形するなどの有害な影響を受けることがある。特に地下水については，影響が広範囲に及ぶことがあるので十分な注意が必要である。

④ **床付け地盤を乱すことなく，所定の期間に所定の深さまでの根切りが行えること**

床付けとは，砂，砂利，均しコンクリートなどの地業工事ができる状態に所定の深さに地盤を掘り揃えることをいう。建築物の基礎を直接地盤に支持させる直接基礎の場合には，床付け地盤がそのまま支持地盤となる。このため，床付け地盤が乱れた状態（軟弱な状態や不陸がある状態）では建築物の鉛直荷重を地盤面へ確実に伝達することができない。

(2) 根切り・山留め工事の計画
1) 根切り・山留め工法の種類と選定

根切り・山留め工法の種類と分類および工法の概要を「Point 根切り・山留め工法の種類と分類および工法の概要」に示す。根切り・山留め工法は，オープンカット工法，逆打ち工法，ケーソン工法および補強土工法に分類できるが，建築工事ではオープンカット工法および逆打ち工法が用いられることがほとんどである。根切り・山留め工法にはさまざまな種類のあることがわかるが，それぞれの工法に長所・短所がある。そのため，工事規模，施工条件，敷地条件，地盤条件および周辺環境への影響などの与条件を考慮して適切な工法を選定する必要がある。山留め指針に示される与条件に対する根切り・山留め工法の選定基準の

Point 山留め壁の種類と分類および工法の概要

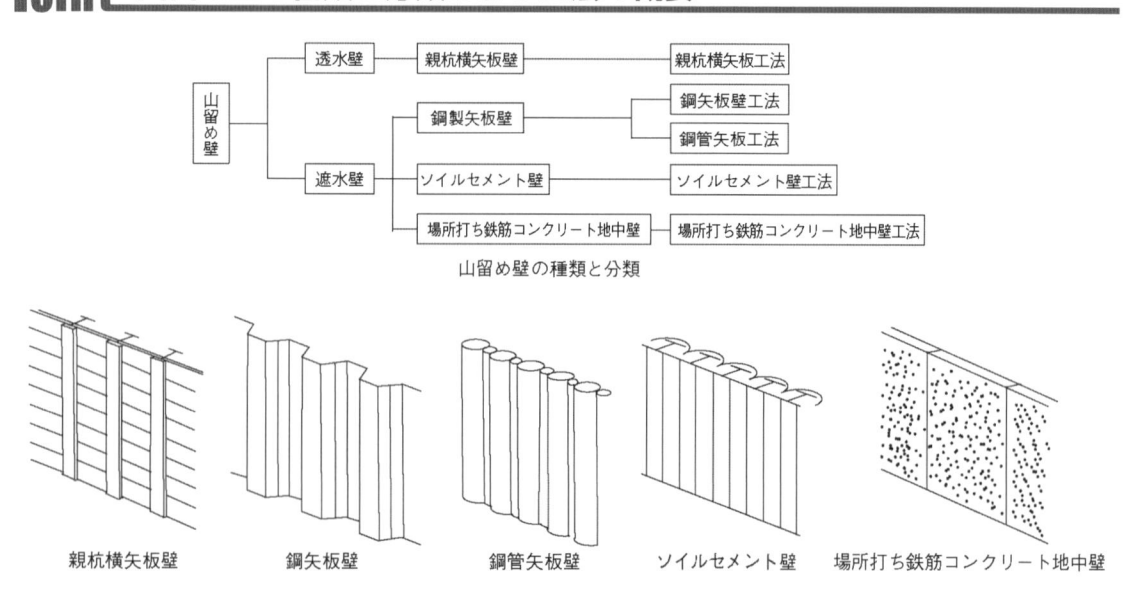

山留め壁の種類と分類

親杭横矢板壁　鋼矢板壁　鋼管矢板壁　ソイルセメント壁　場所打ち鉄筋コンクリート地中壁

目安を表7.1に示す。

2) 山留め壁工法の種類と選定

山留め壁工法の種類と分類および工法の概要を「Point 山留め壁の種類と分類および工法の概要」に示す。山留め壁は山留め支保工と一体となって，根切り周辺地盤からの土圧や水圧などの側圧荷重を支持し，根切り時における山留め架構の安定を図るとともに，周辺環境に有害な影響を与えないように十分な強度と剛性を有していなければならない。山留め壁は，透水壁と遮水（止水）壁に大別でき，要求される剛性や耐力，施工深度，地盤条件，騒音・振動などの施工性に加え，工期や工費などの与条件に応じて適切な工法を選定する。山留め指針に示される与条件に対する山留め壁の選定基準の目安を表7.2に示す。

3) 山留め支保工の種類と選定

山留め支保工の種類と分類および工法の概要を「Point 山留め支保工の種類と分類および工法の概要」に示す。山留め支保工は，山留め壁に作用する側圧荷重を支えるとともに，山留め壁の変形を抑制し，周辺環境に有害な影響を与えないように作用荷重をバランス良く各部に伝達できるようにしなければならない。

山留め支保工は，切梁方式，アンカー方式および逆打ち方式に分類できる。これらのなかでも，切梁方式が比較的安価で最も実績の多い方式である。切梁工法は，切梁，切梁支柱，ブラケットおよび腹起しにより構成されており，切梁に用いられる材料によって，鋼製と鉄筋コンクリート製に分けられる。それぞれの部材の役割は次のとおりである。切梁は，山留め壁からの水平荷重を，腹起しを媒介として支持するものである。切梁支柱は，切梁の自重や軸力などの垂直分力の合計荷重を支持するものである。腹起しは，山留め壁からの水平荷重を均等に受け，切梁に伝達させるものである。

工法の選定にあたっては，表7.2に示すように施工の与条件を考慮して適切に選定する。

(3) 根切り・山留め工事の施工

山留め壁オープンカット工法を想定した，根切り・山留め工事の計画から施工のフローを図7.1に示す。前述したように，根切り・山留め工事は仮設工事である一方で，他の工事とくらべて地盤の沈下や水平移動など現場内のみならず周辺環境に与える影響が大きく，最悪の場合には災害や障害を引き起こすこともある。そのため，綿密な事前調査を行い，適切な施工計画を立案し，これに基づいた安全性の高い施工が求められる。さらには，施工に伴う振動・騒音を抑制するとともに，掘削残土や廃棄物の運搬経路など，近隣環境の保

表7.1 与条件に対する根切り・山留め工法の選定基準の目安

工法の種類	工事規模 根切り深さ 浅い	深い	平面規模・形状 狭い	広い	不整形	施工条件 工期	工費	敷地条件 周辺スペース 有	無	高低差 有	無	地盤条件 軟弱地盤	地下水位が高い	周辺環境 周辺沈下	騒音振動
地山自立掘削工法	◎	△	○	○	○	◎	◎	◎	△	◎	○	△	△	◎	◎
法付けオープンカット工法	◎	△	△	◎	○	○	◎	◎	△	◎	△	○	○	◎	◎
山留めオープンカット工法 自立掘削工法	◎	△	○	○	○	○	○	◎	○	◎	◎	◎	◎	○	○
切梁工法	○	◎	◎	○	○	○	○	○	◎	○	◎	△	◎	○	○
地盤アンカー工法	◎	○	○	○	◎	○	○	◎	○	◎	○	○	○	○	○
アイランド工法	○	△	△	◎	△	△	○	○	○	○	○	○	○	○	○
トレンチカット工法	○	△	△	◎	△	△	○	○	○	○	○	○	○	○	○
逆打ち工法	△	◎	△	◎	○	△	△	○	○	○	○	◎	◎	◎	◎

◎：有利　○：普通　△：不利

表7.2 与条件に対する山留め壁の選定基準の目安

山留め壁の種類	地盤条件 軟弱な地盤	砂礫地盤	地下水位が高い地盤	工事規模 根切り深さ 深い	浅い	平面規模 広い	狭い	周辺環境 騒音・振動	地盤沈下	排泥処理	工期	工費
親杭横矢板壁	△	◎	△	△	◎	◎	○	○	△	◎	◎	◎
鋼矢板壁	◎	○	◎	○	◎	◎	○	△	○	◎	○	○
鋼管矢板壁	◎	○	◎	◎	△	○	○	△	◎	◎	○	△
ソイルセメント壁	◎	○	◎	○	○	◎	○	◎	◎	△	○	○
RC地中壁	◎	○	◎	◎	△	◎	○	◎	◎	△	△	△

◎：有利　○：普通　△：不利

全への配慮が重要である。

1）根切り工事

根切り工事では，山留め架構の安定を保持できるようバランス良く行うとともに，施工中の状態を管理しながら所定の期間に所定の深さまで掘削を行う。施工中には，山留め架構の安全性の管理はもとより，工事の進捗に大きく影響する地下水の処理が重要となる。

掘削機械は施工の与条件を考慮して，掘削および集土にはバックホウ，ブルドーザ，ベルトコンベア，揚土および積込みにはバックホウ（浅い部分用），クラムシェル，バケットコンベアなどを用いる。掘削は，根切り深さに応じて複数回に分けて行うため，各段階ごとに側圧荷重に対する山留め架構の応力・変形状態について確認を行いながら進める。

床付け面は，前述したように乱さないように慎重に根切りを行うことが重要である。床付け面を乱した場合には，礫・砂質土であれば転圧による締固め，粘性土であれば礫・砂質土に置換するかセメントや石灰などにより表層部分の地盤改良を行う。また，各段階の根切り底面については，ヒービング，盤ぶくれ，ボイリングなどの地盤の変状を観察し，異常が見られた場合には，直ちに工事を止めて早急に対策を講じなければならない。

掘削残土については，含水比の高い砂質土や軟弱な粘性土など汚泥に区分されるものを除けば，基本的には再利用できる資源であるので，コンクリート塊や建設資材などの混入を防止する。

2）埋戻し工事

埋戻し工事とは，山留め壁と地下躯体との間に間隙がある場合に，土や砂などの埋戻し材料を充填することをいう。山留め支保工の撤去後には，

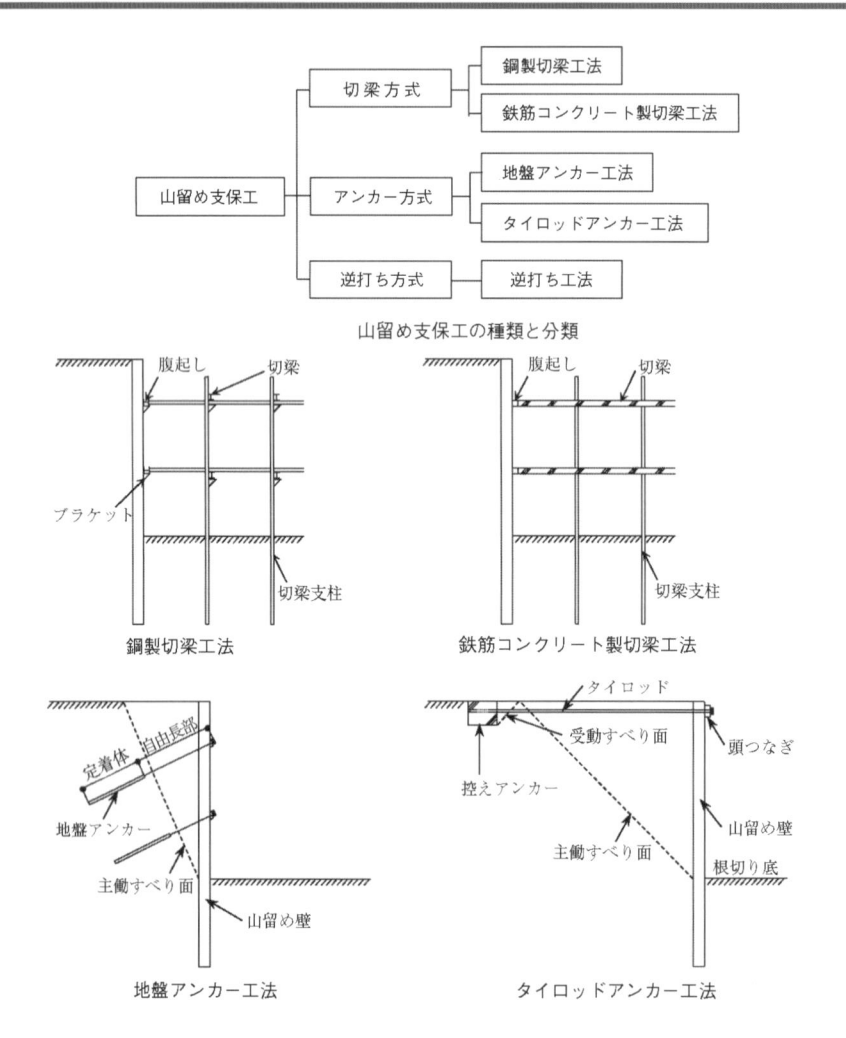

Point 山留め支保工の種類と分類および工法の概要

山留め支保工の種類と分類

鋼製切梁工法

鉄筋コンクリート製切梁工法

地盤アンカー工法

タイロッドアンカー工法

埋戻した部分が側圧荷重を地下躯体に伝達させる媒介となるために適切に施工することが重要である。埋戻しの時期は，地下躯体が完了してから一度に行う場合と，地下躯体の一部が完了するごとに段階的に行う場合とがあるが，いずれにおいても埋戻し厚さを薄くし，水締めや静的・動的締固めなどによって締固めを行う必要がある。

3) 山留め壁の施工

山留め壁は，所定の精度，遮水性および側圧荷重が支持できる強度・剛性を有するとともに，所定の根入れ深さまで確実に施工する。特に，根入れ深さが浅いと，側圧荷重を十分支持できず山留め壁が変形したり，根切り底面の地盤の変状を引き起こす場合があるので，設計・計画どおりの施工を行うよう十分に注意する必要がある。

4) 山留め支保工の架設

腹起しおよび切梁などの山留め支保工は，所定の深さまでの根切りが完了した後，直ちに設置する。これは，各段階の根切り時において，腹起しおよび切梁の設置直前が最も山留め壁の応力や変形が大きくなる状態になるためである。特に，軟弱な粘性土の地盤では，腹起しおよび切梁の設置の遅れが山留め壁の変形を助長することもあるため，速やかに設置することが重要である。

(4) 計測管理

根切り・山留め工事の施工中には，地盤面からの土圧や水圧がつねに作用し続けている。このため，周辺地盤や建築物などの挙動や山留め架構の変形・応力の状態を測定して，種々の変状を事前に把握する計測管理が重要となる。計測対象は，山留め架構については山留め壁，山留め支保工および根切り底面であり，それぞれに作用する荷重や変形・変状などである。山留め壁および山留め支保工における計測の例を図7.2に示す。また，周辺環境については，地盤および構造物の沈下や変位・変形状態が計測の対象となる。

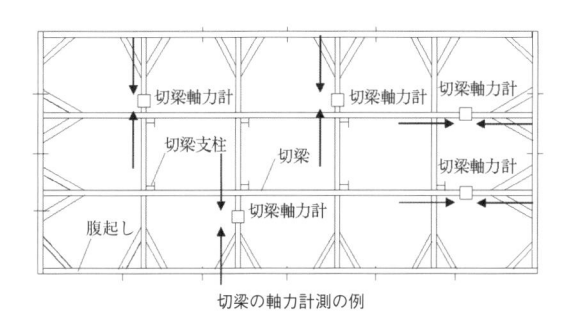

図7.1 根切り・山留め工事の計画から施工のフロー

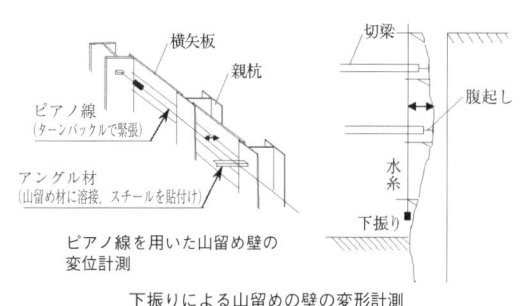

図7.2 山留め壁および山留め支保工における計測の例

7.2 壁

壁（Wall）は，一般的には厚さが120～300 mm程度の板状の鉛直部材である。壁の役割は，構造および機能に分けてとらえることができる。構造的には構造耐力を負担するか否かで，耐震壁（耐力壁ともいう）と非構造壁に分類することができる。一方，機能的には建築物内外における間仕切の役割をもち，鉛直部材のなかでは見付け面積が最も大きくなる。

以降，本節ではラーメン構造における壁部材を主として概説する。

(1) 壁の構造

壁の構造は，前述したように耐震壁（耐力壁ともいう）および非構造壁（施工段階では雑壁と俗称されることもある）に大別できる。非構造壁は，厚さの小さい壁や柱梁によって拘束を受けていない間仕切壁，手摺壁などであり，地震力が作用すると脆性的に破壊する。すなわち，地震力を負担しない壁である。ただし，2010年の日本建築学会『鉄筋コンクリート構造計算規準・同解説』では，耐震壁以外の壁を構造部材として積極的に利用することが有効かつ合理的になる場合も多いことから，周囲が柱・梁で囲まれた壁（付帯ラーメン）だけでなく，そで壁付柱・梁や腰壁などの従前は非構造壁とされていた部材についても，構造部材としての規定が設けられるに至っている。

一方，地震力を負担する壁のことを耐震壁という。耐震壁は，柱・梁と一体となってその効果を発揮するものであるが，線形部材である柱や梁のように，主として曲げ応力だけを考慮するのと異なり，面材として作用する応力を考慮する必要がある。

面内方向に作用する応力に対しては，「Point ラーメン構造の耐震壁における弾性変形の概要」に示すように，曲げ，せん断および基礎回転の3要素による変形を考慮する。耐震壁に生じる全変形は，これらの3要素による変形を合算したものである。耐力壁の剛性は，せん断剛性については耐震壁の水平断面形状によって定まる一方，曲げ剛性については立面形状によって変化する。たとえば，水平断面形状が同一である連続耐力壁は，低層建築物ではせん断変形，高層建築物では曲げ変形がそれぞれ大きくなる傾向を示す。軟弱地盤上にある建築物については，基礎回転による変形が支配的となる場合がある。

このほかに，耐力壁の配置によっても構造耐力への影響が異なる。たとえば，重心と剛芯の隔たりがあり偏心率が大きくなると建築物のねじり剛性が低下する，耐震壁間の距離が大きくスラブの面内剛性が小さくなると中央構面の負担が大きくなる，ピロティ形式などのように立面上の耐震壁の配置バランスが悪いと剛性率が小さくなり，特定の層に変形や応力が集中するなどの構造耐力の低下を招くことになる。さらには，耐震壁の挙動は，開口の有無によっても異なってくる。開口面

Point ラーメン構造の耐震壁における弾性変形の概要

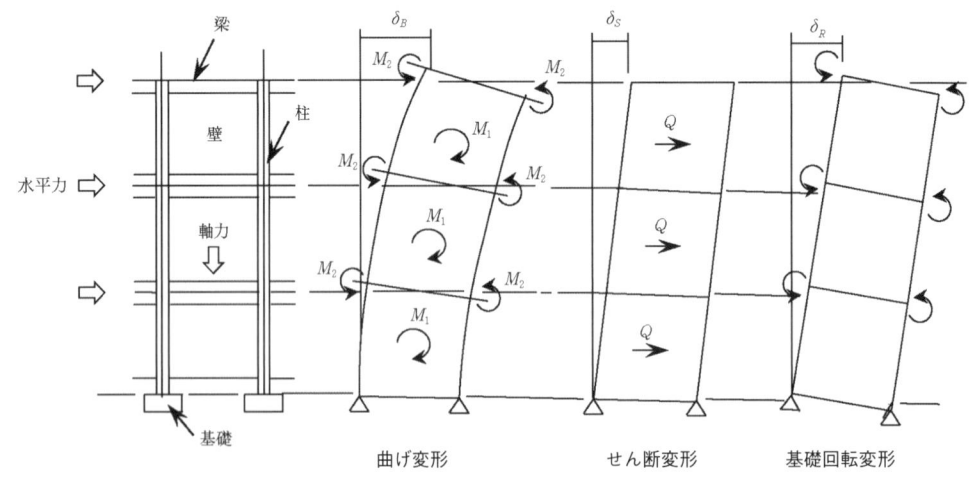

曲げ変形　せん断変形　基礎回転変形

M_1：水平力における曲げモーメント
M_2：境界梁における曲げ戻しモーメント
Q：層せん断力

全変形 $\delta_T = \delta_B + \delta_S + \delta_R$

積が小さい場合には，その位置によって無開口の耐力壁と同等の特性を示す場合もあるが，許容水平せん断力の低減を見込む必要がある。また，開口のある場合には，その隅角部における局部応力の集中によって誘発されるひび割れが進展しないように開口補強が必要となる。これについては後述の鉄筋工事の項を参照されたい。

(2) 壁の種類
1) 構造からみた壁の種類

鉄筋コンクリート造建築物の構造形式は，図7.3に示すように大別するとラーメン構造および壁式構造に分類できる。簡単にいえばラーメン構造とは，柱と梁が剛に接合された構造形式のことであり，壁式構造は壁で支える構造形式のことである。それぞれの構造形式における構成部材は，基礎部分を除けばラーメン構造では柱，梁，スラブおよび壁となり，壁には耐震壁および非構造壁がある。一方，壁式構造では壁とスラブとなり，壁はすべてが耐震壁となる。これによって，壁の開口部を設ける場所の自由度は，ラーメン構造のほうが壁構造より高くなる。

ラーメン構造では，付帯ラーメンにおける壁の存在により柱・梁の変形が拘束され，せん断破壊を助長することがある。この場合には，図7.4に示すように，壁の剛性をキャンセルするために，水平または垂直方向に柱・梁から分離させる構造スリット（間隙）を設けることが有効である。構造スリットは，壁の拘束条件によって，柱または梁と完全に分離させる完全スリット型と一部接続させる部分スリット型に分類できる。

2) 形状からみた壁の種類

ラーメン構造における形状からみた壁の種類の例を「Point 構造における形状からみた壁の種類の例」に示す。形状からみた壁の種類は，大まかには柱または梁との接続関係，連続の有無などで整理することができる。柱に接続している壁には，両側柱付き壁，連続する壁（水平，鉛直方

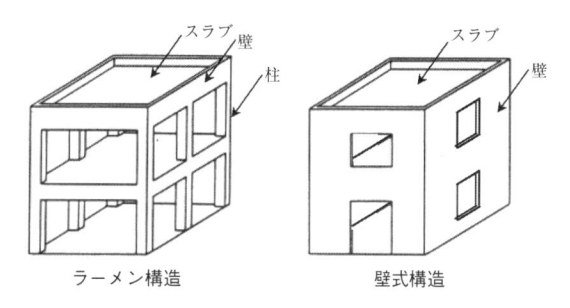

図7.3 鉄筋コンクリート造建築物の構造形式と構成部材の例

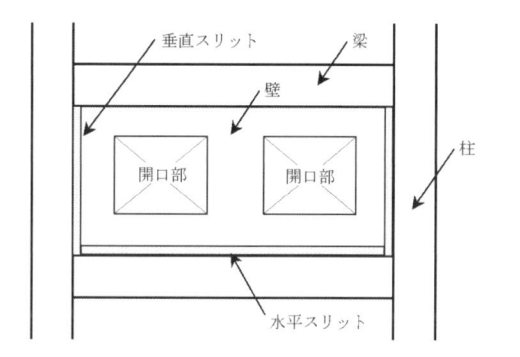

図7.4 構造スリットの設置位置の例

Point 構造における形状からみた壁の種類の例

両側柱付き壁／連続する壁／柱付き壁（そで壁）／柱なし壁／梁付き壁／垂れ壁と腰壁／手摺壁

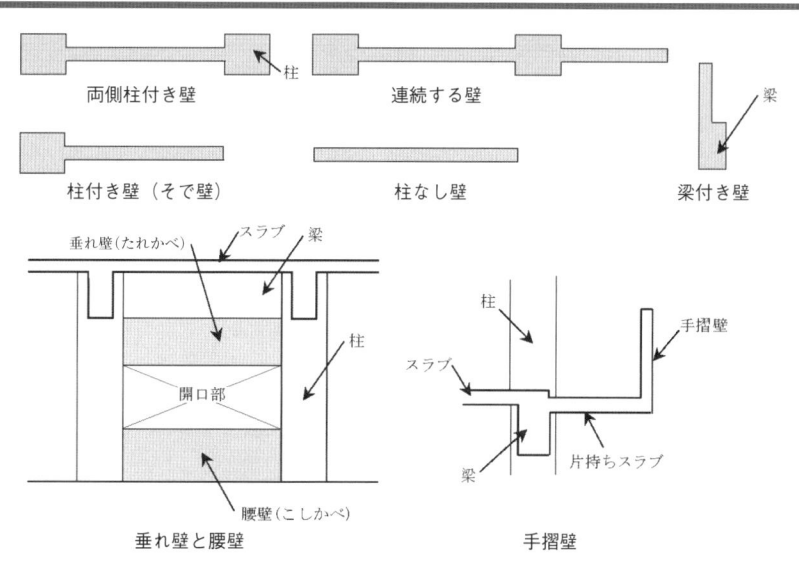

向)，柱付き壁（そで壁）があり，柱と接続していない柱なし壁がある。一方，梁との接続でみると梁付き壁があり，梁の下端に接続する垂れ壁，梁の上端に接続する腰壁，梁の上下端（上階と下階）で接続するそで壁にそれぞれ分類することができる。また，バルコニーの手摺壁のように片持ちスラブに接続して自立する壁もある。

3) 工法からみた壁の種類
a 在来工法

在来工法とは，一般には現場において配筋され型枠が組み立てられた状態の部材にコンクリートを打ち込んで躯体を施工する工法のことであり，わが国においては最も一般的な工法である。一方で，施工において多くの労働力を必要とすることから労働集約型の工法ということができる。

在来工法では，配筋や型枠のように施工する部位以外の現場内または工場で加工・製作されたパーツを所定の位置において組み立てることはあっても，基本的には施工する部位の周辺における作業が主となり，現場打ちコンクリートを用いて躯体を施工する。在来工法における躯体は，後述するプレキャストコンクリート工法と異なり納まりや加工・組立などの自由度は高いものの，鉄筋や型枠およびコンクリートなどの構成材料ごとに施工する専門工事業者が異なることから，職種相互の調整や施工方法および施工管理によって品質が左右される。

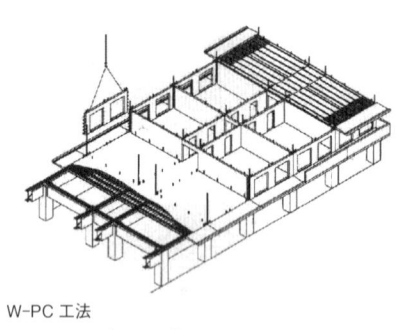

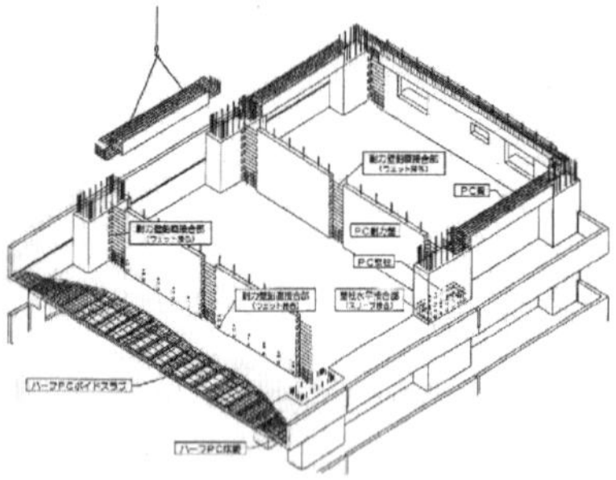

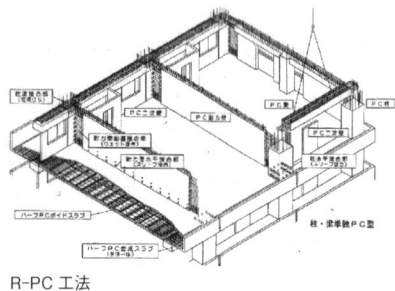

図 7.5 各種 PCa 工法の概要

写真 7.1 PCa バルコニー部材の例

表 7.3 PCa 工法の種類と適用規模

架構形式	工法名	規模	略称
壁式構造	中型プレキャスト鉄筋コンクリート部材組立工法	低層（3階建てまで）	戸建て，量産公営型等
	大型プレキャスト鉄筋コンクリート部材組立工法	中低層（5階建てまで）	W-PC 工法
		高層（6〜11階建て）	高層 W-PC 工法
ラーメン式構造	プレキャスト鉄筋コンクリート部材組立工法	低層から超高層まで	R-PC 工法
	プレキャスト鉄骨鉄筋コンクリート部材組立工法	高層・超高層	SR-PC 工法
壁式ラーメン構造	プレキャスト鉄筋コンクリート部材組立工法	高層（15階建てまで）	WR-PC 工法

b プレキャストコンクリート工法

プレキャストコンクリートは，側溝，各種ブロック，縁石，杭などの二次製品からカーテンウォールや主要構造部材に至るまで広範囲に用いられている。

主要構造部材に用いるプレキャストコンクリート工法には，プレキャストコンクリート製造工場において部材を作製し製品化されたものを現場に搬入して，施工する部位において組み立てる工法（PCa工法）と，施工する部位以外の現場内で部材を作製し，施工する部位において組み立てるサイトプレキャスト工法（サイトPCa工法）がある。一方，PC棒鋼などによりあらかじめ部材に圧縮応力を導入する場合をプレストレストコンクリート工法（PC工法）といい，PCa工法とは区別した呼称である。通常規模の建築工事では前者のPCa工法が一般的である。

PCa工法を適用する最大の理由は，在来工法を合理化することにある。PCa部材がPCa工場または現場内などの施工場所以外で製造されるがゆえの特長としては，工期短縮，省力化，躯体の高品質化または品質の均質化，高耐久化があげられる。一方で，建築物の規模，工事費，専門工事業者の確保状況などによって必ずしも合理的といえない場合もあるので与条件を見きわめて適切に選定する必要がある。

PCa工法の種類は，構造形式によって分類することができ，壁式構造では壁式プレキャスト鉄筋コンクリート部材組立工法（W-PC工法），ラーメン構造ではラーメンプレキャスト鉄筋コンクリート部材組立工法（R-PC工法），壁式ラーメン構造では壁式ラーメンプレキャスト鉄筋コンクリート部材組立工法（WR-PC工法）などが代表的である。（一社）プレハブ建築協会の『プレキャスト建築技術集成』によるPCa工法の種類と適用規模を表7.3，各種PCa工法の概要を図7.5にそれぞれ示す。また，写真7.1に示すバルコニーのように，片持ちスラブ（ハーフPCaバルコニー）または手摺壁一体型の片持ちスラブ（フルPCaバルコニー）として部分的にPCa工法を採用する例もある。特に，中規模の集合住宅において適用例が多く，本体の躯体は在来工法を適用する反面，バルコニーや共用廊下などの片持ちスラブ部分のみPCa化を図る場合がある。

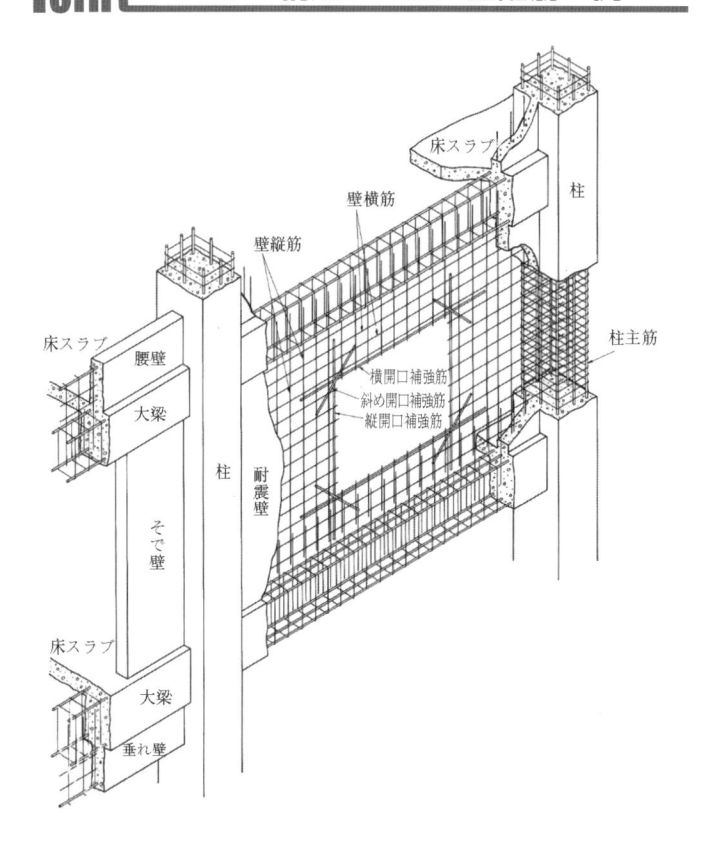

(3) 壁の施工
1) 鉄筋工事
a 壁配筋の種類

ラーメン構造における壁配筋の例を「Point ラーメン構造における壁配筋の例」に示す。壁では，鉄筋が縦横に一重，二重またはそれ以上に配筋される。壁配筋の種類を図7.6に示す。壁配筋の種類は，縦筋と横

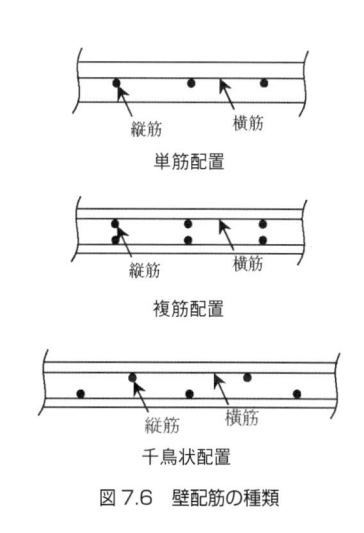

Point ラーメン構造における壁配筋の例

図7.6 壁配筋の種類

7 その他

筋の組合せにより，一重の単筋と二重の複筋に分けられる。複筋には，両側とも同ピッチで配筋する複筋配置と，縦筋を交互に配筋する千鳥状配置がある。鉄筋のピッチは，一般には100〜200 mmの範囲であり，鉄筋の呼び径はD10またはD13が一般的である。

b 壁配筋の定着および継手

日本建築学会『鉄筋コンクリート造配筋指針・同解説』における柱および梁への壁配筋の定着の例を「Point 柱および梁への壁配筋の定着の例」に示す。壁配筋は，地震時には縦筋および横筋ともに引張力が作用するために，耐震壁または非構造壁にかかわらず柱や梁に十分定着させることが重要である。一方，鉄筋は定尺長さがあるため，途中で鉄筋を継ぐ必要がある。これを鉄筋の継手という。鉄筋の継手位置は，Pointに示すように柱および梁のなかに継手を設けないことを原則とする。

c 開口補強

開口部の隅角部には，自己収縮ひずみ，乾燥収縮および地震力などによって応力が集中する。そのため，隅角部には図7.8に示すように斜め張力に対応した開口補強筋を配筋して補強し，ひび割れの進展を抑制する。これに加えて図7.9に示すように開口部に沿ってひび割れ誘発目地を設けることも有効である。壁厚が薄い場合には，開口補強筋の存在により局部的にコンクリートの充填性が低下することがあるので，これを考慮した配筋とコンクリートの打込み・締固めが必要となる。

d 壁筋の組立

配筋に際しては，配筋図に従って正確に施工するとともに，コンクリートの打込みにより配筋が動かないように施工し，鉄筋のかぶり厚さが設計どおりに確保できるよう適切にスペーサを配置する。

壁筋の組立は，型枠工事との連携作業を考慮する必要がある。複筋における壁筋の組立順序の例を図7.10に示す。組立順序は，型枠工事との相互関係から2段階に分けることができる。第1段階には，片側のせき板およびセパレータを取り付けた後に，片側の複筋の縦筋および横筋をセパ

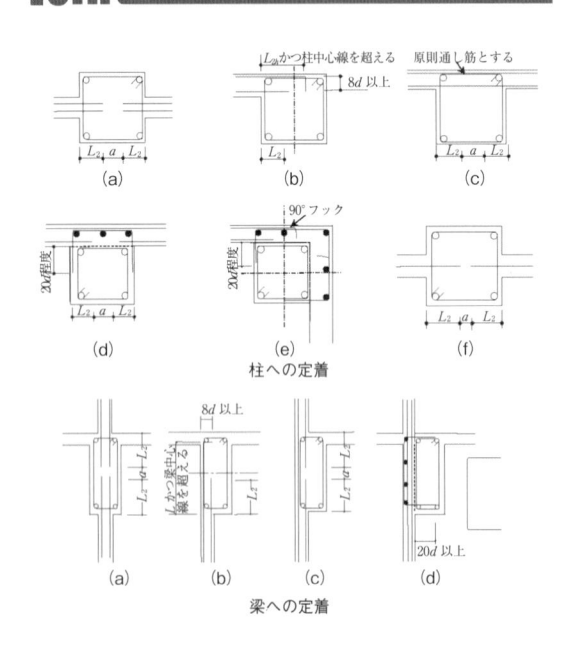

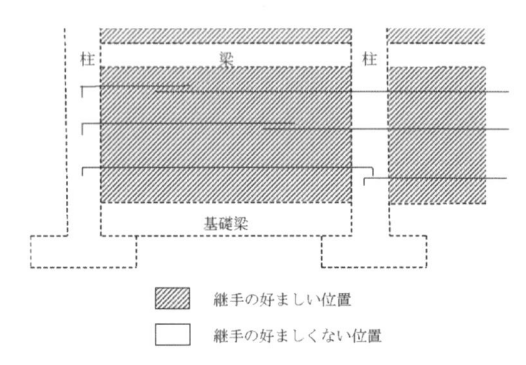

図7.7 鉄筋の継手位置の原則

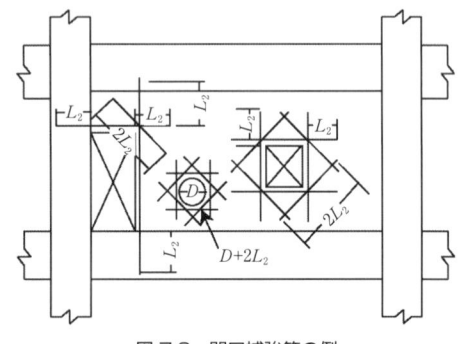

図7.8 開口補強筋の例

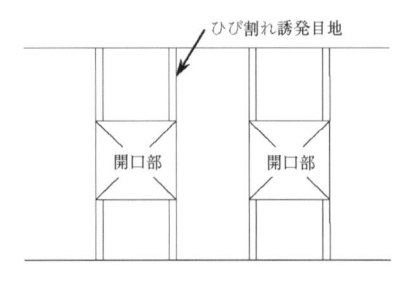

図7.9 開口部におけるひび割れ誘発目地の設置例

Point 柱および梁への壁配筋の定着の例

柱への定着

梁への定着

レータを利用して配筋する。第2段階には，第1段階とは反対側の縦横の複筋をセパレータを利用して配筋する。同時に，鉄筋のかぶり厚さを確保するためにスペーサを設置して第1段階とは反対側のせき板（返し型枠ともいう）を組み立てる。

1）コンクリート型枠用合板を用いた型枠工事
a 壁型枠工法の基本

コンクリート型枠用合板を用いた壁型枠の組立例を「Point コンクリート型枠用合板を用いた壁型枠の組立例」に示す。壁型枠工法のおもな構成材料は，せき板（コンクリート型枠用合板），桟木，セパレータ（コーンおよびフォームタイを含む）および縦・横端太（単管パイプ）である。構成材料それぞれの役割は，次のとおりである。

せき板（コンクリート型枠用合板）：その名称のとおりコンクリートをせき止める材料であり，コンクリートが直に接するため，せき板表面の品質がそのままコンクリートの表層品質に反映される。壁型枠に一般的に用いられるせき板の寸法は，600×1 800 mm（2×6尺）および900×1 800 mm（3×6尺）である。

桟木：せき板と一体化してパネル状にするための材料であり，せき板の曲げ剛性を補強する効果がある。

セパレータ：せき板相互の間隔を保持するための部材であり，コーンおよびフォームタイと一体化して用いる。

縦・横端太（単管パイプ）：コンクリートの打込

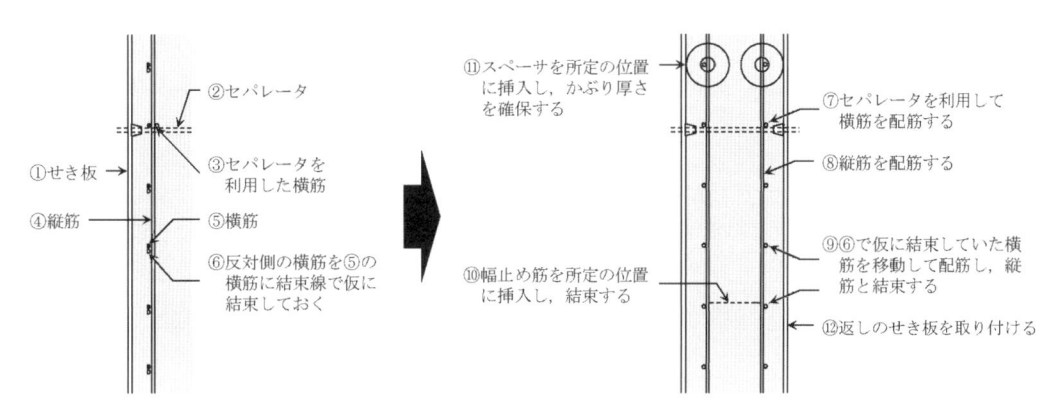

図 7.10　複筋における壁筋の組立順序の例

Point コンクリート型枠用合板を用いた壁型枠の組立例

7 その他　167

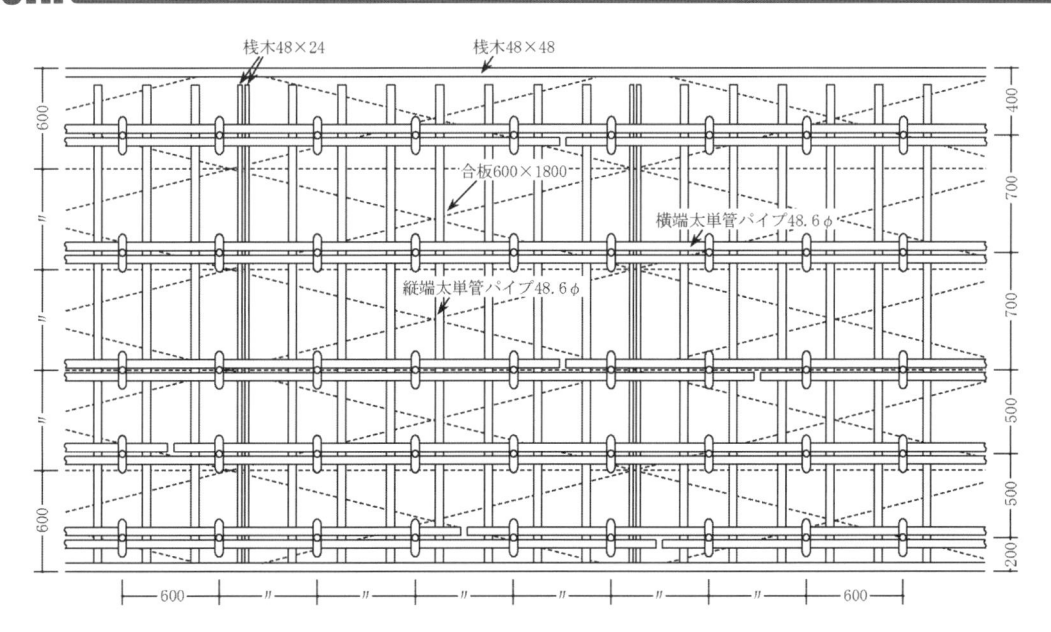

みに伴って生じる側圧を受け止め，型枠の剛性を高める効果がある。単管パイプは，桟木とほぼ同じ寸法のため桟木と並列して設置することができ，これを横端太が支持する。

壁型枠組立工程の例を図7.11に示す。先述したように鉄筋工事との相互関係を十分考慮しながら工事を進める必要がある。

せき板の割付けは，コンクリート型枠用合板の定尺寸法を考慮して，極力端材が生じないようにする。セパレータの割付けは，配筋のピッチやコンクリートの側圧によってせき板が変形しないことを考慮して定める。一般的には図7.12に示すような寸法で設置する。

b 根固め

壁型枠の根固め方法の例を図7.13に示す。根固めとは，型枠の下端において所定の水平レベルを保持しつつ強固に固定することをいう。根固めの精度は，その上部の型枠の組立精度に直結するため適切に施工することが重要である。根固めの方法には，型枠の下端にスラブが存在するか否かで分けることができる。スラブがある場合には，スラブ上の凹凸を不陸調整材（モルタルや硬質ゴムパッキンなど）により調整した後に敷角（敷桟ともいう）を敷設する。一方，型枠の下端にスラブがない外壁の打継ぎ部などは，下階のセパレータを利用して金物や端太角を緊結して型枠を支持する。

c 開口部の型枠

アルミサッシが取り付く開口部の型枠の例を「Point アルミサッシが取り付く開口部の型枠の例」に示す。開口部の型枠の要求性能は，コンクリートの打込み時に開口部の周囲にコンクリートが密実に充填されること，型枠の脱型後にアルミサッシの取付けが可能であることに集約される。アルミサッシを取り付けるためには，さまざまな納まりがあるが，アゴ（サッシアゴともいう）と呼称される突起を設けることが多く，溶接のベースとなるサッシアンカーを埋設する。アゴを設けることによって，開口部における止水性の向上やアルミサッシの取付け部の納まりが美しくなるなどの利点がある。一方で，形状が複雑化するためにコンクリートの充填性の観点からは難点となる。そのために，特に充填性が劣る開口部下端には空気抜き孔を設置して対応するなど，コンクリートの打込み時には十分注意して密実に充填するよう施工することが重要である。

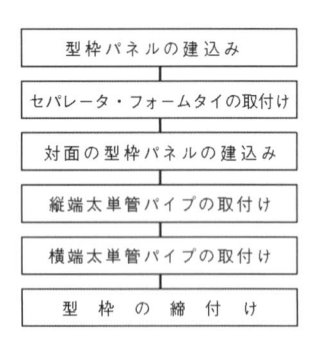

図7.11 壁型枠組立工程の例

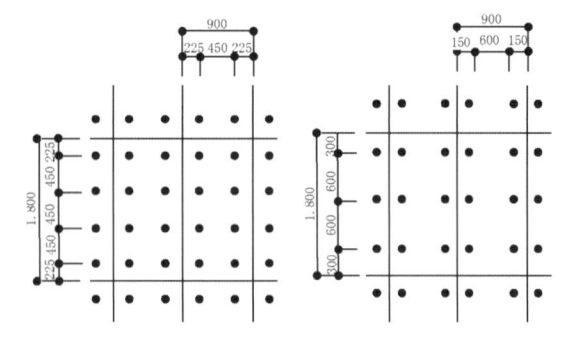

図7.12 セパレータの割付けの例

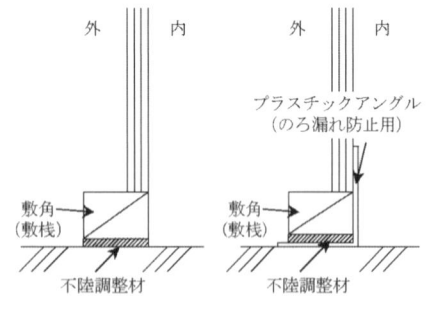

敷角下端にスラブがある場合の例（屋内壁等）　　敷角下端にスラブがない場合の例（外周打継ぎ部等）

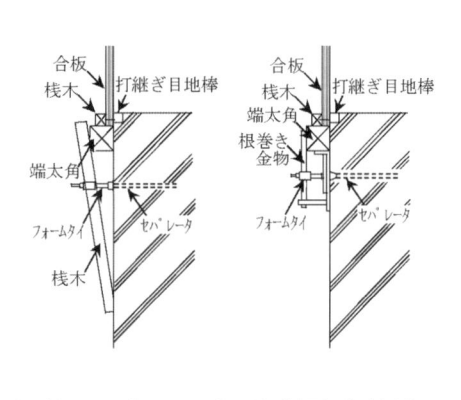

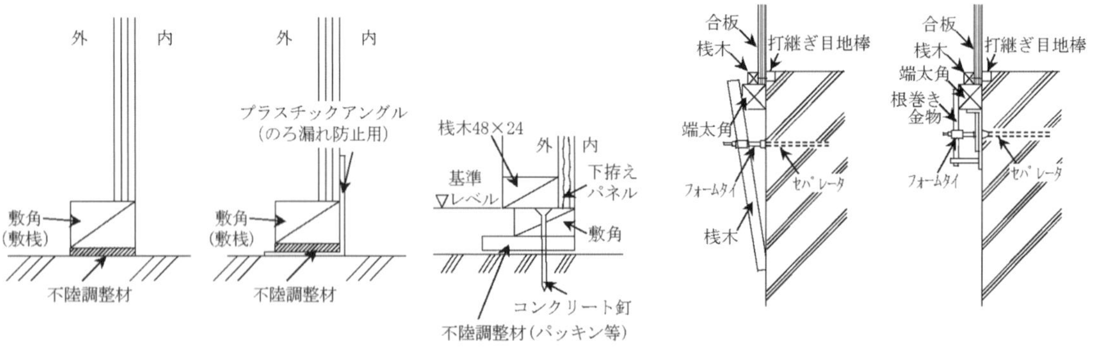

図7.13 壁型枠の根固め方法の例

2) コンクリート工事

　壁の厚さは，一般には 120〜300 mm 程度と薄く，かつ高さが 3〜4 m 程度と高い反面，開口部，設備配管や配筋など混在している。このことからコンクリートを打ち込み，締め固めるには本質的に難点が多い部材であるといえる。

　コンクリートの打込み・締固めの要求性能は，型枠の変形を生じさせず，かつ材料分離しないよう密実に充填させることにある。壁へのコンクリートの打込み方法を図 7.14 に示す。コンクリートの打込み・締固めに際しての要点をあげると次のようになる。

① コンクリートは目的の位置にできるだけ近づけて打ち込む。
② 打継ぎ部に脆弱部を生じさせないようにする。
③ コンクリートが一体になるよう連続して打ち込む。
④ 打込み速度は，良好な締固めができる範囲内とする。
⑤ コンクリートが分離しない自由落下高さ（図 7.15 および写真 7.2 参照）および水平移動距離とする。
⑥ コールドジョイントが生じない打重ね時間間隔とする。
⑦ 鉄筋のかぶり厚さ不足が生じることのないようにする。
⑧ 締固めは，型枠の隅々までコンクリートが充填され，密実なコンクリートが得られるように行う。
⑨ 型枠の変形を生じさせないようにする（図 7.16 参照）。

Point　アルミサッシが取り付く開口部の型枠の例

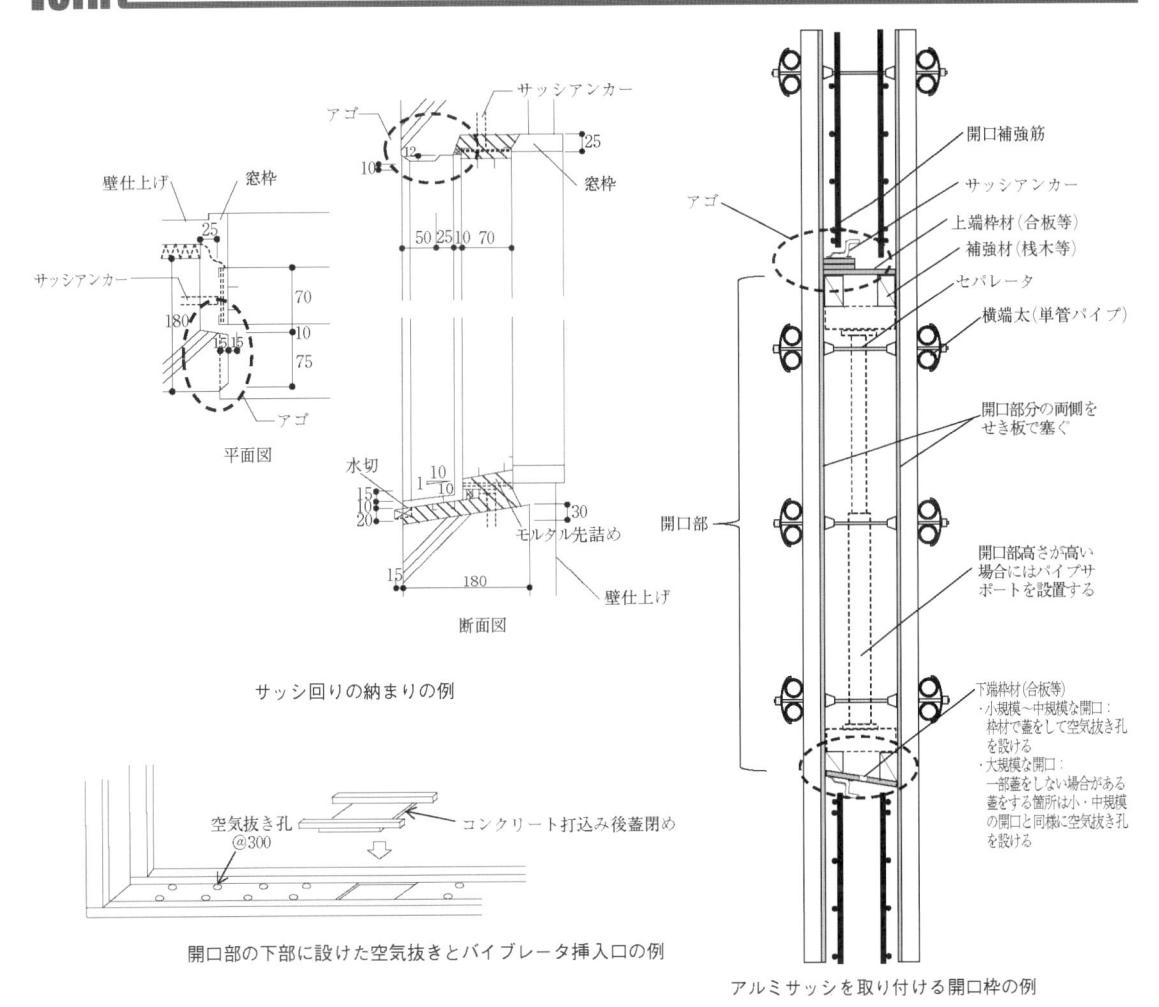

サッシ回りの納まりの例

平面図

断面図

開口部の下部に設けた空気抜きとバイブレータ挿入口の例

アルミサッシを取り付ける開口枠の例

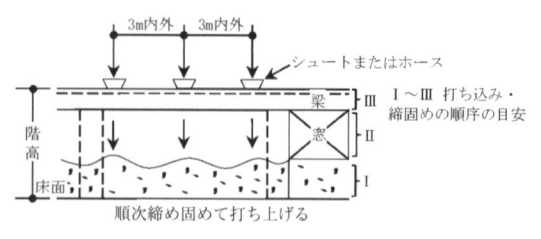

図7.14 壁へのコンクリートの打込み方法

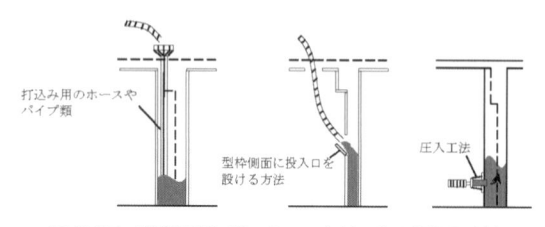

図7.15 階高の高い壁へのコンクリートの打込み方法

写真7.2 圧入工法における圧入口の設置例

図7.16 コンクリートの打込みに伴う型枠の変形例
(a) 壁の出隅部
(b) 壁がT字形に交差する部分

ここで，コンクリートの打込みに際して不具合の生じる頻度の高い開口部下端および手摺壁における例を図7.17および図7.18にそれぞれ示す。

開口部下端では，前節で示したようにコンクリートの充填性が低下する。開口部下端にふたをしない場合には，コンクリートの吹出しによる中央部の充填不足や端部のはつりなどが生じる。

一方，スラブと一体化した手摺壁では，スラブと手摺壁の取合い部分において適切な打込みを行わないと，スラブ上端におけるコンクリートの吹出しやスラブの上げ裏におけるコールドジョイントや色むらの発生が生じる。また，手摺壁においてはコールドジョイントが発生する可能性がある。

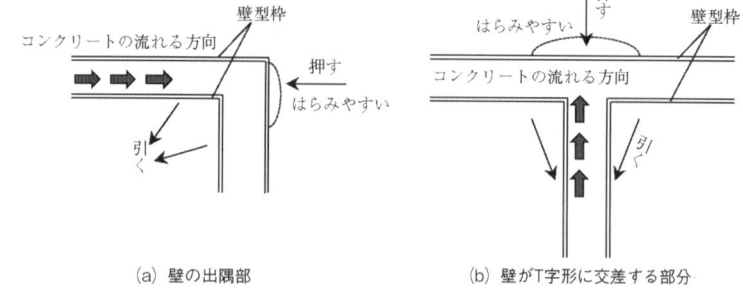

図7.17 開口部下端におけるコンクリートの充填不良の例
(a) コンクリートの吹出しによる不良（中央部充填不足，端部はつり）
(b) コンクリートのかき出しによる不良（端部に空洞ができる）
(c) 下部ふたを設ける（コンクリート充填良好）

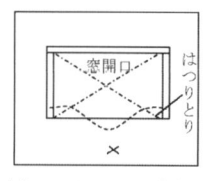

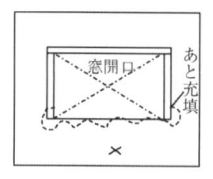

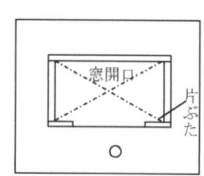

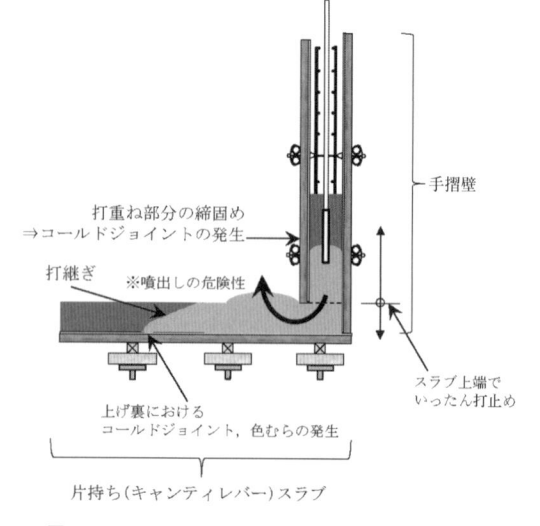

図7.18 手摺壁へのコンクリートの打込みの留意点

IV編 施工管理の基本

1 品質管理

(1) 建築工事における品質管理
1) 建築基準法における申請および提出書類

建築現場の実務として，工事そのものを円滑に進めるために，書類を作成し，提出するといった申請・届出と関係官庁との関係が必要である。その際，建築主または工事施工者は，必要書類を作成しなければならない。図1.1に示すように，提出する書類がいくつかある。確認済証の交付を受けた後，工事に着手し，工程が指定された建築物の場合は，中間検査を受けた後，中間検査合格証の交付を受ける。さらに，工事が完了した時点で完了検査を受け，検査済証の交付を受けなければならない。書類によっては建築主，設計者，工事監理者および施工者の協議・確認が必要となる。

2) 建築基準法第12条第5項における報告

現在のところ，必要に応じて建築基準法第12条第5項の報告を求めるという方法をとってい

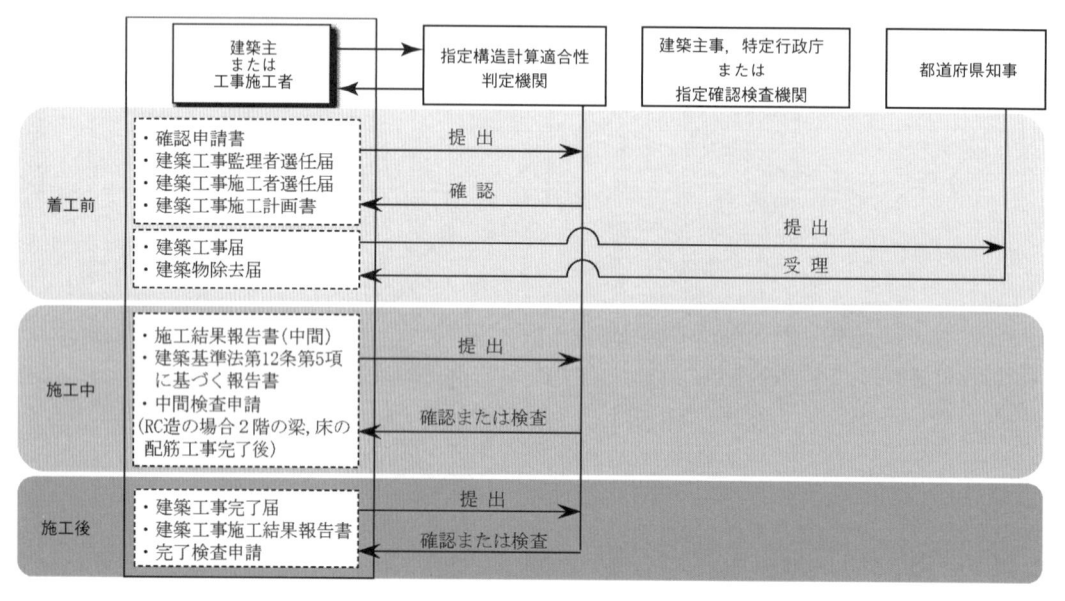

図1.1 建築基準法における申請および届出書類

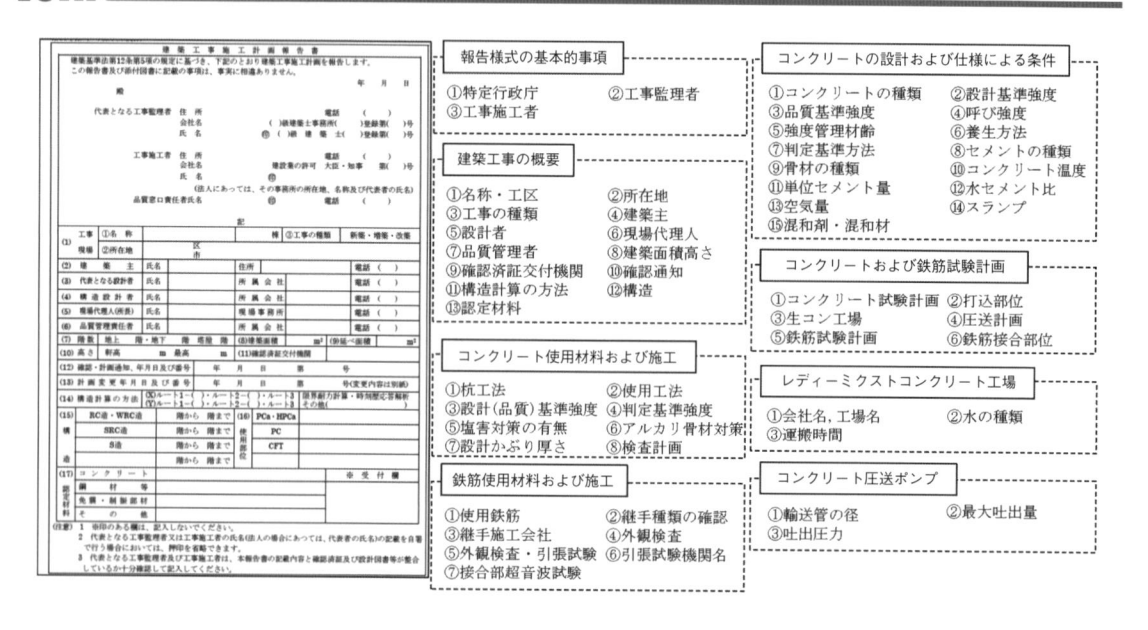

Point 建築基準法第12条第5項に基づく報告（東京都の例）

る。「Point 建築基準法第12条第5項に基づく報告」は，東京都が定める建築工事施工計画報告書の記入項目である。

3）工事別品質管理書類

品質管理記録を作成・管理する目的は，契約通りの建物ができていることを立証することである。施工者は，工程に沿った品質管理計画を立案し，検査と品質管理書類の作成を実施する必要があり，だれが作成し，承認したものであるかなど明確に示さなければならない。「Point 各工事における品質管理書類の例」に示した品質管理書類は，一例であり，実際はこれより多くなる場合もある。

4）品質管理組織

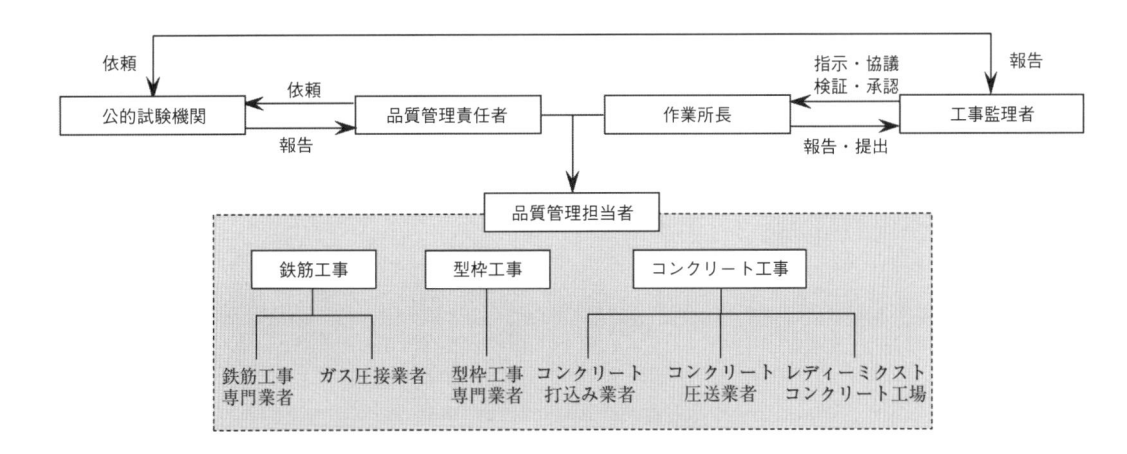

「Point 品質管理組織」に施工における品質管理組織の例を示す。施工段階における品質管理組織の中心的立場にあるのは施工者であり，施工者は，品質要求事項を満足する建物を完成させなければならない。しかし，発注者の代理人である工事監理者の監理があるため，施工者の品質管理が受動

Point 各工事における品質管理書類の例

杭工事	鉄筋工事	型枠工事	コンクリート工事

各工事に必要な品質管理記録書

杭工事	鉄筋工事	型枠工事	コンクリート工事
施工計画書・施工要領書 品質管理表 鉄筋ミルシート コンクリート調合表 試験杭施工記録 杭工事施工報告書 コンクリートの品質検査記録 杭頭偏心量の品質検査記録 工事写真 残土処分先許可書 残土処分数量一覧表 残土捨場写真 泥水処分記録	施工計画書・施工要領書 品質管理表 鉄筋ミルシート 材料預り証 作業指示書 品質管理記録 かぶり厚測定記録 圧接部の引張試験記録 圧接部の超音波探傷試験記録 配筋検査・試験記録 工事写真	施工計画書・施工要領書 コンクリート躯体図 構造計算書 品質管理表 作業指示書 型枠精度測定記録 コンクリート打設前検査記録 型枠解体記録 工事写真	施工計画書・施工要領書 品質管理表 コンクリート調合表 コンクリート納品書 品質管理記録 受入れ検査・試験記録 構造体コンクリート検査記録 打上り躯体検査記録 工事写真

Point 品質管理組織

公的試験機関 ←依頼— 品質管理責任者 —指示・協議 検証・承認→ 工事監理者
公的試験機関 —報告→ 品質管理責任者 ←報告・提出— 作業所長 →報告→ 工事監理者
依頼↓

品質管理責任者 → 品質管理担当者

品質管理担当者
├─ 鉄筋工事 ─┬─ 鉄筋工事専門業者
│   └─ ガス圧接業者
├─ 型枠工事 ── 型枠工事専門業者
└─ コンクリート工事 ─┬─ コンクリート打込み業者
                     ├─ コンクリート圧送業者
                     └─ レディーミクストコンクリート工場

1 品質管理

的になりやすい。そのため，施工者の経験を生かした品質管理を行い，連携をとるなど対応する必要がある。

（2）鉄筋工事における品質管理

鉄筋工事は，事前に検討すべき事項を把握したうえで，施工計画を行うことが重要である。各作業所では，間違い防止や管理方法を明確にするために，さまざまな取組みを行っている。

鉄筋の品質は，試験によって確認を行うのが原則であるが，実際に試験を行う例は少なく，ミルシート，納品書，圧延マークなどによって搬入された鉄筋が計画通りの品質であるか確認する。

1）準備段階

施工の準備段階は，施工者が設計図書の内容を十分に検討し，確認しておかなければならず，最も重要な作業である。さらに，施工上の問題点を抽出し，施工計画書および施工図を作成する。

2）施工段階

材料の受入検査は，ミルシートの照合および表示項目の目視確認を行い，鉄筋の加工における切断・曲げ加工位置の確認を行う。鉄筋の配筋検査は，施工者による自主検査と工事監理者による検査がある。施工者は，自主検査の結果を工事監理者に報告し，その後，工事監理者が検査の立会いをする。配筋検査にあたっては，図面では納まっ

Point 鉄筋工事の施工管理フロー

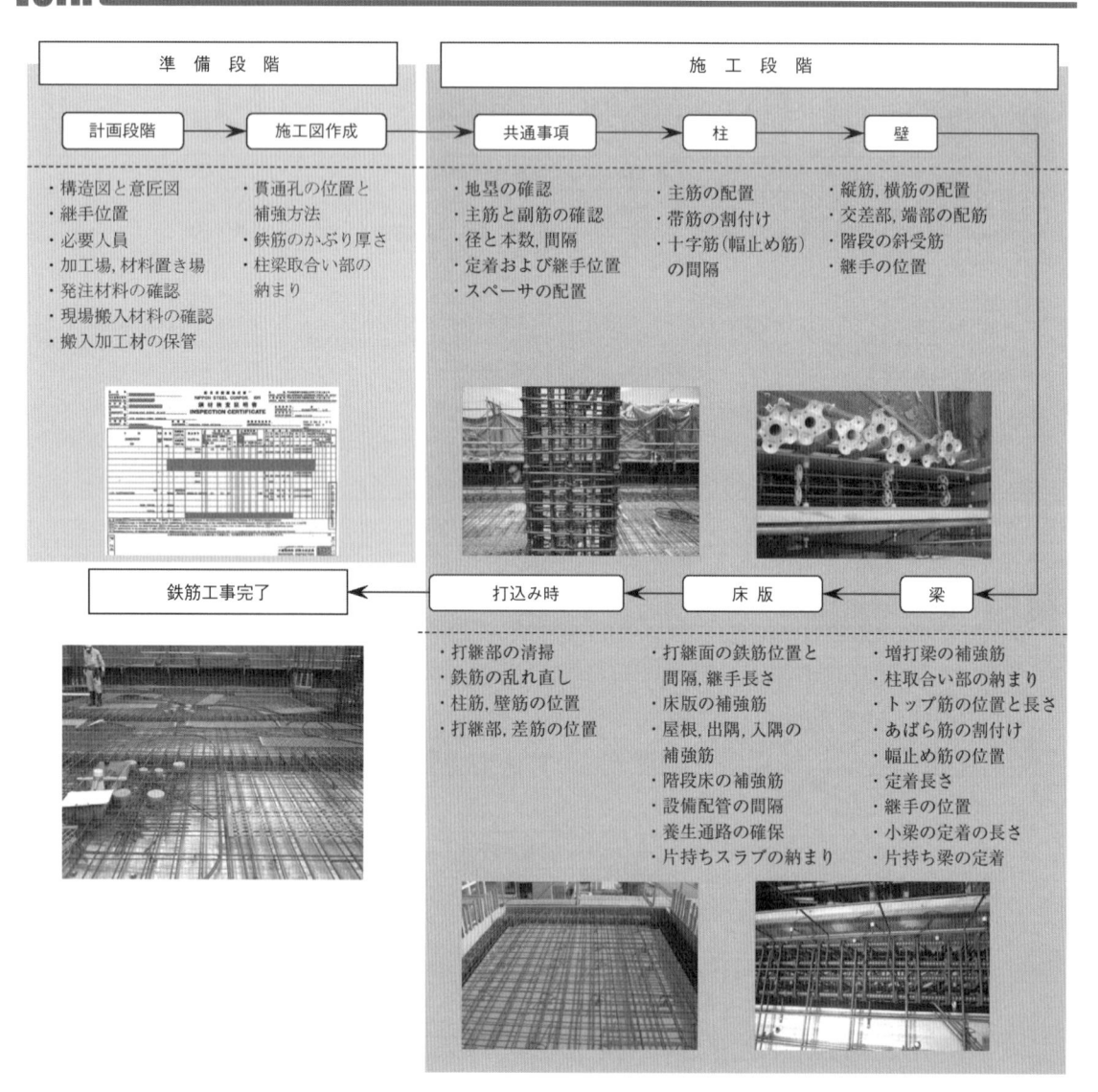

準備段階

計画段階
- 構造図と意匠図
- 継手位置
- 必要人員
- 加工場，材料置き場
- 発注材料の確認
- 現場搬入材料の確認
- 搬入加工材の保管

施工図作成
- 貫通孔の位置と補強方法
- 鉄筋のかぶり厚さ
- 柱梁取合い部の納まり

施工段階

共通事項
- 地墨の確認
- 主筋と副筋の確認
- 径と本数，間隔
- 定着および継手位置
- スペーサの配置

柱
- 主筋の配置
- 帯筋の割付け
- 十字筋（幅止め筋）の間隔

壁
- 縦筋，横筋の配置
- 交差部，端部の配筋
- 階段の斜受筋
- 継手の位置

梁
- 増打梁の補強筋
- 柱取合い部の納まり
- トップ筋の位置と長さ
- あばら筋の割付け
- 幅止め筋の位置
- 定着長さ
- 継手の位置
- 小梁の定着の長さ
- 片持ち梁の定着

床版
- 打継面の鉄筋位置と間隔，継手長さ
- 床版の補強筋
- 屋根，出隅，入隅の補強筋
- 階段床の補強筋
- 設備配管の間隔
- 養生通路の確保
- 片持ちスラブの納まり

打込み時
- 打継部の清掃
- 鉄筋の乱れ直し
- 柱筋，壁筋の位置
- 打継部，差筋の位置

鉄筋工事完了

ていても，現場ではあきが取れないという状況があるため，継手の位置，間隔，かぶり厚さなどの確認を必ず行う。また，ガス圧接は，継手に不具合が発生すれば，作業工程にも影響するため，圧接部の接合部の膨らみ，偏心量，割れを確認する。

(3) 型枠工事における品質管理

鉄筋工事とともに鉄筋コンクリート工事の主格を担う。型枠工事は，計画から取外しまでの工程において管理を行う。型枠工事は，労務費や工程など躯体工事のなかでは占める割合が大きく，その良否が躯体精度に大きく影響を与える。また，型枠は経済性の観点から上階の工事において転用されることが多いが，転用時の品質検査も重要となる。

1）準備段階

型枠工事の準備段階においては，設計図書および施工計画書の確認を行う。また，型枠に合板を用いる場合，JAS規格に準じているか確認する。転用で用いた合板は，コンクリート表面に影響を及ぼすおそれがあるため，要求性能を満たす品質かどうかを確認する必要がある。一方，型枠を決められた位置に正確につくるために墨出しの精度が重要である。墨が間違っていたり，不明確であると，大きな欠陥が発生するおそれがある。したがって，毎回の作業には必ず施工管理者が検査を行う。

Point 型枠工事の施工管理フロー

準備段階

計画段階
- 工法，材料の選定
- 型枠強度
- 労務者配置
- 揚重，運搬計画

↓

施工図作成
- 開口部の納まり
- ふかし，欠込みの表示
- スリーブ等
- 誘発目地の間隔
- 誘発目地の断面寸法
- 梁，スラブの打継ぎ位置

施工段階

材料
- 型枠材の確保
- 支保工の強度

↓

現寸版板
- 型板の検査
- 下揃え精度

↓

組立時（共通事項）
- 基準墨の点検
- 誘発目地，目地，欠込み，ふかし，インサート，差し筋穴
- スリーブ，水抜きパイプ
- 解体材の取出口
- 止水板
- 柱，壁の建入れ精度
- 階高，断面寸法
- 開口部型枠
- 柱，壁，梁の締付け金物

↓

スラブ組立時
- パイプサポート
- スラブ型枠の高低
- 簡易ビーム類間隔，取付け部
- 打継ぎ部の仕切り

↓

打込み前
- 型枠点検用通路，照明設備
- 外壁面の通り
- キャンティスラブ
- コンクリートの天端
- 掃除穴の点検
- 型枠支保工の点検
- 梁，スラブの打継位置

↓

型枠解体時
- 梁，柱，梁側のせき板の存置期間
- 解体手順，安全対策
- スラブ，梁下の支保工の存置期間
- キャンティスラブの存置期間
- 誘発目地の有無

↓

型枠工事完了

2）施工段階

コンクリートの打込み前には，型枠の組立状態を目視点検し，端太材やパイプサポートのゆるみがないことを確認する。また，コンクリートの打込み中には，型枠の変形を確認する。さらに，型枠の継手からのセメントペーストやモルタルの漏れを目視で確認する。せき板および支保工の取外し時期は，あらかじめ施工者が計画し，工事監理者が確認する。

(4) コンクリート工事における品質管理

コンクリート工事は，構造体コンクリートにおける強度発現が最も重要であり，構造体コンクリートの性能保持のために綿密な施工計画を立てる必要がある。特に，近年では高強度コンクリートの使用が増加しており，コンクリートの性状がこれまでとは異なるため注意しなければならない。

1）準備段階

製造者は，調合計画したコンクリートが目標とした性能を満足しているかを原則として試し練りによって決定する。また，施工者は作業人数および配置，ポンプ車の圧送能力などのコンクリートの打設計画を綿密に立てなければならない。

2）施工段階

受入検査の際，施工者は，受け入れられるコンクリートが発注通りであるかを納入書により確認する。また，コンクリートの圧縮強度試験は，レディーミクストコンクリートを発注したときに指

Point コンクリート工事管理フロー

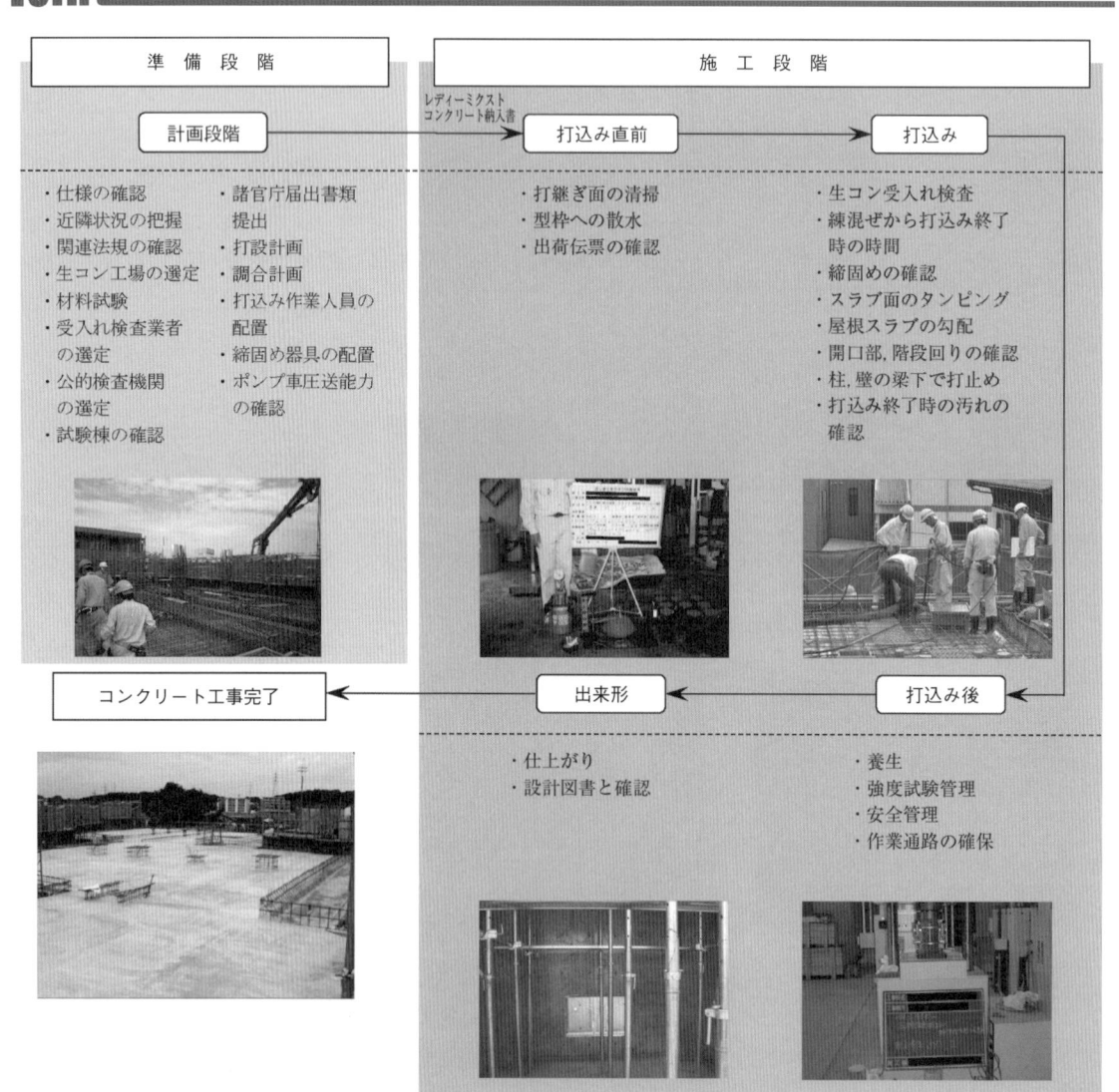

【準備段階】
- 計画段階
  - 仕様の確認
  - 近隣状況の把握
  - 関連法規の確認
  - 生コン工場の選定
  - 材料試験
  - 受入検査業者の選定
  - 公的検査機関の選定
  - 試験棟の確認
  - 諸官庁届出書類提出
  - 打設計画
  - 調合計画
  - 打込み作業人員の配置
  - 締固め器具の配置
  - ポンプ車圧送能力の確認

【施工段階】
- 打込み直前（レディーミクストコンクリート納入書）
  - 打継ぎ面の清掃
  - 型枠への散水
  - 出荷伝票の確認
- 打込み
  - 生コン受入れ検査
  - 練混ぜから打込み終了時の時間
  - 締固めの確認
  - スラブ面のタンピング
  - 屋根スラブの勾配
  - 開口部，階段回りの確認
  - 柱，壁の梁下で打止め
  - 打込み終了時の汚れの確認
- 打込み後
  - 養生
  - 強度試験管理
  - 安全管理
  - 作業通路の確保
- 出来形
  - 仕上がり
  - 設計図書と確認
- コンクリート工事完了

定した呼び強度を確認するために行う。

打込みの際は，良質なコンクリートにするために締固めが適切に行われているか確認をしなければならない。また，バイブレータおよび作業人数を適切に配置する必要がある。

打込み後は，コンクリートの表面の仕上がり状態を確認する。床スラブなどの平坦さに関しては，作業員の感覚や技量に頼ることが多いが，JASS 5 や仕様書に定められる基準値を満足するよう管理する。打込み時の変形を考慮した検査・確認を行う必要がある。

(5) 品質マネジメントシステム

近年，厳しい経済状況に伴い，建築コストの急激な削減や，極端な短工期，建築技術者の技術力の低下が顕著であり，それらが建築の品質確保に影響を及ぼすことも少なくない。一方，品確法をはじめとして，建築主における建物の細部にわたる品質意識の向上が顕著である。品質意識の向上とコストダウンという矛盾した要求のなかで，建設業はますます厳しい対応が求められている。

1970年台後半から，TQC（Total Qualitiy Control：総合的品質管理）導入に伴い，建築生産の各分野において，品確法や ISO 9000s が建設業に導入されるようになってきた。建築にとってのTQC は，建築現場に参加している全員に対してつねに情報を与え，参加意識を高めることが大切である。

1）ISO 9001 における品質マネジメントシステム

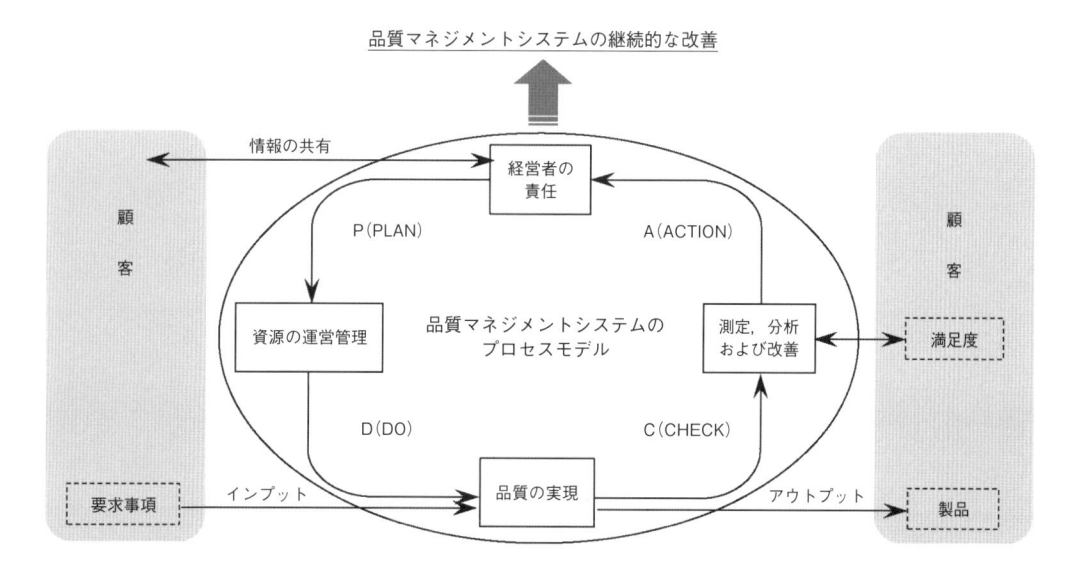

近年，日本の企業において ISO を導入する企業が増加してきた。ISO は，大きく分けて ISO 9001（品質マネジメントシステム）と ISO 14001（環境マネジメントシステム）がある。建設業界においても多くの企業がこれらのシステムを導入し，顧客への品質保証や環境維持に努めている。品質マネジメントシステムとは，品質方針および目標を定めて目標を達成するために，組織全体を指揮・管理するシステムである。公共工事においても ISO 9001 取得を入札の条件としてきており，建設業の一部を担う専門工事業もこのことを意識して業務を遂行する必要がある。ISO 9000 シリーズの特色は，ある製品，材料または工程について技術的仕様を規定しているのではなく，供給者と消費者との間で品質保証と品質管理を評価するための基準で，製造業またはサービス業にも適用できる一般的な指針である。

Point に「ISO 9001 品質マネジメントシステムのプロセスモデル」を示す。ISO 9001 は，品質保証に加えて，顧客の満足度を向上させるため PDCA の関係から企業の優位性を確保するための国際規格である。PDCA を回すことで，品質マネジメントシステムをつねに良好な状態に保ち，継続的改善を進めることができる。これは，建築工事の各段階で行われないと完成させることができない。また，品質マネジメントシステム

Point ISO 9001 における品質マネジメントシステムのプロセスモデル

は，顧客が要求する製品やサービスをマニュアル化し，顧客満足度を向上させることで，建設業では，ISO 9000シリーズの認証に取り組む企業が増加するなか，どのように品質確保と向上に取り組むかが重要である。

2) 品質管理

JIS（日本工業規格）における品質の定義は，「品物またはサービスが使用目的を満たしているかどうかを決定するための評価の対象となる固有の性質，性能の全体」とある。建築における品質とは，設計品質と施工品質であり，これを満足することが高品質な建築物につながる。設計品質とは，顧客や社会が要求する建築物の性能・性質・仕様の合致の良否のことである。また，施工品質とは，設計で定めた性能・性質・仕様に対する「施工の完成度」である。

品質管理のためには，品質を最も経済的に実現できるように工程を計画し，施工を行うことが求められる。建築工事に要求される性能は，社会のニーズや経済，施工者の技術者のレベル，環境配慮によって変化するが，それぞれの要件を満足できるよう品質管理することで，建築物の品質を確保することにつながる。

2 原価管理

(1) 建築工事における原価管理

原価管理業務は，図2.1，図2.2に示すように建築主，設計者，施工者および原価管理担当者が連携して行われる。工事内容によっては，設計・施工を一社が請け負って完成させる場合もある。

(2) 建築工事費の構成

積算業務は，工事費を算出することがおもな目的である。工事費の構成は，「Point 建築工事費の構成」に示すように大きく分けると工事原価と一般管理費および利益に分類される。施工計画の最適化によりコストを最小化し，竣工時までに利益を出すことが重要である。

積算価格を算出する積算方法には，「建築工事内訳書標準書式」というものがある。この標準書式は，直接工事費において次の2つの方式をとっている。

① 工種別見積方式
② 部分別見積方式

また，PointはRC造の工事全体における工種

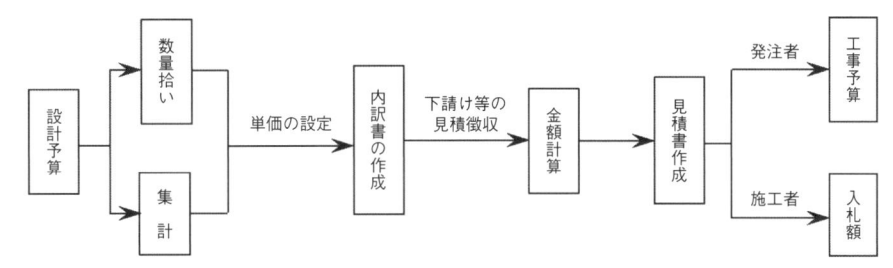

図2.1 積算管理フロー

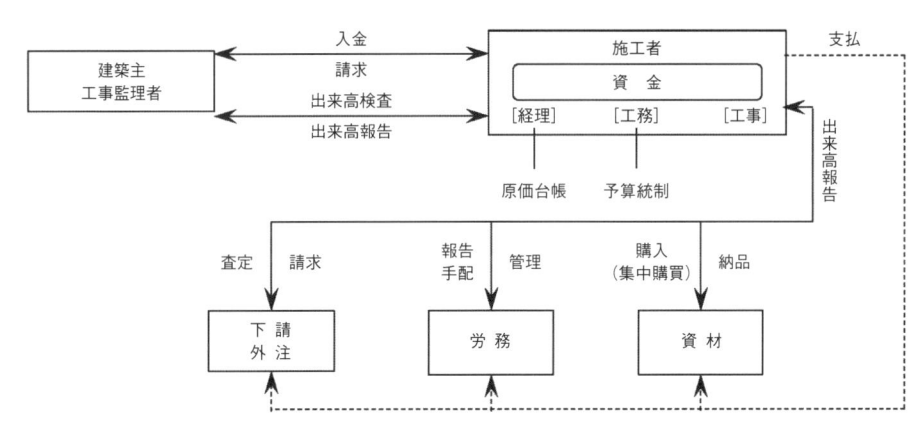

図2.2 現場運営・管理

Point 建築工事費の構成

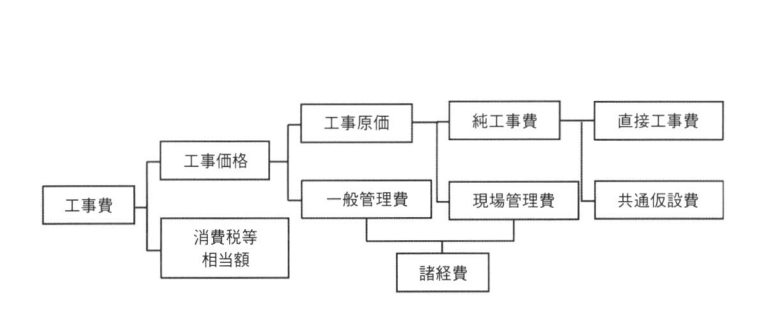

建築工事費の構成

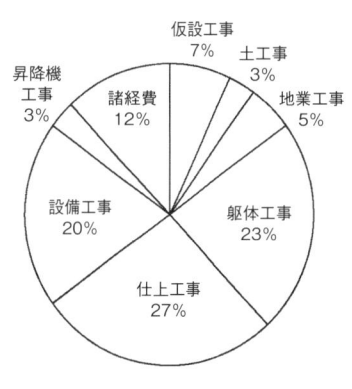

RC造における工種別の構成

仮設工事 7%
土工事 3%
地業工事 5%
躯体工事 23%
仕上工事 27%
設備工事 20%
昇降機工事 3%
諸経費 12%

2 原価管理

別の割合を示した一例である。躯体，仕上げ，設備の各工事の工法により歩掛りが大きく変化するため，工法選定はコストに大きな影響を与える。

(3) 建築工事における積算

工事価格を予測することは，建築工事の入札のみならず，施工時の実行予算の立案のために不可欠である。積算を行う際，建築工事に必要な量に単価を掛けて工事費を算出するほかに，施工における問題予測などを含めたコストに関連する業務を行わなければならない。

1) 歩掛りに基づく積算

歩掛りによる各工事の積算は，単位当たりの各工事に必要な材量数量および労務を歩掛り表から推定し，単価を求める方法である。その後，建築工事の規模によって積上げ単価や数量を乗じて直接工事費を算出する。

歩掛りは，次に示す要因に大きな影響を受けるため，適切な数量および値の算定を行わなければならない。

① 立地条件
② 建築規模
③ 要求性能
④ 使用可能材料
⑤ 工期，価格などの施工条件

「Point 歩掛りに基づく積算方式」では，1 m^2 当たりの柱における型枠工事の歩掛り表の例を示しており，単位当たりの材料単価および労務単価に関する数量が型枠工事における歩掛りである。

2) 材料費

購買はコスト削減のため次の方法をとる。

① 集中購買
本社で集中して必要な資材を購買する方式
② 分散購買
それぞれの現場で必要な資材を購買する方式

3) 労務費

労務者に支給される賃金は，次の2つの契約方法がある。

① 請負契約
各工事の細かに決められた数量を施工する契約

図2.3 集中購買方式

Point 歩掛りに基づく積算方式

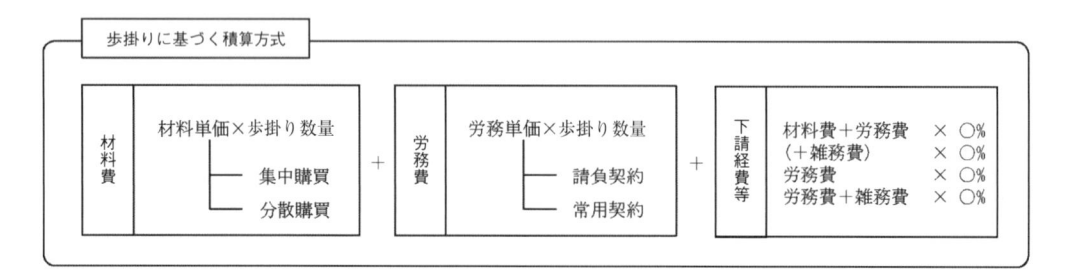

型枠工事　普通合板型枠　部位：柱　　　　　　　　　　　　　　　　　　　(1 m^2 当たり)

	名称	単位	歩掛り数量	単価	金額	備考
材料費	型枠用合板厚　12 mm	m^2	1.09	¥○○○	¥○○○	
	桟木	m^3	0.0054	¥○○○	¥○○○	
	丸パイプ	m	9.78	¥○○○	¥○○○	
	セパレータ	個	2.4	¥○○○	¥○○○	
	フォームタイ	本	4.8	¥○○○	¥○○○	
	チェーン	m	1.5	¥○○○	¥○○○	
労務費	型枠工	－	0.15	¥○○○	¥○○○	
	普通作業員	－	0.05	¥○○○	¥○○○	
	その他	－	一式	¥○○○	¥○○○	(材料＋労務＋雑務)×○%

② 常備契約
建築工事1日当たりで施工する契約

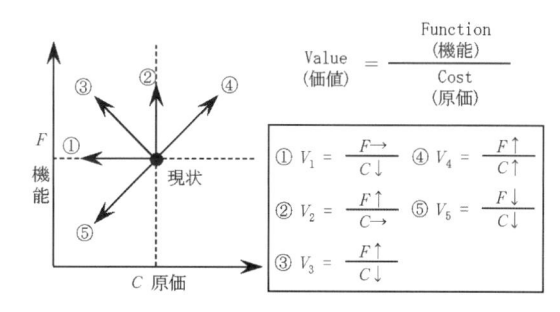

4) 建築工事におけるVE

VE（Value Engineering）は，建築物の価値を機能とコストの面から優れたものになるよう求めるものである。図2.4に示すように機能を低下させず，独自の技術や手段を提案してコストダウンを図り，価値を上げることが一般的である。

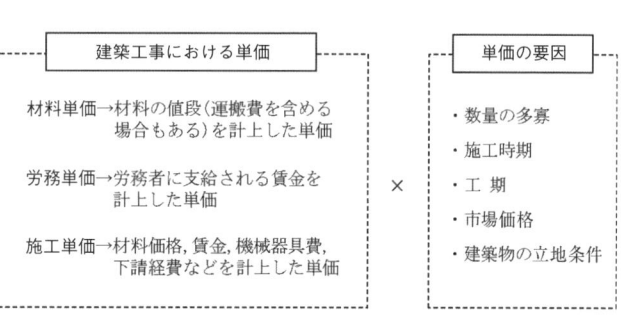

5) 建築工事における単価の要因

建築工事の単価を決定するにあたって，図2.5にあるような場合が特に影響が大きいとされる。

- **数量の多寡**：各工事において施工する細目数量のばらつきが単価に影響を及ぼす。同種の仕上げの場合も施工する量について十分に配慮することが必要である。
- **施工時期**：材料費および労務費は，一般的に需給関係により変動する。したがって，さまざまな材料を使用する場合，細目ごとに価格の変動を十分に調査することが大切である。
- **工期**：工事期間が標準とされる工期よりも短くなる場合，夜間工事など時間外労働による労務費の費用が上乗せされる。
- **市場価格**：建物の需要が多い場合，工事費が高くなり，少ないと低くなるように，市場の繁閑が直ちに単価に影響を及ぼす。したがって，建設市場の情報を考慮しながら単価の決定を行う必要がある。
- **建築物の立地条件**：各工事において，建築物の立地条件が単価に影響を与える場合がある。施工者は，計画段階から立地について考慮する必要がある。

(4) 建築工事における実行予算

実行予算とは，実際の建築工事に関して，必要となる作業を明確にした後で，工程表を作成し，作業に対する必要労務および日数を反映して算出した予算である。「Point 建築工事における実行予算」に示すように，実行予算内訳書と出来高を比較することで綿密な原価管理につながる。実行予算の編成に際しては，設計図書を精査して，設計上不明確である点を明らかにし，施工条件，施工法，施工要領を検討し，正確な原価設定のための条件を整理する。次に専門業者などからの調達方法を検討して価格を設定する。

$$\text{Value（価値）} = \frac{\text{Function（機能）}}{\text{Cost（原価）}}$$

① $V_1 = \dfrac{F\rightarrow}{C\downarrow}$　④ $V_4 = \dfrac{F\uparrow}{C\downarrow}$

② $V_2 = \dfrac{F\uparrow}{C\rightarrow}$　⑤ $V_5 = \dfrac{F\downarrow}{C\downarrow}$

③ $V_3 = \dfrac{F\uparrow}{C\downarrow}$

図2.4　建築工事におけるVE

図2.5　建築工事における単価の要因

Point 建築工事における実行予算

○○建築工事　　　実行予算内訳書

名称	単位	見積金額	実行金額	利益額
仮設工事	一式	¥○○○	¥○○○	¥○○○
土木工事	一式	¥○○○	¥○○○	¥○○○
外装工事	一式	¥○○○	¥○○○	¥○○○
内装工事	一式	¥○○○	¥○○○	¥○○○
建具工事	一式	¥○○○	¥○○○	¥○○○
設備工事	一式	¥○○○	¥○○○	¥○○○
【小計】		¥○○○	¥○○○	¥○○○
諸経費		¥○○○	¥○○○	¥○○○
【小計】		¥○○○	¥○○○	¥○○○
値引き		¥○○○	¥○○○	¥○○○
【小計】		¥○○○	¥○○○	¥○○○
消費税		¥○○○	¥○○○	¥○○○
【小計】		¥○○○	¥○○○	¥○○○
合計		¥○○○	¥○○○	¥○○○

建築工事における実行予算

請負金額 － 実行予算額 － 一般管理費 ＝ 営業利益

実行予算 ─ 総原価 ─ 工事原価 ─ 材料費／労務費／外注費／現場経費
　　　　 └ 管理経費
　　　　 └ 間接工事費

3 工程管理

(1) 建築工事における工程管理

工期を守ることは，工事契約のなかで最も重要な要件であり，そのために「Point 建築工事の工程計画の流れ」に示すような適切に工程計画を立案する必要がある。自然災害などの要因がないにもかかわらず，工期内に建物が完成できなければ，工事請負契約により請負代金債務の遅延損害金が発生する。一方，日本経済の高度経済成長における社会要求から，工期短縮と低コストに重点が置かれ，建設業の工程計画，工程管理は多種多様の管理要素を組み入れて考えざるを得なくなった。さらに，安定成長期に入り，省エネルギーと品質保証の理念が導入されるようになった。Point に示すように工期の長短は，工事費に大きく影響する。工期が長いと，機械器具・人件費が増え，逆に工期が短くても，労務単価（時間外労働）・材料単価が高くなる。このようなことから，Point に示すように施工方法，施工に使う機械，仮設資材，資材の発注・搬入といった検討や製作物の製造加工期間，安全面の確認，季節による自然的，社会的な条件，専門工事業者の能力など，

Point 建築工事の工程計画の流れ

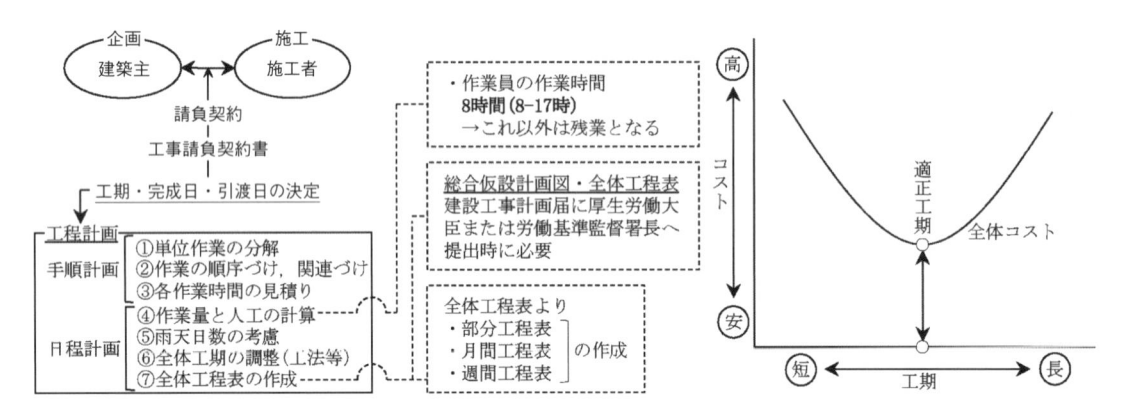

Point 総合仮設計画図

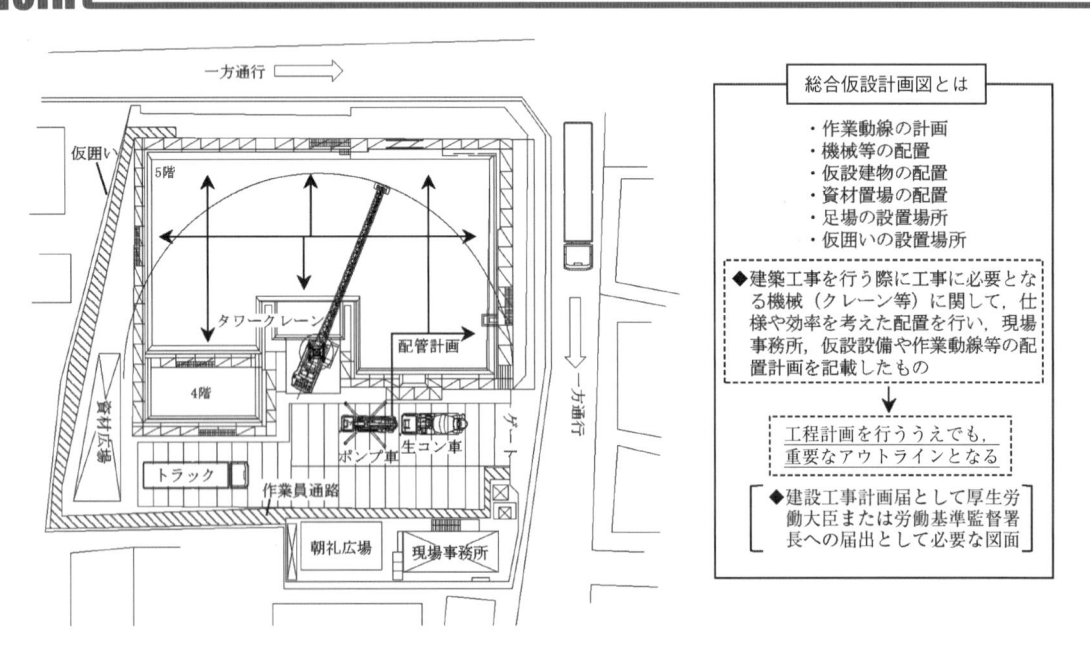

施工全般との関連を総合的に判断して計画しなければならない。特に，工事に取り掛かる最初の段階で立案する総合仮設計画は，その後の工事の進捗に大きく影響するため，綿密かつ合理的な計画が重要である。Point に総合仮設計画図の例を示す。

(2) 建築工事における工程表

工程表の種類は，以下の種類に分けられる。

① 全体工程表
② 年間工程表
③ 月間工程表
④ 週間工程表

全体工程表は，「Point 工程管理において基本となる全体工程表」に示すように着工から竣工までの工程全体を網羅して示すものである。このため，多岐にわたる工程の諸事項から重要な項目を繰り込んで表現する。また，建築工事の多くは，2年以内で工事が完了するため，年間工程表を全体工程表で代用することができる。このほか，全体工程表では表現できない各工事の関連および作業量などを月間または週間を単位として表示した月間・週間工程表がある。

(3) 建築工事における工程表の形式

工程表の形式として，次のようなものがある。

1) バーチャート式工程表

縦軸に工種，横軸に日数を取り，各工種ごとに着手日と終了日を横線で結び，予定日数を表示した工程表である。表示が簡単で，誰にでもわかりやすいが，各工事がどのように影響し合っているかの把握が困難である。

2) 斜線式工程表

縦軸に工事出来高，横軸に日数を取り，予定斜線で進行状況を表示した工程表である。出来高を記入しやすいため，工種別工程表で工事の進捗と出来高の推移を求めていく場合に適している。

3) ネットワーク工程表

作業の流れ，順序関係を矢印と丸印で表現する方式の工程表である。作業相関が矢印で結ばれ，順序関係がきわめて明確になり，関連工事の工程調整などに効果を発揮する。

また，ネットワーク式は，所要工期を計算するクリティカルパスとよばれる工程管理にとってはきわめて重要な指標が得られる。クリティカルパス上の各作業の所要日数の合計が，当該工事を最短で終了させることのできる日数となる。したがって，クリティカルパス上の作業が1日でも遅れると工事全体が1日遅れることになる。クリティカルパス上の作業は工期を守るための最も重要な工程管理の対象となる。

(4) 工程管理における遅延対策

工程が遅延した場合，対策を行うタイミングが重要である。そのため，図3.1のように進捗管理グラフに管理限界線を入れておくこともある。工程遅延の原因としてあげられるものは，作業手

Point 工程管理において基本となる全体工程表

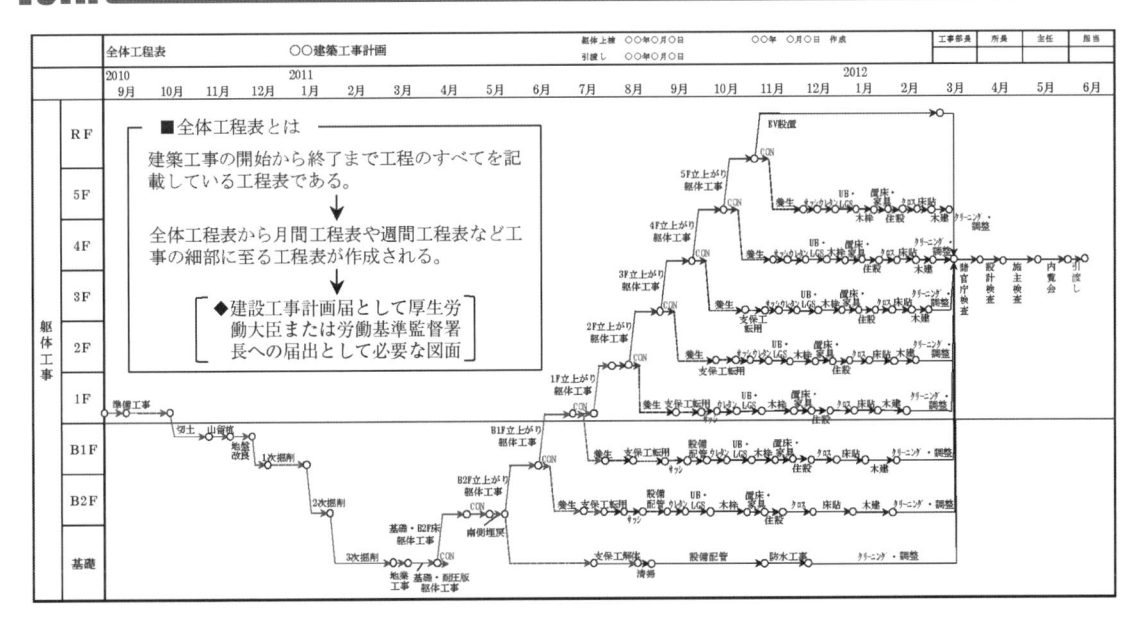

順，施工設備，労務の質，工程計画の不良などである。工期短縮は，工程の要素である4M（人（Man），機械（Machine），材料（Material），方法（Method））について行う。工期短縮を図るため，直列作業を並列作業にすることや機械や人員を増強する方法がある。いずれの場合も作業効率が向上するぶん，コストが増加するためコストの比較検討が必要になる。

(5) 鉄筋コンクリート工事における各工事の歩掛り

鉄筋コンクリート工事には，専門工事業者が出入りして作業を行うため，工事の順序や配置など

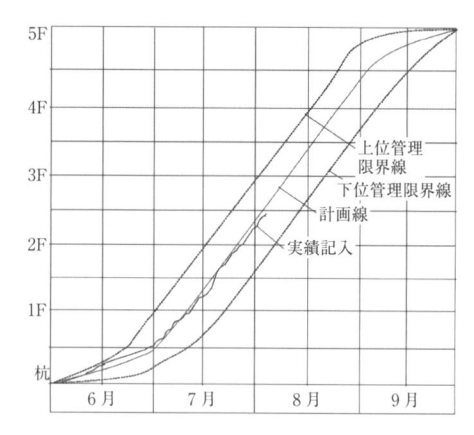

図3.1 進捗管理グラフ

Point 鉄筋コンクリート工事のフローと各工事の歩掛り

鉄筋コンクリート工事のフロー

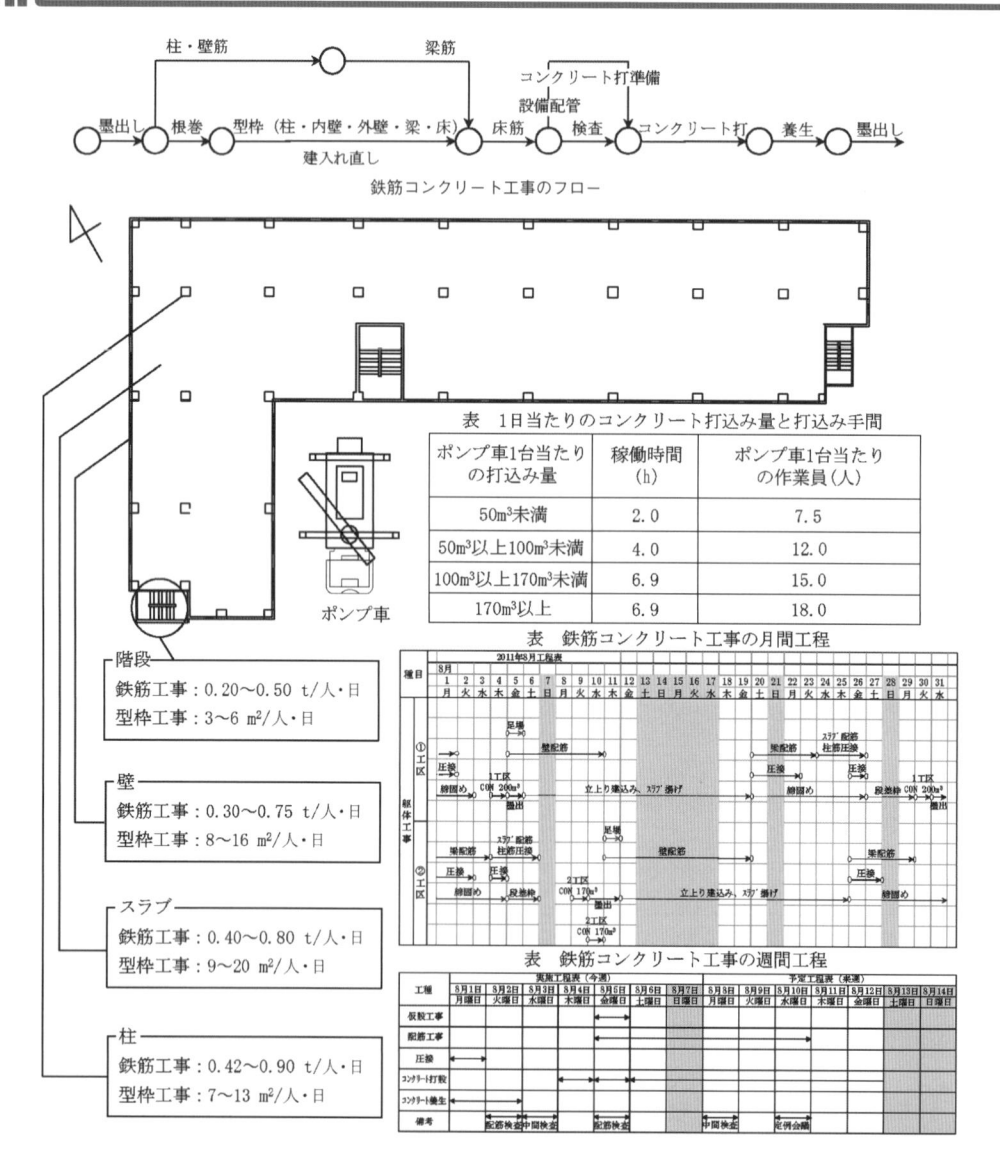

表 1日当たりのコンクリート打込み量と打込み手間

ポンプ車1台当たりの打込み量	稼働時間(h)	ポンプ車1台当たりの作業員(人)
50m³未満	2.0	7.5
50m³以上100m³未満	4.0	12.0
100m³以上170m³未満	6.9	15.0
170m³以上	6.9	18.0

階段
鉄筋工事：0.20～0.50 t/人・日
型枠工事：3～6 m²/人・日

壁
鉄筋工事：0.30～0.75 t/人・日
型枠工事：8～16 m²/人・日

スラブ
鉄筋工事：0.40～0.80 t/人・日
型枠工事：9～20 m²/人・日

柱
鉄筋工事：0.42～0.90 t/人・日
型枠工事：7～13 m²/人・日

表 鉄筋コンクリート工事の月間工程

表 鉄筋コンクリート工事の週間工程

無駄がないように計画を立てることが必須である。工程を作成するためには工事全体にわたる知識の蓄積が必要である。たとえば「Point 鉄筋コンクリート工事のフローと各工事の歩掛り」のように，各作業の所要日数は「歩掛り」を基準に算定される。歩掛りとは「作業者1人が1日当たりに行うことのできる作業量」で表わすものである。建築工事には多種多様な工種が含まれるため，各種工事を理解し，すべての工種の所要時間や作業員数，作業量を理解することが工程を管理する施工管理者に求められる。

4 安全管理

(1) 建築工事における安全管理

　安全管理とは，労働災害防止のための技術を含めた複合管理である。安全管理（セーフティコントロール）という技術用語そのものは，19世紀末ころの工業先進国における工場内や鉱山などでは定着した言葉になっていた。管理手法は相当に確立されており，その後の労働災害を少なくするための生産技術や製造機械の改善・進歩に貢献したものと推定される。安全第一（セーフティファースト）を掲げて企業活動を実行する会社も1906年にアメリカに出現した。このころになると，日本でも安全週間などの行事が始まり，安全の大切さを理解する企業が増えていった。建築工事を安全に遂行するために，まず重要かつ守らなければならない基準としてかかわりがあるのが「Point 労働基準法と労働安全衛生法の関係」に示す労働安全衛生法である。労働安全衛生法は，昭和47年に労働基準法から分離独立してつくられたものである。この法律では，事業者の自主的活動の促進措置，現場内における責任体制の明確化および労働災害を防ぐための危害防止基準を確

Point　労働基準法と労働安全衛生法の関係

労働基準法（労基法）　・・・第27条第2項，第3項（勤労条件の基準の決定等）

「賃金，就業時間，休息その他の勤労条件に関する基準は法律でこれを定める」等の，国に対して，労使の間の契約内容に直接介入して，「賃金，就業時間，休息その他の勤労条件」の基準を法律で定めるべき義務を課している。

昭和47年に労基法から分離独立してつくられた

労働安全衛生法（安衛法）

労働安全衛生法の目的（安衛法 第1条）
　この法律は，労働基準法と相まって，労働災害の防止のための危害防止基準の確立，責任体制の明確化および自主的活動の促進の措置を講ずる等その防止に関する総合的計画的な対策を推進することにより職場における労働者の安全と健康を確保するとともに，快適な職場環境の形成を促進することを目的とする。

- 事業者の自主的活動の促進措置
- 現場内における責任体制の明確化
- 労働災害を防ぐための危害防止基準の確立

→ 総合的・計画的な推進

労働基準監督署
〈現場への指導〉
① 労働条件の確保
② 労働条件改善の指導
③ 安全衛生の指導

・労働基準行政の出先機関である。
・各都道府県労働局管内に数か所設置されている。

建築現場
〈届出の提出〉
◆労働基準法
① 時間外労働，休日労働に関する協定届
② 就業規則届
③ 就業規則変更届

◆労働安全衛生法
① 建設工事計画届
② 建設物，機械等設置届
③ 元方安全衛生管理者選任報告　等

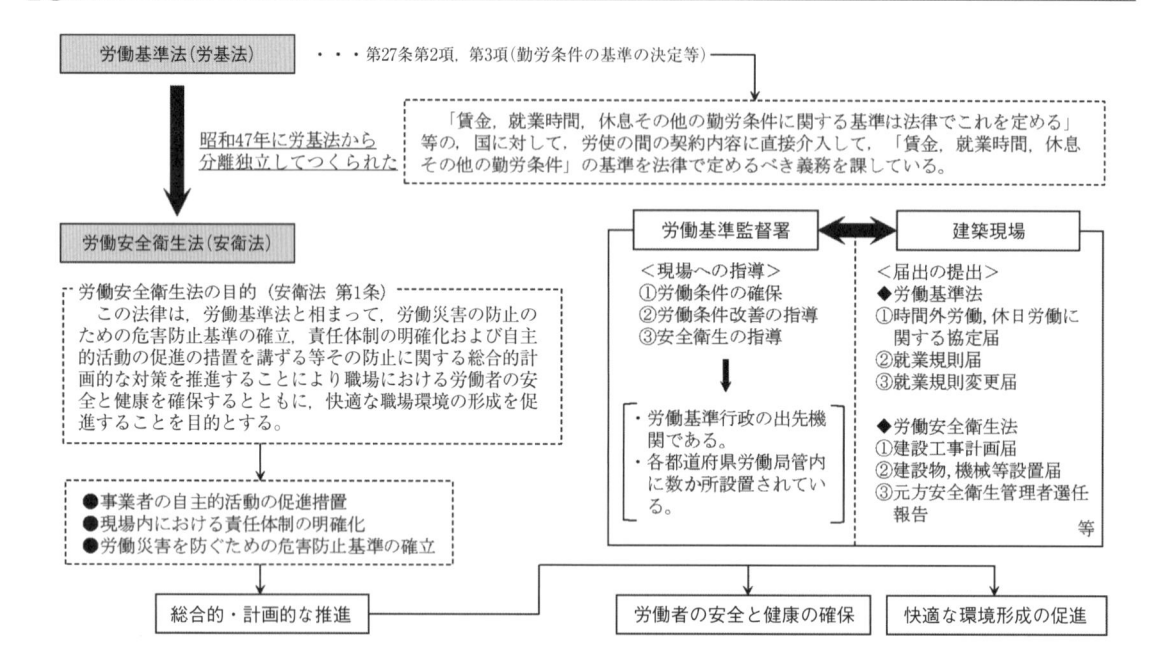

→ 労働者の安全と健康の確保　／　快適な環境形成の促進

Point　建築現場における規模別の安全衛生管理体制

現場ごとの労働者数	300人以上	100人以上300人未満	50人以上100人未満	10人以上50人未満	おもな業務内容
安全衛生委員会	○	○	○	—	労働者の危険を防止するための基本対策の作成。安全に関する規定・施策の計画，作成，実施等を行う。
統括安全衛生管理者	○	—	—	—	安全管理者や衛生管理者を指揮し，現場の安全衛生業務全体を統括管理する。
安全管理者/衛生管理者	○	○	○	—	作業場等を巡視し，設備，作業方法等に危険のおそれがあるときは，危険を防止するための措置を講じる。
安全衛生推進者	—	—	—	○	設備，作業環境，作業方法の点検。安全衛生教育や健康診断に関すること。安全衛生に関する届出を行う。
産業医	○	○	○	—	健康診断や面接指導の実施並びにこれらの結果に基づく労働者の健康を保持するための措置に関すること。

◆現場の労働者数に応じて，安全委員会，衛生委員会および衛生管理者等の各管理者の選任が義務づけられている。
◆委員会の設置ならびに管理者等の選任は，事業場ごとに行う。

立し，総合的かつ計画的に推進することで，職場の安全と健康を確保することならびに快適な環境形成を促進することを目的としている。そのため，安全管理の体制・基準，機械，器具，部品などの規格まで細かく法令・規則として規定されている。

労働安全衛生法に関連して，労働安全衛生法施行令や労働安全衛生規則が定められている。これらの規定に基づき，建築現場における作業所の安全体制を構築するものである。また，建築現場における安全衛生管理体制は，「Point 建築現場における規模別の安全衛生管理体制」に示すように，現場の労働者数による規模別で安全衛生委員会，統括安全衛生管理者，安全管理者，衛生管理者，安全衛生推進者，産業医等の各管理者の専任が義務づけられている。

建築現場での事故や災害の発生は，あらかじめ設定した施工計画や，それまでの工事成果を台無しにしてしまうものである。万一，第三者災害を発生させれば，企業や責任者はこれまで築いた地位や実績のすべてを失うこととなる。したがって，建築現場では二重や三重の安全計画を立てて，工事に臨むことが重要である。

(2) 建築工事における労働安全衛生の関連法令および届出

労働安全衛生法関連の申請および届出は，「Point 建築工事における労基法と労安法の関係および全体的な関係法令」に示すように，おもに

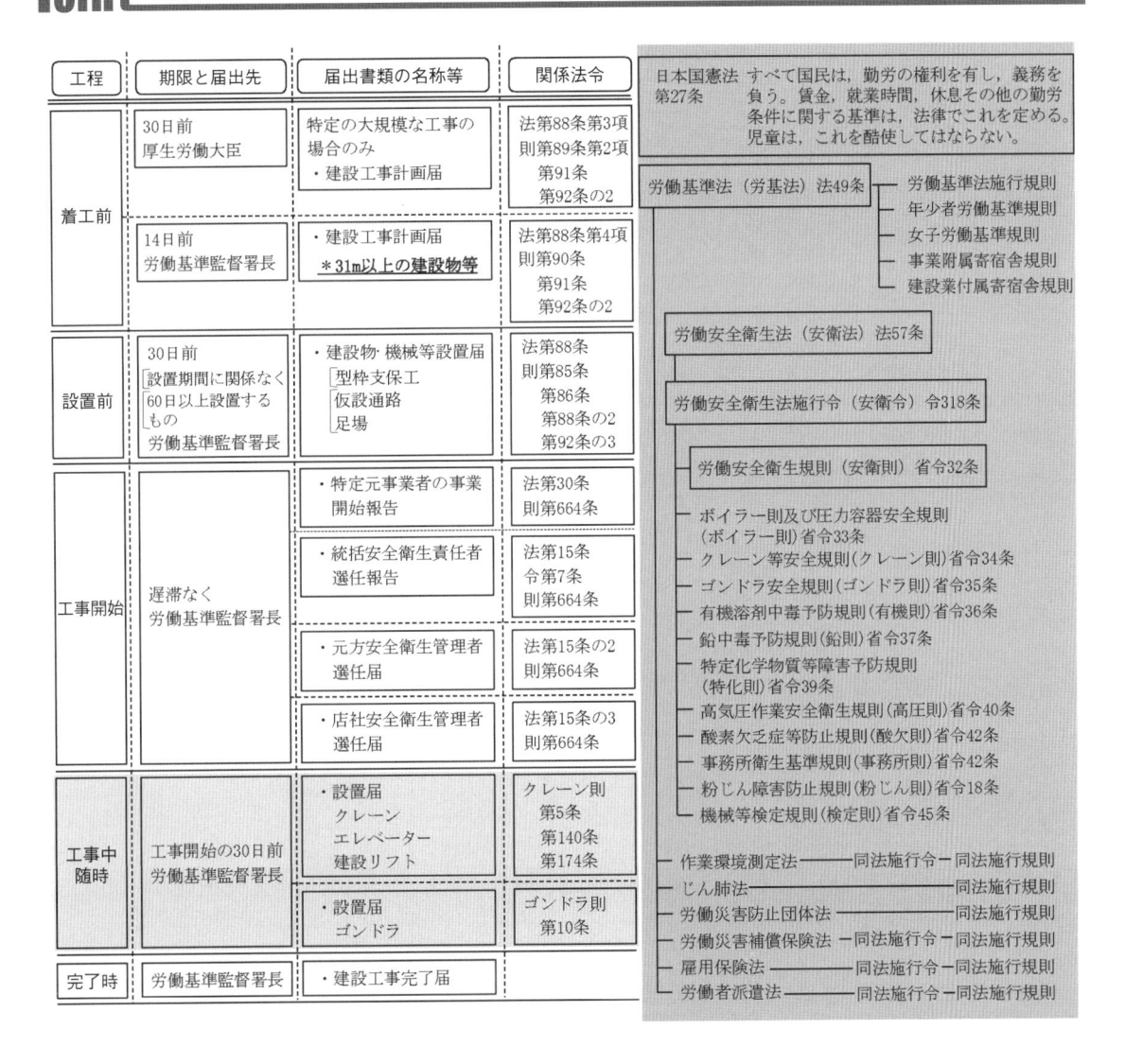

Point 建築工事における労基法と労安法の関係および全体的な関連法令

工程	期限と届出先	届出書類の名称等	関係法令
着工前	30日前 厚生労働大臣	特定の大規模な工事の場合のみ ・建設工事計画届	法第88条第3項 則第89条第2項 第91条 第92条の2
着工前	14日前 労働基準監督署長	・建設工事計画届 ＊31m以上の建設物等	法第88条第4項 則第90条 第91条 第92条の2
設置前	30日前 設置期間に関係なく 60日以上設置するもの 労働基準監督署長	・建設物・機械等設置届 型枠支保工 仮設通路 足場	法第88条 則第85条 第86条 第88条の2 第92条の3
工事開始	遅滞なく 労働基準監督署長	・特定元事業者の事業開始報告	法第30条 則第664条
工事開始		・統括安全衛生責任者選任報告	法第15条 令第7条 則第664条
工事開始		・元方安全衛生管理者選任届	法第15条の2 則第664条
工事開始		・店社安全衛生管理者選任届	法第15条の3 則第664条
工事中随時	工事開始の30日前 労働基準監督署長	・設置届 クレーン エレベーター 建設リフト	クレーン則 第5条 第140条 第174条
工事中随時		・設置届 ゴンドラ	ゴンドラ則 第10条
完了時	労働基準監督署長	・建設工事完了届	

日本国憲法 第27条：すべて国民は，勤労の権利を有し，義務を負う。賃金，就業時間，休息その他の勤労条件に関する基準は，法律でこれを定める。児童は，これを酷使してはならない。

- 労働基準法（労基法）法49条
  - 労働基準法施行規則
  - 年少者労働基準規則
  - 女子労働基準規則
  - 事業附属寄宿舎規則
  - 建設業付属寄宿舎規則
- 労働安全衛生法（安衛法）法57条
- 労働安全衛生法施行令（安衛令）令318条
- 労働安全衛生規則（安衛則）省令32条
  - ボイラー則及び圧力容器安全規則（ボイラー則）省令33条
  - クレーン等安全規則（クレーン則）省令34条
  - ゴンドラ安全規則（ゴンドラ則）省令35条
  - 有機溶剤中毒予防規則（有機則）省令36条
  - 鉛中毒予防規則（鉛則）省令37条
  - 特定化学物質等障害予防規則（特化則）省令39条
  - 高気圧作業安全衛生規則（高圧則）省令40条
  - 酸素欠乏症等防止規則（酸欠則）省令42条
  - 事務所衛生基準規則（事務所則）省令42条
  - 粉じん障害防止規則（粉じん則）省令18条
  - 機械等検定規則（検定則）省令45条
- 作業環境測定法 ─ 同法施行令 ─ 同法施行規則
- じん肺法 ─ 同法施行令 ─ 同法施行規則
- 労働災害防止団体法 ─ 同法施行令 ─ 同法施行規則
- 労働災害補償保険法 ─ 同法施行令 ─ 同法施行規則
- 雇用保険法 ─ 同法施行令 ─ 同法施行規則
- 労働者派遣法 ─ 同法施行令 ─ 同法施行規則

労働基準監督署に報告するものであり，施工者が工事現場事務所を運営開始するときに報告するものと，工事現場における仮設工事の設備設置を報告するものに大きく分けられる。Pointまたは図4.1のように建築工事の着工前に提出する届出書類のなかに建設工事計画届というものがある。この建設工事計画届は特定の大規模な工事の場合には，建築工事着工の30日前に厚生労働大臣に届出が必要である。また，31 m以上の建設物等の工事の場合には，建築工事着工の14日前に労働

Point 現場からの届出

機械等（設備）設置の届出

種別	規模	届出事項	添付図面	備考
軌道装置		1. 使用目的 2. 起点および終点の位置ならびにその高低差（平均こう配） 3. 軌道の長さ 4. 最小曲線半径および最急こう配 5. 軌間，単線または複線の区別および軌条の重量 6. 橋梁または桟橋の長さ，幅および構造 7. 動力車の種類，数，形式，自重，けん引力および主要寸法 8. 巻上げ機の形式，能力および主要寸法 9. ブレーキの種類および作用 10. 信号，警報および照明設備の状況 11. 最大運転速度 12. 逸走防止装置の設置箇所および構造 13. 地下に設置するものにあっては軌道装置と周囲との関係	平面，側面 正面図	配置〜廃止 6か月未満 は適用除外
型枠支保工	支柱高さ 3.5 m以上	1. コンクリート構造物の概要 2. 構造，材質主要寸法，設置期間	組立図 配置図	設置期間に関係 なく届出必要
架設通路	高さ，長さとも 10 m以上	1. 設置箇所 2. 構造，材質，主要寸法，設置期間	平面図 側面図	組立〜解体 60未満は適用外
足場	高さ10 m以上 の構造足場， つり足場 張出し足場	1. 設置箇所 2. 種類，用途 3. 構造，材質，主要寸法	組立図 配置図	組立〜解体 60未満は適用外
機械集材装置	原動機の定格 出力： 7.5 kW以上	1. 索張り方式 2. 最大使用荷重 3. 支間の斜距離，傾斜角および中央垂下比 4. 主索および作業索の構造および直径 5. 主索および作業索の安全係数 6. 集材機の型式，定格出力および最大けん引力 7. 設置期間	配置図	組立〜解体 60未満は適用外

機械等（設備）設置の届出と報告

種別	能力	明細書	組立図	構造部分の構造計算書	周囲の状況図	基礎の概要	落成・検査	申請書	その他	能力	明細書	周囲の状況図	検査証
クレーン （クレーン則5条）	つり上荷重 3t以上	○	○	○	○	○	○		走行クレーンの 場合は走行範囲	3t未満 (0.5〜3t)			
移動式クレーン （クレーン則61条）		設置届不要								つり上荷重3t以上 つり上荷重3t未満	○		○
デリック （クレーン則96条）	つり上荷重 2t以上	○	○	○	○	○	○		控えの固定範囲	2t未満 (0.5〜2t)			
エレベータ （クレーン則140条）	積載荷重 1t以上	○	○	○	○		○		屋外，基礎図 控え固定方法	1t未満 (0.25〜1t)		設置〜廃止が 60日未満は不要	
建設用リフト （クレーン則174条）	ガードレール高さ 18m以上	○	○	○	○	○	○		控え固定方法	10〜18m未満		設置報告不要	
ゴンドラ （ゴンドラ則10条）	すべての ゴンドラ	○	○	○					検査証と 固定方法	圧力2 kg/0 m² 以上 内容積0.04 m³ 以上			

基準監督署長に届出が必要である。

また，仮設工事の設備設置の例として，建設物・機械等設置届がある。これは，工事現場につり足場，張出し足場，高さ10m以上の足場で，60日以上存続させる場合や，型枠支保工の支柱の高さが3.5m以上のものを設置する場合に届け出るものである。この届出は，足場計画図や支保工計画図なども必要であり，届出受理後30日から設置が許可されるため，設置開始予定日を考慮しておく必要がある。

つり上げ荷重が3t以上のクレーンや積載重量1t以上のエレベーターを設置する場合も設置開始の30日前に届け出なければならない。なお，つり上げ荷重3t未満のクレーンや積載荷重1t未満のエレベーターを設置する場合には設置報告書を提出しなければならない。

(3) 現場における安全管理組織

建設現場は作業所ごとに，独立した企業体であり，生産の場であり，作業所規則で運営されている。したがって，ルールを守れない者の入場を拒否することが当然である。

労働安全衛生法では，事業の種類にかかわらず会社の規模に応じ図4.2のように統括安全衛生管理者，安全管理者，衛生管理者，安全衛生推進者などを選任することを義務づけている。

現場の安全衛生水準の継続的向上を図るために，図4.3のような労働安全衛生マネジメントシステムの導入が有効である。この背景として，建築現場における管理する側や職人における経験豊富な人材の退職などにより，安全管理のノウハウが十分に継承されず，現場の安全管理水準の低下が危惧されたいきさつがある。大きな特徴は，

図4.1 届出書類の例

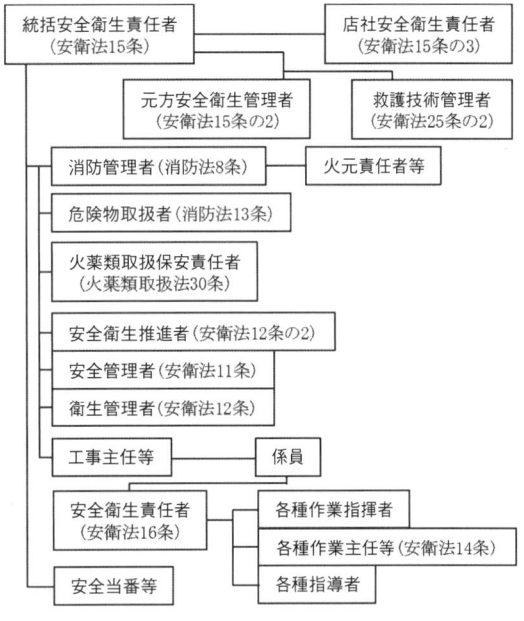

図4.2 現場の安全管理組織

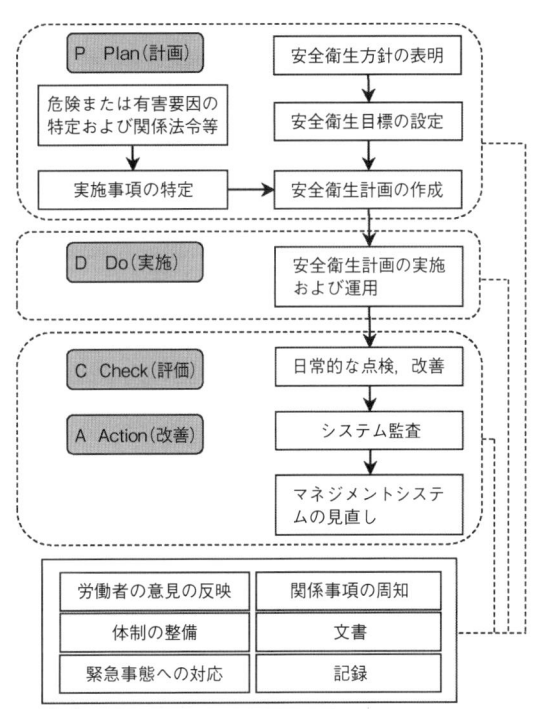

図4.3 労働安全衛生マネジメントシステムのフロー

Point 作業指示書

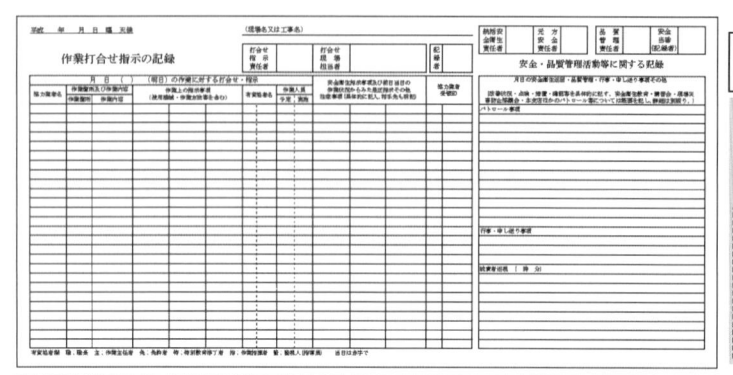

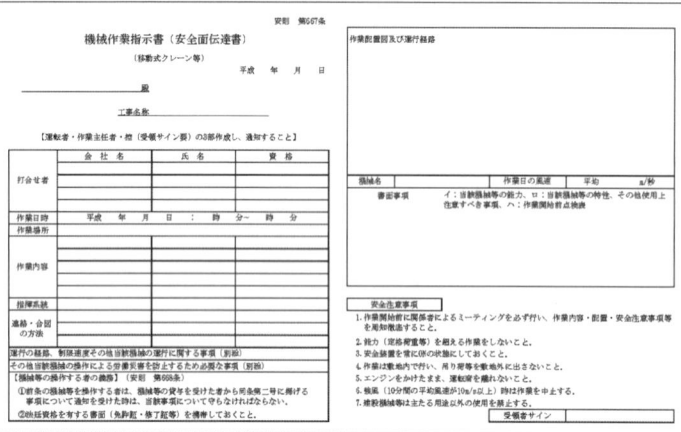

- 作業指示書の指示の意義：
  作業にあたる協力業者の確認があったことを示すため受領印等で形として記録を残す。

  万が一、労災が発生し、会社もしくは責任者の過失が問われたとき、作業指示が適切になされていたかどうかが、問われることになる。

- 作業指示書で明記すること
  ① 協力業者名
  ② 作業箇所および作業内容
  ③ 作業上の指示事項
  ④ 有資格者名・作業人数
  ⑤ 協力業者受領印
  ⑥ 安全衛生指示事項および前日当日の作業状況からみた是非指示その他注意事項

- 機械作業指示書の指示の意義：
  リースする形であるため作業内容や設置場所は、明確に書類として形に残すことが重要となる。

- 安則 第668条 ＜機械等を操作する者の義務＞
  機械等を操作する者は、機械等の貸与を受けた者から以下に掲げる事項について通知を受けたときは、当該事項を守らなければならない。

- 機械等を操作する者に対し、通知すること
  イ：作業の内容
  ロ：指揮の系統
  ハ：連絡、合図等の方法
  ニ：運行の経路、制限速度その他当該機械等の運行に関する事項
  ホ：その他当該機械等の操作による労働災害を防止するため必要な事項

Point KYK と新規入場者教育

- KYK（危険予知活動）

  現場では、ちょっとした油断が大きな事故につながることもあるので、KYKで未然に防ぐことが目的である。

  ● 手順・・・・・⇒本質追及
  ● どんな危険があるか⇒急所＝現状把握
  ● 私達はこうする・・⇒対策＝目標設定

  ◆ 作業開始前のミーティングで、想定される危険を話し合い、対策を立て、実践する。

- 新規入場者教育

  新規に入場した労働者の被災率が高い傾向にあるため、現場の状況、施工方法等について十分な知識を付与することが重要である。

  ◆ 労働者が作業を行う現場に初めて入場する際に行われる教育。

P：計画，D：実施，C：評価，A：改善という一連の過程を継続的に管理することで，店社と現場が一体となって現場の安全管理の向上に注力できる点にある。

(4) 現場における安全管理の実際

現場における安全管理では，それぞれの作業所に固有の決定事項がある。現場では，労働安全衛生法の書類による管理だけではなく，「Point 作業指示書」に示すような作業指示書等の記録が重要である。作業指示書は，万一，労災が発生し，会社もしくは責任者の過失が問われたとき，作業指示が適切になされていたかどうかを作業にあたる協力業者の確認があったことを示すため，受領印などで形として記録を残すことが必要となる。

機械作業指示書は，機械などは貸与という形のため，作業内容や設置場所を明確に書類として残すことが必要である。

また，建築現場ではちょっとした油断が大きな事故につながることもある。このため，「Point KYK と新規入場者教育」に示すように，作業開

$$度数率 = \frac{労働災害による死傷者数（人）}{延べ労働時間（時間）} \times 1,000,000 \rightarrow 災害発生率を表わす指標$$

$$強度率 = \frac{労働損失日数（日）}{延べ労働時間（時間）} \times 1,000 \rightarrow 災害の重さを表わす指標$$

◆現場における数値的な目標として用いられる

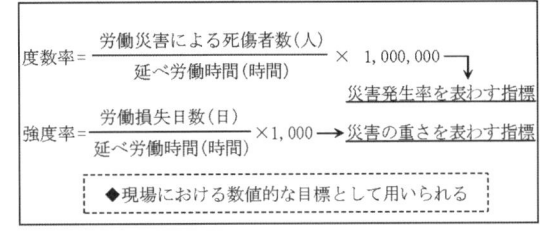

図 4.4　現場における数値目標

Point　現場における安全管理の実際

	活動	内容
日間	・安全朝礼 ・安全ミーティング ・安全点検 ・作業中の指導監督 ・安全工程打合せ ・持場片付け ・終業時の確認	・ラジオ体操，連絡調整，指示伝達 ・安全指示，KYK，服装・体調チェック ・材料・設備・機械の点検 ・発見した不安全行動の改善指導 ・翌日の作業の指示，危険個所の周知 ・使用した材料・工具・不用材の整理 ・後片付け状況，火気の始末
週間	・週間安全工程打合せ ・週間点検 ・週間一斉片付け	・今後の評価，来週の予定と調整 ・作業環境・設備・機械・工具の点検 ・不用材の搬出，未使用材の整理
月間	・安全衛生協議会 ・安全点検・自主検査 ・安全衛生大会 ・職長会	・月間計画，教育訓練，行事計画 ・機械・設備の点検，検査 ・当月の予定発表，安全表彰 ・勉強会，レクリエーション，見学会
随時	・新規入場者受入教育 ・入場予定者事前打合せ	・当現場のルールの徹底等 ・施工要領，使用設備のすり合わせ

現場事務所の掲示類の様式

労務安全関係提出書類綴（グリーンファイル）　　施工体制台帳作成提出書類綴（ホワイトファイル）

＜下記のような安全に関する書類を下請会社が元請会社に提出する＞

労務安全関係提出書類綴（グリーンファイル）

・安全衛生誓約書
　労務安全衛生管理等に関する誓約書
　労務管理・安全衛生管理・雇用管理等の誓約書
　①一次下請業者の誓約書

・作業員名簿
　作業員就労に関する報告書
　新規に入場した作業員について，その雇用主，資格の種類，健康状態，作業変更時教育の実施等を確認し，作業員の適正配置を図るためのもの。
　①氏名・職種・経験年数・年齢・住所・血圧・血液型・資格

・KYK（危険予知活動）
　危険予知活動報告書
　毎朝（または作業変更時）職長が作業開始前にグループを集め，危険予知について打合せした結果を記入提出する。
　①作業手順　②作業に対する危険のポイント
　③危険への対策　④作業員の氏名

施工体制台帳作成提出書類綴（ホワイトファイル）

・元請負業者
　特定建設業者の施工体制台帳
　元請負業者に現場の施工体制を把握させる。
　①施工体制台帳　②施工体系兼災害防止協議会組織図

・一次請負業者
　施工請負台帳（1次）
　一次請負業者が記入し，元請負業者に提出する。
　①下請負業者編成表　②施工体制台帳　③実務経験証明証

・二次請負業者
　再下請負通知書（2次）
　二次請負業者が記入し，一次下請負業者がまとめ元請負業者に提出する。
　①再下請負通知書　②実務経験証明証

始前のミーティングで想定される危険を話し合い，対策を立て実践するKYK（危険予知活動）を行う必要がある。新規入場者教育では，新規に入場した労働者の被災率が高い傾向にあるため，現場の状況，施工方法などについて周知することが重要である。

　このほか，現場巡視および安全工程会議を行うことにより，現場の安全管理を担っている。さらに，図4.4のように現場における数値目標として度数率および強度率というものがある。度数率とは，災害発生率を表わすものであり，100万時間当たりに発生する死傷者数を表わしたものである。強度率とは，災害の重さを表わす指標であり，1000時間中に傷害などのために失われる労働損失日数で表わされるものである。また，「Point 現場における安全管理の実際」のような日間，週間および月間の安全管理に関する事項を実施することや現場事務所の指示を掲示することにより工事全体の安全管理を行っている。これらの現場における安全管理は，労働安全衛生法に定められている労務安全提出書類綴（グリーンファイル）や施工体制台帳作成提出書類綴（ホワイトファイル）によって書類管理がされ，人の行動によるチェックと書類によるチェックの二重チェックによってより安全な管理が可能となる。

5 環境管理

(1) 建築工事における環境管理
1) 地球環境・建築憲章

"環境問題の解決なしに人類の未来はない"という意識が国際的な風潮となっている。これに同調して，日本建築学会，日本建築士会連合会，日本建築士事務所協会連合会，日本建築家協会，建築業協会（現 日本建設業連合会）の建築関係5団体は，「地球環境・建築憲章」を制定した。このなかでは，地球環境問題と建築のかかわりの認識にもとづき，持続可能な循環型社会の実現に向かって，以下の5つの建築の創造について取り組むことを宣言している。

① 長寿命
② 自然共生
③ 省エネルギー
④ 省資源・循環
⑤ 継承

2) 建築工事における環境問題の実態
a 廃棄物の実態

廃棄物は，「Point 建築工事における環境問題の実態」に示すとおり一般廃棄物と産業廃棄物に大別され，このうち約90%が産業廃棄物である。そのなかでも建設業から生じる産業廃棄物は，全産業の約20%を占め，電気・ガス・熱供給・水道業，農林業，製造業と並ぶ最大の排出業種となっている。国土交通省が公表した，平成7年度および24年度の建設副産物の再資源化率等の状況を図5.1に示す。1990年代から現在に至るまで建設副産物の再利用の促進と最終処分量の削減を推進するさまざまな取組みが実施されてきた。これにより，再資源比率が，コンクリート塊およびアスファルトコンクリート塊を中心に向上し，平均して95%となっている。

b CO₂排出量の実態

日本は，世界4番目のCO_2の大量排出国となっている。そのなかでも，建設関連のCO_2排出量割合は日本全体の1/3を占めていることから，建設業におけるCO_2排出量の削減は国全体の排出量の削減に直結するものであることがわかる。これを受けて，建設業におけるCO_2総排出量は年々減少傾向にあるが，課題もまだまだ多く，セメントの製造におけるCO_2の排出量の削減など対策

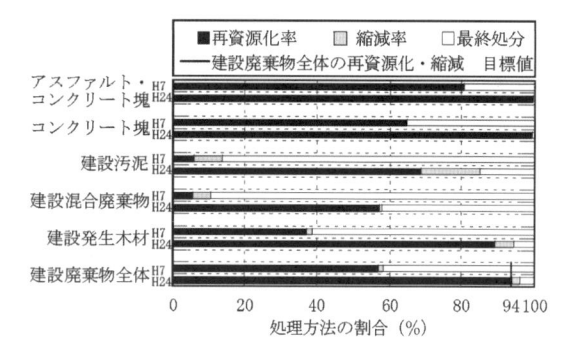

(出典：国土交通省『平成24年度建設副産物実態調査結果について』，2014)

図5.1 建設副産物の再資源化率等の状況

Point 建築工事における環境問題の実態

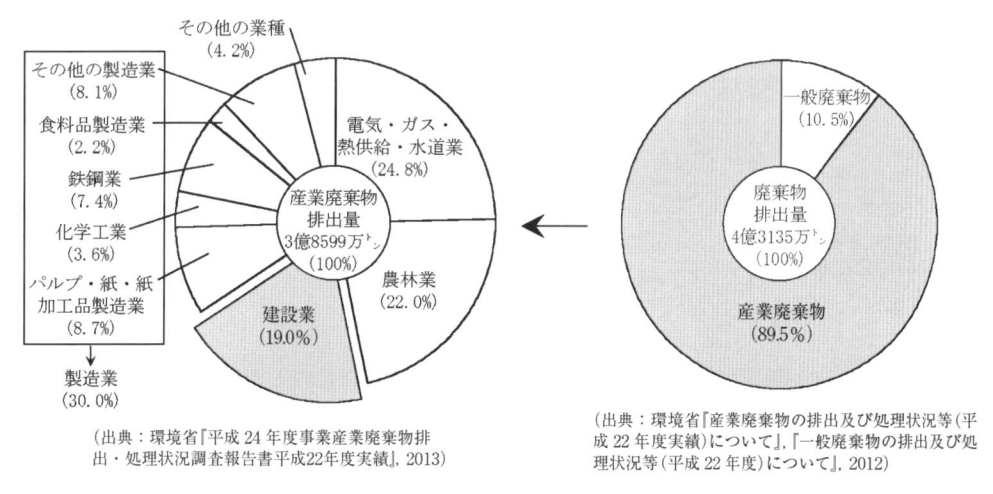

(出典：環境省『平成24年度事業産業廃棄物排出・処理状況調査報告書平成22年度実績』，2013)

(出典：環境省『産業廃棄物の排出及び処理状況等（平成22年度実績）について』，『一般廃棄物の排出及び処理状況等（平成22年度）について』，2012)

平成22年度廃棄物の業種別排出量

が求められる。

c 地球環境への影響

建設重機の使用による騒音や振動といった近隣住民への影響や，現場から汚水の排出による水質汚濁など，建設業における環境へ与える影響要因は多くある。

3）建築工事における環境管理

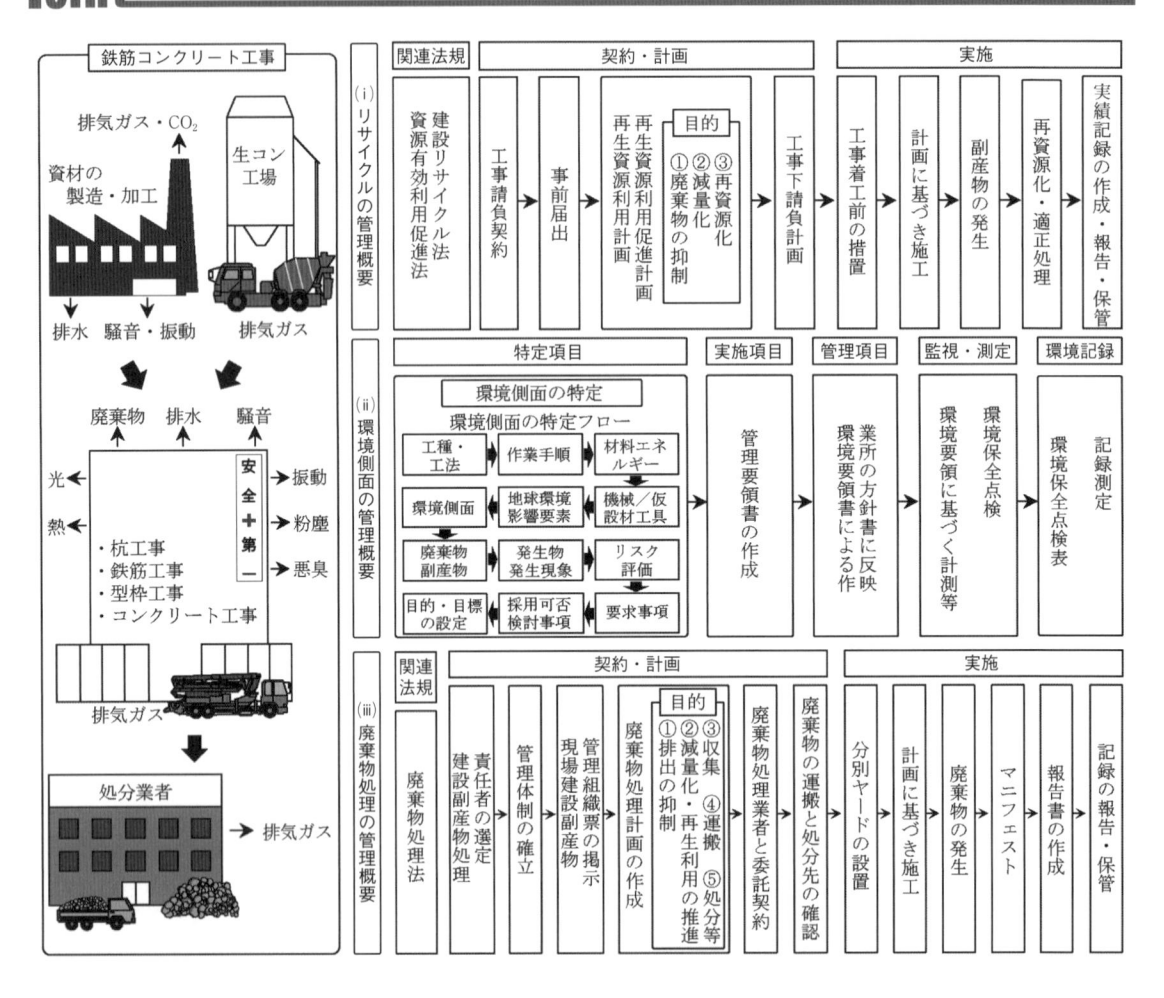

建築における環境管理は，「Point 建築における環境管理」に示すとおり3つに大別することができる。

① 廃棄物の抑制やリサイクルに関する環境管理
② 環境側面による環境管理
③ 廃棄物処理に関する環境管理

リデュース，リユース，リサイクルの3Rを基本概念として「ごみになってから」の廃棄物処理法と「ごみになる前」の建設リサイクル法および再生資源利用促進法のおのおのが相乗的に機能することで，副産物の減量化・再資源化を促進するものである。

①では，工事着工前にリサイクル計画を作成し，工事完成後，実施状況を記録して，計画および実施状況を完成後1年間保管する。

②では，環境側面（環境への影響の要因）ということを考えると，一つの作業を行うと多くの影響が考えられるが，これをある一面として，現状の技術のなかから最善のことを選択していかなければならない。そのためには，あらゆる環境側面を検討してこれらのことについて対応していくことから，環境管理の一歩が始まる。一般的に環境側面の特定はPointに示すフローに基づいて検討すべきである。環境側面は環境管理の要因といえ，一つ一つの要因が環境に及ぼす影響が明らかになったからといって，問題は解決されない。施工管理者は，騒音・振動・粉塵を低減し，より良

Point 建築における環境管理

い環境づくりに取り組むべきである。

③に関しては、1999年の青森県境の産業廃棄物不法投棄事件に代表されるように、収集運搬業者と排出事業者（元請業者）が廃棄物処理法違反で摘発された。このような不法投棄が全国各地で問題になったことから、廃棄物処理法の改正により排出事業者責任の徹底が図られ、規制の強化が行われた。その一つがマニフェスト制度であり、建設現場での産業廃棄物の排出から最終処分終了までの一貫した把握・管理が義務づけられるようになった。施工管理者は、産業廃棄物処理において、マニフェストシステムを基本として、いままで以上に環境に配慮することを念頭において管理にあたるべきである。

(2) 建築における環境側面とおもな関連法令
（Point 参照）

1) リサイクル

日本では、環境保全に関する基本理念の提示として「環境基本法」が定められており、廃棄物を適正に処理する必要があることが示されている。そのなかで、建設リサイクル法は、特定建設資材について分別解体および再資源化を義務づけたものである。これらの工事を行う場合は、工事の着工の7日前までに分別解体等の計画等と合わせて都道府県知事に届け出なければならない。また、資源有効利用促進法は、事業者自身が副産物を有

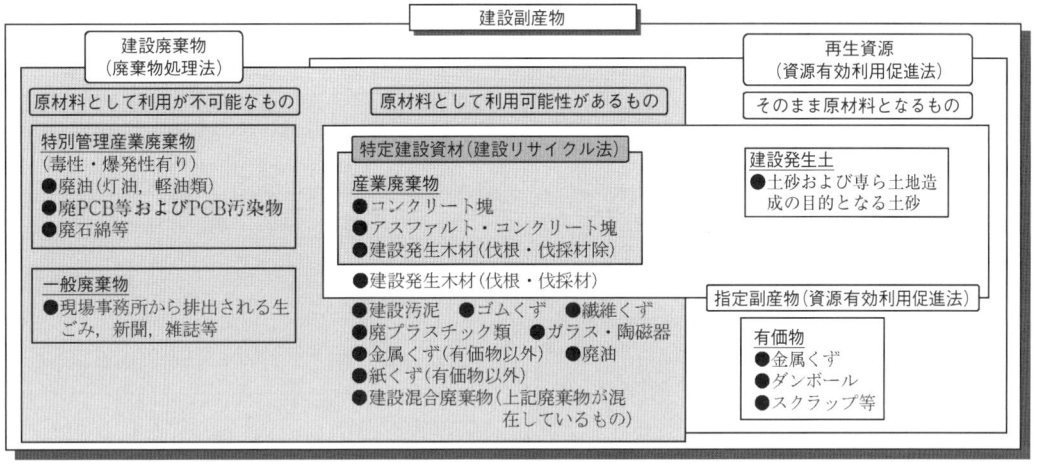

図5.2 建設副産物の概念

Point 建築における環境側面とおもな関連法令

環境側面	おもな関連法令等	おもな申請・届出書等	関連する工事・作業等
リサイクル	建設リサイクル法	対象建設工事の届出書	特定建設資材（コンクリート、木材等）を使用した建設工事を行う場合
		再生資源化報告書	再資源化等が完了した場合
	資源有効利用促進法	再生資源利用計画	建設資材を搬入する建設工事を施工する場合
		利用促進計画書	指定副産物を搬出する建設工事を施工する場合
大気汚染	大気汚染防止法等	特定粉じん排出等作業実施届出書	特定建築材料（吹付け石綿、石綿を含有する断熱材、保温材および耐火被覆材）が使用されている建築物を解体し、改造し、または補修する作業等
水質汚濁	水質汚濁防止法	特定施設設置届出書	工場または事業所から公共水域に水を排出するのに伴う作業
	河川法	汚水排出届出書	河川に50 m³/日以上の汚水を排出する場合
	下水道法	公共下水道使用開始届	地下水、工場用排水、コンクリート打設洗浄水を下水道に放流する場合
	浄化槽法	浄化槽設置届	生活・工場排水を処理し、下水道以外に放流する場合
騒音	騒音規制法	特定建設作業実施届出書（騒音）	特定建設作業（杭工事、解体工事などの騒音を発生する作業）を伴う建設工事
振動	振動規制法	特定建設作業実施届出書（振動）	特定建設作業（杭工事、解体工事などの振動を発生する作業）を伴う建設工事
廃棄物	廃棄物処理法	産業廃棄物委託処理契約書	工作物の新築、改築、解体などの建設工事
		マニフェスト（産業廃棄物管理票）	

効に利用することを義務づけるものである。そのため，施工者は再生資源利用促進計画書・再生資源利用計画を作成し，副産物の発生，減量化，再資源化などの検討，調整状況を把握する必要がある。

2) 環境側面
a 大気汚染
吹付け石綿が使用されている建築物の解体作業を行うときは，施工者が作業開始14日前までに都府県知事にPointに示す申請・届出を行う必要がある。

b 水質汚濁
現場での排水に，土砂，セメント，油などが混入しないように，Pointに示す申請・届出を行い適正処理する。

c 騒音・振動
杭打ちなどの騒音・振動を発生する作業を行う場合は，施工者が着工7日前までに市町村長にPointに示す申請・届出を行う必要がある。

3) 廃棄物処理
事業活動によって発生する廃棄物のうち，図5.2に示すように法律で定められたものを産業廃棄物とよぶ。一方，建設工事に伴い副次的に得ら

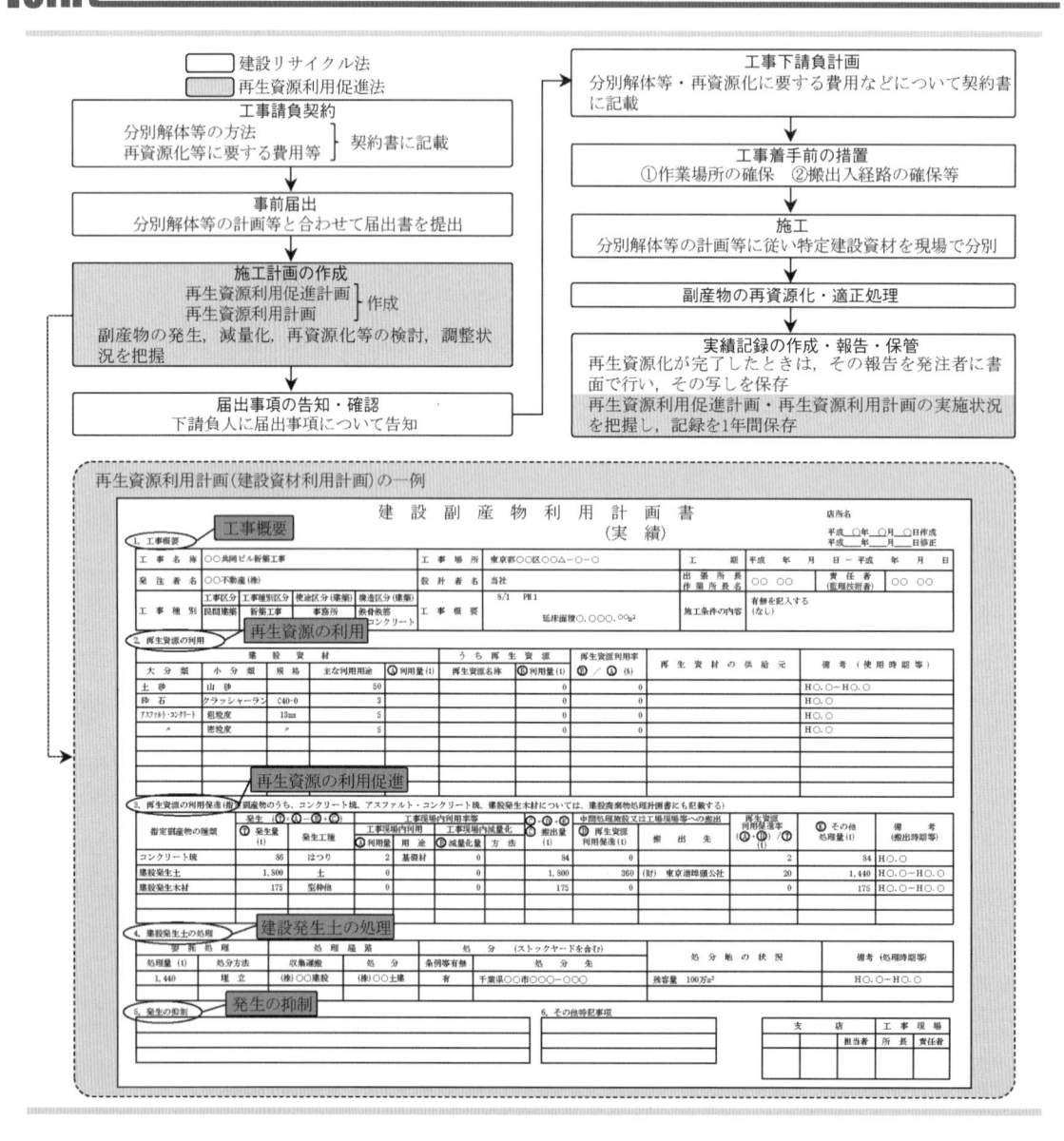

Point 廃棄物の抑制とリサイクル

れるすべての物品を建設副産物という。これらの産業廃棄物は，多量排出事業者が処理をしなければならない（自己処理責任の原則）。また，廃棄物処理法では，多量排出事業者は，廃棄物処理計画の作成が義務づけられている。産業廃棄物は，自己処理責任が原則であるが，専門業者に委託することができる。そのためには，処理業者と委託処理契約を結び，マニフェスト（産業廃棄物管理票）による管理を行う必要がある。

(3) 鉄筋コンクリート工事における環境側面の対策

1) リサイクル計画

副産物対策の基本的な考え方は，「発生と排出の抑制」「再利用の促進」「適正処分の徹底」の3本柱として，着実な実施が重要となる。そして，建築現場は環境関係法令を遵守して環境対策を適切に行わなければならない。そのなかで，「Point 廃棄物の抑制とリサイクル」に示すとおり，工事着工前にリサイクル計画を作成し，完成後，実施状況を記録して，計画および実施状況を完成後1年間保存しなければならない。リサイクル計画は，国土交通省がまとめた「建設リサイクルガイドライン」のなかでは，再生資源利用計画と再生資源利用促進計画の2つに分類される。建設副産物に指定された品目について，どのようなものが現場に搬入され，搬出されるかを事前に計画してリサイクルを考慮したうえで実行しなければならない。いずれにしろ，このリサイクル計画の作成は，施工管理者が行わなければならない。再生資源利用計画の記入事項は，工事概要，再生資源の利用，再生資源の利用促進，建設発生土の処理，発生抑制などである。再生資源利用促進計画では，特定建設資材廃棄物，建設廃棄物，建設発生土ごとに建設副産物搬出計画を行う必要がある。

2) 各工事の環境側面における対策

環境側面における建築現場の対策をPointに示す。以下，工事ごとの要点を示す。

Point 環境側面における建築現場の対策

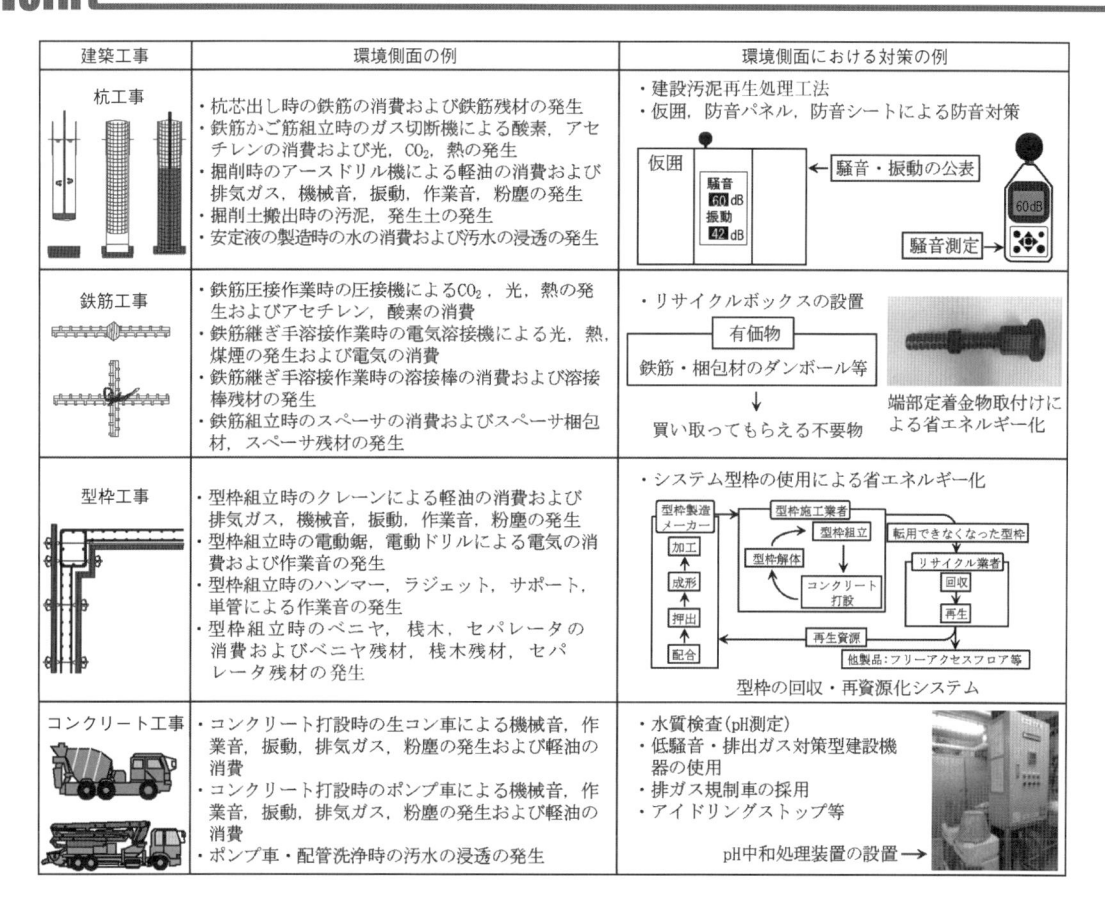

建築工事	環境側面の例	環境側面における対策の例
杭工事	・杭芯出し時の鉄筋の消費および鉄筋残材の発生 ・鉄筋かご筋組立時のガス切断機による酸素，アセチレンの消費および光，CO_2，熱の発生 ・掘削時のアースドリル機による軽油の消費および排気ガス，機械音，振動，作業音，粉塵の発生 ・掘削土搬出時の汚泥，発生土の発生 ・安定液の製造時の水の消費および汚水の浸透の発生	・建設汚泥再生処理工法 ・仮囲，防音パネル，防音シートによる防音対策 騒音・振動の公表 騒音測定
鉄筋工事	・鉄筋圧接作業時の圧接機によるCO_2，光，熱の発生およびアセチレン，酸素の消費 ・鉄筋継ぎ手溶接作業時の電気溶接機による光，熱，煤煙の発生および電気の消費 ・鉄筋継ぎ手溶接作業時の溶接棒の消費および溶接棒残材の発生 ・鉄筋組立時のスペーサの消費およびスペーサ梱包材，スペーサ残材の発生	・リサイクルボックスの設置 有価物：鉄筋・梱包材のダンボール等 買い取ってもらえる不要物 端部定着金物取付けによる省エネルギー化
型枠工事	・型枠組立時のクレーンによる軽油の消費および排気ガス，機械音，振動，作業音，粉塵の発生 ・型枠組立時の電動鋸，電動ドリルによる電気の消費および作業音の発生 ・型枠組立時のハンマー，ラジェット，サポート，単管による作業音の発生 ・型枠組立時のベニヤ，桟木，セパレータの消費およびベニヤ残材，桟木残材，セパレータ残材の発生	・システム型枠の使用による省エネルギー化 型枠の回収・再資源化システム
コンクリート工事	・コンクリート打設時の生コン車による機械音，作業音，振動，排気ガス，粉塵の発生および軽油の消費 ・コンクリート打設時のポンプ車による機械音，作業音，振動，排気ガス，粉塵の発生および軽油の消費 ・ポンプ車・配管洗浄時の汚水の浸透の発生	・水質検査(pH測定) ・低騒音・排出ガス対策型建設機器の使用 ・排ガス規制車の採用 ・アイドリングストップ等 pH中和処理装置の設置

a 杭工事
① 建設汚泥再生処理の対策
② 仮囲，防音パネル，防音シートによる防音対策
③ 騒音・振動の測定値の公開

b 鉄筋工事
① リサイクルボックスの設置と管理
② 端部定着金物取付けによる省エネルギー化等

c 型枠工事
① 型枠の回収・再資源化システム
② システム型枠の使用による省エネルギー化等

d コンクリート工事
① 水質検査（pH計測）
② pH中和処理装置の設置
③ 低騒音・排出ガス対策型建設機器の使用
④ 排ガス規制車の採用
⑤ アイドリングストップ等

e その他の対策・活動
① 作業所の前および周辺の一斉清掃を週1回ないし月1回実施するなどの美化活動
② 産業廃棄物のなかから型枠の木端材を近隣住民に提供するなどの有効利用
③ 現場でのゼロエミッション活動等

1）廃棄物の処理方法

マニフェスト制度とは，産業廃棄物の処理を産業廃棄物処理業者に委託する場合に，廃棄物の収集・運搬，処分の流れを排出事業者自らが把握し，不法投棄の防止などの適正な処理を確保するためのもので，産業廃棄物を処理業者に委託する排出事業者にマニフェストの交付が義務づけられている。「Point 廃棄物の管理とマニフェスト」にマニフェストと産業廃棄物の流れを示す。

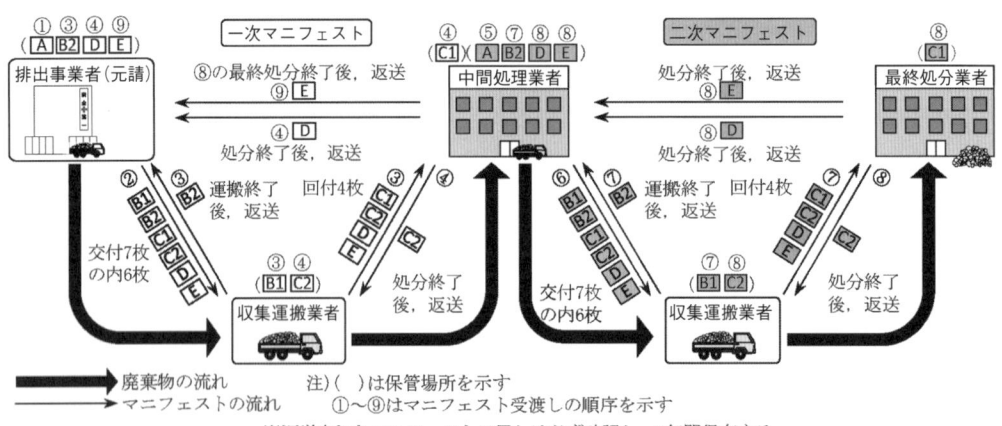

① マニフェストに必要事項を記入し，A票を保管する。
② 排出事業者は，残りの6枚を収集運搬業者に引き渡す。
③ 運搬終了後，収集運搬業者は，B2票を排出事業者に送り，B1票を保管し，残り4枚を処分業者に渡す。
④ 処分終了後，D票を排出事業者，C2票を収集運搬業者に返送し，処分業者がC1票およびE票を保管する。
⑤～⑨ ④における処分が中間処理で，最終処分が別のものに委託される場合，中間処理業者は，当該の委託の際マニフェストを使用し，最終処分業者から最終処分の旨が記載された二次マニフェストのE票を受け取った後，④で保管していたE票を排出事業者に送付する。また，返送されたマニフェストの写しは5年間保存しなければならない。

(4) 環境マネジメントシステム

ISO 14001に基づく環境マネジメントシステム（以下，EMSという）は，企業などの活動が環境に及ぼす影響を最小限にとどめることを目的に定められ，環境に関する国際的な標準規格である。これは，ISO 9001が製品の質の維持を目的をしているのに対して，ISO 14001は環境の質の改善を目的としていることが大きく異なる。また，利害者関係は図5.3に示すとおり，ISO 9001においては組織の製品を購入する顧客だけであるのに対

して，ISO 14001 では顧客だけでなく多くの利害関係者が存在する。そのため，これらの利害関係者とのコミュニケーションの手続きを定めることが求められる。日本における ISO 14001 に基づく EMS の認証は，2014 年 4 月末で 19040 件ともいわれている。この理由として，以下の 4 つがあげられる。
① 企業のイメージアップ
② 環境リスクの回避
③ コストの削減
④ 企業体質の改善

また，建設業の登録件数は全産業の約 18.9% と 10 年前にくらべ約 2 倍以上となっている。EMS を行うには，図 5.3 に示すとおり，「PDCA」が基礎となる。まず，経営トップが組織として環境方針を掲げ，環境影響評価をし，必要な目的・プロセスを設定（Plan）する。目的・プロセスに対して，法的およびその他の要求事項に対応したうえで実施，運用，管理（Do）を行う。結果の記録および報告（Check）を行い，EMS のパフォーマンスを継続的に改善するための処置（ACT）をとる。最後に再度計画を立てる，というサイクルを回していく仕組みである。また，建築技術者や専門業者にも教育訓練をして，現場全体として運営していく必要がある。

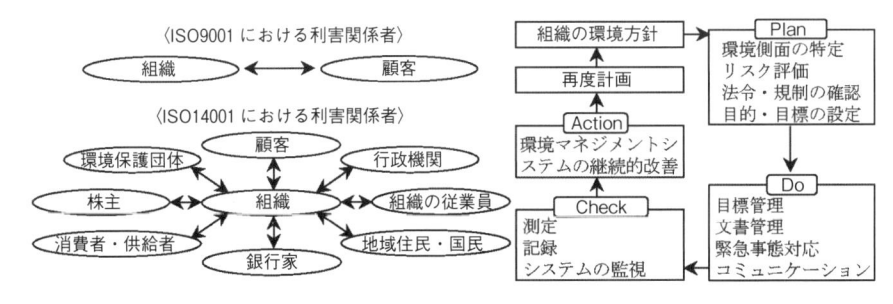

図 5.3 ISO14001 に基づく EMS の利害関係者とプロセスモデル

索　引

あ―お

アースドリル工法	147
ISO	177
アイランド工法	157
アゴ	168
圧縮強度	53, 54, 69, 70
アノード	54
あばら筋	86, 130
アルカリシリカ反応	56
アルミン酸三カルシウム	35
安全衛生推進者	189
安全管理	186
安全管理者	20, 189
アンチ	81
安定液	152
異形鉄筋	84
維持管理	57, 58
維持保全	12
意匠図	26
一式請負	17
一般材料	59
一品生産	11
移動式足場	83
移動式クレーン	83
受入検査	52, 69
受入検査の頻度	70
請負契約	16, 180
請負代金	20
打重ね	98
打込み工法	149
うま	134
埋込み工法	150
埋戻し工事	160
上端筋	110
運搬	77
エアフェンス	135
衛生管理者	20, 189
AE 減水剤	40, 41
AE 剤	40, 41
エコセメント	34
S 値	44, 60, 64
F.M.	37, 39
エフロレッセンス	103
LCC	13
塩害	54, 55
塩化物	51
塩化物量	37, 69, 70
エントラップトエア	41
エントレインドエア	41
オープンカット工法	158
オールケーシング工法	148
落し込み工法	134
帯筋	86, 122, 123
親杭横矢板壁	158
折曲げ形状	86
折曲げ寸法	86

か―こ

開口部補強	166
解体工	114
外注工事請負	15
回転貫入工法	151
外部足場	80, 81
返り墨	79
化学混和剤	40, 41, 43
価格スライド	68
化学的浸食	56
拡底杭	151
拡底工法	151
確認済証	22, 172
確認通知書	22
重ね継手	88
重ね継手の長さ	88
過小粒	46
ガス圧接	88
ガス圧接継手	88, 123
カソード	54
過大粒	46
片持ち梁	133
型枠	91
型枠工事	77, 91
型枠振動機	102
型枠の存置期間	94, 95, 96
かぶり厚さ	90
壁	162
壁つなぎ	81
官営セメント工場	31
環境管理	193
環境側面	196
環境マネジメントシステム	198
かんざし	134
含水状態	37
含水率	38
乾燥収縮	53
寒中コンクリート	32
機械式継手	88, 123
企画	12
木杭	147
基準点	79
既製杭	149, 155
基礎	78, 137
気中乾燥状態	37
技能者	15
基本価格体系	68
基本計画	12
基本設計	19
基本設計段階	23
逆打ち工法	157, 158
脚付きジョイント	81
逆梁	133
脚立	82
脚立足場	82
吸水率	36, 38
協組共販	67
凝結	51
供試体	71, 72
競争入札	16
強度	31, 32
共同請負	17
強度算定式	43
強度率	192
業務委託契約書	16
供用期間	33
杭	144
杭頭処理	154, 155
空気量	41, 45, 69, 70
空気量の許容差	69
掘削残土	159
クランプ	80
クリープ	53
グリーンファイル	191, 192
クリティカルパス	183
クリンカー	34
クローラクレーン	83
計画調合	43
けい酸三カルシウム	35
けい酸二カルシウム	35
軽量骨材	36, 37
軽量コンクリート	61
ケーソン工法	158
KYK	190, 191
結合材	30
結束	89
結束線	89
原価管理	179
検査済証	22
検査ロット	70
減水剤	40, 41
建設会社	14

建設業法	20, 22
建設工事計画届	188
建設用リフト	83
建築確認申請	22
建築基準法	21, 59
建築基準法施行規則	21
建築基準法施行令	21
建築基準法第37条	78
建築工事一式	15
建築工事届	22
建築工事標準仕様書 JASS5	62
建築材料の品質	78
建築士法	22
建築生産	12, 25
建築主	11, 13
建築物概要書	24
現場打ちコンクリート	32
コア供試体	60
硬化コンクリート	31, 33, 53
硬化促進剤	41
鋼管充填コンクリート	31, 32
鋼管矢板壁	158
工期	181
高強度コンクリート	59, 61
鋼杭	146
交差筋かい	81
工事請負契約	17
工事請負契約書	17
工事監理	12, 13, 19
工事監理者	13
工事施工者	14
工事用エレベーター	83
公称直径	85
鋼製切梁工法	160
構成材料	30
高性能 AE 減水剤	40, 41
高性能減水剤	40, 41
構造安全性	64
構造材料	59
構造図	26
構造体強度補正値	44, 60, 64, 98
構台	83
工程管理	182
鋼矢板壁	158
高流動コンクリート	59
高炉	84
高炉スラグ微粉末	41
高炉セメント B 種	34
コールドジョイント	51, 103
顧客満足度	178
腰壁	164
構造安全性	33
骨材	30, 36
骨材の密度	37
コンクリート	30
コンクリート温度	69
コンクリート型枠用合板	92
コンクリート技士	67
コンクリート工事	77
コンクリート主任技士	67
コンクリートの発注	97
コンクリートヘッド	94
コンクリートポンプ	98
混合セメント	34
コンシステンシー	45, 49
コンストラクションマネジメント方式	14
コンストラクションマネジャー	14
コンパネ	92
混和材	40
混和剤	40
混和材料	40

さ—そ

細骨材	30, 36
細骨材率	45, 46, 47
再生骨材	59
在来工法	107
材料費	180
材料分離	49, 51
先組み	91
作業請負	14
作業指示書	190, 191
酸化カルシウム	35
桟木	167
残コン	103
三位一体	77
仕上り状態	33, 64
地足場	82
CM 方式	14, 19
CD 管	115
ジェイムズ・パーカー	31
地業	139
自己収縮	53
支持杭	144
システム型枠	124
地墨	79
下端筋	110
実施設計	12, 19
実施設計段階	23
湿潤状態	37
実積率	37
質量割合	45
指定建築材料	59
地盤アンカー工法	160
締固め	101
締付け金具	93
斜線式工程表	183
ジャッキ型ベース金具	81
地山自立掘削工法	157
砂利	36
重機	83
修正標準配合	65
集中購買	180
重量骨材	36, 37
主筋	86, 110
主要構造部	78
竣工後	77
仕様書	24
使用性	33, 64
常備契約	181
初期強度	51
初期容積変化	51
ジョセフ・アスプディン	31
ジョセフ・モニエ	31
暑中コンクリート	32
シリカフューム	41, 42
深礎工法	149
診断	58
振動台式コンシステンシー試験	51
水平基準墨	79
スケーリング	56
スターラップ	86, 130
砂	36
スパイラルフープ	122
スペーサ	93
墨出し	78
スライム	152
スラブ	105
スランプ	40, 51, 69, 70
スランプコーン	49
スランプ試験	49
スランプの許容差	69
スランプフロー試験方法	51
スランプフローの許容差	69
スランプロス	52
すりへり	57
すりへり減量	37
寸法精度	33
製造	77
せき板	92, 167
積算業務	179
施工	12, 77
施工期間	181
施工計画書	11
施工者	11
施工図	26
施工性	36

| 施工体制台帳作成提出書類綴 191, 192
| 絶乾密度 36, 37, 38
| 設計 12
| 設計基準強度 44, 97
| 設計業務委託契約書 23
| 設計者 11, 13
| 設計図書 11, 23
| せっこう 30, 34
| 絶対乾燥状態 37
| 設備図 26
| セパレータ 93, 167
| セメント 30, 34
| セメント水比 44
| 潜在水硬性 42
| 全体工程表 183
| 線膨張係数 86
| 専門工事業者 11, 14
| ソイルセメント壁 158
| 早強ポルトランドセメント 34
| 総合仮設計画図 183
| 総合図 26
| 側圧 94
| 粗骨材 30, 36
| 粗骨材の最大寸法 37, 97
| 粗骨材の実積率 46
| 外端太 94
| 粗粒率 37, 39

た—と

| 耐火性 33, 64
| 耐久性 33, 36, 40, 54, 64
| 耐久設計基準強度 44, 64, 97
| 第三者監理方式 14
| 大臣認定 59
| 耐震壁 162
| 台直し 90
| 耐力壁 162
| タイロッドアンカー工法 160
| 宅地建物取引業法 22
| 打撃工法 149
| 脱型 94
| 縦端太 167
| 建枠 81
| 駄目穴 113, 114
| 試し練り 43, 65
| 垂れ壁 164
| 単位水量 36, 45, 65
| 単位セメント量 65
| 単位粗骨材かさ容積 45, 46, 48
| 単位容積質量 31, 32, 37
| 単位量 43
| 単管足場 80

| タンピング 51, 101
| 断面寸法の精度 64
| 中間検査 22
| 中間検査合格証 172
| 中性化 54, 55, 90
| 中庸熱ポルトランドセメント 34
| 調合 42
| 調合管理強度 43, 44, 97
| 調合強度 43
| 調合計画 64
| 調合計算 43, 48
| 調合条件 43
| 調合設計 43, 53
| 調合の補正 49
| 調合表 47, 48
| 調査 58
| 直接基礎 139
| 直線重ね継手 88
| 直線定着 88
| 沈下 51
| 沈下ひび割れ 103
| 継手処理 155
| T型梁 133
| TQC 177
| 定着 88
| 定着長さ 88
| 鉄アルミン酸四カルシウム 35
| デッキプレート工法 107
| 鉄筋 84
| 鉄筋受架台 141
| 鉄筋工事 77
| 鉄筋コンクリート杭 145
| 鉄筋コンクリート工事 77
| 鉄筋コンクリート製切梁工法 160
| 鉄筋腐食 55
| 鉄の腐食 54
| 電気炉 84
| 点検 58
| 電流の作用 54
| 凍害 41, 56
| 統括安全衛生管理者 189
| 統括安全衛生責任者 20
| 凍結防止剤 54
| 凍結融解 41, 45, 56
| 特命入札 16
| 独立フーチング基礎 139, 141
| 特記仕様書 23, 24
| トラックアジテーター 32
| トランシット 79
| トレミー管 153
| トレンチカット工法 157

な—の

| 内外仕上表 24
| 内部足場 82
| 中掘り工法 150
| 生コンクリート 32
| 均しコンクリート 78, 143
| 逃げ墨 79
| 根固め 168
| 根切り 156
| 根切り工事 160
| ネットワーク工程表 183
| 練混ぜ水 35
| 粘土塊量 36
| 法付けオープンカット工法 157
| ノロ 127

は—ほ

| バーチャート式工程表 183
| ハーフPCa造 132
| 廃棄物の処理方法 198
| 配筋検査 174
| 配合計画書 63, 69
| 配合表 63
| パイプサポート 93
| 配力筋 110
| 場所打ちコンクリート 32
| 場所打ちコンクリート杭 147
| 場所打ち鉄筋コンクリート
| 　地中壁 158
| 柱 118
| 柱付き壁 164
| 白華 103
| ハッカー 89
| バッチ 66
| バッチングプラント 66
| はつり 154
| 幅止め筋 130
| 腹筋 130
| 梁 128
| 判定基準 70
| 盤ぶくれ 158
| Pコン 93
| PCa 33
| PDCA 177
| ヒービング 158
| 非構造材料 59
| 引張強度 53, 54
| ビティ 81
| 一側足場 82
| ひび割れ 36, 51
| 表乾密度 37, 38
| 標準仕様書 23

標準配合	64, 65	
標準養生	61	
標準粒度	40	
表面乾燥飽水状態	37	
表面水	37, 46	
表面水の補正	50	
表面水率	38, 50	
飛来塩分	54	
微粒分量	36	
ピン角	127	
品質管理	69	
品質管理書類	173	
品質管理組織	173	
品質基準強度	44, 97	
品質マネジメントシステム	177	
VE	181	
フィニッシャビリティー	49	
フーチング	140	
フープ	86, 122, 123	
フォームタイ	93	
歩掛り	180	
噴出し	98	
複合材料	31	
部材の位置	64	
付着	85	
付着強度	54	
普通骨材	36	
普通コンクリート	61	
普通ポルトランドセメント	34, 35	
不動態皮膜	54	
フライアッシュ	41	
プラスチック収縮	51	
プラスチック収縮ひび割れ	104	
プラスティシティー	45, 49	
ブリーディング	51	
ふるい分け	39	
ブレース	81	
プレキャストコンクリート	33	
プレキャストコンクリート型枠	124	
プレキャストコンクリート工法	109, 122, 131, 165	
フレッシュコンクリート	31, 33, 49	
プレテンション方式	133	
プレボーリング工法	150	
分散購買	180	
粉末度	35	
分離	51	
べた基礎	139, 141	
ベトン	31	
ベントナイト液	147, 152	
ボイドスラブ	108, 109	
ボイリング	158	
棒型振動機	101, 102	
ボールベアリング効果	41	
補強	58	
補強土工法	158	
補修	58	
ポストテンション方式	133	
舗装コンクリート	31, 32, 61	
ポゾラン反応	41, 42	
ポップアウト	56	
ポルトランドセメント	31, 34	
ホワイトファイル	191, 192	
本足場	82	
ポンパビリティー	49	

ま―も

マイクロフィラー効果	42
曲げ強度	54
摩擦杭	144
マスコンクリート	31, 32
マニフェスト	195, 198
マニフェストシステム	195
豆板	51, 103
まんじゅう	139
水	30
水セメント比	44, 45, 64
見積要綱書	23
ミルシート	174
面木	127
面積表	24
面取り	127
目視検査	69
目標スランプ	52
元方安全衛生管理者	20
戻りコン	103
モルタル	30

や―よ

山留め	156
山留め壁オープンカット工法	157
有機不純物	37, 51
床付き布枠	81
輸送	77
ユニット足場	82
容積割合	45
溶接継手	88
横端太	167
呼び径	85
余盛り	153

ら―ろ

ラフタークレーン	83
力学的性質	34
リサイクル計画	197
リバースサーキュレーション工法	149
粒度	37
流動化コンクリート	32
流動化剤	40, 41
流動性	31, 32, 40, 49
粒度曲線	39
粒度分布	37
両側柱付き壁	163
レディーミクストコンクリート	33, 59, 97
レディーミクストコンクリート工場	31
レディーミクストコンクリート納入書	69, 71
レディーミクストコンクリートの製造工程	66
レディーミクストコンクリートの呼び方	61
レディーミクストコンクリートの流通と発注	67
レディーミクストコンクリート配合計画書	62, 63
レベル	79
連続壁	163
連続フーチング基礎	139, 141
労働安全衛生法	20, 186
労働安全関係提出書類綴	191, 192
労働基準法	186
労務費	180
陸墨	79

わ

ワーカビリティー	36, 40, 49
枠組足場	81
ワッフルスラブ	109
割栗石	143

● 著者略歴

中田善久（なかた よしひさ）

1965年	東京に生まれる
1988年	日本大学生産工学部建築工学科卒業
1990年	日本大学大学院生産工学研究科博士前期課程修了
	西松建設㈱入社
1999年	博士（工学）
2001年	ものつくり大学技能工芸学部建設技能工芸学科専任講師
2005年	ものつくり大学技能工芸学部建設技能工芸学科助教授
2007年	日本大学理工学部建築学科准教授
現　在	日本大学理工学部建築学科教授
受賞歴	日本建築学会奨励賞（1998）
	日本コンクリート工学協会論文賞（2002）
	日本建築学会論文奨励賞（2007）
主著書	コンクリート総覧　技術書院（共著）
	建築施工用教材　日本建築学会（共著）
	最新建築材料学　井上書院（共著）
	建築工事標準仕様書・同解説 JASS 5　鉄筋コンクリート工事　日本建築学会（共著）
	コンクリート工学ハンドブック　朝倉書店（共著）
	コンクリートの調合と施工　知っておきたい建築材料・工法　日本建築学会関東支部（共著）

大塚秀三（おおつか しゅうぞう）

1970年	埼玉県に生まれる
1992年	川口通正建築研究所
2005年	ものつくり大学技能工芸学部建設技能工芸学科卒業
2007年	日本大学大学院理工学研究科博士前期課程修了
	ものつくり大学技能工芸学部建設技能工芸学科助教
2009年	ものつくり大学技能工芸学部建設学科講師
2013年	日本大学大学院理工学研究科博士後期課程修了
	博士（工学）
現　在	ものつくり大学技能工芸学部建設学科准教授
受賞歴	日本建築仕上学会論文奨励賞（2014）
主著書	円滑に進めるRC工事のポイント　建築技術（共著）
	コンクリートポンプ工法施工指針・同解説　日本建築学会（共著）
	らくらく突破の1級建築士スピード学習帳　エクスナレッジ（共著）
	1級建築施工管理技士ジャンル別暗記のポイントと確認問題　彰国社（共著）

斉藤丈士（さいとう たけし）

1969年	千葉県に生まれる
1993年	日本大学生産工学部管理工学科卒業
	㈱内山アドバンス入社
2006年	千葉工業大学大学院工学研究科博士後期課程修了
	博士（工学）
2012年	日本大学生物資源科学部生物環境工学科助教
現　在	日本大学生物資源科学部生物環境工学科准教授
主著書	コンクリートの調合と施工　知っておきたい建築材料・工法　日本建築学会関東支部（共著）
	コンクリート技術 達人への道～入門編～　セメントジャーナル社（共著）

● 執筆分担

Ⅰ編	鉄筋コンクリート工事の基本	大塚秀三
Ⅱ編	レディーミクストコンクリートの基本	斉藤丈士
Ⅲ編	鉄筋コンクリート工事の基本	中田善久
Ⅳ編	施工管理の基本	中田善久

ポイントで学ぶ
鉄筋コンクリート工事の基本と施工管理

2015年4月10日　第1版第1刷発行
2017年4月10日　第1版第2刷発行

著　者　　中田善久　斉藤丈士　大塚秀三 ©
発行者　　石川泰章
発行所　　株式会社 井上書院
　　　　　東京都文京区湯島2-17-15 斎藤ビル
　　　　　電話（03）5689-5481　FAX（03）5689-5483
　　　　　http://www.inoueshoin.co.jp/
　　　　　振替 00110-2-100535
装　幀　　藤本　宿
印刷所　　秋元印刷所

・本書の複製権・翻訳権・上映権・譲渡権・公衆送信権（送信可能化権を含む）は株式会社井上書院が保有します。
・JCOPY〈(一社)出版者著作権管理機構 委託出版物〉
本書の無断複写は著作権法上での例外を除き禁じられています。複写される場合は，そのつど事前に(一社)出版者著作権管理機構（電話03-3513-6969，FAX 03-3513-6979, e-mail：info@jcopy.or.jp）の許諾を得てください。

ISBN978-4-7530-0589-5　C3052　　　Printed in Japan

出版案内

建物解剖学

建物解剖学研究会編　B5判・180頁　本体2500円

初学者でも，建物の部位や局所を建物の全体の仕組みのなかで理解できるよう，木造住宅を例にあげ，完成した建物の表面を覆っている仕上げを取り除いた内部を観察しながら，建物の構成，各部の名称や役割，仕組み，また部材間相互の関連等についてわかりやすく解説する。

最新 建築材料学

松井勇・出村克宣・湯浅昇・中田善久　B5判・274頁　本体3000円

建築材料の基本的な性質・性能はもちろんのこと，建物としての要求条件の把握と，これを満たす適正な材料の選び方に関する理解が深まるよう，建築設計，構造設計，環境設備設計，施工の各分野に関連づけてわかりやすく解説した，建築系学生から実務者まで役立つテキスト。

建築計画テキスト

永森一夫　B5判・272頁　本体3000円

事前調査から規模計画，ゾーニング，動線計画，機能図，配置計画，平面・断面計画，構造計画，設備計画，構法・材料計画，デザイン，設計製図にいたる設計のための計画手法の基礎を一から解説。さらに，実際の計画に役立つよう，施設別の計画案内を実例とともに整理した。

最新 建築設計製図

神代武彦　A3判・240頁・三色刷　本体3800円

学生のための基礎テキストとして，木造住宅，RC造，集合住宅を例にあげ，28の課題図面を描くことを目的としてまとめた。完成図面では使用する線の太さをカラーで区別し，「描法をサポートするページ」では課題を描くプロセスを何段階にも分解して平易に解説している。

図解 建築の構造と構法 [改訂版]

鈴木秀三編，岩下陽市・古本勝則・奥屋和彦・磯野重浩著　A4判・168頁・二色刷　本体3200円

建築構造全般の概要を建築生産工程の流れを通して無理なく学習できるよう徹底図解したテキスト。木造，S造，RC造ごとに特徴，材料，工法，施工，ディテール，法規等の基礎知識が整理しやすいよう一工程を見開きで構成し，各構法について共通プランを用いて解説する。

建築施工テキスト

兼歳昌直　B5判・320頁　本体3300円

建築の施工全般の基礎知識が容易に理解できるよう，実務に即した各工法を豊富な図をまじえて平易に解説。基本的技術はもちろんのこと，実務に役立つよう応用技術の初歩まで幅広く網羅。また，建築士や建築施工管理技士の試験における諸点についても詳述した格好の入門書。

*上記の本体価格に，別途消費税が加算されます。